中等专业学校系列教材

建筑力学

下册

（工业与民用建筑 道路与桥梁 市政工程等专业用）

四川省建筑工程学校 王长连 主编
四川省建筑工程学校 王长连
北京建筑工程学院 王立忠 编
山东省城市建设学校 王同臻

中国建筑工业出版社

图书在版编目(CIP)数据

建筑力学 下册/王长连主编. —北京:中国建筑工业出版社,1999
中等专业学校系列教材
ISBN 978-7-112-03880-0

Ⅰ. 建… Ⅱ. 王… Ⅲ. 建筑结构-结构力学-专业学校-教材 Ⅳ. TU311

中国版本图书馆 CIP 数据核字(1999)第 42304 号

本书是根据建设部1997年颁布的中等专业学校《建筑力学教学大纲》编写的。全书共三篇,分上、下两册出版。

下册为第三篇结构力学,内容包括结构的计算简图,平面体系的几何组成分析,平面静定结构的内力与位移计算,力法,位移法,力矩分配法,分层法与D值法,影响线及其应用,计算机在结构力学中的应用,综合练习指导第十一章。每章均有小结、思考题与习题,附录V附有部分习题答案。

本书系为四年制工业与民用建筑、道路与桥梁,市政工程等专业编写的教材,也适用于三年制普通中专、职工中专等教学用书,亦可供土建工程技术人员参考。

责任编辑:刘茂榆

中等专业学校系列教材
建 筑 力 学
下 册
(工业与民用建筑 道路与桥梁 市政工程等专业用)
四川省建筑工程学校 王长连 主编
四川省建筑工程学校 王长连
北京建筑工程学院 王立忠 编
山东省城市建设学校 王同臻
*
中国建筑工业出版社出版、发行(北京西郊百万庄)
各地新华书店、建筑书店经销
北京市书林印刷有限公司印刷
*
开本:787×1092 毫米 1/16 印张:17 字数:412 千字
1999 年 12 月第一版 2008 年 10 月第十一次印刷
定价:**24.00** 元
ISBN 978-7-112-03880-0
(14259)

主 要 符 号 表

符 号	符 号 意 义	常 用 单 位
A	面积	mm^2,m^2
d,D	直径　柱侧移刚度	mm　m
E	弹性模量	MPa　GPa
F,P	力,集中力,荷载,广义力	N　kN
G	剪切弹性模量	MPa　GPa
G	重力	N　kN
C	传递系数	
h,H	高度	mm　m
$I(I_y、I_z)$	惯性矩(图形对 y、z 轴的惯性矩)	mm^4　m^4
i	线刚度	kN/m
K	梁柱线刚度比	
$[K]$	单元刚度矩阵	
M	力矩　弯矩	N·m　kN·m
m	外力偶矩	N·m　kN·m
N	轴力	N　kN
p	分布面荷载集度	N/m^2　kN/m^2
V,Q	剪力	N　kN
q	均匀分布线荷载集度	N/m　kN/m
R	合力　支座反力	N　kN
S	静矩	mm^3　m^3
s_{ik}	转动刚度	kN·m
g,f	梁的挠度	mm,m
θ、φ	转角	rad
μ	分配系数	
Δ	线位移	mm　m
Δl	绝对伸长或缩短	mm
Δ_{CV}	竖向线位移	mm　m
Δ_{CU}	水平线位移	mm　m
Δ_{iF}	由荷载引起的位移	mm　m
η	修正系数	
M_{AK}^{F}	固端弯矩	kN·m
M_{AK}^{M}	分配弯矩	kN·m
M_{AK}^{C}	传递弯矩	kN·m
M_B	不平衡弯矩	kN·m
V_{AK}^{F}	固端剪力	kN
W	功	N·m
w	自由度	
U	弹性变形能	N·m
G_K	永久荷载的标准值	kN

前　言

本教材是根据建设部1997年颁布的,中等专业学校工业与民用建筑等专业《建筑力学教学大纲》编写的。编写中,除个别地方作了点微调外,基本上是按大纲内容顺序编写的,符合大纲的基本要求。

现行教材内容偏深偏多,难教难学,为了改变这一状况,本教材所采取的编写措施为:

1. 公式、理论尽量避开纯数学推证,能用事例说明的尽量用事例说明,且所举工程、生活实例尽量简明扼要,贴近读者实际,避免因举例太繁而影响力学学习。对于不易用事例说明的理论、公式直接给出,然后加以使用说明。

2. 在语言方面尽量通俗易懂,对于难懂的词句尽量换个简单说法;但对于工程用语力求准确、规范,字母、符号符合现行规定。

3. 所举例题力求典型、简单,所选习题与例题对应,很难很深的题目不选,基本上选的是中下层次的习题。每章均有小结、思考题,以启发思维和提高读者分析、归纳问题的能力。

4. 在编写前或编写中,广泛浏览了力学同行写的教改论文和大学力学教改教材,能汲取的尽量汲取,且编者之间互相审阅,力求做到集广大同行的教学经验于一书。为了增加适应性,部分内容、习题打了 * 号,对于打 * 号者可作为选学内容。

本书系为四年制工业与民用建筑、道路与桥梁、市政工程等专业编写的教材,也适用于三年制普通中专、职工中专等教学用书,亦可供土建工程技术人员参阅。

全书分上、下册,共三篇内容。上册包括第一篇静力学和第二篇材料力学;下册为第三篇结构力学。本书采用法定计量单位。

参加下册编写的有四川省建筑工程学校王长连高级讲师(引言、第一、二、三、四、五、六、九、十一章)、北京建筑工程学院王立忠教授(第十章)、山东省城市建设学校王同臻高级讲师(第七、八章)。

王长连高级讲师任主编,上海市建筑工程学校杜秉宏高级讲师任主审。

在编写过程中得到四川省建筑工程学校黄振民高级讲师、吴明军高级讲师的热情支持与帮助;广东省建筑工程学校郭仁俊副教授和四川大学于建华(法国博士)教授,对本书也提出了不少宝贵意见,在此一并表示衷心的感谢!

由于编者水平有限,书中疏漏、不妥之处在所难免,衷心敬请读者批评指正,以使本书质量不断完善提高。

目　录

第三篇　结　构　力　学

第三篇 结构力学

引 言

结构力学是研究建筑结构的几何组成规律和在荷载等因素作用下的内力、变形与稳定性计算理论和计算方法的一门学科。它是一门技术基础课。

建筑结构通常指，由建筑材料构成，直接或间接的与地基连接，在力的作用下能维持平衡，并起骨架作用的整体或部分建筑物，简称为**结构**。如房屋中的梁、板、柱、屋架、基础等构件，以及由这些构件组成的体系，都是结构的工程实例。因这类结构是由若干杆件按照一定的方式组合而成的几何不变体系，所以称为**杆件结构**。按目前国内学科的划分方法，本门课的主要研究对象为杆件结构。因而通常所说的结构力学，指的就是杆件结构力学。

研究杆件体系几何组成的目的在于，1. 判断杆件体系是否是几何不变的，以决定它能否作为结构；2. 研究几何不变体系的组成规律，以保证所设计的结构能承受荷载并维持平衡；3. 根据体系的几何组成，确定结构是静定的或是超静定的，以便选择相应的计算方法及受力分析的顺序。

结构的内力与变形计算是本课程的中心内容。它又分为静定结构的内力与位移计算和超静定结构的内力与位移计算。**静定结构**是指只凭静力平衡条件就可求出全部反力和内力的结构，**超静定结构**的内力和反力不能全凭静力平衡条件求出，还必附加变形的连续条件。超静定结构内力的计算方法很多，常用的方法有力法、位移法、矩阵位移法、力矩分配法、分层法与 D 值法等。其中力法与位移法是两种基本方法，其它方法都是派生方法。

目前，计算机在结构力学中的应用十分广泛，如若掌握此种计算，那么复杂的内力、位移计算就会变得很简单了。建议有条件的学校都应积极推行计算机在结构力学中的应用。

本书不研究结构的稳定性问题，而规划在建筑结构课中讲授。

计算结构内力和位移的目的在于，进行强度、刚度和稳定性计算；计算强度和稳定性的目的是使结构具有足够的牢固性，计算刚度的目的是使结构不产生超过允许范围的变形。不仅设计新结构时要进行这三方面计算，而且对于旧结构，当使用荷载有改变时也必须进行这三方面的计算，以便考虑对结构是否加固或改变使用条件。

从结构力学的研究任务来看，它与材料力学有许多共同之处，如它们都是研究弹性变形体、小变形；都是主要研究内力和变形，只不过研究的对象有所不同而已。材料力学主要研究单个杆件的计算理论和方法，如杆、梁、轴、柱的拉、压、剪、弯、扭及其组合变形计算等；而结构力学主要研究由杆件组成的体系的计算理论和方法，如连续梁、桁架、刚架等。

由学习结构力学的先辈实践证明，如在学习结构力学中，能将材料力学、结构力学融会贯通地理解、领会，那将收到事半功倍的效果。建议同学在学习结构力学时，将涉及到的材料力学知识加以回眸，复习。

综合练习是指学完某一单元或学完力学后的一次系统复习、应用，它是巩固所学力学知识的有力手段。望有条件的学校，根据大纲要求，认真做好综合练习。

第一章　结构的计算简图

第一节　结构的计算简图

一、结构计算简图的概念

当分析某一实际结构，在荷载及其它因素作用下的内力和变形时，并不是将实际建筑物原封不动地进行分析，而是有意识地将建筑物的某些次要因素忽略，保留其主要因素，取其简化图形来分析，这种经过简化后的计算图形，称为**结构的计算简图**。在工程设计计算中都用它来代替实际结构，书上所称的结构，都不是指实际建筑物，而是它的计算简图。一般讲，实际结构是很复杂的，如完全按实际情况进行分析，有时几乎是不可能的，即使是可以分析那也是很繁锁的，以工程观点而论那是不必要的。如图 3-1-1*a* 所示某教室大梁示意图，两端搁置在墙上，即是这样的简单问题，如果按实际分析也是很困难的。首先需要确定墙对梁的反力沿墙宽度的分布规律，这就是一个不易解决的问题。现假定它沿墙宽均匀分布，其合力必然通过承力墙宽的中点，再结合梁的变形，可以分别用固定铰支座和活动铰支座代替墙对梁的支承；同时由于梁的截面尺寸与长度相比很小，可以用梁的轴线来代替梁本身，将梁自重及荷载化成线荷载。经过这样的简化法，就可用图 3-1-1*b* 所示的计算简图来代替实际梁的内力、变形计算。实践已证明，如果墙宽度比梁的长度小得多，同时梁的高度也比长度小得多(绝大多数梁都满足这种情况)，进行这样的简化在工程上是完全允许的。

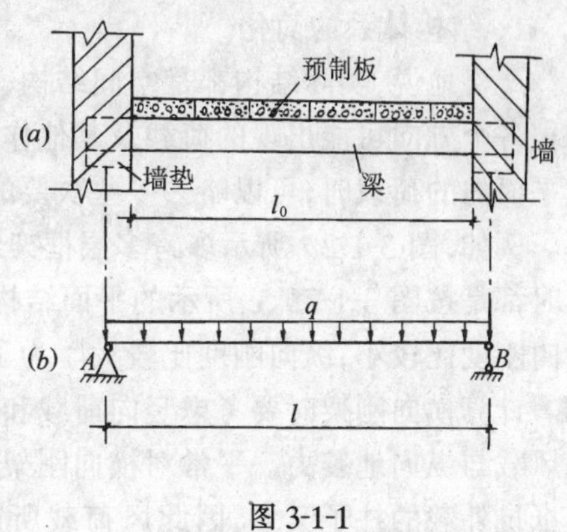

图 3-1-1

二、计算简图的简化原则

在工程上所说的对结构进行受力分析，实际上就是对结构计算简图的受力分析，结构的各种计算都是在结构计算简图上进行的。因此，计算简图选择的正确与否，不仅直接影响计算的工作量和精确度，如果选取的计算简图不能较准确地反映结构的实际受力情况或选择错误，那就会使计算结果产生较大的偏差，也可能造成工程事故。因此，对计算简图的选择，必须持慎重态度。计算简图的选择原则为：

1. 保留实际结构的基本受力特征；

2. 略去次要因素，使计算尽可能简化。

这两条原则说起来很简单，但实际操作时就不那么简单了，一方面需要对工程有较丰富的实践经验，另一方面要善于分析主要与次要因素的相互关系及其相对性。对于初学者来说是很困难的，现在只能学好工程上成熟的计算简图的选取思路，会取常见结构的计算简图，随着知识的增多，分析能力的增强，自然而然的就会逐渐提高选取结构计算简图的能力。

在此还要指出,计算简图的选择,还应按下列不同情况区别对待:

1. 结构的重要性　对重要的结构应采用比较精确的计算简图,以提高计算结果的可靠性。

2. 不同的设计阶段　在初步设计阶段,可以采用比较粗略的计算简图;而在技术设计阶段,则应采用比较精确的计算简图。

3. 计算问题的性质　对结构进行动力计算或稳定性计算时,由于计算比较复杂,可以采用比较简单的计算简图;而在结构静力计算时,则应采用比较精确的计算简图。

4. 计算工具的不同　手算时计算简图应力求简单;用电子计算机计算时,则可采用较为精确的计算简图。

三、计算简图的简化内容

1. 结构体系的简化

严格地说,实际结构都是空间结构,它是由若干个部分相互联结成为一个空间整体,以承担各个方向可能出现的荷载及其他作用。如果空间结构在某些平面内的杆系结构主要承担平面内的荷载时,可以略去一些次要的空间约束,将实际空间结构分解为平面结构进行计算。例如,图 3-1-2*a* 所示多跨多层框架结构,实际上是由梁和柱组成的空间结构,在结构设计时都是按图 3-1-2*b*、*c* 所示的平面结构进行计算。对于水平荷载及地震作用来说,结构的横向刚度比较小,纵向刚度比较大。为了保证结构安全,通常取横向刚架(图 3-1-2*c*)进行计算。计算横向刚架时要考虑竖向荷载和横向水平荷载;而纵向刚架(图 3-1-2*b*)则只承受纵向风载与纵向地震力。平常对横向刚架,只验算地震力,因为它的通风面积小,承受风荷小,而抵抗外载的柱子又多,因此风荷载所产生的内力可以忽略。另外,横向刚架还有一个优点,即刚架形式简单,便于计算。实践证明,大多数空间结构都可简化成平面结构进行计算,这种简化称为**结构体系的简化**。

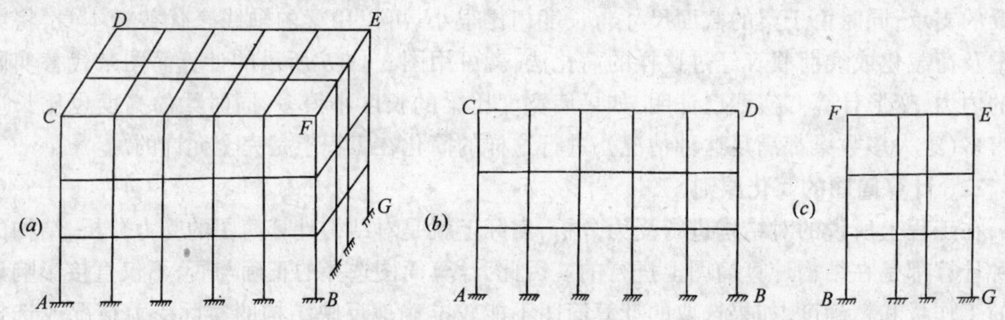

图 3-1-2

2. 杆件的简化

杆件有直杆和曲杆,每根杆都可以用轴线表示。杆件之间用节点连接,节点位于各杆轴线的交汇处,杆长用节点间的距离表示。

3. 节点的简化

结构中各杆件相互连接的部分,称为**节点**。根据结构的受力特点和节点的构造情况,通常简化成**铰节点**和**刚节点**两种类型。

(1) 铰节点　铰节点用小圆圈表示,它的特点是各杆件可以绕节点自由转动。因此,铰节点只传递轴力和剪力,不传递弯矩。这样的铰节点称为**理想铰节点**,理想的铰节点在实际结构中是很难实现的。但若结构的几何构造及外部荷载符合一定条件,节点的刚性对结构受力状态的影响属于次要因素时,这时为了简化和基本反映结构的受力特点,也将结构的节点看作理想铰节点。例如桁架结构,尽管钢桁架和钢筋混凝土桁架,各杆之间的连接是很牢固的,但为了简化和反映节点荷载作用下桁架的受力特点,在计算简图中仍作为铰节点处理。由大量实验早已证明,这样处理能基本上反映桁架的受力特点(主要受轴力作用),如把各杆件的连接看作下面讲的刚节点,那就计算很繁了。根据两个简化原则,故可作为铰节点处理。

(2) 刚节点　刚节点的特征是,结构变形前后,汇交节点处的各杆之间的夹角不变。因此,刚节点既可传递轴力和剪力,也可传递弯矩。

4. 支座的简化

将结构支承于基础或其它支承物时的装置,叫**支座**。它的作用是限制或阻止结构沿某一个或几个方向的运动,并由此产生相应的支座反力。平面结构的支座主要有下列几种类型:可动铰支座,固定铰支座,固定支座和定向支座等。前三种支座详见第一篇第一章第三节,在此只讲定向支座。

图 3-1-3*a* 表示一定向支座,这种支座允许杆件沿支承面方向移动,但不能产生垂直于支承面的移动和转动。因此,这种支座产生两个支反力 V_A 和 M_A。在结构计算简图中,用两根互相平行且垂直于支承面的链杆表示(图 3-1-3*b*)。

在此应指出,上述支座都是假定支座本身是不变形的,因此总称它们为**刚性支座**。如果在结构计算中,需要考虑支座本身的变形时,则这种支座称为**弹性支座**。弹性支座又分为线弹性支座(图 3-1-4*a*)和转动弹性支座(图 3-1-4*b*)。K 分别表示弹性支座产生单位位移和角位移时,所产生的反力或力矩,称为**弹性刚度系数**,在工程手册上均可查到。

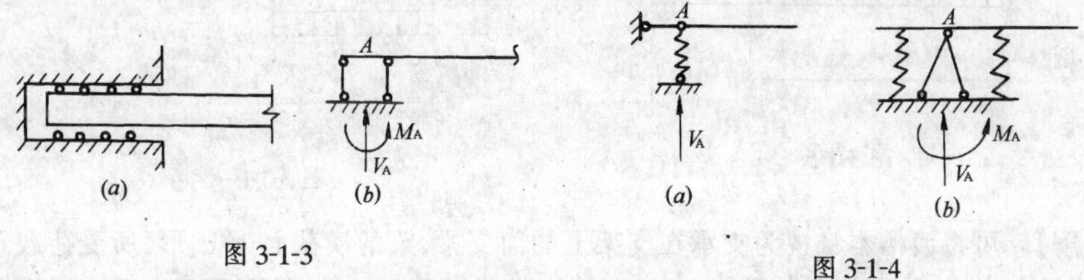

图 3-1-3　　　　图 3-1-4

5. 荷载的简化

荷载通常是指作用在结构上的主动力。如结构自重、水压力、土压力、风压力以及人群及货物的重量、吊车轮压等,它们在结构荷载规范中统一称为**直接作用**,另外还有**间接作用**,如地基沉陷、温度变化、构件制造误差、材料收缩等,它们同样可以使超静定结构产生内力和变形。

合理地确定荷载,是结构设计中非常重要的工作。如估计过大,所设计的结构尺寸将偏大,造成浪费;如将荷载估计过小,则所设计的结构不够安全。因此,在结构设计计算中,要考虑各种荷载,根据国家颁布的《建筑结构荷载规范》来确定具体荷载值。关于荷载的分类详见第一篇第一章第五节。

【例 3-1-1】　图 3-1-5*a* 所示为一预制 T 形梁,两端搁置在砖墙上,梁上有一重物 W。试选择此梁的计算简图。

【解】 将搁置在砖墙上的预制钢筋混凝土简化成计算简图，需经四方面的简化：

1. 梁本身的简化　梁属于杆件，以杆件的轴线代替梁，略去截面形状、尺寸等因素。

2. 梁的跨度确定　梁与墙之间接触面上的压力分布是很复杂的，当接触面的长度不大时，可取梁两端与墙接触面中心的间距作为梁的计算跨度 l，如图 3-1-5b 所示。为了简化计算，有时也取 $l=1.05l_0$ 作为计算跨度，其中 l_0 为梁的净跨度。

3. 支座的简化　由于梁嵌入墙内的实际长度比较短，加之梁与梁垫之间是用水泥砂浆联结的，坚实性较差，所以在受力后有产生微小松动的可能，不能起到固定支座的约束作用。另外，梁作为整体虽然不能有水平移动，但又存在着由于梁的变形而引起梁端部有微小伸缩的可能性。所以，通常把梁的一端简化成固定铰支座，另一端则简化成可动铰支座，如图 3-1-5b 所示，这种型式的梁称为**外伸梁**。

4. 荷载的简化　梁的自重可简化为沿梁纵轴均匀分布的线荷载。人群等楼面荷载一般按均布考虑，将它与预制板、抹灰等的重量合并在一起，折算成沿梁轴分布的均布线荷载。经过这四种简化，最后得计算简图如图 3-1-5b 所示。

【例 3-1-2】 试选择图 3-1-6a 所示，U 形钢筋混凝土渡槽的计算简图。

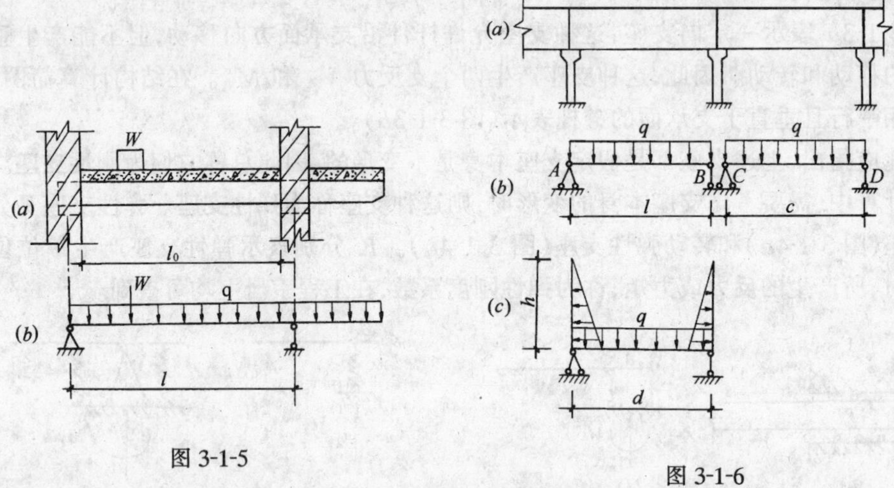

图 3-1-5

图 3-1-6

【解】 可将渡槽本身视为支承在支架上的简支梁，梁的横截面为 U 形，所受荷载是均布的水重和自重，计算简图如图 3-1-6b 所示。进行横截面计算时，可用两个垂直于纵向轴线的平面，从槽身截出单位长的一段，作为一个 U 形刚架，如图 3-1-6c 所示。此刚架所受的荷载为内部水压力，在底部为均匀分布，在两侧为三角形分布。

第二节　平面杆件结构的分类

结构力学所研究的对象是经过简化后的结构计算简图。因此，所谓结构的分类也就是对结构计算简图的分类。按其构件的几何性质可分为下列三类：

一、杆件结构

这类结构是由若干杆件，按照一定的方式而组合成的体系。杆件的几何特征是，横截面高、宽两个方向的尺寸要比杆长小得多，例如，图 3-1-1 所示的梁，3-1-2 所示的刚架等都属杆件结构。

二、薄壁结构

这类结构是由薄壁构件按照一定的方式组合而成的。它的几何特征是,其厚度要比长度和宽度小得多。如图 3-1-7a 所示的薄壳屋面。

三、实体结构

这类结构本身看作是一个实体构件,或由若干实体构件按照一定的方式组合而成的。它的几何特征是,长、宽、高三个方向的尺寸大体相近。如图 3-1-7b、c 所示的挡土墙、基础等。

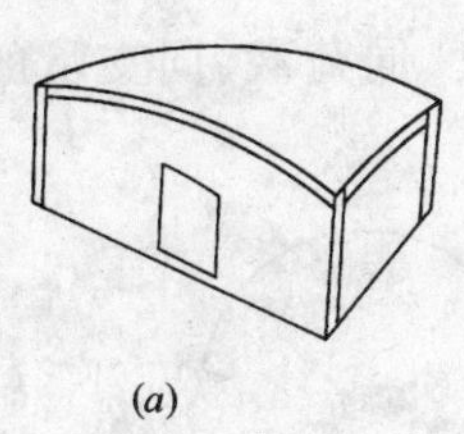

(a)

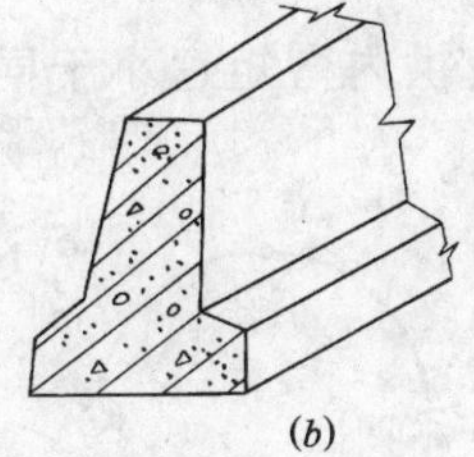

(b)

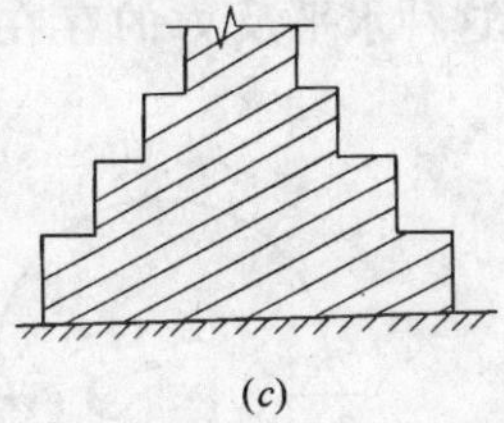

(c)

图 3-1-7

根据目前国内学科的划分方法,结构力学的主要研究对象是杆件结构。因而通常所说的结构力学,指的就是**杆件结构力学**。对于薄壁结构和实体结构的受力分析都是在弹性力学中研究。为此,下面只对杆件结构作进一步的分类。根据杆件结构的几何特征和受力特点,可将平面杆件结构分成下列五类:

1. 梁　梁是一种受弯为主的构件,其轴线通常为直线。梁可以是单跨的(图 3-1-8a、b),也可以是多跨的(图 3-1-8c、d)。

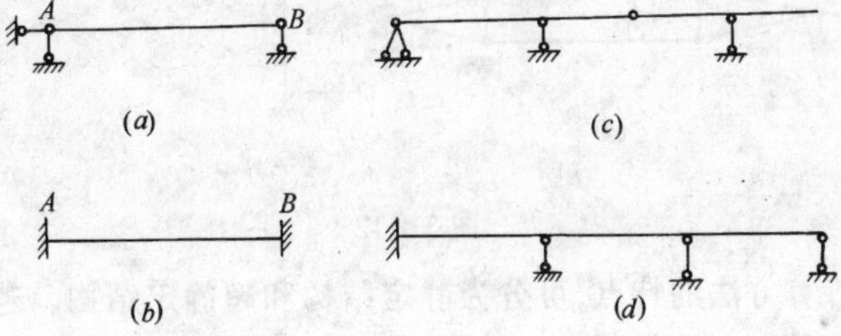

图 3-1-8

2. 桁架　桁架是由若干链杆组成的结构(图 3-1-9a、b),其杆件轴线通常为直线,一般只承受节点荷载作用,所以各杆内力仅有轴力。

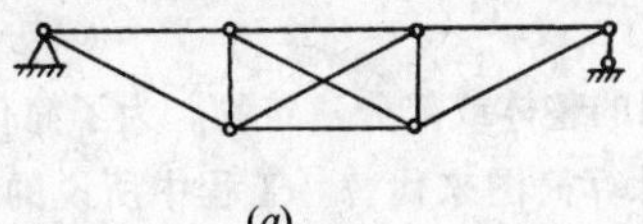

(a)

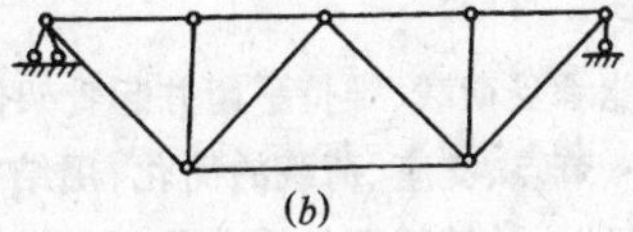

(b)

图 3-1-9

3. 刚架　刚架是由直梁和直柱全部或部分用刚节点组合而成的结构(图 3-1-10)。刚架各杆通常同时承受弯矩、剪力和轴力,多数刚架以承受弯矩为主。

4. 拱　拱的轴线通常为曲线,它的特点是:在竖向荷载作用下产生水平反力(图

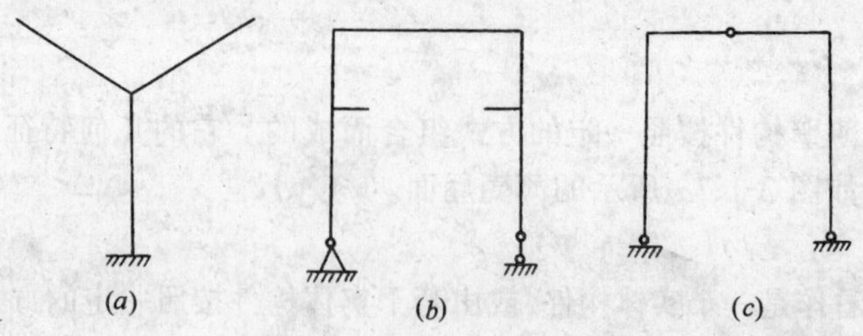

图 3-1-10

3-1-11)。这种水平反力的存在,将使拱内弯矩远小于同跨度、同荷载、同支承的梁的弯矩。

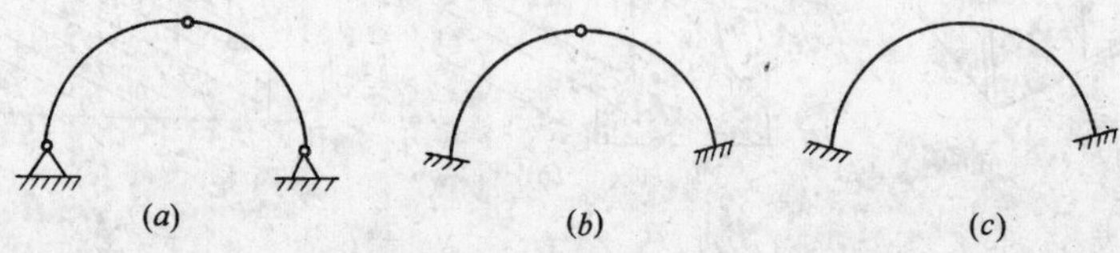

图 3-1-11

5. 组合结构　这种结构是由梁和桁架(图 3-1-12*a*),或由刚架和桁架(图 3-1-12*b*)组合在一起的结构。在这种结构中,桁架杆只承受轴力,梁式杆除承受轴力外,同时还承受弯矩和剪力。

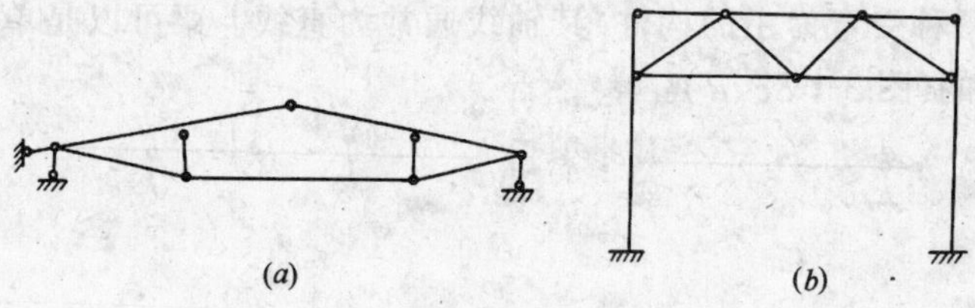

图 3-1-12

杆件结构根据计算方法的特点,可分为静定结构和超静定结构。若一结构在承受任意荷载时,所有反力和任一杆的内力均可由静力平衡条件来确定,则这种结构被称为**静定结构**(图 3-1-8*a*、*c*)。反之,若一结构的反力和内力不能仅由静力平衡条件来确定,还必须考虑结构的变形连续条件才能求出时,则这种结构称为超静定结构(图 3-1-8*b*、*d*)。

小　结

建筑结构系指能承受荷载、维持平衡并起骨架作用的整体或部分建筑物。为了简化计算,需将实际结构经结构体系、杆件、节点、支座、荷载的简化,用结构计算简图来代替。工程中所说的对结构进行受力分析,实际上也就是对结构计算简图的受力分析。结构力学也就是研究结构计算简图的组成规律,与内力、位移和稳定性计算的一门学科。

结构计算简图的简化原则为:

(1) 保留实际结构的基本受力特征;

(2) 略去次要因素,使计算尽可能简化。

按照不同的几何特征和受力特点,将平面杆件结构分为梁、桁架、刚架、拱和组合结构等。

思 考 题

3-1-1 何谓建筑结构？何谓结构计算简图？

3-1-2 结构计算简图的简化原则是什么？简化内容有哪些？

3-1-3 结构力学的研究对象是什么？任务是什么？

习 题

3-1-1 将图示框架化成结构计算简图。

3-1-2 图示四边简支板，长 l 是宽 b 的 2.5 倍，主要由短边承受荷载，请画出该板的计算简图。

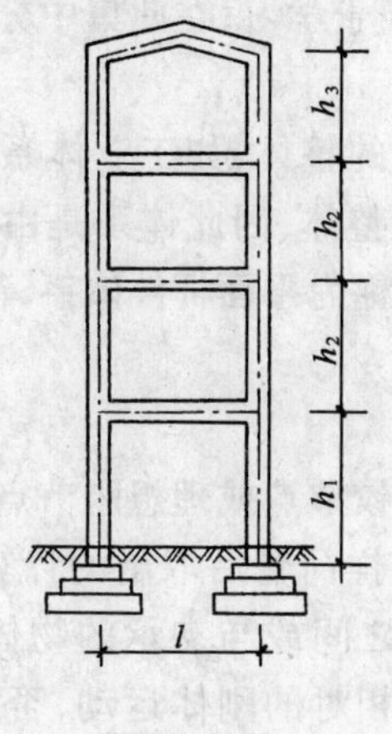

题 3-1-1

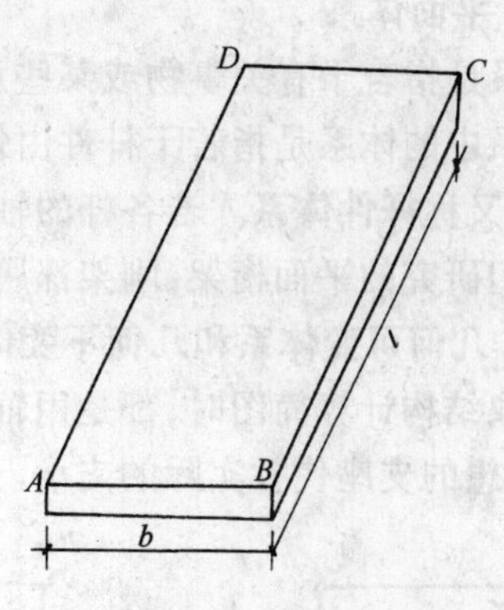

题 3-1-2

第二章　平面体系的几何组成分析

第一节　平面体系几何组成分析的基本概念

平面体系的几何组成分析涉及到不少新概念，为了便于学习，在此集中分述如下：

一、平面体系

体系是指若干有关事物或某些意识互相联系而构成的整体，如工业体系、思想体系等。平面体系中的体系是指若干杆件由铰接或刚接而构成的整体，因此体系是由若干杆件组成的，所以又称**杆件体系**。若各杆的轴线都在同一平面内，称为**平面杆件体系**，简称**平面体系**。例如我们研究的平面桁架、刚架都属于平面体系。

二、几何可变体系和几何不变体系

在取结构计算简图时，都是用轴线代替杆件，用理想铰节点或理想刚节点代替实际的节点，用理想的支座代替实际的支承。但必须注意，经过这样简化后取出的计算简图，结构各部分之间或与支承的物体之间，应不能产生相对的刚体运动，否则它将不能支承荷载，维持平衡，而将这种可能产生相对刚体运动的杆件体系，称为**几何可变体系**。与此相反，若不考虑应变条件，对于不能产生相对刚体运动的体系，称为**几何不变体系**。如图 3-2-1a 所示的体系，是由四根杆件用四个铰联结起来的一个铰接体系。显然，在微小的任意荷载作用下，此体系因缺少必要的联系，而使各杆件间产生相对的刚体运动，所以它是一个几何可变体系。如果加上一根斜杆（图 3-2-1b），则在任意荷载作用下，各杆件之间不能产生相对的刚体运动，所以它是一个几何不变体系。如果将图 3-3-1b 所示的体系用两根支座链杆与基础相连（图 3-2-1c），则在任意荷载作用下，此体系与基础之间将产生相对的刚体运动，所以整个体系（连同基础）仍然是几何可变体系。如果再加上一根支座链杆（图 3-2-1d），则此体系的各部分再不会发生相对刚体运动了，此体系亦称为几何不变体系。

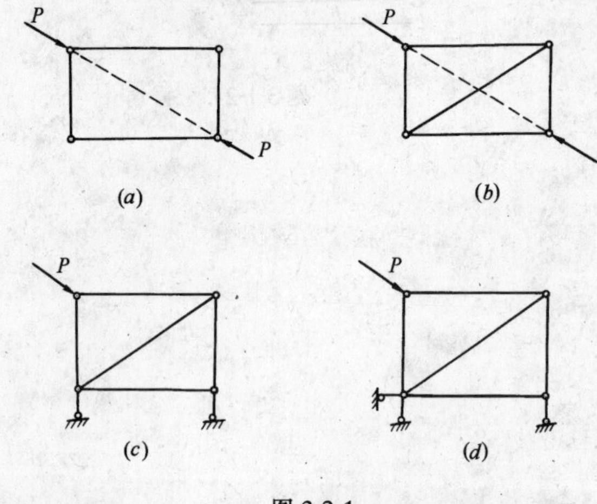

图 3-2-1

显然，结构的计算简图必须是几何不变体系，几何可变体系是不能作为结构计算简图的。

三、瞬变体系与常变体系

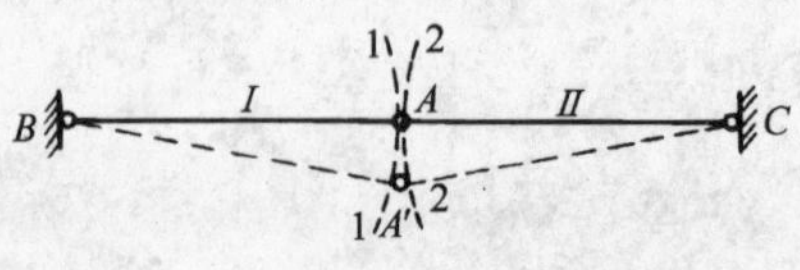

图 3-2-2

在图 3-2-2 所示的体系中，杆件 BA、CA 共线，A 点既可绕 B 点沿 1—1 弧线运动，同时又可绕 C 点沿 2—2

弧线运动。由于这两弧相切，A 点必然沿着公切线方向作微小运动。从微小运动的角度上看，这是一个几何可变体系。

当 A 点作微小运动至 A'，圆弧线 1—1 与 2—2 由相切变成相离，A 点既不能沿圆弧 1—1 运动，又不能沿圆弧 2—2 运动，这样，A 点就被完全固定。

这种原先是几何可变，在瞬时可发生微小几何变形，其后再不能继续发生几何变形的体系，称为瞬变体系。即瞬变体系是可变体系的特殊情况。从受力方面看，瞬变体系在外荷载很小的情况下，可以发生很大的内力。因此，在结构设计中，即使接近瞬变体系的计算简图，也应设法避免。

为确切起见，几何可变体系又可进一步区分为瞬变体系和常变体系。如一个几何可变体系可以发生较大的几何变形（图 3-2-1a、c），则称该体系为**常变体系**。

四、刚片

在对体系进行几何组成分析时，不考虑杆件本身的变形。因此，在对平面体系进行几何组成分析时，可以把每根杆件（如梁、链杆等）看作不变形的平面刚体，通称**刚片**。并且亦可把体系中已确定的几何不变体系视为刚片。刚片可大可小，它大至地球、一幢房屋，也可小至一根梁、一根链杆。这样，对平面体系的几何组成分析，就变成考察体系中各刚片之间的连接方式了。因此，能否准确、灵活地划分刚片，是进行几何组成分析的关键。

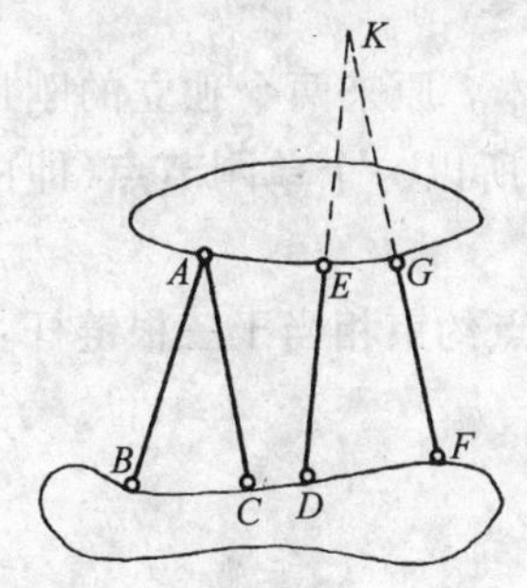

图 3-2-3

五、实铰与虚铰

在图 3-2-3 所示的体系中，杆 BA、CA 直接在 A 点相交，它们所构成的铰点，称为**实铰**；杆 DE、FG 没有直接相交，但它们的延长线相交于 K 点，由杆 DE、FG 延长线交于 K 点所构成的铰点，称为**虚铰**，亦称**瞬铰**。可以证明，实铰与虚铰在几何分析中作用相同。

六、自由度与约束

平面体系的自由度是指该体系运动时，确定该体系的位置所需的独立坐标的数目。

在平面内，确定一个点的位置需要 x、y 两个独立坐标（图 3-2-4a），因此，平面内的一个点有两个自由度。

图 3-2-4b 所示为平面内的一个刚片，运动到位置 AB 时的情形。可以通过确定刚片上任一点 A 的位置（即 x、y 两个独立坐标），再确定刚片绕 A 点的转动（即独立坐标 θ），来完全确定该刚片的位置。由此可见，平面内的一个刚片有三个自由度。

一般来说，如果确定一个体系的位置需要几个独立坐标，我们就称这个体系有几个自由度。

所谓约束是指阻止或限制体系的运动以减少体系自由度的装置。在体系几何组成分析中，常用的约束有链杆、铰和刚节点三种。

刚片 AB 无约束时有三个自由度。在图 3-2-4c 中，刚片 AB 由支链杆与基础相连，这时刚片 AB 只能绕 A 点转动和左右移动，上下移动的自由度被限制了，即支链杆 AC 使刚片的自由度由 3 减为 2，故一个链杆相当于一个约束。

在图 3-2-4d 中，刚片 AB 和 BC 用铰 B 连接。两个独立的刚片在平面内共有 6 个自由度，连接后自由度减为 4（因可先用三个坐标确定刚片 AB，然后再用一个转角确定刚片

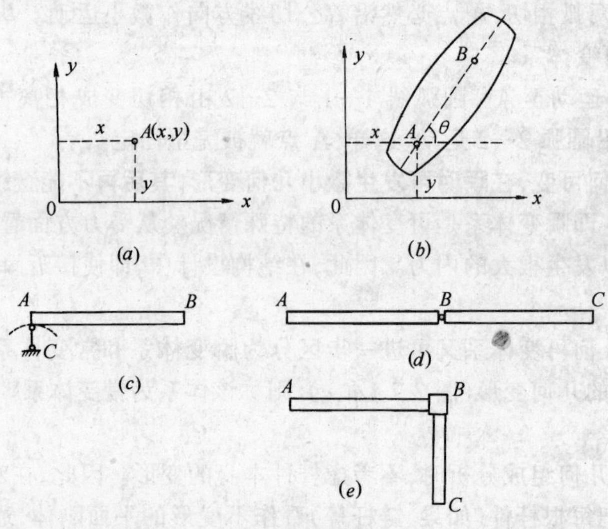

图 3-2-4

BC)。由此可见,一个**单铰**(即由两杆构成的铰)减少两个自由度,所以一个单铰相当于两个约束。

在图 3-2-4e 中,刚片 AB、BC 在 B 点用刚节点连接成一个整体。原来两个独立的刚片在平面内有 6 个自由度,当刚性连接成整体后,只有三个自由度。所以一个**单刚节点**(即由两个杆件构成的刚节点)相当于三个约束。

从以上分析看出,一个单铰约束相当于两根链杆,一个单刚节点约束相当于三根链杆。

七、必要约束与多余约束

必要约束——为保持体系几何不变而必须具有的约束。

多余约束——撤此约束后体系仍为几何不变体的约束。

例如,平面内杆件 AB 有三个自由度(图 3-2-5a),如果用支座链杆 1、2 和 3 与基础相连(图 3-2-5b),则杆件 AB 被固定,成为简支梁,可见链杆 1、2 和 3 均为必要约束。

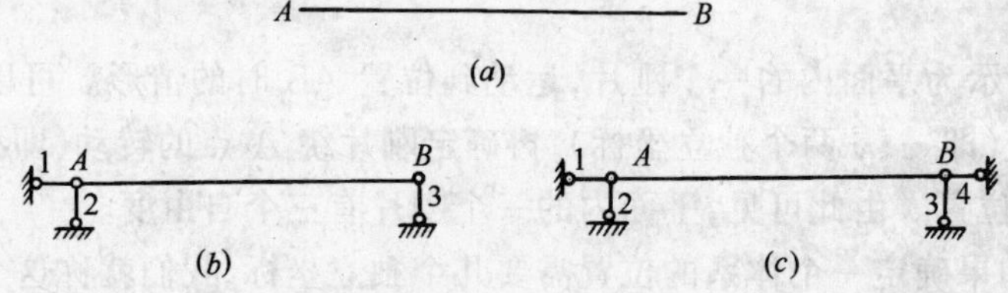

图 3-2-5

如果用 4 根支链杆将杆件 AB 与基础相连(图 3-2-5c),则自由度等于零。若撤去 2 杆或 3 杆自由度减少 1,并使体系几何可变,因此可知,2 杆和 3 杆均为必要约束。若撤去 1 杆或 4 杆,体系的自由度仍为零,因此,1 杆或 4 杆中的任何一根均为多余约束。

如果一个体系中有多余约束存在,那么一定要分清楚,哪些约束是多余的,哪些约束是必要的。只有必要约束才对体系的自由度有影响,而多余约束对体系的自由度是没有影响的。

第二节　平面体系几何组成分析的目的

在对实际结构进行受力分析时，首先要将实际结构简化成计算简图。**所谓结构的几何组成分析也就是对结构计算简图的分析**。为表意广泛起见，将平面结构计算简图视为平面体系。那么对它进行几何组成的目的是什么呢？

1. 判断所用体系是否几何不变，以决定它是否能作为结构。

2. 研究几何不变体系的组成规则，以保证所设计的结构安全、实用、经济。

3. 根据体系的几何组成，确定结构是静定的还是超静定的，以便选择相应的计算方法和计算顺序。

第三节　平面体系的自由度计算及在几何组成分析中的作用

平面体系的自由度应等于各杆件自由度的总和，减去全部约束总和。即首先设想一个体系中什么约束也不存在，在此情况下计算各杆自由度总和；其次考虑体系的全部约数个数，包括必要约束和多余约束；然后前者减去后者，即得体系的自由度数。下面针对刚架（包括梁）、桁架，介绍两种自由度的计算方法。

1. 对于刚架

将体系看作是由若干刚片，用铰接和链杆所构成。设刚片数为 m，单铰数为 h，支链杆数为 r。在平面内每个刚片有三个自由度，则体系共有 3m 个自由度；单铰相当于两个约束，一个支链杆相当一个约束，则体系共有 $(2h+r)$ 个约束。故平面体系的自由度为

$$w=3m-2h-r \tag{3-2-1}$$

在此值得提出的是，公式中 h 为单铰数，在计算中经常遇到将复铰换算成单铰的情况。**所谓复铰即为由三个以上杆件所构成的铰**。设复铰杆件数为 n，则复铰换算成单铰的公式为

$$n-1 \tag{3-2-2}$$

【例 3-2-1】 试计算图 3-2-6 所示体系的自由度数。

【解】 图 3-2-6a 所示体系刚片数为 5，其单铰数为：节点 A 为单铰，节点 B 为复铰，换算成单铰数为 $3-1=2$ 个，节点 C 为**半铰**（即一杆端部与另一杆中间相交，相当于一个单铰），即共有单铰数为 4。支承链杆数为 7，由公式(3-2-1)可算得自由度为

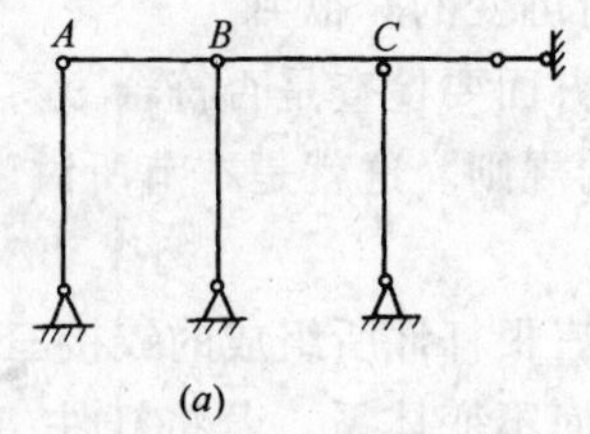

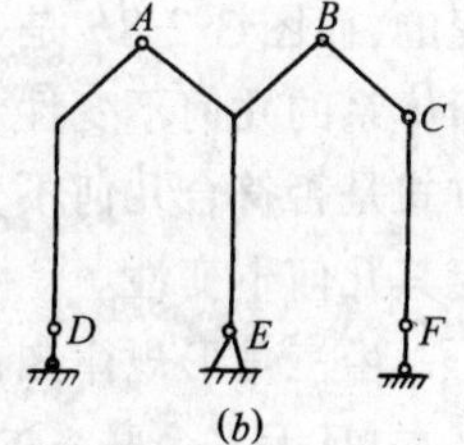

图 3-2-6

$$w=3\times5-2\times4-7=0$$

图 3-2-6b 所示体系刚片数为 4，单铰数为 3，支承链杆数为 4，由式(3-2-1)可算得自由度数为

$$w=3\times4-2\times3-4=2$$

2. 对于桁架

在平面桁架中，每一杆件的两端均有一铰(不分单铰或复铰)与其相邻的杆件相连接。设桁架节点数为 j(包括支座铰结点)，杆件数为 b，支承链杆数为 r。如各节点间无杆件连接，因为一个点在平面内有两个自由度，故 j 个节点的自由度数为 $2j$。节点之间的每根杆件和每一支承链杆，各相当一个约束，故约束的总数为$(b+r)$。因此平面桁架的自由度为

$$w=2j-b-r \tag{3-2-3}$$

平面桁架的自由度数，既可按式(3-2-3)计算，亦可以按式(3-2-1)计算，一般讲前者较方便。

图 3-2-7

【例 3-2-2】 试计算图 3-2-7 所示体系的自由度数。

【解】 此体系节点数为 $j=7$，杆件数为 $b=13$，支承链杆数为 $r=3$，按式(3-2-3)计算得自由度数为

$$w=2\times7-13-3=-2$$

由上面二例计算知，按公式(3-2-1)、(3-2-3)计算，所得结果有以下三种情况：

$w=0$　表明体系具有几何不变的必要条件。

$w>0$　表明体系缺乏必要的联系，因此是几何可变的。

$w<0$　表明体系具有多余联系，具有几何不变的必要条件。

因此，一个几何不变体系必须满足其自由度 $w\leqslant0$ 的必要条件。但只满足必要条件不足以说明此体系就是几何不变的，这是因为，尽管体系约束数目足够，甚至还有多余，但由于布置不当，体系仍然有可能是几何可变的。因此，为确定体系的几何不变性，尚需进一步研究几何不变体系的几何组成规律。

第四节　几何不变体系的组成规则

由上节结论知，如体系是几何不变的，它必须满足 $w\leqslant0$ 的条件。这是几何不变体系的必要条件，而不是充分条件。例如，图 3-2-8 所示的两个体系，自由度 w 全为零，但图 3-2-8a 是几何不变的，而图 3-2-8b 是几何可变的。欲判断体系的几何不变性，一方面要检查是否符合 $w\leqslant0$ 的条件，但另一方面还要检查杆件排列方式是否符合几何不变的规则。这就是本节所讨论的问题——由体系的几何组成规律来确定其几何不变性。

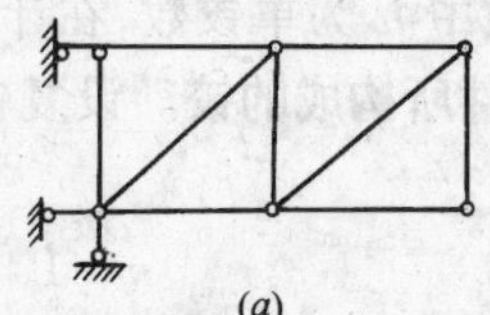

(a)

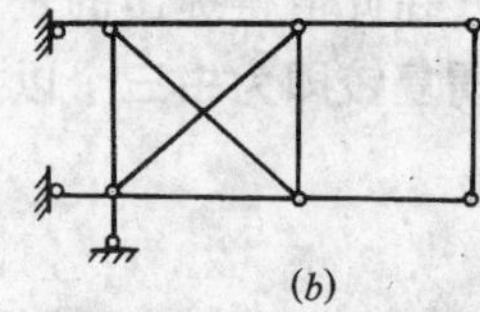

(b)

图 3-2-8

由三角形规律知，以三根杆件所组成的铰接三角形 ABC(图 3-2-9a)，是一个最简单最基本，且无多余联系的几何不变体系。若将杆件 AB 视作刚片，则变成图 3-2-9b 所示的体系，显然它是一个几何不变体系。在图 3-2-9b 中，**两根不共线的链杆构成一个铰接点的装置，称为二元体**。在平面上增加一个点即增加了两个自由度，但增加两根不共线的链杆又增加了两个约束。由此可见，在一个已知体上依次增加或撤除二元体，不会改变原体系的自由度数目。于是得到如下规则：

规则Ⅰ(二元体规则)**在已知体系上增加或撤除二元体，不会影响原体系的几何不变性和可变性**。换言之，已知体系是几何不变的，增加或撤除二元体，体系仍然是几何不变的；已

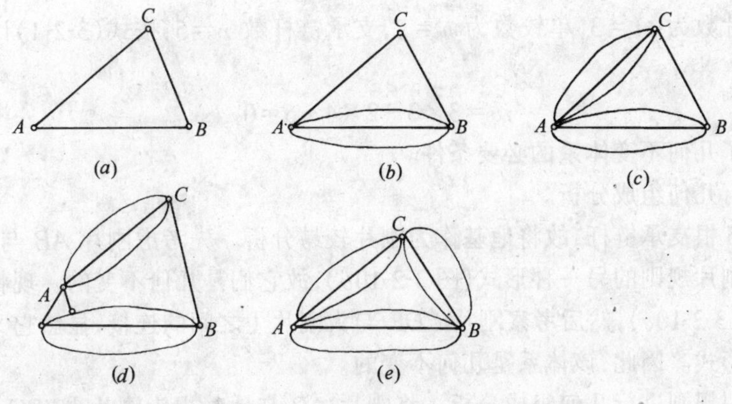

图 3-2-9

知体系是几何可变的，增加或撤除二元体，体系仍然是几何可变的。

若将图 3-2-9b 中的 AC 杆视为刚片，则变成如图 3-2-9c 所示。它是由两个刚片用一单铰与一根不通过此铰的链杆相连接，显然它是一个几何不变体系。由此得下列规则：

规则Ⅱ(两刚片规则)**两刚片用一个铰和一根不通过此铰的链杆相连接，所组成的体系是几何不变的，且无多余联系。**

因一个铰相当两个约束，图 3-2-9c 又可变为图 3-2-9d 所示。因此又得两刚片规则的另一种形式：

两刚片用三根既不互相平行又不汇交一点的链杆相连接，所组成的体系是几何不变的，且无多余联系。

若再将图 3-2-9c 中的 BC 杆视为刚片，则变成如图 3-2-9e 所示。它是由三个刚片用三个不在同一直线上的三个铰相连接，显然它也是几何不变的。由此又得如下规则：

规则Ⅲ(三刚片规则)**三刚片用三个不在同一直线上的铰两两相连接，所组成的体系是几何不变的，且无多余联系。**

以上三个几何不变体系的组成规则，它们既规定了刚片之间所必须的最少联系数目，又规定了它们之间应遵循的连接方式，它们是几何不变体系的必要与充分条件。

由推演过程知，这三个几何不变体系组成规则是互相沟通的，对于同一个体系用不同的规则进行分析，所得结论都是相同的。因此，用它们进行几何组成分析时，不拘泥于用哪个规则，而是哪个规则方便就采用哪一个规则。

例如，试对图 3-2-10a 所示体系进行几何组成分析。先进行自由度计算。

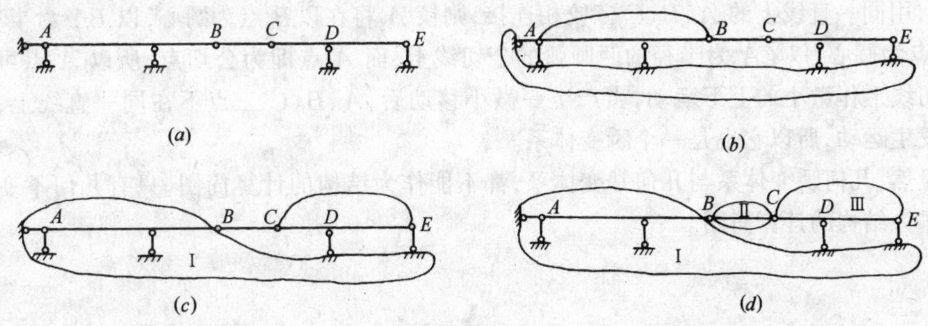

图 3-2-10

该体系刚片数为 $m=3$,单铰数为 $h=2$,支承链杆数 $r=5$,按式(3-2-1)计算得自由度数为

$$w=3\times3-2\times4-5=0$$

这表明它具备了几何不变体系的必要条件。

下面再进行几何组成分析。

该体系有 5 根支承链杆,故将地基作为刚片较易分析。先考虑刚片 AB 与地基的连接,显然它符合两刚片规则的另一种形式(图 3-2-10b),故它们是几何不变的。现将它们合成一个大刚片Ⅰ(图 3-2-10c),然后考察刚片 CDE 与大刚片Ⅰ之间的连接,显然它又符合两刚片规则的另一种形式。因此,该体系是几何不变的。

亦可用另一规则进行几何组成分析。将刚片 AB 与地基视为刚片Ⅰ,BC 视为刚片Ⅱ,CDE 视为刚片Ⅲ(图 3-2-10a),三刚片用不在同一直线上的实铰 B、C 和 D、E 处支链杆构成的虚铰相连接,根据规则Ⅲ,故知该体系是几何不变的。

上面在讨论两刚片规则和三刚片规则时,都曾提出一些应避免的情形,如连接两刚片的三根链杆既不能同时交于一点也不能互相平行,连接三刚片的三个铰不能同在一直线上等。现在来研究,如果出现了这种情形其结果如何呢?

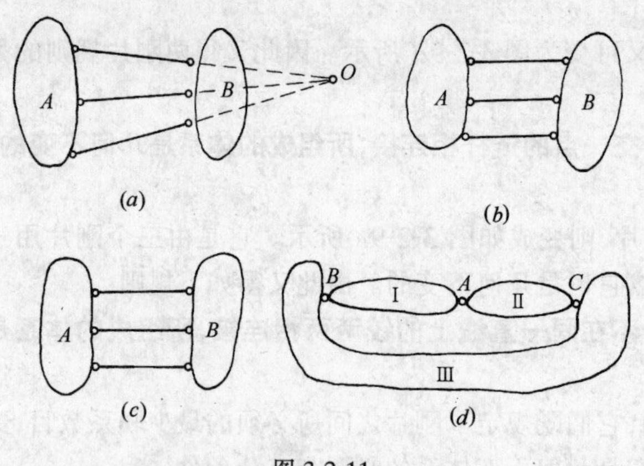

图 3-2-11

如图 3-2-11a 所示,若三根链杆同时交于 O 点,这样 A、B 两刚片可以绕 O 点作微小的相对转动,当转动一个小角度后,这三根链杆不再会同时交于一点,则不再产生相对转动,故知它是瞬变体系。

若三根链杆互相平行,但不等长(图 3-2-11b),则仍为瞬变体系,其理由与上面相同,我们可以认为这三根链杆也同时交于一点,不过交点在无穷远处而已。若三根链杆互相平行,且等长(图 3-2-11c),则 A、B 两刚片产生一相对运动后,此三根链杆仍互相平行,即在任何时刻、任何位置,这三根链杆都是平行的,所以在任何时刻都将产生相对运动,因此它为常变体系。

现在再研究连接三刚片的三个铰在同一直线上的情形。如图 3-2-11d 所示,三刚片Ⅰ、Ⅱ、Ⅲ,用同一直线上的 A、B、C 三铰相连接,则铰 A 将在以 B 点为圆心,以 BA 为半径,及以 C 点为圆心,以 CA 为半径的两圆弧的公切线上,而 A 点即为公切点,所以 A 点可以在此公切线上作微小的上下运动,当产生一微小移动后,A、B、C 三点不在同一直线上,故不会再发生运动,所以它也是一个瞬变体系。

显然,几何瞬变体系与几何常变体系,都不能作为结构的计算简图,只有几何不变体系才能作为结构的计算简图。

第五节 平面体系几何组成分析方法

几何组成分析的依据，一是自由度 $w \leqslant 0$ 的条件，二是几何组成的组成规则。几何组成分析的次序是，先计算体系的自由度 w，当 $w>0$ 时，说明此体系一定是几何可变体系，不需再进行几何组成分析；当 $w \leqslant 0$ 时，说明此体系已具备了几何不变的条件，至于是不是几何不变体系，再由几何组成分析来确定。因此，$w \leqslant 0$ 是体系几何不变的必要条件，而几何组成规则才是充分条件。当体系比较简单时，也可以不经过计算自由度，直接进行几何组成分析。不过一般步骤是，先计算体系的自由度，当满足 $w \leqslant 0$ 条件时，再进行几何组成分析，具体分析的方法是：

1．划分刚片时注意贯彻两两相交原则。

几何组成分析顺利与否，其关键在于所选择的刚片之间的连接，能否用上述三规则判断体系是几何不变的，或是几何可变的。两两相交原则就是便于几何组成分析选择刚片的原则。**所谓两两相交原则是指，在确定刚片时，要使刚片与刚片之间的连接至少有两个联系**。为什么这样做呢？因为三刚片规则属于两刚片之间仅有两个联系的规则，如果在划分刚片时注意到这一点，就便于利用规则Ⅲ判断体系的几何不变性和可变性。如三刚片中的任何两刚片之间的连接皆为两个联系，则为静定的几何不变体系；若多于两个联系，则为超静定的几何不变体系；若少于两个联系，则为几何可变体系。

如图 3-2-12*a* 所示的体系，如果将 ΔDBF、链杆 EG、地基 ABC 划分为刚片Ⅰ、Ⅱ、Ⅲ(图 3-2-12*b*)，那么刚片Ⅰ、Ⅱ用链杆 DE、FG 连接交于 H 点，刚片Ⅰ、Ⅲ用链杆 AD、BI 连接交于 B 点，刚片Ⅱ、Ⅲ用链杆 AE、GC 连接交于 J。它属于三刚片用三个不在同一直线上的 H、B、J 虚铰连接节点，因虚铰与实铰作用相同，根据规则Ⅲ，即可判定此体系是几何不变的，且无多余联系。

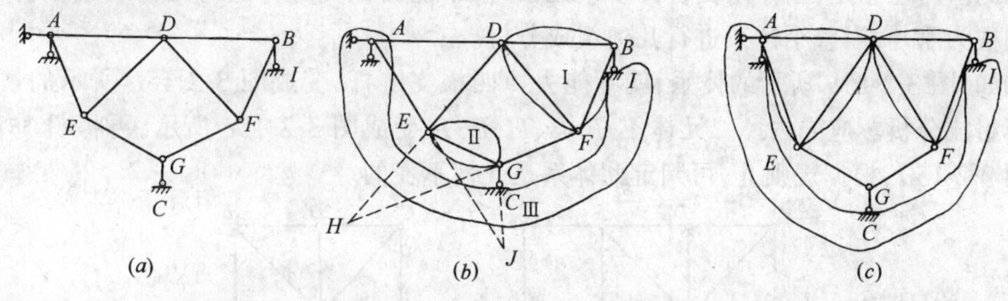

图 3-2-12

如若不是按上述两两相交原则划分刚片的话，而是任意划分的，那就无法判断其几何不变性。如图 3-2-12*c* 所示的三刚片，它们之间的连接不属于两两相交原则，因而也无法判定它的几何不变性。所以在进行几何组成分析划分刚片时，贯彻两两相交原则是十分必要的。

2．当体系上具有二元体时，可依次去掉二元体，再对剩下的部分进行几何组成分析。

例如图 3-2-13*a* 所示的体系，依次去掉二元体 B-A-C、D-B-F 和 F-C-E，可得如图 3-2-13*b* 所示的体系。然后，再对此体系进行几何组成分析。将 GHF、FIJ 和地基 $KOLM$ 依次划分为刚片Ⅰ、Ⅱ、Ⅲ(图 3-2-13*c*)，刚片Ⅰ、刚片Ⅱ由实铰 F 连接，刚片Ⅰ、Ⅲ与刚片Ⅱ、Ⅲ分别用虚铰 N、T 连接，三铰 F、N、T 不在同一直线上，根据规则Ⅲ，判定此体系为几何不变体系，且无多余联系，故整个体系为几何不变的。

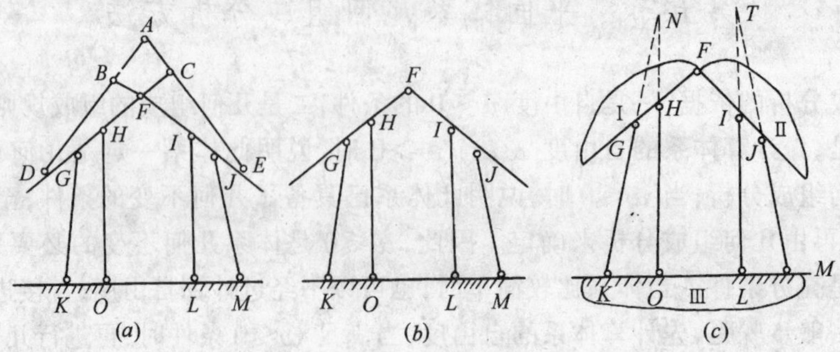

图 3-2-13

3．当体系用三根支链杆按规则Ⅱ与基础相连接时，可以去掉这些支链杆，只对体系本身进行几何组成分析，若此体系本身为几何不变体系，那么原体系即为几何不变体系。

例如图 3-2-14a 所示体系，可先去掉三根支链杆，变成图 3-2-14b 所示体系，然后再对此体系进行几何组成分析。根据两两相交原则，划分成图 3-2-14c 所示的刚片体系，根据规则Ⅲ，此体系是几何不变的，其原体系也是几何不变的。

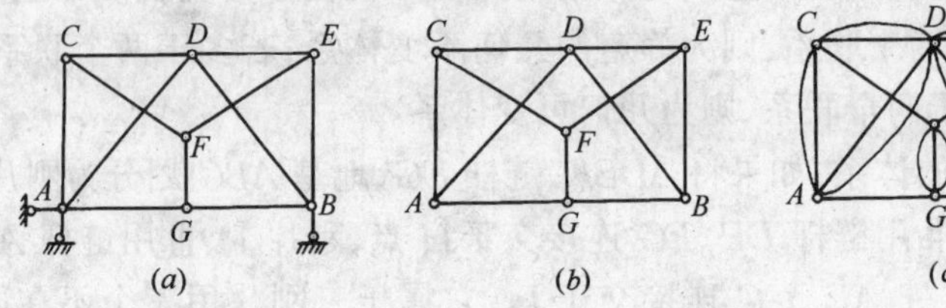

图 3-2-14

在此值得注意是，当体系支链杆多于三根时，不能去掉支链杆进行几何组成分析，应当把基础视为刚片，以整个体系进行几何组成分析。

例如，图 3-2-15a 所示的体系，就不能去掉四根支链杆，变成图 3-2-15b 所示的情形进行几何组成分析。应先去掉二元体 E-F-B、H-B-I，变成图 3-2-15c 所示，再将图 3-2-15c 变成图 3-2-15d，根据规则Ⅱ，可判定此体系是几何不变的。

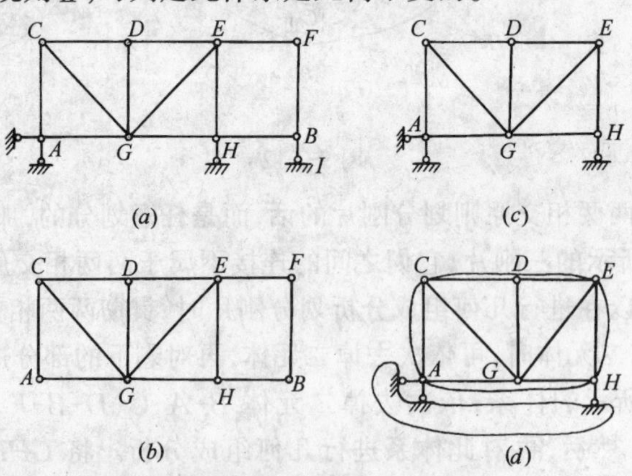

图 3-2-15

4. 对体系进行几何组成分析时，可利用等效代换的方法，使分析问题得到简化。

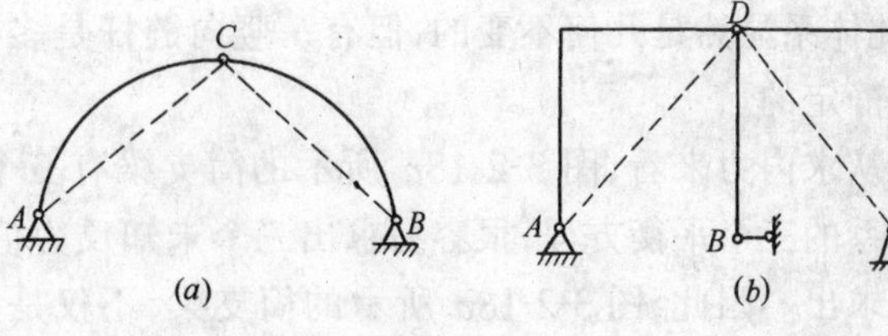

图 3-2-16

例如，已知体系中的几何不变部分，可直接划分为刚片（图 3-2-15d）；复杂形状的链杆（如曲链杆、折链杆）可作为通过两铰的直链杆（图 3-2-16a 中虚线所示）；联结刚片的二链杆可用一个虚铰来代替（图 3-2-13c）等。

下面再用一个例题具体说明平面体系进行几何组成分析的步骤。

【例 3-2-3】 试对图 3-2-17a 所示体系进行几何组成分析。

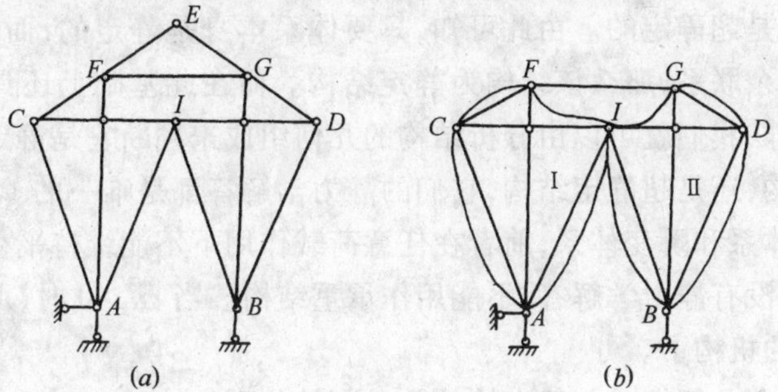

图 3-2-17

【解】 1. 计算体系自由度

该体系节点数 $j=10$，杆件数 $b=17$，支链杆数 $r=3$，由式(3-2-3)计算得自由度为

$$w=2\times10-17-3=0$$

说明该体系有可能为静定几何不变体系。

2. 进行几何组成分析

先撤除二元体 F-E-G，再取刚片如图 3-2-17b 所示。根据两刚片规则，此体系内部是几何不变的。另外，此体系内部与地基连接也符合两刚片规则，所以此体系为几何不变体系，且无多余联系。

第六节　几何组成与静定性的关系

平面体系的几何组成与其静定性关系非常密切，皆是由几何组成而决定体系的静定性。所谓静定性是指体系是静定的或是超静定的，有无静力学解答。下面分几何不变体系、几何瞬变体系和几何常变体系分别讲述。

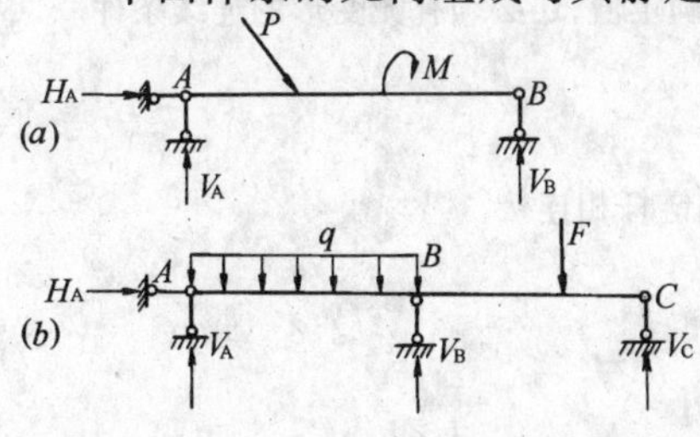

图 3-2-18

图 3-2-18a 表示一简支梁 AB，它与地基之间用既不平行又不相交于一点的三根链杆相连接，因此它符合规则Ⅱ，所以它是几何不变的静定的。而图 3-2-18b 所示的 AB 梁，是用四根链杆与地基相连接，$w<0$。因

此，此体系显然是几何不变的，但有一竖向链杆是多余的，换句话说，此体系具有多余联系，是超静定的。

从求内力来看，图 3-2-18a 所示的简支梁有三个未知反力，取梁为隔离体，利用平面一般力系的三个平衡方程，很容易求出三个未知反力值。梁上任一截面的内力也用截面法方便地求出。因此，图 3-2-18a 所示的简支梁，不仅是几何不变的，而且是静定的。而图 3-2-18b 所示的连续梁，它有四个未知反力，如以梁为隔离体，只有三个独立的平衡方程式，不足以解出四个反力未知数，从而内力也就无法进一步确定，因此，它显然是几何不变的，但却是超静定的。

由此可见，一个几何不变的体系，由它对应的结构也是几何不变的。当 $w=0$ 时，此结构不仅有可能是几何不变体，而且有可能是静定的。当 $w<0$ 时，则此结构不仅有可能是几何不变，而且有可能是超静定的。由此可知，只要体系本身是静定的，而且其间的联系也是几何不变的，且无多余联系，那么该结构为静定结构。而在此基础上还具有多余联系，那便是超静定结构。这样，我们就可以由分析结构的几何组成来判断它是静定结构，还是超静定结构。不论静定结构，还是超静定结构，它们的静力学解答都是唯一的。

至于几何可变体系和瞬变体系，前者在任意荷载作用下不能维持平衡，后者内力为无穷大或不定值，因此均没有静力学解答，不能用作承重结构。当 $w>0$ 时，那不是什么结构，而是可以作相对运动的机构了。

综上所述，体系的几何组成与静定性的关系归纳如下：

(1) 无多余约束的几何不变体系为静定结构。

(2) 有多余约束的几何不变体系为超静定结构。

(3) 常变体系不存在静力学解答，瞬变体系不存在有限或确定的静力学解答，即几何不变体系不能作为结构使用。

小　结

平面体系是指杆件轴线皆在同一平面内的杆件体系。平面体系几何组成分析的主要目的在于，确定体系为几何不变体系还是几何可变体系，保证结构计算简图为几何不变体系；另外，确定结构为静定结构还是超静定结构，便于选择计算方法和计算顺序。

平面体系分为几何不变体系与几何可变体系，几何可变体系又分为瞬变体系和常变体系。

1. 判断几何不变体系的规则

(1) 二元体规则，(2) 两刚片规则，(3) 三刚片规则。无多余约束的几何不变体系称为静定结构，其静力特征是：用静力平衡条件可求得全部反力和内力的确定值。有多余约束的几何不变体系，称为超静定结构，其静力特征是：仅用静力平衡条件不能求得全部反力和内力的确定值，还必须补充变形的连续条件。

2. 判断几何瞬变体系的方法

(1) 两刚片之间用三根互相平行，但不等长的链杆相连接。

(2) 两刚片之间用三根不相平行，且轴线延长线相交于一点的链杆相连接。

(3) 三刚片用位于同一直线上的三个铰两两相连接。

这类体系的特征是：反力和内力为无限大，或为不定值。

3. 判断常变体系的方法

(1) 两刚片之间的联系数目少于三个规则所要求的最少数目。

(2) 两刚片之间用两根等长的链杆相连接。

(3) 两刚片之间用全交于一实铰的三根链杆相连接。

(4) 三刚片用三对平行且等长的链杆相连接。

这类体系的静力特征是:一般无静力解答。

综上所述,在这三类体系中,只有几何不变体系才能作为结构计算简图。

思 考 题

3-2-1 何谓平面体系?平面体系分成那几类?

3-2-2 什么是几何瞬变体系和几何常变体系?试举例说明之。

3-2-3 何谓约束?何谓必要约束和多余约束?

3-2-4 什么叫几何组成分析?几何组成分析的目的是什么?

3-2-5 几何组成分析的依据是什么?方法有哪些?

3-2-6 几何组成与静定性的关系是什么?

3-2-7 试对图 3-2-19 所示体系进行几何组成分析。

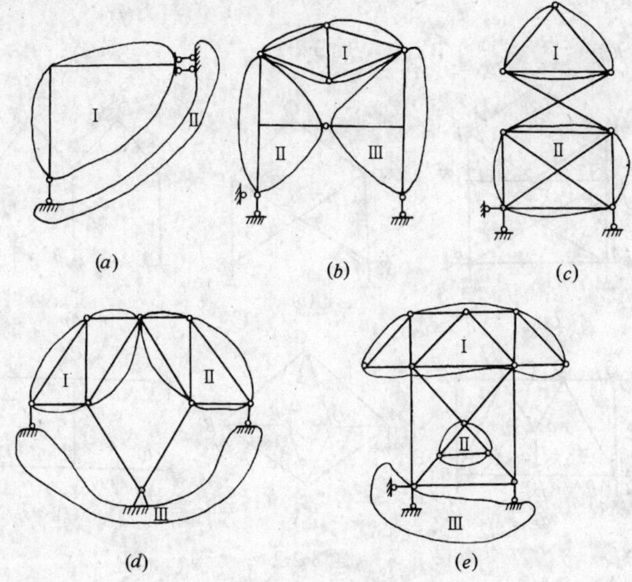

图 3-2-19

习 题

3-2-1 计算图示体系的自由度。

3-2-2 试确定图示体系:(1) 属于几何不变且无多余联系的图号为____________。

(2) 属于几何不变且有多余联系的图号为____________。

(3) 属于几何瞬变的图号为____________。

(4) 属于几何常变的图号为____________。

3-2-3 试对图示体系进行几何组成分析。

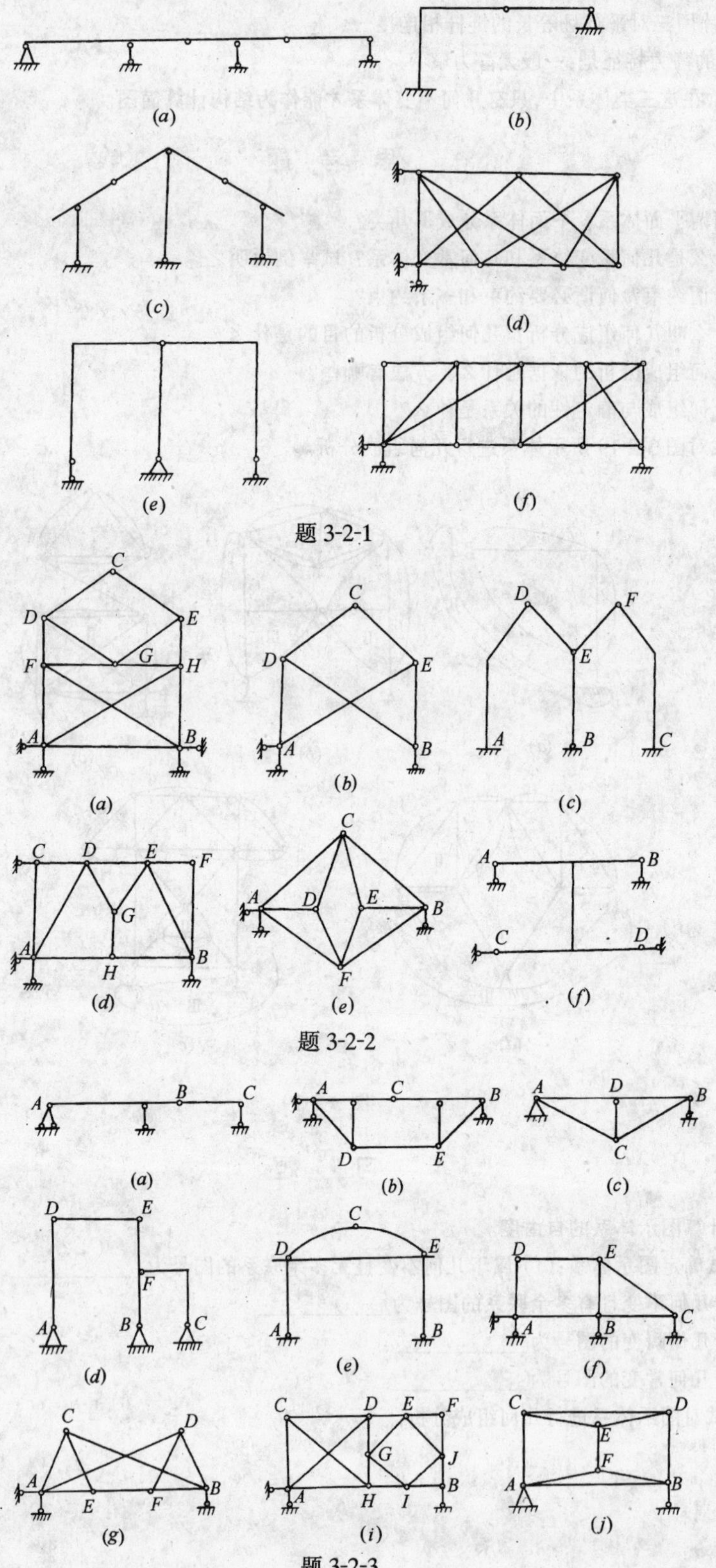

题 3-2-1

题 3-2-2

题 3-2-3

第三章　静定平面结构的内力计算

第一节　静定结构的概念

在建筑力学或建筑结构中规定，凡在荷载作用下，其全部反力和内力皆可用平衡条件唯一确定的几何不变体系，称为**静定结构**。在实际工程中，合乎上述定义的静定结构有多种多样，但根据其构造特征及受力特点，可进行各种分类，平面杆系结构中常见的型式有：静定梁、静定刚架、静定桁架、三铰拱及静定组合结构等（见图 3-3-1）。本章主要研究上述静定结构的特点，在荷载作用下的支反力和内力计算，内力图绘制，以及受力性能的分析等。

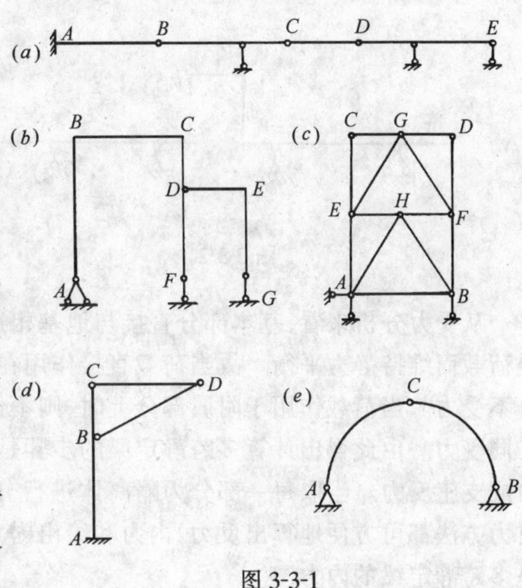

图 3-3-1

因静定结构的全部反力和内力皆可用静力平衡条件求出，因此，在计算静定结构的反力和内力时，可以像材料力学计算构件的反力和内力那样，采用截面法，以结构的整体或部分为研究对象，取出隔离体，画出受力图，运用平衡条件，求得所需的反力或内力。有所不同的是，材料力学所研究的对象是单个杆件，它解决的是单个杆件的计算问题；而在结构力学中所讨论的是整个结构的计算问题。因此，在结构力学计算中，要将结构分解成杆件或部分，将整个结构的计算问题，变成单个杆件或部分结构的计算问题。那么，如何对结构进行分解呢？这就要与结构的几何组成分析结合起来，根据结构几何组成上的特点，来确定正确、简便的计算方法。

静定结构的内力计算是静定结构的位移计算、超静定结构的内力计算与位移计算的基础，应熟练掌握。

第二节　多 跨 静 定 梁

在材料力学中学过三种单跨静定梁，即简支梁、悬臂梁和外伸梁，它们只适合于小跨度的情况，如楼板、屋面大梁、吊车梁及短跨桥梁等。如若将若干单跨梁彼此用铰连接，形成几何不变的静定结构，这种结构称为**多跨静定梁**。多跨静定梁计算比较简便，能跨越较大的跨度，且受力不受地基沉陷的影响，所以常用在预制装配式桥梁中，如图 3-3-2a 所示。有时也应用在房屋建筑结构中。如图 3-3-2a 中，B、C 两点为构件的连接点，通常对混凝土结构施

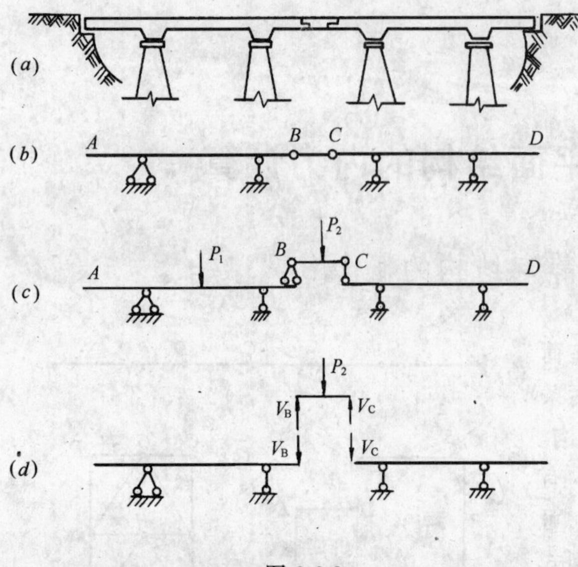

图 3-3-2

工程序是，两构件端部伸出钢筋，吊装完毕后焊接，再浇上混凝土。由于这些节点抵抗转动能力较差，故计算时可简化为理想铰节点，其计算简图如图 3-3-2*b* 所示。

多跨静定梁的受力分析，关键在于弄清其几何组成关系，为此多采用画分层图的方法。图 3-3-2*c* 所示就是单跨梁 *AB*、*BC*、*CD* 的分层图。从中看出，*AB* 和 *CD* 部分，各有三根链杆与地基相连，不需要依赖其它部分而几何不变，我们把这种部分称为**基本部分**。而 *BC* 部分必须依赖于基本部分 *AB*、*CD*，才能维持几何不变，我们把这种情况称为**附属部分**。

从受力分析来看，基本部分直接与地基相连接，成为独立的静定梁，因此它能独立地承受荷载而维持静力平衡。故当荷载直接作用在基本部分上时，只有基本部分受力，而附属部分不受力。当荷载作用于附属部分上时，则不仅附属部分受力，而且支承它的基本部分也将一同受力。由此得出计算多跨静定梁的步骤是：先附属后基本，依次求出各铰接处的约束反力或支座反力。当取每一部分为隔离体进行分析时(图 3-3-2*d*)，它们都是单跨静定梁，用材力方法都可方便地算出反力、内力和绘出内力图。把各单跨静定梁的内力图联在一起，就是多跨静定梁的内力图。

在实际应用中，多跨静定梁有图 3-3-3*a*、*c* 所示的两种基本型式。图 3-3-3*a* 所示型式，其特点是外伸梁与悬挂梁相互交叉排列。其中除最左边一跨 *AB* 外伸梁外，其余各外伸梁虽只有两根支承链杆与地基相连，但从几何图形来说，其悬挂梁应被视为外伸梁的支承链

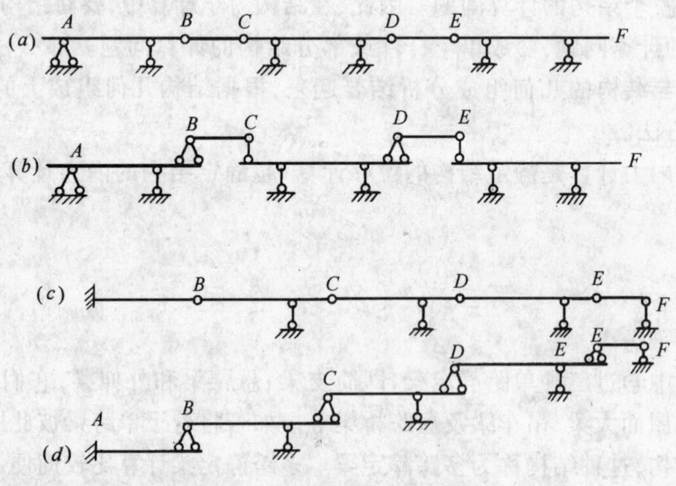

图 3-3-3

杆，所以仍然是几何不变的静定梁。其悬挂梁视为简支梁，其分层图如图 3-3-3*b* 所示。计算时应先计算简支梁，然后再计算外伸梁。图 3-3-3*c* 所示的多跨梁，其分层图如图 3-3-3*d* 所示。*AB* 梁为基本部分，*BC*、*CD*、*DE* 梁被称为两用梁，因其各自的左端起悬挂梁的作用，右端起基本梁的作用，至于 *EF* 则为悬挂梁。凡在端部的悬挂梁，其末端支承于基础上。但归根结底它们还是属于附属部分。计算时，应从最上层开始，依次往下计算，很容易算出全部内力并作出内力图。

除上述两种基本型式外，有时也采用混合型式(图 3-3-1*a*)，但其分析方法是类似的。总之，计算多跨静定梁的顺序是：**先附属部分，后基本部分**。这样才能顺利地求出各铰节点处的支座反力和约束反力，从而避免求解联立方程组。

【例 3-3-1】 作图 3-3-4*a* 所示多跨静定梁的内力图。

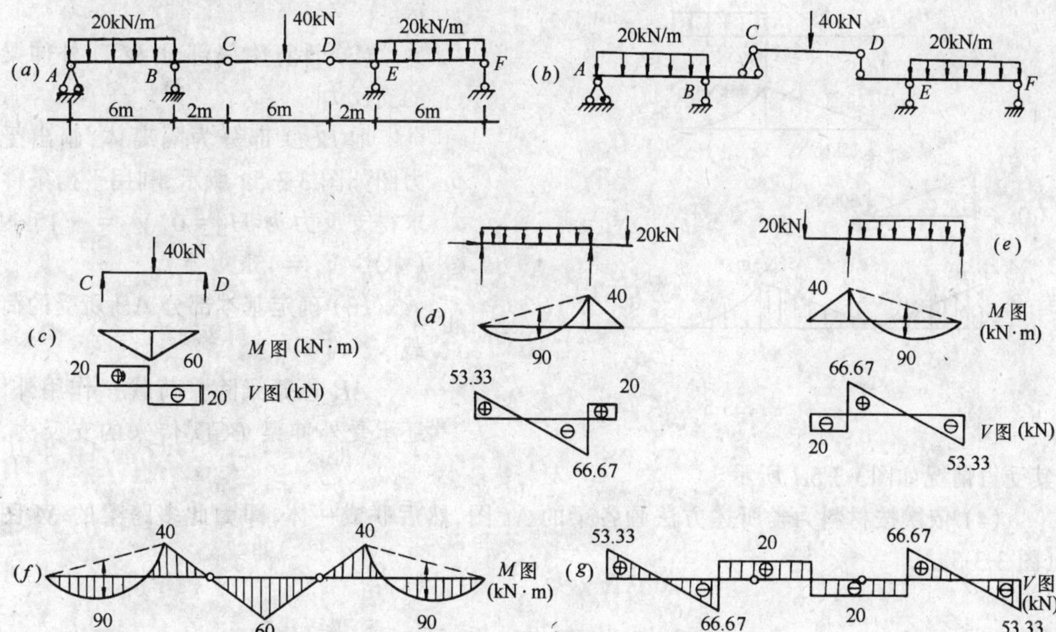

图 3-3-4

【解】 (1) 分析传力途径，画出该梁的分层图。

图 3-3-4*a* 中，*ABC*、*DEF* 部分为基本部分，*CD* 部分为附属部分，其分层图如图 3-3-4*b* 所示。

(2) 计算附属部分 *CD* 的支反力

画出 *CD* 部分的隔离体图(图 3-3-4*c*)，按简支梁求反力的方法，求得反力为 $H_C=0$，$V_C=20\text{kN}(\uparrow)$，$V_D=20\text{kN}(\uparrow)$。

(3) 计算基本部分的支座反力

分别画出 *ABC*、*DEF* 部分的隔离体图(图 *d*、*e*)。该梁除承受作用于本身的荷载外，还承受 *CD* 附属部分传来的支反力。由平衡条件分别求得 $H_A=0$，$V_A=53.33\text{kN}(\uparrow)$，$V_B=86.67\text{kN}(\uparrow)$，$V_E=86.67\text{kN}(\uparrow)$，$V_F=53.33\text{kN}(\uparrow)$。

(4) 依次画出各单跨梁的 *M*、*V* 图，然后联成一体，就得到如图 3-3-4*f*、*g* 所示的整个多跨静定梁的 *M*、*V* 图。

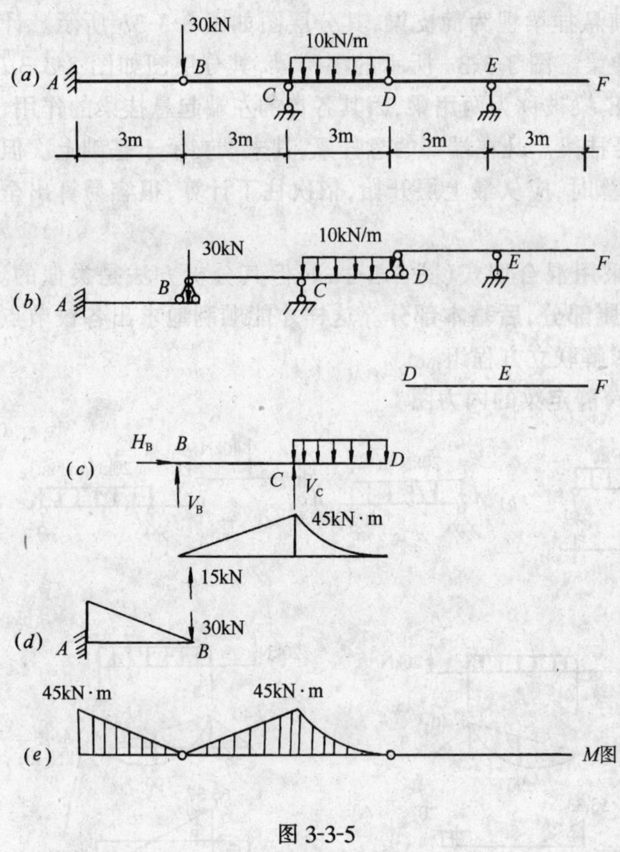

图 3-3-5

【例 3-3-2】 作图 3-3-5a 所示多跨静定梁的 M 图。

【解】 (1) 画出分层图

图 3-3-5a 中，AB 悬臂梁为基本部分，BCD、DEF 外伸梁为附属部分。DEF 外伸梁不受荷载作用，其内力、支反力皆为零。B 点为基本部分与附属部分的联接点，集中力作用于该点，只有基本部分受力，附属部分不受力，其分层图如图 3-3-5b 所示。

(2) 计算附属部分 BCD 外伸梁的支反力

取 BCD 部分为隔离体，画出受力图如图 3-3-5c 所示，利用平衡条件求得支反力为 $H_B=0$，$V_B=-15\text{kN}$ (↓)　$V_C=45\text{kN}$(↑)。

(3) 确定基本部分 AB 所受的荷载

AB 悬臂梁除受荷载 P 作用外，还承受外伸梁 BCD 传来的支反力，其受力情况如图3-3-5d 所示。

(4) 依次按材料力学所述方法画各梁的 M 图，然后联成一体，即为此多跨梁的 M 图（图 3-3-5e）。

第三节　静定平面刚架

一、静定刚架的特点

由梁和柱组成，且具有刚节点的结构，称为**刚架**。当组成刚架的各杆的轴线和荷载均在同一平面内时，称为**平面刚架**。

由于刚架具有刚节点，整体性好，内力分布比较均匀，可以用较少的杆件获得较大的内部使用空间，制作也方便等优点，所以在工程中得到广泛的应用。

在刚架中，刚节点仅发生刚性位移而不发生变形。因此刚节点联结的所有杆件受力前后的杆端转角相等。由于刚节点连接的杆件之间不能发生相对转动，因此刚节点能传递弯矩，使刚架的杆件产生弯矩、剪力和轴力，由此引起弯曲、剪切和轴向变形。计算结果表明，刚架的弯矩在内力中一般起主要作用，因此绘制刚架的弯矩图是刚架分析中的主要任务之一。

凡由静力平衡条件，可以确定全部反力和内力的平面刚架，称为**静定平面刚架**。常用的静定平面刚架型式有：

1．悬臂刚架（图 3-3-6a），常用于火车站台、汽车站和加油站等建筑。

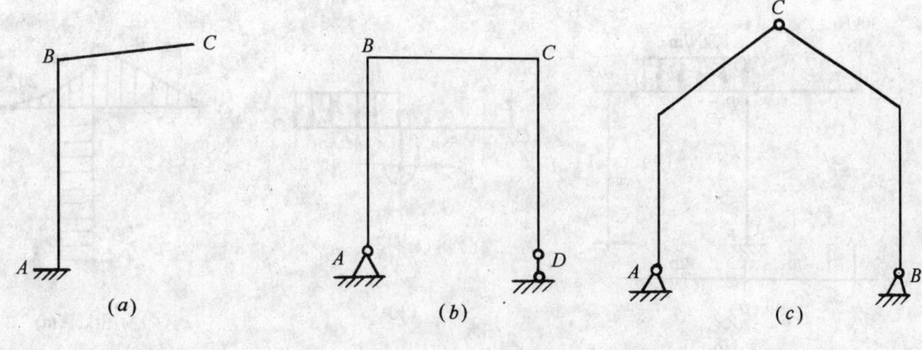

图 3-3-6

2．简支刚架（图 3-3-6*b*），常用于起重机的钢支架和渡槽横向计算所取的计算简图等。

3．三铰刚架（图 3-3-6*c*），常用于食堂、小型厂房和礼堂等较大跨度建筑。

二、静定刚架的受力分析

静定刚架与静定梁的受力类似，但刚架中一般还存在轴力。刚架的内力计算方法与梁基本相同。只需将刚架的每根杆看作是梁，逐杆用截面法计算控制截面的内力。对于静定刚架，控制截面一般选在支承点、外力突变点和杆件的汇交点等。控制截面把原刚架离散成受力简单的直线段，利用材料力学取隔离体的方法，可逐一求出控制截面的内力值，其刚架的内力图也就很容易画出。作剪力图及轴力图有两条途径，一是直接求出控制截面的剪力和轴力，直接作剪力图和轴力图；另一条是由弯矩利用杆件平衡作剪力图，由剪力图取节点平衡作轴力图。二者各有利弊，可根据题目特点，看哪种方便就采取哪种方法。在土建工程中，绘制内力图时，规定将弯矩图画在杆件的受拉一侧，不注正、负号。剪力图和轴力图可画在杆件的任意一边，但需注明正、负号。为了明确表示各截面内力，特别是为了区别相交于同一刚结点的不同杆端截面的内力，在内力符号右下角采用两个脚标，其中，第一个脚标表示内力所属截面，第二个脚标是该截面所在杆件的另一端。例如 M_{BC}，表示 *BC* 杆 *B* 端截面的弯矩，M_{CB}则表示 *BC* 杆 *C* 端截面的弯矩。

三、校核

刚架相对梁来说计算有点复杂，且一处有错到处受牵连，故题目作完了应进行校核。特别注意，校核不等于重做，只需要截取部分结点或结构的某一重要部分，利用平衡条件来检查计算值的正误。

【例 3-3-3】 试作图 3-3-7*a* 所示悬臂刚架的内力图。

【解】 悬臂刚架的内力计算与悬臂梁基本相同。一般皆是从自由端开始，截取隔离体计算各杆段的杆端内力，不需求出支座反力。

(1) 作 *M* 图

从自由端 *C* 开始，有

$$M_{CB}=0 \qquad M_{BC}=-30\times4=-120\text{kN·m}(\text{上部受拉})$$

再从自由端 *D* 开始，有

$$M_{DB}=0 \qquad M_{BD}=-\frac{ql^2}{2}=-\frac{10\times4^2}{2}=-80\text{kN·m}(\text{上部受拉})$$

切断立柱 *AB* 的上端，以 *CBD* 为隔离体（图 3-3-7*b*），由 $\Sigma M_B=0$ 得

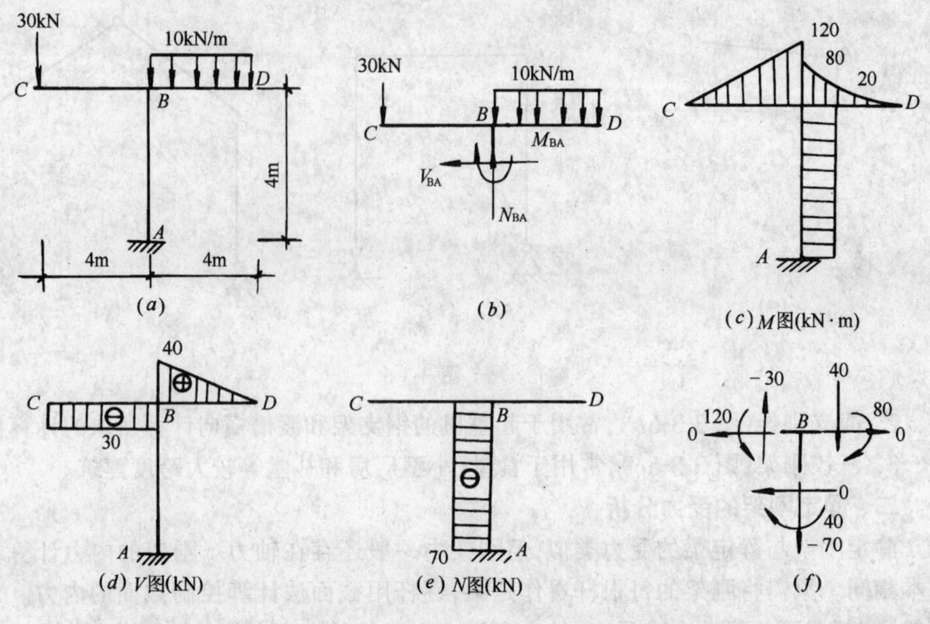

图 3-3-7

$$M_{BA}=30\times 4-\frac{1}{2}\times 10\times 4^2=40\text{kN·m}(\text{右侧受拉})$$

截取立柱 AB 为隔离体，得

$$M_{AB}=40\text{kN·m}(\text{右侧受拉})$$

杆端弯矩求得后，即可仿照作静定梁 M 图的基本方法，先将刚架各杆端弯矩画在受拉一侧。对于两杆端之间无荷载的区段（如 CB、BA），将两杆端弯矩连以直线，即为该部分的弯矩图。对于两杆端有均布荷载的杆件（如 DB）可采取区段叠加法，先将两杆端弯矩连以虚直线，然后再在该直线上叠加一个同跨度同荷载的相应简支梁弯矩图，即得此杆件的弯矩。这样，DB 杆件中点弯矩为

$$M=80\times\frac{1}{2}-\frac{1}{8}\times 10\times 4^2=20\text{kN·m}$$

最后弯矩图如图 3-3-7c 所示。

(2) 作 V 图

分别从刚架的自由端 C、D 算起，按剪力平衡条件，得

$$V_{CB}=V_{BC}=-30\text{kN},\ V_{DB}=0,\ V_{BD}=40\text{kN},$$
$$V_{BA}=V_{AB}=0$$

根据各杆端剪力，即可作 V 图（图 3-3-7d）。

(3) 作 N 图

利用观察法，易知各杆轴力为

$$N_{CB}=N_{BC}=N_{DB}=N_{BD}=0$$
$$N_{BA}=N_{AB}=-(30+10\times 4)=-70\text{kN}(\text{压})$$

据以上数据可作刚架的轴力图，如图 3-3-7e 所示。

(4) 校核

全部内力图作出后，可截取刚架任一部分，校核其是否满足静力平衡条件。例如取出节点 B（图 3-3-7f），校核其三个静力平衡 $\Sigma M=0, \Sigma X=0, \Sigma Y=0$ 是否被满足，即

$$\Sigma M=80+40-120=0$$
$$\Sigma X=0+0+0=0$$
$$\Sigma Y=70-30-40=0$$

经验算满足平衡条件，故知计算无误。

【例 3-3-4】 试作图 3-3-8a 所示刚架的内力图。

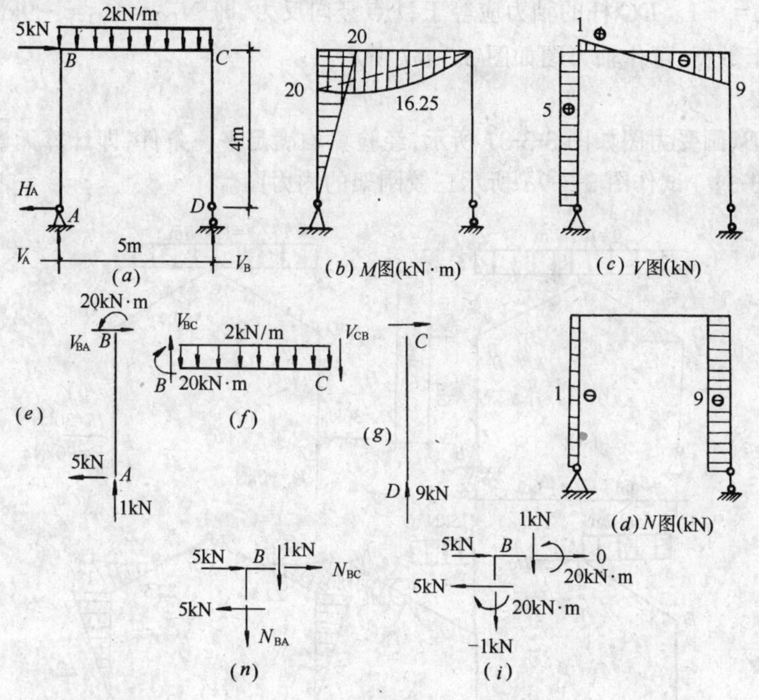

图 3-3-8

【解】 (1) 求支反力

取整个刚架为隔离体。由 $\Sigma M_A=0$，得 $V_D=9\text{kN}(\uparrow)$；由 $\Sigma Y=0$，得 $V_A=1\text{kN}(\uparrow)$；由 $\Sigma X=0$，得 $H_A=5\text{kN}(\leftarrow)$。

(2) 作弯矩图

逐杆分段，用截面法计算各控制截面的弯矩值，然后用叠加法作弯矩图。

AB 杆：$M_{AB}=0, M_{BA}=5\times 4=20\text{kN}\cdot\text{m}$（右侧受拉），中间无荷载，该杆的弯矩图如图 3-3-8b 所示。

BC 杆：该杆两端弯矩分别为 $M_{BC}=20\text{kN}\cdot\text{m}$（下侧受拉），$M_{CB}=0$，中间有均布荷载，先将求得的两端弯矩值按一定比例画出，并连以虚线，再以此虚直线为基线叠加相应简支梁在均布荷载作用下的弯矩图，如图 3-3-8b 所示。

(3) 作剪力图

本题以弯矩图作剪力图。取 AB 杆为隔离体（图 3-3-8e），由平衡条件得 $V_{BA}=V_{AB}=5\text{kN}$。

取 BC 杆为隔离体（图 3-3-8f），用平衡条件求剪力。由 $\Sigma M_B=0$，得 $V_{CB}=-\dfrac{20}{5}-\dfrac{1}{5}$

$\left(\frac{1}{2}\times2\times5^2\right)=-9\text{kN}$，由 $\Sigma Y=0$，得 $V_{BC}=2\times5-9=1\text{kN}$。此杆受有均匀分布荷载，剪力图应为斜直线，$BC$ 杆剪力图如图 3-3-8c 所示。

取 CD 杆为隔离体(图 3-3-8g)。由于 V_D 通过 DC 杆杆轴，且无荷载，故全杆剪力为零。

(4) 作轴力图

画出剪力图后，可根据节点平衡由剪力求轴力，有些杆亦可根据反力和荷载直接确定轴力。如 BC、BA 杆的轴力可取节点 B 为研究对象，画出受力图(图 3-3-8h)，由平衡条件得 $N_{BC}=0$，$N_{BA}=-1$。DC 杆的轴力应等于 D 点竖向反力，即 $N_{DC}=V_D=-9\text{kN}$。

根据以上数据，可作轴力图如图 3-3-8d 所示。

(5) 校核

取节点 B，画受力图如图 3-3-8I 所示，经验算均满足平衡条件，即计算无误。

*【例 3-3-5】 试作图 3-3-9a 所示三铰刚架的内力图。

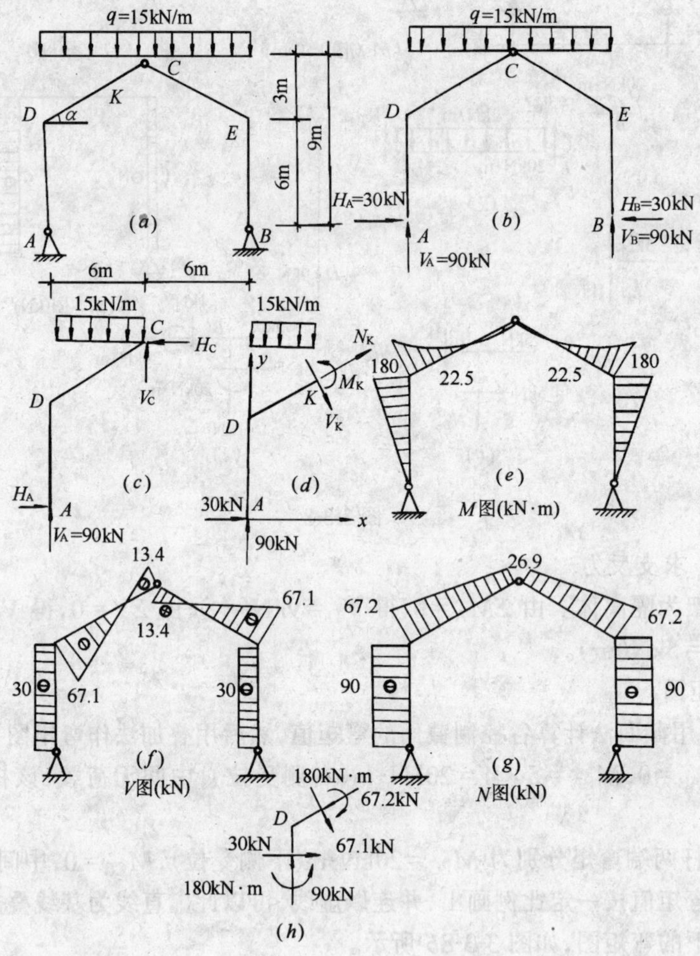

图 3-3-9

【解】 (1) 求支座反力

取整个刚架为隔离体(图 3-3-9b)，由

$\Sigma M_A=0$ 得 $V_B=\dfrac{15\times 12^2}{2\times 12}=90\text{kN}(\uparrow)$

$\Sigma M_B=0$ 得 $V_A=\dfrac{15\times 12^2}{2\times 12}=90\text{kN}(\uparrow)$

$\Sigma X=0$ 得 $H_A=H_B$

拆开铰 C,取 ADC 为隔离体(图 3-3-9c),由

$$\Sigma M_C=0 \quad 得 \quad H_A=\frac{1}{9}\left(\frac{1}{2}V_A-\frac{ql^2}{8}\right)=\frac{1}{9}\left(6\times 90-\frac{15\times 12^2}{8}\right)=30\text{kN}(\rightarrow)$$

根据 $H_A=H_B$,知 $H_B=30\text{kN}(\leftarrow)$

以上求出的各反力均为正号,说明图 3-3-9b 中假设的各反力指向与实际相同。

(2) 绘内力图

用截面法在 DC 杆的任一点K 垂直轴线截开,取 ADK 为隔离体(图 3-3-9d),取坐标如图示。

AD 杆:从图 3-3-9d 容易看出,点 A 处的弯矩为零,点 D 处的弯矩为 $30\times 6=180\text{kN}\cdot\text{m}$(外侧受拉),中间无荷载,其弯矩图按直线变化。剪力为 -30kN,轴力为 -90kN,整杆皆为常量。

DC 杆:仍取图 3-3-9d 所示的隔离体,由 $\Sigma M_K=0$ 及各力在 V_K 和 N_K 两方向的平衡条件,得

$$M_K=90x-\frac{15x^2}{2}-30y \qquad (a)$$

$$V_K=(90-15x)\cos\alpha-30\sin\alpha \qquad (b)$$

$$N_K=-(90-15x)\sin\alpha-30\cos\alpha \qquad (c)$$

利用几何关系得式中 $\sin\alpha=\dfrac{3}{\sqrt{45}}$,$\cos\alpha=\dfrac{6}{\sqrt{45}}$,$y=6+x\text{tg}\alpha=6+x\cdot\dfrac{3}{6}=6+\dfrac{1}{2}x$。

以上三式就是 DC 斜杆M_K、V_K、N_K 的表达式,根据函数作图像的方法,可分别作出 M 图、V 图和 N 图。例如,(a)式为二次抛物线函数,图像为曲线。当 $x=0$ 时,$M=-180\text{kN}\cdot\text{m}$;当 $x=3$ 时,$M=-22.5$;当 $x=6$ 时,$M=0$。据此可作此杆的 M 图(图3-3-9e)。因刚架,荷载对称,故 M 图和N 图对称,V 图反对称(详见第五章),依此作出整个刚架的 M 图、V 图和N 图(图 3-3-9e、f、g)。

(3) 校核

截取 D 节点为隔离体(图 3-3-9h),验算满足 $\Sigma Z=0$、$\Sigma Y=0$、$\Sigma M_D=0$ 三个条件,即计算无误。

静定刚架的内力计算,是重要的基本内容,它不仅是静定刚架强度计算的依据,而且是分析超静定刚架和位移计算的基础,尤其是弯矩图的绘制以后用的地方很多。综合以上几个算例,特对作弯矩图提出以下几个注意事项:

(1) 刚节点处的弯矩必须平衡;

(2) 铰节点处没有弯矩;

(3) 无荷载区段弯矩为直线;

(4) 有均布荷载的区段弯矩为曲线,曲线的凸向与均布荷载指向相同。

(5) 有荷载的区段,作弯矩图常用区段叠加法。

如能熟练地掌握上述五条注意事项,可以在不求或只求个别支座反力的情况下,迅速作出某些刚架的弯矩图。例如图 3-3-10a 所示的刚架,DE 杆为悬臂杆,中间有均布荷载作用,$M_{ED}=0$,$M_{DE}=\frac{qa^2}{2}$,M 图为曲线,向下凸(与荷载方向相同);CD 杆,铰支座与杆轴线一致,又无荷载,该杆无弯矩;节点 D 为刚结点,它传递弯矩,且必须平衡,由此知 $M_{DF}=M_{DE}=\frac{qa^2}{2}$。

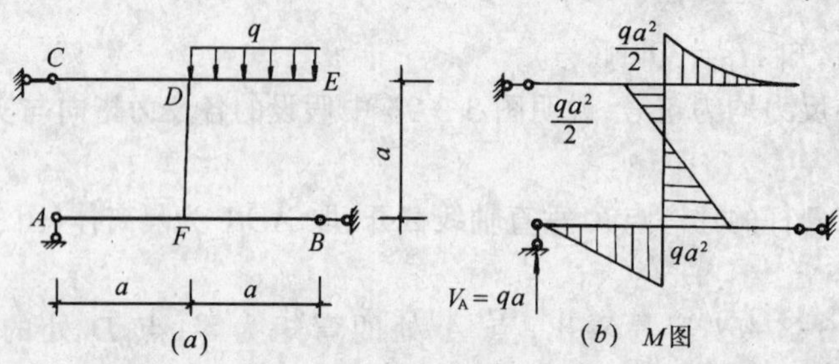

图 3-3-10

利用 $\Sigma Y=0$,得 $V_A=qa$,AF 杆再无其它荷载,$M_{AF}=0$,$M_{FA}=qa^2$,M 图为直线;FB 杆与 CD 杆情况一样,此杆也无弯矩;利用刚节点 F 平衡条件 $\Sigma M_F=0$,得 $M_{FD}=qa^2$。据以上各杆情况,作 M 图如图 3-3-10b 所示。

第四节　静定平面桁架

一、桁架的计算简图和分类

桁架是由若干直杆在其两端用铰连接而成的结构(图 3-3-1)。它在土建工程中应用十分广泛,如桥梁、工业与民用建筑、塔架和起重机架等,皆可用桁架作为承重结构。如著名的武汉、九江和南京长江大桥都是采用桁架结构。随着高层和超高层钢结构的发展,桁架应用更加广泛。制作桁架的材料有钢材、木材和混凝土等。桁架构件很多,受力也比较复杂。为了简化桁架的内力计算,常引入四点假定:

(1) 桁架的构件皆为等截面直杆,用轴线表示构件;

(2) 杆件之间的连接皆为不考虑摩擦的理想铰,用圆图表示结点;

(3) 节点连接处所有杆件的轴线汇交于铰接中心;

(4) 荷载与支反力皆作用在铰节点上。

满足以上假定的桁架称为**理想桁架**。图 3-3-11a 为一理想桁架的计算简图。在分析计算中,通常将理想桁架简称为桁架,它与实际工程中的桁架是有差别的。当通过精心施工时,实际桁架可以达到理想桁架中的第(1)和第(3)条假定要求。当杆件上的分布荷载(如自重等)可略去不计,且通过严格施工时,也能达到第(4)条假定要求。但对于第(2)条假定,无论如何精心设计、施工也达不到假定要求。例如图 3-3-11a 中的 C 点,若采用钢结构,则实际结构如图 3-3-11b 所示,杆件与节点板之间常用焊接或铆接,杆件绕节点不可能自由地转动。在混凝土桁架中,杆件是通过现浇连接在一起的,即使在木桁架中,榫接头抗转能力较差，也不能成为理想光滑的铰节点。

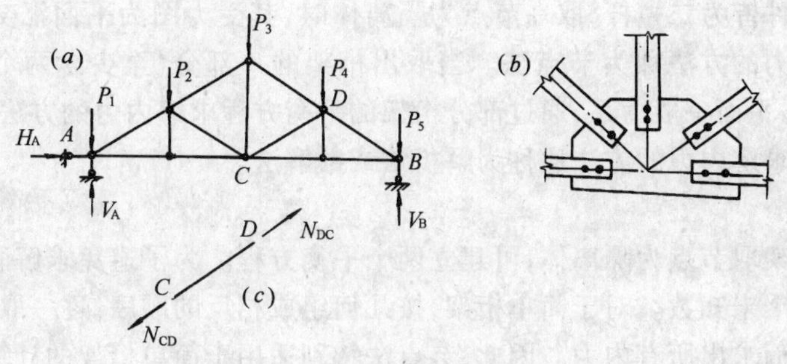

图 3-3-11

由此可见，实际桁架与理想桁架之间差异较大。由于施工及构造上的差异，实际桁架中不仅有轴力，而且还有弯矩和剪力。由试验和计算结果表明，由理想桁架获得的计算结果中，轴力起主导作用，称为**主内力**，而弯矩、剪力均较小，称为**次内力**。引起次内力的主要因素是节点的刚性。要分析次内力时，将铰节点变为刚节点，按刚架计算简图计算，显然这要比桁架计算复杂得多。为了在工程中计算简便，因此在桁架的计算中仅考虑轴力，略去弯矩、剪力的影响，杆件皆变为图 3-3-11c 所示的二力杆。

由于桁架主要承受轴力，而应力在截面上的分布较均匀，能充分发挥材料的作用，受力合理，因此，桁架常用在大跨度结构中。

当桁架的所有杆及荷载皆处于同一平面内时，称为**平面桁架**，否则称为**空间桁架**。

图 3-3-12 所示为一平面桁架，由于组成桁架的各杆件位置的不同，可分为**弦杆**和**腹杆**两类，弦杆又可分为**上弦杆**和**下弦杆**，腹杆又可分为**竖杆**和**斜杆**。弦杆上相邻两结点的区间称为**节间**，桁架最高点到两支座连线的距离称为**桁高**，两支座之间的距离称为**跨度**。

按结构几何组成特点，常将平面桁架分为三类：

(1) 简单桁架　它是从一个基本铰接三角形或基础开始，依次增加二元体而形成的几何不变且无多余联系的静定结构，如图3-3-13a、b 所示。

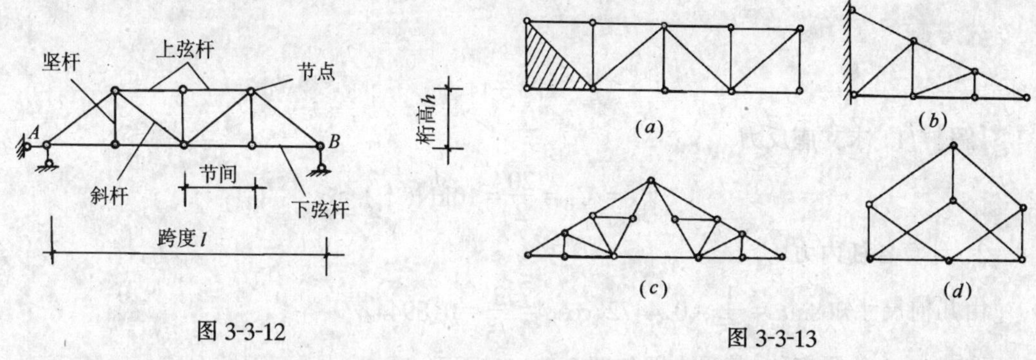

图 3-3-12

图 3-3-13

(2) 联合桁架　由两个以上的简单桁架，按两刚片或三刚片规则所组成的几何不变体且无多余联系的静定结构，如图 3-3-13c 所示。

(3) 复杂桁架　凡不是按上述两种方式组成的几何不变且无多余联系的静定结构，如图 3-3-13d 所示。工程上较少建造复杂桁架，因为不仅计算麻烦，而且施工也不太方便。

二、静定平面桁架的内力计算

由于桁架杆件皆为二力杆，取一节点为隔离体时，其受力图为平面汇交力系，通过节点平衡方程求解内力的方法称为**节点法**。当取出桁架的一部分(至少含两个节点)为隔离体时，作用力系为一平面一般力系，通过部分桁架的平衡方程求解内力的方法称为**截面法**。这种利用平衡方程求解内力的方法通称为**解析法**或**数解法**。

1. 节点法

对于平面桁架取节点为隔离体，可建立两个平衡方程。为了避免求解联立方程，最好使一个方程含有一个未知数。对于简单桁架，按几何组成相反的顺序，逐一取节点计算就可以不解联立方程组而求出所有内力。因此，节点法特别适用于简单桁架的计算。一般地讲，所取节点的未知数不应多于两个。

在画节点隔离体时，对于已知力(包括荷载、已求出的杆件内力和支座反力)要按实际方向画出，对未知杆件内力，都假设为拉力。这种假设的结果，正负号自动表示了内力的性质：计算结果为正，则为拉力；若为负，则为压力。

【例 3-3-6】 求图 3-3-14*a* 所示三角形桁架各杆的轴力。

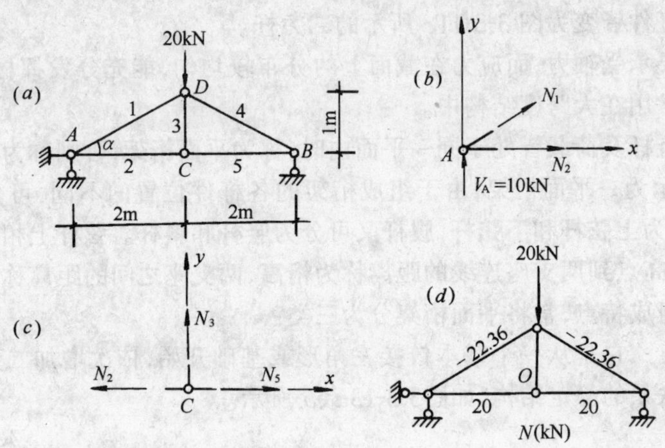

图 3-3-14

【解】 1. 求支座反力

$$V_A = V_B = \frac{20}{2} = 10\text{kN}(\uparrow)$$

2. 计算各杆内力

由几何尺寸知 $\sin\alpha = \frac{1}{\sqrt{5}} = 0.4472, \cos\alpha = \frac{2}{\sqrt{5}} = 0.8944$。

取节点 A 为隔离体，其受力图如图 3-3-14*b* 所示。

由 $\Sigma Y = 0, N_1\sin\alpha + 10 = 0$

得 $$N_1 = -\frac{10}{\sin\alpha} = -\frac{10}{0.4472} = -22.36\text{kN}$$

由 $\Sigma X = 0, N_2 + N_1\cos\alpha = 0$

得 $$N_2 = -N_1\cos\alpha = -(-22.36)\times 0.8944 = 20\text{kN}$$

再取节点 C 为隔离体(图 3-3-14c),由 $\Sigma Y=0$,得 $N_3=0$。

B 节点与 A 节点各杆受力相同,轴力也应相同,即 $N_1=N_4=-22.36\text{kN}$,$N_2=N_5=20\text{kN}$。

为了清晰起见,将桁架各杆轴力标注在图 3-3-14d 中。

在桁架计算中,有时会遇到内力等于零的杆,称为**零杆**。但零杆不能从桁架中去掉,因为这是几何组成需要。下面三种情况,零杆可以直接判断出来。

(1) 当不共线的两杆节点上无荷载作用时,两杆的内力皆为零,如图 3-3-15a 所示。

(2) 当两杆共线的三杆节点上无荷载作用时,第三杆(称为单杆)的内力等于零,其余两杆内力相等,如图 3-3-15b 所示。

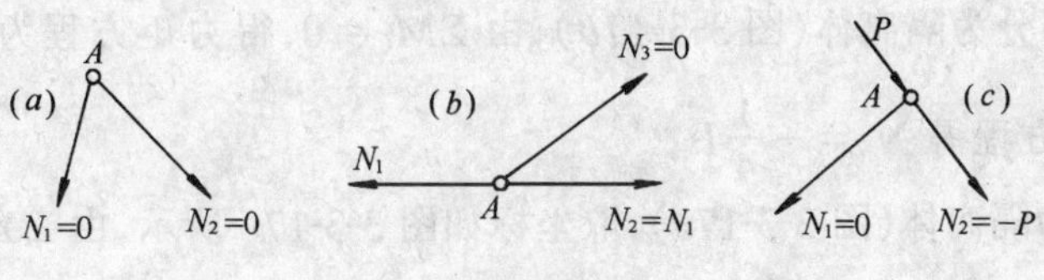

图 3-3-15

(3) 当不共线的两杆节点上的荷载与一杆方向一致时,此杆内力等于外荷载大小,另一杆内力等于零,如图 3-3-15c 所示。

在分析桁架时,宜先利用上述结论判断出零杆,从而使计算工作简化。

【例 3-3-7】 试判断图 3-3-16 所示桁架的零杆。

【解】 节点 C、G 无集中荷载作用,属于第(1)种情况,故 $N_{CD}=N_{CA}=0$,$N_{GF}=N_{GB}=0$。节点 H、E、J 无集中荷载作用,属第(2)种情况,故 $N_{HD}=N_{EI}=N_{JF}=0$。为清晰起见,将零杆标于图中。

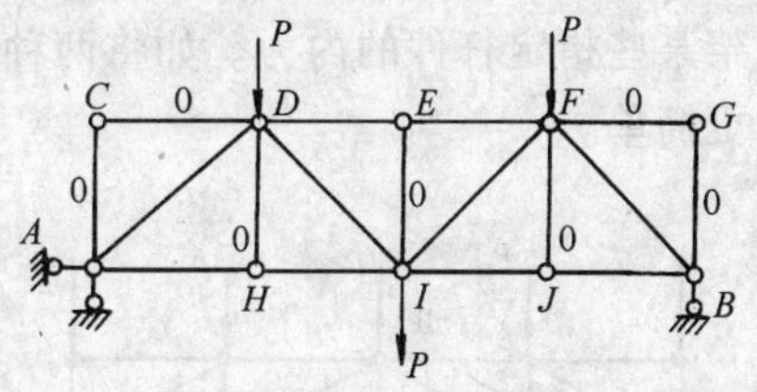

图 3-3-16

2. 截面法

截面法是通过截取桁架的一部分(至少两个节点)为隔离体,按平面一般力系建立三个平衡方程,来解决轴力的计算问题。与节点法一样,为避免求解联立方程组,所截取的未知力杆数不超过三根,尽量做到一个方程中只含一个未知数,可采取下列措施:

(1) 若在所选取隔离体中,除需求的某一杆件内力外,其余各未知力全交于一点,则取该交点为矩心,列出的力矩方程中只有一个所求未知力。

(2) 当求某一指定杆件的内力时,若在所取隔离体中,除了该内力,其余各未知力均相互平行,则可取与平行力垂直的直线为投影轴,所列方程中只含一个所求未知力。

截面法的优点之一,是能较快地求出指定杆中的内力,它既适合简单桁架又适合联合桁架。

【例 3-3-8】 试求图 3-3-17a 所示桁架,指定杆 AB、DE 的内力 N_a、N_b。

【解】 1. 求支座反力

由 $\Sigma M_A=0$,得 $V_B=\frac{3}{4}P(\uparrow)$

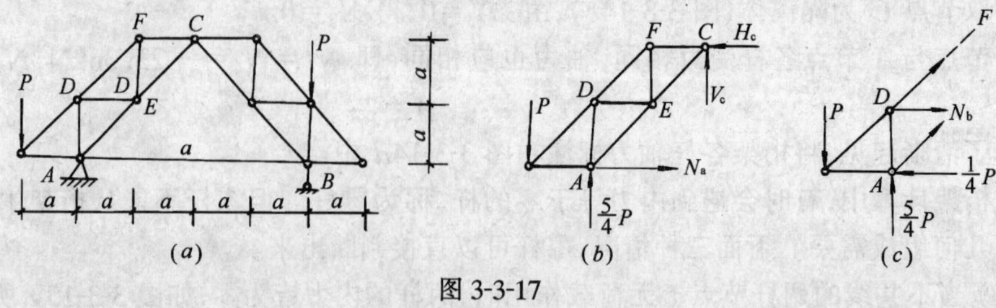

图 3-3-17

由 $\Sigma Y=0$，得　$V_A=\frac{5}{4}P(\uparrow)$

2．求指定杆的内力 N_a、N_b

取 $ADEFC$ 部分为隔离体（图 3-3-17b），由 $\Sigma M_C=0$，得力矩方程为 $\frac{5}{4}P\times 2a-P\times 3a-2a\times N_a=0$，解方程得 $N_a=-\frac{1}{4}P$。

取 AD 部分为隔离体（图 3-3-17c），取坐标如图 3-3-17c 所示，由 $\Sigma Y=0$，得投影方程为

$$N_b\times\frac{\sqrt{2}}{2}-\frac{P}{4}\times\frac{\sqrt{2}}{2}-\frac{5}{4}P\times\frac{\sqrt{2}}{2}+P\times\frac{\sqrt{2}}{2}=0$$

解方程得

$$N_b=\frac{P}{2}$$

3．节点法与截面法的联合应用

节点法可以方便地算出桁架某一节点各杆内力，截面法能通过截面的灵活选取算得桁架某些指定杆件的内力。如将两种方法联合应用，将发挥各自的优点，使桁架计算更方便、更简单。

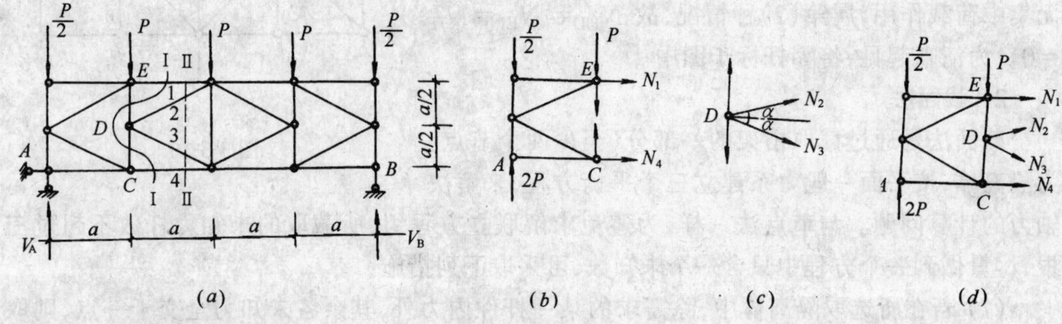

图 3-3-18

【例 3-3-9】 试求图 3-3-18a 所示 K 字桁架杆 1，2，3 和 4 的内力。

【解】 (1) 求支反力

取图 3-3-18a 所示 K 字桁架整体平衡，由对称性知

$$V_A=V_B=2P(\uparrow),H_A=0$$

(2) 求指定杆内力

取截面 1—1 左部为隔离体（图 3-3-18b），由 $\Sigma M_C=0$ 有

$$N_1\times a-\frac{P}{2}\times a+2Pa=0$$

解方程得 $$N_1 = -\frac{3}{2}P$$

由 $\Sigma X = 0$ 有 $N_1 + N_4 = 0$

解得 $$X_4 = -N_1 = \frac{3}{2}P$$

取节点 D 为隔离体(图 3-3-18c),由 $\Sigma X = 0$ 有

$$N_2\cos\alpha + N_3\cos\alpha = 0$$

解得 $$N_2 = -N_3$$

节点 D 为特殊结点,熟练之后不用建立方程就应知道 N_2 与 N_3 的关系(绝对值相等,正负号相反)。

再取截面Ⅱ—Ⅱ以左为隔离体(图 3-3-18d),由 $\Sigma Y = 0$ 有 $2P - \frac{P}{2} + N_2\sin\alpha - N_3\sin\alpha = 0$

将 $N_2 = -N_3$ 代入,解得

$$N_3 = \frac{3P}{4\sin\alpha}$$

由几何关系知 $\sin\alpha = \frac{1}{\sqrt{5}}$

于是有

$$N_3 = \frac{3P}{4\sin\alpha} = \frac{3\sqrt{5}}{4}P$$

$$N_2 = -N_3 = -\frac{3\sqrt{5}}{4}P$$

由此可见,计算 K 字型桁架的内力,只有截面法和节点法联合应用才便于解决。

在实际工程设计中,为了计算方便,制定出各种桁架的内力系数表,可方便地算出桁架各杆的内力。请参考附录Ⅲ,部分典型桁架在常见荷载作用下的内力系数表。

三、平面桁架外形与受力特点

在土木工程中,桁架一般用来替代图 3-3-19a 所示的简支梁,以使结构跨越较大的空间。由实际计算得知,在同样荷载,同样跨度情况下,桁架的外形不同,其受力特点也不相同。本节仅比较一下平行弦桁架(图 3-3-19b)、三角形桁架(图 3-3-19c)和抛物线桁架(图 3-3-19d)三种桁架的内力分布特点。

在通常竖向荷载作用下,梁下边纤维受拉,上边纤维受压。因此,对于桁架下弦杆受拉,上弦杆受压,其腹杆内力随不同的布置而变化。

为了对比说明问题,将图 3-3-19b、c、d 所示三种桁架的荷载、跨度均与图 3-3-19a 所示简支梁相同。作出弯矩图、剪力图,算出各桁架杆的内力,并标于图上。

1. 平行弦桁架

对于图 3-3-19b 所示平行弦桁架,上下弦杆受力两头小中间大,这与图 3-3-19a 所示简支梁的上下层纤维受力相似,即与梁的弯矩分布相似。腹杆的内力与简支梁的剪力分布规律一致,两头大中间小。因此,静定平行弦桁架的受力相当于一个空腹梁。这类桁架常用于桥梁及厂房中的吊车梁,其经济跨度在 12～50m 范围内。

2. 三角形桁架

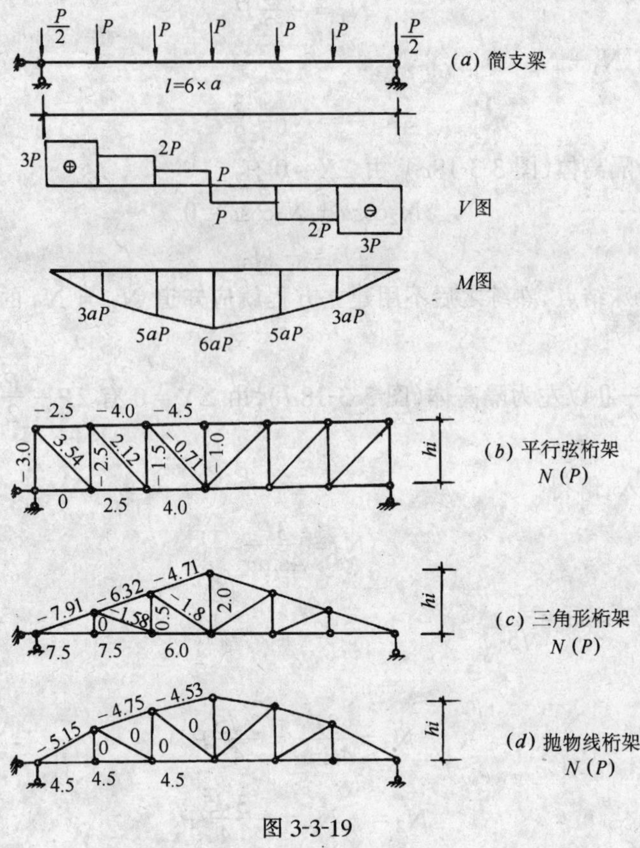

图 3-3-19

由图 3-3-19c 可知,三角形桁架下弦杆受力较为均匀,而上弦杆的内力从端部到中间递减量较大,腹杆内力分布也不均匀,且比弦杆内力要小。

从构造上看,在支座附近出现较小锐角,造成应力集中,施工难度大。但由于三角形上弦杆的坡度,在用于屋盖结构中排水性能好,其经济跨度在 10m 之内。

3. 抛物线桁架

由图 3-3-19d 可见,抛物线桁架弦杆内力分布均匀,在均布节点荷载作用下腹杆内力为零,结构整体受力性能好,具有跨越大空间的能力,常在桥梁及公共建筑中采用。桥梁的经济跨度在 100～150m 之间,屋盖结构中的经济跨度为 18～30m。

在桁架结构设计中,上弦杆受压,部分腹杆受压,因此应注意压杆的稳定性问题。要合理布置杆件,减少压杆的长度。

第五节　静定平面组合结构

在工程中,为了满足受力和施工的需要,在同一结构中既用铰节点又用刚节点连接杆件,形成链杆与梁式杆相混合的结构,称为**组合结构**。这类结构常在房屋建筑、吊车梁和桥梁结构中采用。

如图 3-3-20a 所示的三铰屋架,图 3-3-20b 所示的斜拉桥梁,图 3-3-20c 所示是目前加固工程中常采用的结构形式。上面混凝土梁开裂接近破坏,下面用预应力拉杆进行加固,而形成组合结构。

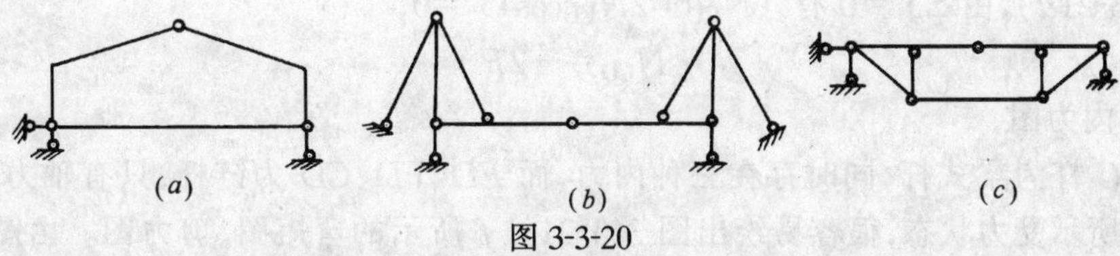

图 3-3-20

对组合结构进行分析的关键，首先是判定哪些是链杆，哪些是梁式杆。判别的基本原则是：若两端铰接直杆中间不受力，则为链杆，否则为梁式杆。一旦链杆及梁式杆弄清楚后，链杆用桁架计算方法计算，梁式杆用梁的计算方法计算。在计算中，一般先计算链杆，然后再计算梁式杆。

【例 3-3-10】 试作图 3-3-21a 所示组合结构的内力图。

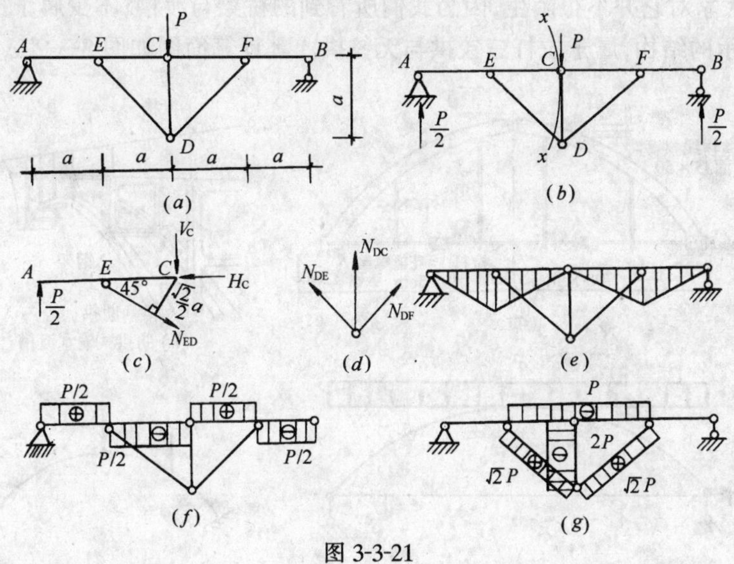

图 3-3-21

【解】 (1) 求支反力

$$V_A = V_B = \frac{P}{2}(\uparrow)$$

(2) 求内力

用Ⅰ—Ⅰ截面，截取 AEC 部分为隔离体(图 3-3-21c)，由 $\Sigma M_C = 0$ 有 $N_{ED} \cdot \frac{\sqrt{2}}{2} a - \frac{P}{2} \cdot 2a = 0$

解方程得
$$N_{ED} = \sqrt{2} P$$

由 $\Sigma X = 0$ 有 $H_C - \frac{\sqrt{2}}{2} N_{ED} = 0$

解得
$$H_C = P$$

由 $\Sigma Y = 0$ 有 $V_C + \frac{P}{2} - \frac{\sqrt{2}}{2} N_{ED} = 0$

解得
$$V_C = \frac{1}{2} P$$

由于结构是对称的，荷载也是对称的，所以右部的受力状态与左部一样，取节点 D 为隔离体(图 3-3-21d)，由 $\Sigma Y=0$ 有 $\quad N_{CD}+2N_{ED}\cos45^{\circ}=0$

解得

$$N_{CD}=-2P$$

(3) 绘内力图

AC、BC 杆为梁式杆，同时存在三种内力，而 ED、FD、CD 为链杆，只有轴力作用。由图 3-3-21c 所示受力状态，很容易绘出图 3-3-21e、f 所示的弯矩图、剪力图。由图 3-3-21c 所示的受力状态，很容易看出 AE 段、BF 段的轴力为零，EC 段、FC 段轴力等于 X_C，受压。其轴力图如图 3-3-21g 所示。

第六节　三　铰　拱

关于拱，大家对它并不很陌生，因为我们所看到的桥梁与渡槽，不少属于拱式建筑，如图 3-3-22a、b 所示的结构，属于拉杆三铰拱与无铰拱。其计算简图如图 3-3-22c、d 所示。

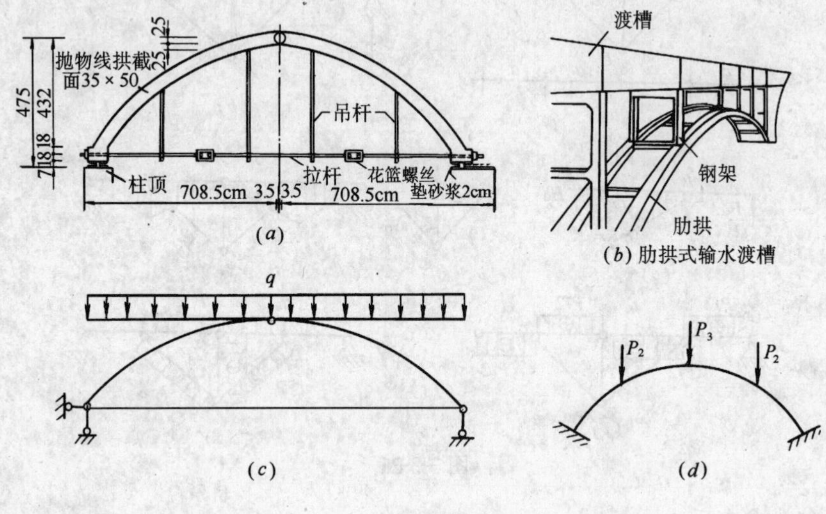

图 3-3-22

拱式建筑有两大特征：一、轴线为曲线，二、在竖向荷载作用下产生水平推力，图3-3-23 a、b、c、d 为常见拱结构的计算简图。若轴线只为曲线，而在竖向荷载作用下不产生水平推力，这种结构不叫拱而叫**曲梁**(图 3-3-23e)；若轴线非为曲线，而为折线，在竖向荷载作用下产生水平推力时，称为**拱式刚架**(图 3-3-23f)。即拱式结构最基本特点是，在竖向荷载作用下产生水平推力，而不是外形。

拱按其铰的数目分为无铰拱(图 3-3-23a)、两铰拱(图 3-3-23b)与三铰拱(图 3-3-23c、d)。无铰拱、两铰拱是超静定结构，将在第五章力法中讲授；而三铰拱则为静定结构，是本节研究的对象。三铰拱又分为无拉杆的三铰拱(图 3-3-23c)和有拉杆的三铰拱(图3-3-23 d)。有拉杆的三铰拱，支座的推力由拉杆所承受，它不再对支座产生水平推力了。

图 3-3-24 示出拱的各部分名称。拱内各截面形心的连线叫**拱轴**。拱的最外边缘叫**外拱线**，最内边缘叫**内拱线**，拱两端的支承平面称为**拱趾**。拱轴与拱趾截面的交点叫**起拱点**。连接两端起拱点之间的直线叫**起拱线**。两起拱点之间的水平距离叫**拱的跨度**。拱轴上离起

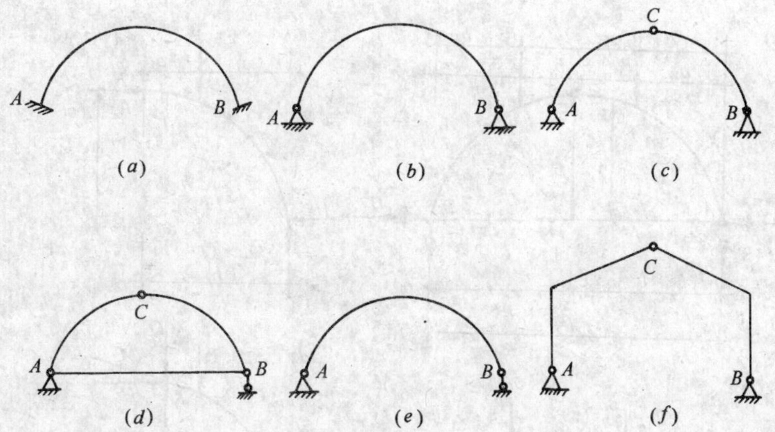

图 3-3-23

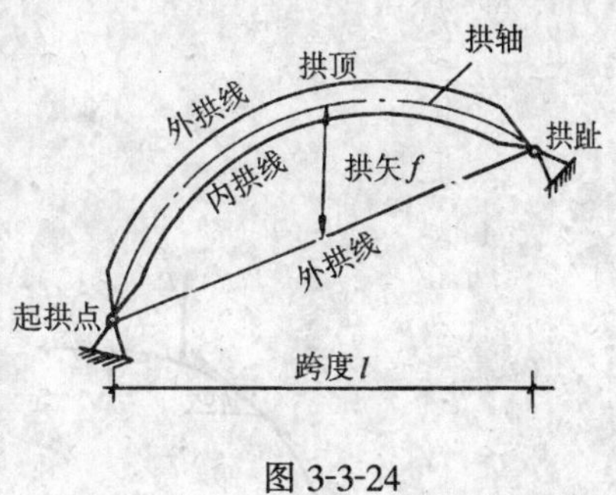

图 3-3-24

拱线最远的一点叫**拱顶**,拱顶至起拱线之间的竖直距离叫**拱矢**。拱矢 f 与跨度之比,称为**矢跨比**,它是拱的一个重要参数,拱的很多计算都涉及到它,所以要深入理解它的特性。

一、三铰拱的反力和内力计算

图 3-3-25a 表示两拱趾在同一水平线上,承受竖向荷载的三铰拱。它是常见的三铰拱形式,现以它为例,说明三铰拱支座反力和任意截面的内力计算方法。

(一) 支座反力的计算

在每一支座处其反力用竖向分为 V 和水平分力 H 来表示。两个支座共有四个未知力,即 H_A、V_A 和 H_B、V_B。欲解出这四个未知力,除了利用整体平衡时的三个平衡方程外,还必须引用中间铰 C 处的平衡方程 $\Sigma M_C=0$。

首先考虑拱的整体平衡。由 $\Sigma M_A=0$ 及 $\Sigma M_B=0$,可以求出两支座处的竖向反力,即

$$V_A=\frac{1}{l}(P_1b_1+P_2b_2) \qquad (a)$$

$$V_B=\frac{1}{l}(P_1a_1+P_2a_2) \qquad (b)$$

由 $\Sigma X=0$,可求得两支座处水平反力之间的关系为

$$H_A=H_B=H \qquad (c)$$

但它们的大小不知道。然后,取左半拱为隔离体,其受力图如图 3-3-25b 所示。由 $\Sigma M_C=0$,得

$$H=\frac{1}{f}[V_Hl_1-P_1(l_1-a_1)] \qquad (d)$$

为了计算方便,取图 3-3-25c 所示与三铰拱同跨度、同荷载的相应简支梁,由平衡条件可得简支梁的支座反力及 C 截面的弯矩分别为

$$V_A^0=\frac{1}{l}(P_1b_1+P_2b_2) \qquad (e)$$

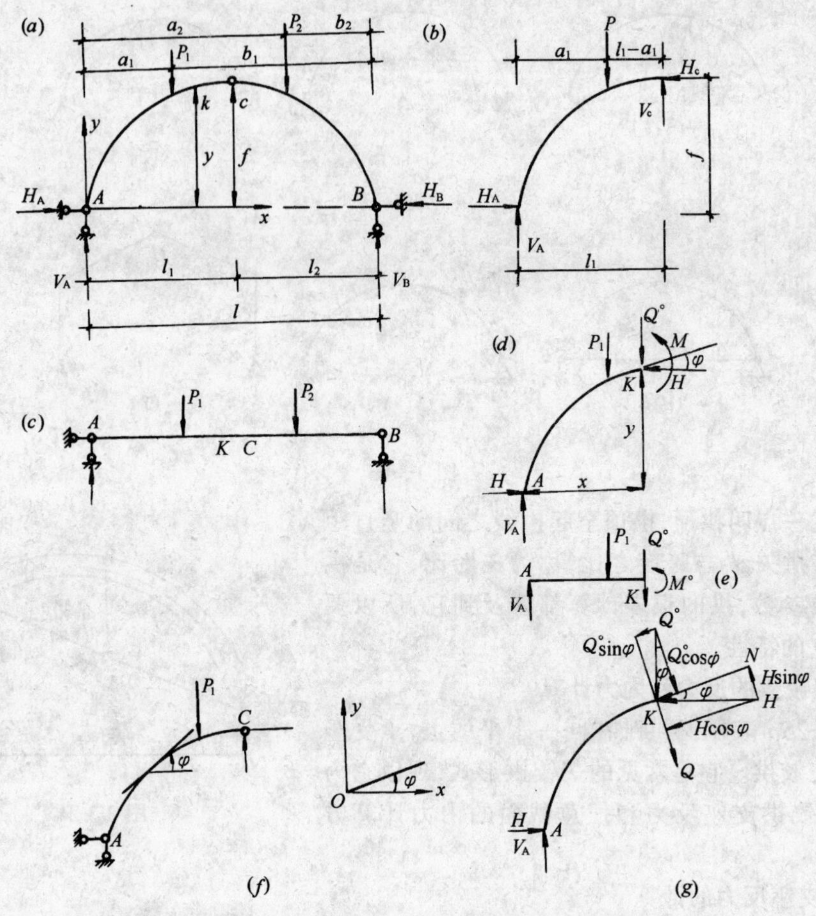

图 3-3-25

$$V_B^0 = \frac{1}{l}(P_1 a_1 + P_2 a_2) \tag{f}$$

$$M_C^0 = V_A l_1 - P_1(l_1 - a_1) \tag{g}$$

比较式(a)与式(e)、式(b)与式(f)及式(d)与式(g)显见

$$V_A = V_A^0 \tag{3-3-1}$$

$$V_B = V_B^0 \tag{3-3-2}$$

$$H = \frac{M_C^0}{f} \tag{3-3-3}$$

由式(3-3-1)、(3-3-2)可知，拱的竖向反力与相应简支梁的支座反力相同。由式(3-3-3)可知，拱的推力 H 等于相应简支梁截面 C 的弯矩 M_C^0，除以拱矢高 f，且水平推力 H 与拱矢高成反比，拱愈高，f 愈大时，水平推力愈小；反之，矢高 f 愈小，拱愈平坦，水平推力 H 愈大。

(二) 任意截面内力的计算

为了计算三铰拱任意截面 K 的内力，首先在 K 截面用与拱轴正交的截面截开，取以左部分为隔离体，画出受力图，如图 3-3-25d 所示，其相应简支梁段的受力图如图 3-3-25e 所示。由图 3-3-25e 示出的相应梁受力图可见，K 截面内力为

$$Q^0 = V_A^0 - P_1 \tag{h}$$

$$M^0 = V_A^0 x - P_1(x - a_1) \tag{i}$$

在图 3-3-25d 所示三铰拱段受力图上，由 $\Sigma X = 0$ 得 K 截面水平力等于 H；由 $\Sigma Y = 0$ 得 K 截面的竖向力等于相应梁 K 截面的剪力 Q^0，由 $\Sigma M_K = 0$ 得

$$M = V_A x - P_1(x - a_1) - Hy \tag{j}$$

比较式(i)与式(j)显见

$$M = M^0 - Hy \tag{3-3-4}$$

由材料力学知，截面剪应力 Q 应与截面 K 处拱轴垂直，轴力应与拱轴平行，剪力以绕隔离体顺时针转动为正；因拱常受压力，为了不使轴力到处出现负号，在此规定，**轴力以压为正；弯矩正负号与材料力学规定相同，以使内侧受拉为正。**

关于拱轴任一截面的夹角是指，此处拱轴线切线与水平线的夹角，其正负规定与数学上规定相同(如图 3-3-25f)，即**拱的左半 φ 为正，拱的右半 φ 为负**；而 φ 的值是这样确定的：因为拱轴线为曲线，φ 将随截面的不同而改变，当拱轴曲线方程 $f(x)$为已知时，可利用导数关系 $\mathrm{tg}\varphi = f(x)'$来确定拱轴各截面的 φ 值。

取拱 AK 段为研究对象，其受力图如图 3-3-25g 示，将 K 截面的竖向分力 Q^0 和水平分力 H，分别向剪力 Q 和轴力 N 方向分解(图 3-3-25g)，于是有

$$Q = Q^0\cos\varphi - H\sin\varphi \tag{3-3-5}$$

$$N = Q^0\sin\varphi + H\cos\varphi \tag{3-3-6}$$

式(3-3-4)、(3-3-5)、(3-3-6)就是三铰拱任意截面内力的计算公式。

【例 3-3-11】 三铰拱及所受荷载如图 3-3-26a 所示，拱的轴线为一抛物线，其方程式为 $y = \dfrac{4f}{l^2}x(l - x)$。试求支座反力及截面 1、2 处的内力。

【解】 1. 求支反力 作图 3-3-26a 所示三铰拱相应简支梁(图 3-3-26b)，作其剪力图、弯矩图如图 c、d 示。由公式(3-3-1)、(3-3-2)、(3-3-3)算得三铰拱的支反力如下

$$V_A = V_A^0 = \frac{10\times9 + 2\times6\times3}{12} = 10.5\text{kN}$$

$$V_B = V_B^0 = \frac{10\times3 + 2\times6\times9}{12} = 11.5\text{kN}$$

$$H = \frac{M_C^0}{f} = \frac{10.5\times6 - 10\times3}{4} = 8.25\text{kN·m}$$

2. 求指定截面 1、2 处的内力

(1) 求截面 1 的内力

$x_1 = 1.5\text{m}$

$y_1 = \dfrac{4f}{l^2}x(l - x) = \dfrac{4\times4}{12^2}\times1.5(12 - 1.5) =$

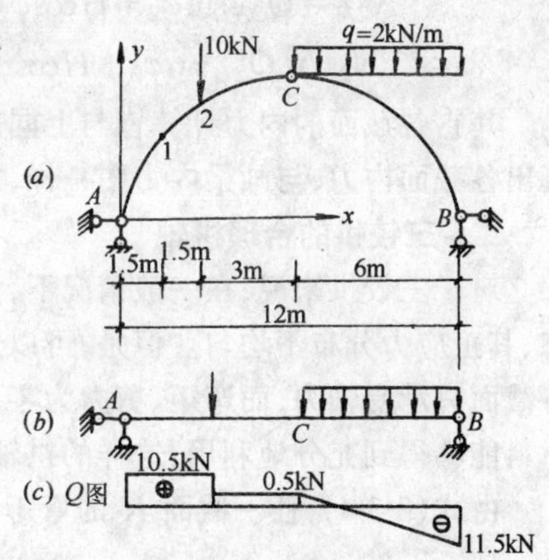

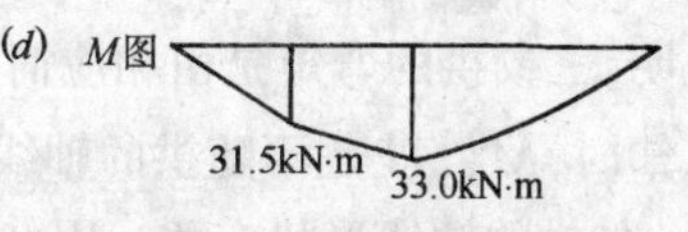

图 3-3-26

1.75m

$$\mathrm{tg}\varphi_1=\frac{\mathrm{d}y}{\mathrm{d}x}=\frac{1}{9}(12-2x)=\frac{1}{9}(12-2\cdot 1.5)=1$$

查反三角函数,$\varphi_1=45°$,故

$$\sin\varphi_1=\cos\varphi_1=0.707$$

于是,由公式

$$M_1=M_1^0-Hy_1=15.75-8.25\times 1.75=1.31\mathrm{kN\cdot m}$$

$$Q_1=Q_1^0\cos\varphi_1-H\sin\varphi_1=10.5\times 0.707-8.25\times 0.707=1.59\mathrm{kN}$$

$$N_1=Q_1^0\sin\varphi_1+H\cos\varphi_1=10.5\times 0.707+8.25\times 0.707=13.26\mathrm{kN}$$

(2) 求截面 2 的内力

求截面 2 的内力与求截面 1 的内力有所不同,不同之处在于三铰拱对应的简支梁,在截面 2 处分为 $Q_{2左}^0$ 与 $Q_{2右}^0$,对于三铰拱的剪力和轴力也要按左右截面分别计算。具体计算如下

$$x_2=3\mathrm{m}$$

$$y_2=\frac{4f}{l^2}x(12-x)=\frac{x}{9}(12-x)=\frac{3}{9}(12-3)=3\mathrm{m}$$

$$\mathrm{tg}\varphi_2=\frac{1}{9}(12-2x)=\frac{1}{9}(12-2\cdot 3)=0.667$$

查 $\mathrm{tg}\varphi_2$ 的反三角函数,得 $\varphi_2=33.70°$,故

$$\sin\varphi_2=0.555,\cos\varphi_2=0.832$$

于是,由公式

$$M_2=M_2^0-Hy_2=31.5-8.25\times 3=6.75\mathrm{kN\cdot m}$$

$$Q_{2左}=Q_{2左}^0\cos\varphi_2-H\sin\varphi_2=10.5\times 0.832-8.25\times 0.555=4.16\mathrm{kN}$$

$$Q_{2右}=Q_{2右}^0\cos\varphi_2-H\sin\varphi_2=0.5\times 0.832-8.25\times 0.555=-4.16\mathrm{kN}$$

$$N_{2左}=Q_{2左}^0\sin\varphi_2+H\cos\varphi_2=10.5\times 0.555+8.25\times 0.832=12.69\mathrm{kN}$$

$$N_{2右}=Q_{2右}^0\sin\varphi_2+H\cos\varphi_2=0.5\times 0.555+8.25\times 0.832=7.14\mathrm{kN}$$

其它各截面的内力计算皆与上同。如需要画内力图,一般将拱分成 8 至 12 等分,分别算出各截面内力,与画梁内力图一样,很容易画出三铰拱的内力图。

二、三铰拱的合理拱轴

对于三铰拱来说,在一般情况下,截面上都有弯矩、剪力和轴力作用,而处于偏心受压状态,其正应力分布不均匀。但是,可以选择一根适当的拱轴线,使其在给定荷载作用下,拱上各截面只承受轴力,而弯矩、剪力为零。此时,任一截面上的正应力分布是均匀的,因而拱体材料能够得到充分地利用,这样的拱轴线称为**合理拱轴线**。

由式(3-3-4),任一截面 K 的弯矩为

$$M_{\mathrm{K}}=M_{\mathrm{K}}^0-Hy_{\mathrm{K}}$$

该式说明,三铰拱的弯矩是由相应简支梁的弯矩 M_{K}^0 与 $-Hy_{\mathrm{K}}$ 叠加而得。当拱的跨度和荷载为已知时,M_{K}^0、H 是不随拱的轴线而改变的,而 $-Hy_{\mathrm{K}}$ 则与拱的轴线形状有关。换言之,只有 y_{K} 与拱的轴线形状有关。因此,可以在三个铰之间恰当地选择拱的轴线形式,使拱处于没有弯矩的状态,即使每一截面的弯矩 M 皆为零。因为当拱轴为合理轴线时,应有

$$M=M_1^0-Hy=0$$

所以得

$$y=\frac{M^0}{H} \tag{3-3-7}$$

由式(3-3-7)知,合理拱轴线的竖标 y 与相应简支梁的弯矩竖标成正比,$\frac{1}{H}$是这两个竖标之间的比例系数。当拱上所受荷载为已知时,只需求出相应简支梁的弯矩方程,然后除以 H,便可得到拱的合理轴线方程。

【例 3-3-12】 试求图 3-3-27a 所示对称三铰拱,在均布荷载 q 作用下的合理拱轴线。

【解】 作出相应简支梁如图 3-3-27b 所示,其弯矩方程为

$$M^0=\frac{1}{2}qlx-\frac{1}{2}qx^2=\frac{1}{2}qx(l-x)$$

由式(3-3-3)求得

$$H=\frac{M_c^0}{f}=\frac{\frac{ql^2}{8}}{f}=\frac{ql^2}{8f}$$

所以由式(3-3-4)得到合理拱轴线方程为

$$y=\frac{\frac{1}{2}qx(l-x)}{\frac{ql^2}{8f}}=\frac{4f}{l^2}x(l-x)$$

由此可见,在满跨的竖向荷载作用下,三铰拱的合理轴线是一条抛物线,所以在房屋建造中,所采用的拱的轴线常为抛物线。

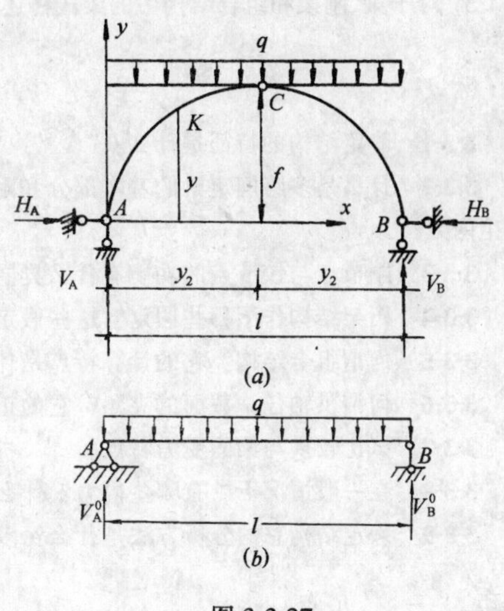

图 3-3-27

小　　结

一、静定平面结构的特征

1. 从结构的几何组成方面看,静定结构是无多余联系的几何不变体系;

2. 从受力分析看,静定结构的全部反力和内力皆可由静力平衡条件确定,且解答是唯一的确定值。因此,静定结构的反力和内力与所使用的材料、截面形状和尺寸无关;

3. 支座移动、温度变化、制造误差等因素只能使静定结构产生位移,不会引起反力和内力。

二、静定结构的分析计算方法

因静定结构为无多余联系的几何不变体系,未知内力数目与平衡方程个数相等。因此,静定结构的内力完全由静力平衡方程确定。总的分析计算方法是:在计算前充分了解结构的几何构造,灵活选取隔离体,恰当选择投影坐标轴和力矩矩心,使一个平衡方程尽量含一个未知量,方便计算。

1. 多跨静定梁与静定刚架的计算

对多跨静定梁首先确定层次图,将多跨静定梁计算变成单跨静定梁计算;对于刚架要深入了解刚节点和铰节点性能,将静定刚架的计算视为梁、柱的计算。对于二者都要灵活掌握区段作图法,掌握支承点、汇交点和外力突变点的受力特点,快速准确地作出内力图。

2. 桁架与组合结构的计算

对桁架,应先了解其几何构造特点,确定零杆,然后灵活采用节点法与截面法求出内力。在组合结构

的计算中，要分清链杆和梁式杆，先计算链杆内力，后作梁式杆的内力图。

3. 三铰拱的计算

在竖向荷载作用下，利用对应简支梁的内力快速计算拱截面上的内力。拱处于无弯矩状态的拱轴为合理拱轴。

三、静定结构的计算步骤

1. 求支反力　多数结构都可取整体为隔离体，利用平衡条件求出反力，也有少数结构，如三铰拱，三铰刚架还需取部分为隔离体，联合求出支反力。

2. 求内力　根据结构的几何特征和受力特点，恰当选取隔离体，画出受力图。在受力图上除包括相应的荷载和反力外，还必须将截面上的内力画出，作为外力考虑。利用平衡条件求出所需内力。

3. 对于梁、刚架和组合结构中的梁式杆还要根据要求作出内力图。

思　考　题

3-3-1　静定结构的特征是什么？

3-3-2　什么是多跨静定梁的基本部分和附属部分？试问为什么基本部分承受荷载时，而附属部分不产生内力？

3-3-3　刚节点与铰节点的功能有什么异同？

3-3-4　桁架结构作了哪些假定？这些假定与实际结构区别是什么？

3-3-5　何谓组合结构？它的计算特点是什么？

3-3-6　何谓拱轴任一截面的夹角？它的正负是如何规定的？

3-3-7　试比较拱与梁的受力特点。

3-3-8　在一般情况下拱有哪些内力？什么是拱的合理轴线？

3-3-9　静定结构总的分析方法是什么？多跨静定梁、静定刚架与桁架，它们各自的受力分析特点是什么？

3-3-10　试述静定结构的一般计算步骤。

3-3-11　试检查图 3-3-28 所示 M 图正误，并改正之。

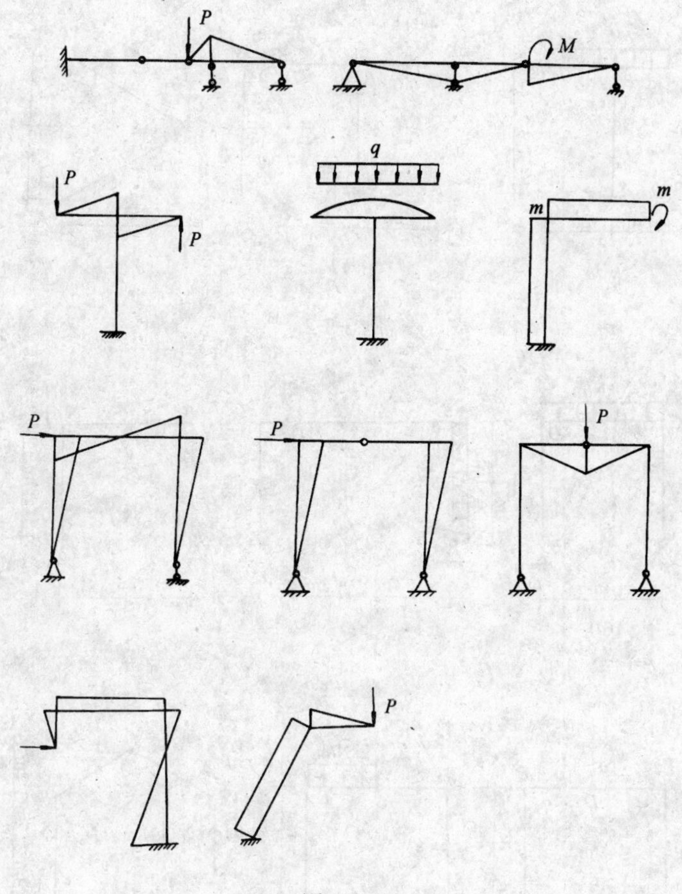

图 3-3-28

习　题

3-3-1　作图示多跨静定梁的内力图。

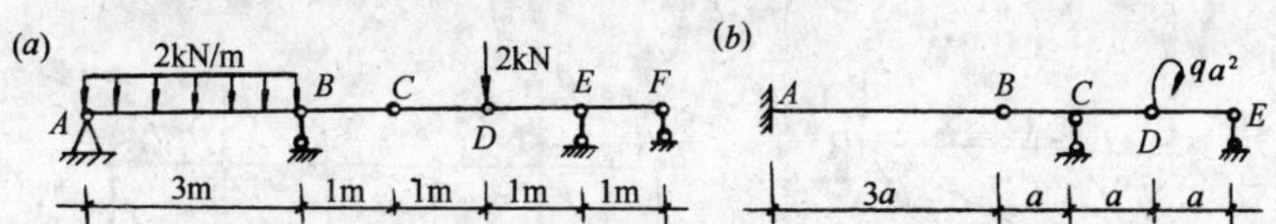

题 3-3-1

3-3-2　作图示悬臂刚架的内力图。

3-3-3　作图示简支刚架的内力图。

***3-3-4**　作图示三铰刚架的 M 图。

3-3-5　试指出图示桁架的零杆。

3-3-6　求图示桁架各杆的轴力。

3-3-7　求图示桁架指定杆的轴力。

3-3-8　求图示组合结构的内力,并作内力图。

3-3-9　求图示三铰拱的支反力。

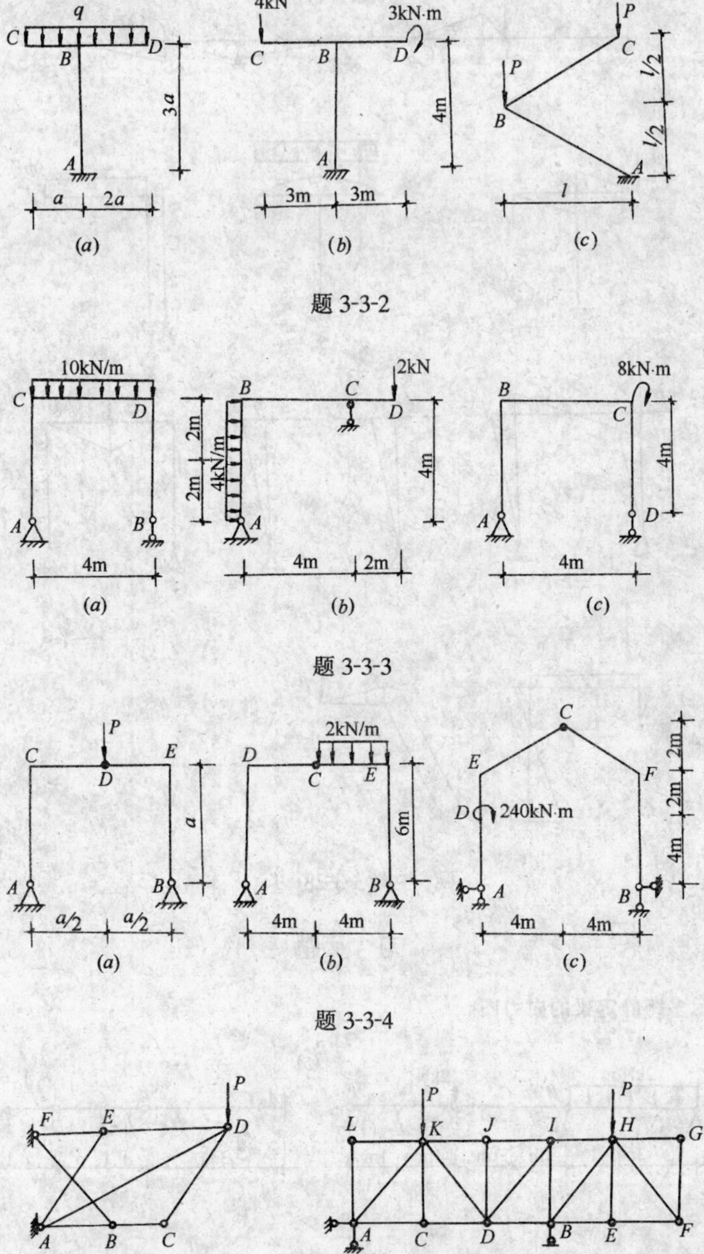

题 3-3-2

题 3-3-3

题 3-3-4

题 3-3-5

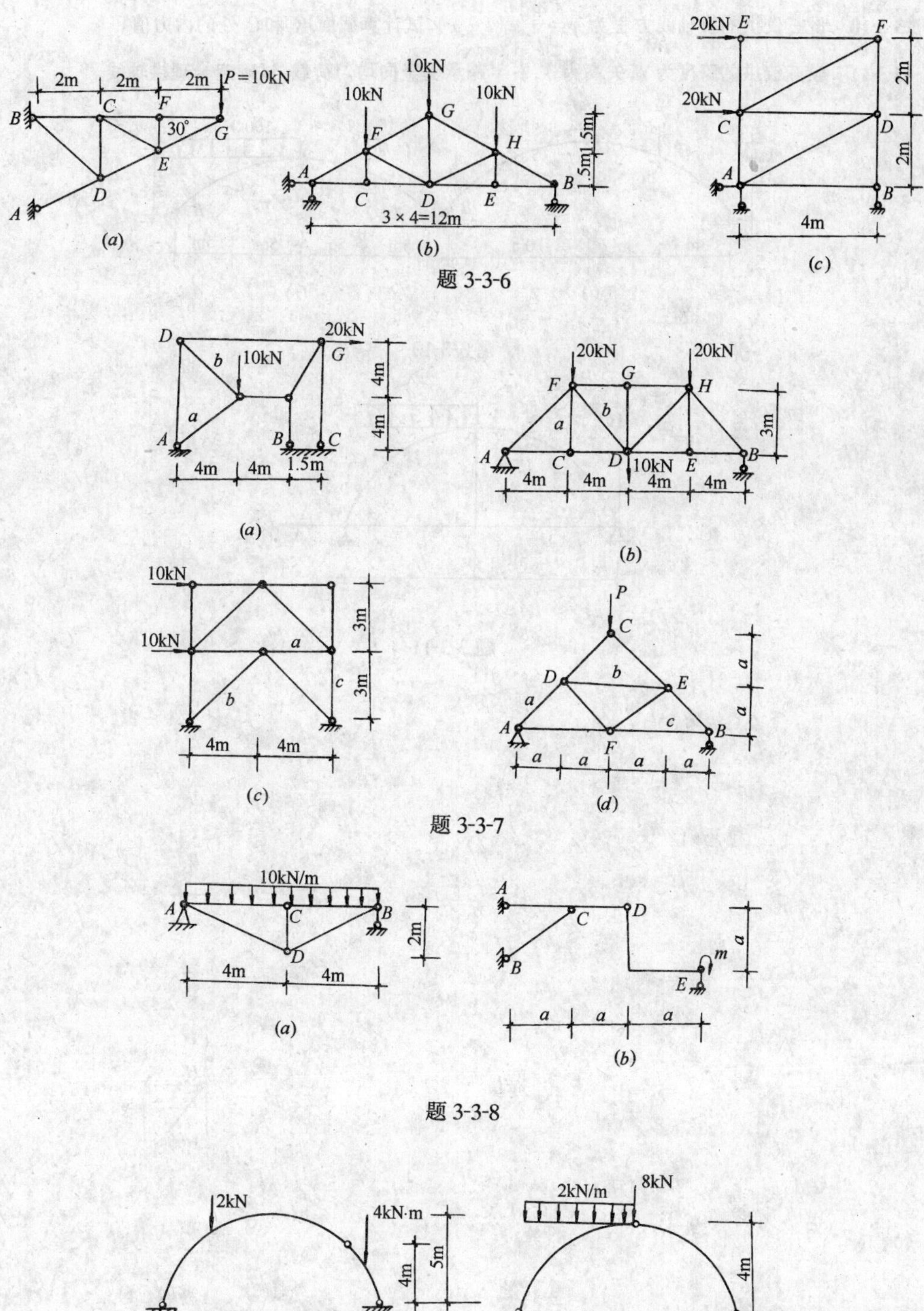

题 3-3-6

题 3-3-7

题 3-3-8

题 3-3-9

3-3-10 设三铰拱的拱轴线方程为 $y=\dfrac{4f}{l^2}x(l-x)$，试计算截面 K 和 C 处的内力值。

3-3-11 设三铰拱的跨度为 l，矢高为 f，右半跨承受竖向均匀荷载，试确定合理拱轴线。

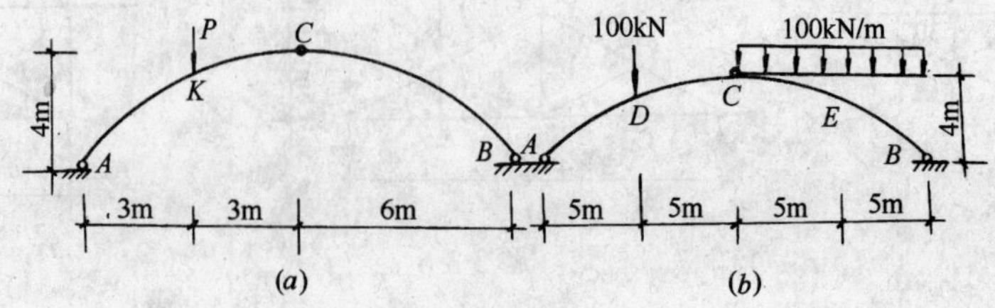

题 3-3-10

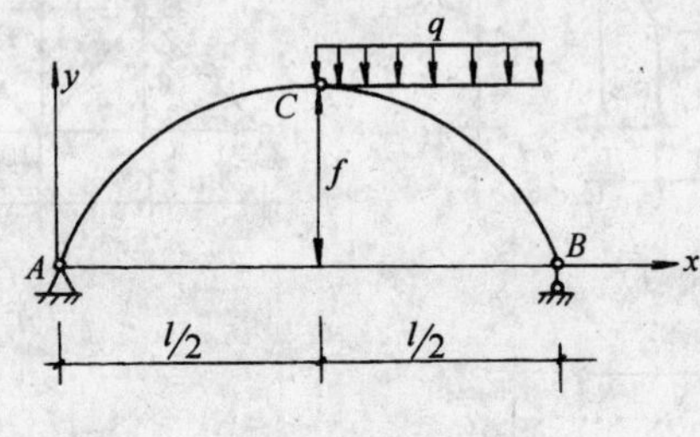

题 3-3-11

第四章　静定平面结构的位移计算

第一节　结构位移的概念

图 3-4-1a 所示的悬臂刚架,是由可变形的建筑材料组成的,在均布荷载作用下,它的轴线由原来的直线变成了光滑曲线,如图中虚线所示。在弹性范围内它的变形为弹性变形,变形后的曲线称为**弹性曲线**。**截面变形后的位置也就是弹性曲线上的点。研究刚架变形也就是研究刚架上任意截面在曲线上的位置,我们把这种位置的变化称为位移**。它可以是线位移,也可以是角位移。如图 3-4-1a 中的 C 点(即 C 截面,用一短粗线表示)变形后变成 C' 点(即 C'截面),线段 CC'称为 C 点的**线位移**,用 Δ_C 表示。亦可用竖向分量 Δ_{CV} 和水平分量 Δ_{CU}来表示,如图 3-4-1b 所示。其中竖向分量 Δ_{CV}称为 C 点**挠度**,常用 y 表示。此外,截面 C 还转了一个转角 θ_C(也可用轴线上 C 点切线产生的转角 θ_C 表示),如图 3-4-1a 所示,该转角称为截面 C 的**角位移**。

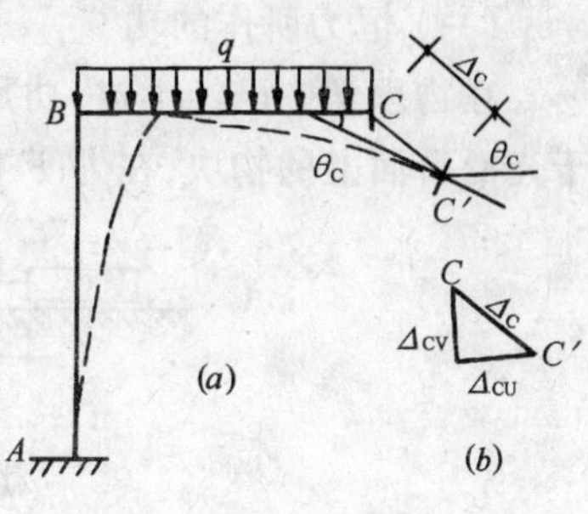

图 3-4-1

除荷载可使结构产生位移外,还有一些因素,如支座沉陷、制作误差、温度变化、材料收缩等,也能使结构产生位移。

结构位移的计算是具有理论上和工程上的意义的。工程上研究它的主要目的是:

1. 从结构内力分析的角度讲,计算结构位移的主要目的在于,为计算超静定结构服务;

2. 从工程应用的方面讲,计算结构位移的主要目的在于,保证结构有足够的刚度,不致产生超出实用上许可的位移。

此外,在结构的制作、架设过程中,有时须预先计算出结构的位移,以便在施工中采取相应的措施。例如,在制作跨度较大的木桁架时,有意识地事先将下弦杆的一些节点向上提起一点,叫做**起拱**。在荷载作用下,桁架下弦各节点将发生向下的位移,结果使下弦成为一条水平的直线,如图 3-4-2 所示。

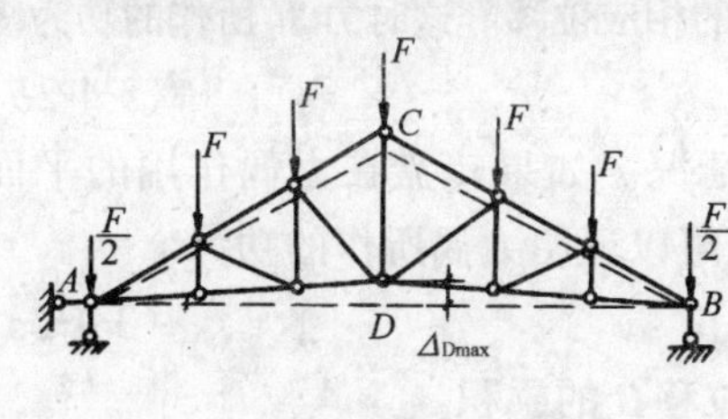

图 3-4-2

计算静定结构位移的方法很多,本章只介绍一种工程上最常用的,以功能原理为基础进行计算的**单位荷载法**。

第二节　弹性杆件的功能原理

一、弹性杆件的功能原理

图 3-4-3a 所示的悬臂梁,在集中荷载 F 作用下发生变形,如图 3-4-3b 所示。荷载 F 在

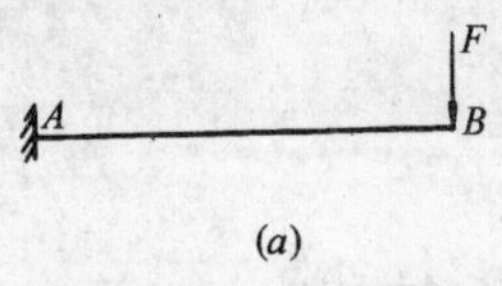

(a)

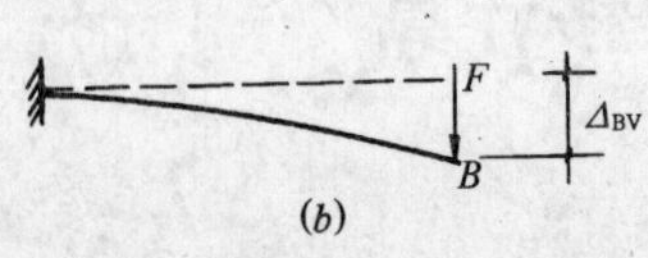

(b)

图 3-4-3

竖向位移 Δ_{BV}上做了 W 功。试问荷载 F 所作的功跑到哪里去了呢？根据能量守恒定理，能量既不能消灭，也不能创生，它只能从一种形式变成另一种形式。即荷载所作功以弹性变形能 U 的形式储存在梁的内部，且

$$W = U \tag{3-4-1}$$

当去掉外荷载时，弹性变形能又释放出来，使梁恢复为原来形状。这就是弹性杆件的**功能原理**。

二、外力功和弹性变形能的计算

外力功和弹性变形能的计算是位移计算的基础。为此，首先研究外力功和弹性变形能的计算方法。

(一) 恒力所作的功

在物理学中已经学过，功是力与力作用点沿力方向位移的乘积。图 3-4-4a 表示一个位于光滑平面上的物块，在力 F 的作用下，产生位移 $AA' = \Delta$ 时，力 F 所作的功为

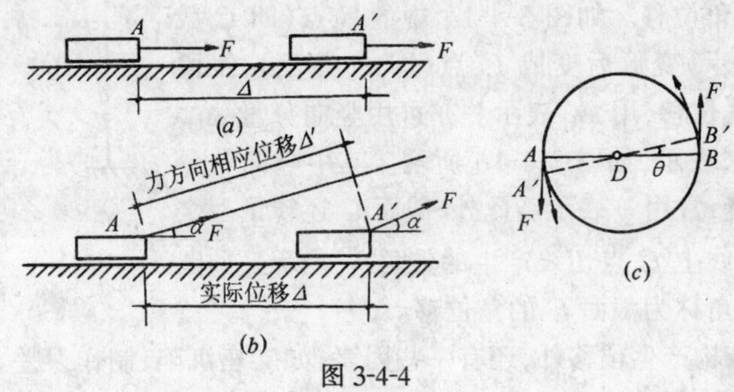

图 3-4-4

$$W = F\Delta \tag{3-4-2a}$$

当位移 Δ 的方向与力 F 的方向一致时力作正功，反之，作负功。此 F 力作正功。

图 3-4-4b 所示物块，在外力 F 作用下，由 A 点移动到 A'点，其特点是力作用点 A 位移的方向$\overline{AA'}$和力 F 的方向不一致，两者夹角为 α。根据功的定义，通常把 F 力作用点 A 的实际位移 Δ，沿力 F 作用线方向分解，其分量 $\Delta' = \Delta\cos\alpha$，称为力 F 的**相应位移**。这时力 F 所作的功为

$$W = F\Delta' = F\Delta\cos\alpha \tag{3-4-2b}$$

图 3-4-4c 所示为一转盘，受力偶 $M = FD$ 作用的情况。如果转盘在力偶作用的平面内，沿力偶转动方向产生了微小转角 $\mathrm{d}\theta$，按照功的定义，可以证明力偶所作的功为

$$W = M\theta \tag{3-4-2c}$$

式(3-4-c)说明，**力偶所作的功等于力偶矩 M 与角位移 θ 的乘积。**

由上述各例可见，作功的力可以是一个力，也可以是一个力偶，有时甚至可能是一对力或一个力系。我们将力或力偶作功用一个统一的公式来表达：

$$W = P\Delta \tag{3-4-3}$$

式中 P 称为**广义力**，既可代表力，也可代表力偶。Δ 称为**广义位移**，它与广义力相对应，即 P 为力时，代表线位移；P 为力偶时，代表角位移。

(二) 静力所作的功

所谓**静力是指将力从零开始，一点一点地，慢慢地加到最后值，不产生加速度的力。**我

们所研究的绝大多数力均属于这种力。

图 3-4-5a 所示的简支梁,受静力 F 作用,与静力相应的位移也由零逐渐增加到最后值 Δ。设梁处于弹性阶段,根据虎克定律,F 与 Δ 之间成直线关系(图 3-4-5b),即

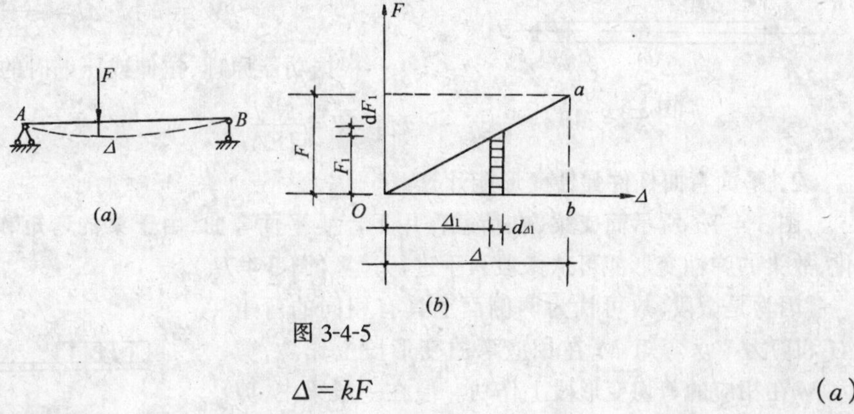

图 3-4-5

$$\Delta = kF \tag{a}$$

式(a)中 k 为比例常数。

在任一时刻,当荷载 F_1 有增量 dF_1 时,位移有相应增量 $d\Delta_1$。在此小间隔内,荷载所作的功 dW,等于图中阴影线的矩形面积

$$dW = F_1 d\Delta_1 \tag{b}$$

由 $\Delta_1 = kF_1$ 或 $F_1 = \frac{\Delta_1}{k}$,代入式(b),得

$$dW = \frac{\Delta_1}{k} d\Delta_1 \tag{c}$$

在 F_1 由零至 F 的全部加载过程中,荷载所作的总功可由积分获得

$$W = \int_0^{\Delta} \frac{\Delta_1}{k} d\Delta_1 = \frac{1}{k} \int_0^{\Delta} \Delta_1 d\Delta_1 = \frac{\Delta^2}{2k} \tag{d}$$

将式(a)代入式(d),得

$$W = \frac{1}{2} \cdot \frac{\Delta}{k} \cdot \Delta = \frac{1}{2} F\Delta \tag{3-4-4}$$

即功 W 等于图 3-4-5b 所示三角形 oab 的面积。

式(3-4-4)可叙述为:**在弹性结构中,静力所作的功,等于广义力的最后值与对应广义位移最后值乘积的一半。**

再次强调,静力荷载与恒力所作的功不同,静荷载所作的功,在 $F\Delta$ 前面有一个$\frac{1}{2}$系数;恒力所作的功,在 $F\Delta$ 前面没有$\frac{1}{2}$系数。

(三) 杆件弹性变形能的计算

在此研究杆件弹性变形能的目的,只是为了结构位移计算,故在此只研究与结构位移计算有关的拉压杆件与平面弯曲杆件的弹性变形能的计算。

1. 拉压杆弹性变形能的计算

图 3-4-6 所示的轴向拉伸(图 a)和压缩(图 b)杆件,根据第二篇第 2 章第 3 节虎克定律,其轴向变形为

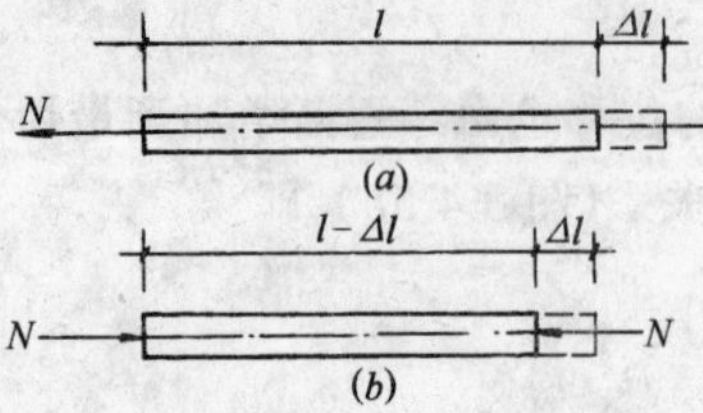

$$\Delta l = \frac{Nl}{EA}$$

所以,外力 N 所作的功为

$$W = \frac{1}{2}N \cdot \Delta l = \frac{N^2 l}{2EA}$$

根据功能原理,拉伸或压缩时的弹性变形能为

图 3-4-6

$$U = W = \frac{N^2 l}{2EA} \tag{3-4-5}$$

2. 平面弯曲杆件弹性变形能计算

图 3-4-7a 所示简支梁,在荷载作用下产生平面弯曲,由于梁的弯矩和剪力均沿梁轴变化,故梁的弹性变形能可从微段入手进行计算(图 3-4-7b)。

因为是微段,故可认为两侧面上具有相同的弯矩 M 和剪力 V。弯矩 M 在相应弯曲变形段上作功,剪力 V 在相应的剪切变形段上作功。但在一般梁中,剪力所作之功远小于弯矩所作之功,通常可忽略不计,而只考虑弯矩所作之功。

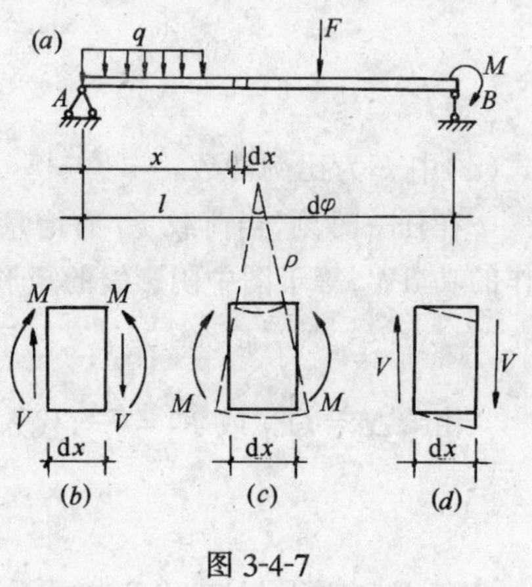

图 3-4-7

在弯矩 M 的作用之下,微段两侧横截面的相对转角为

$$\mathrm{d}\varphi = \frac{1}{\rho}\mathrm{d}x$$

由第二篇第七章式(3-7-1)知

$$\frac{1}{\rho} = \frac{M}{EI}$$

所以,梁微段 $\mathrm{d}x$ 的弹性变形能为

$$\mathrm{d}U = \mathrm{d}W = \frac{M\mathrm{d}\varphi}{2} = \frac{M^2\mathrm{d}x}{2EI}$$

则整个梁的弹性变形能为

$$U = \int_l \frac{M^2}{2EI}\mathrm{d}x \tag{3-4-6}$$

第三节 单位荷载法

图 3-4-8a 所示简支梁,在实际荷载(广义力)F_1、F_2、……、F_n 的作用下发生变形,现求图示梁中任一点 i 的挠度 $\Delta_{i\mathrm{F}}$。

为了求梁上任一点 i 的挠度,首先应在图 3-4-8b 所示的同一梁的 i 点,沿所求位移的方向加一个数值等于 1 的虚拟力 F_0,为计算位移方便,设此单位力没有量纲,称为**单位荷载**。

梁在单位荷载作用下,变形到曲线Ⅰ的位置(图 3-4-8b),i 点的挠度记为 δ。然后,再加实际荷载 F_1、F_2……F_n,梁由位置Ⅰ变到位置Ⅱ。F_1、F_2、……、F_n 作用处相应的位移(广义位移)为 Δ_1、Δ_2、……、Δ_n,i 点的挠度为 $\Delta_{i\mathrm{F}}$。由于先加单位荷载,后加实际荷载,所以外力所作的功为

$$W=\frac{1\cdot\delta}{2}+\sum_{i=1}^{n}\frac{F_i\Delta_i}{2}+1\cdot\Delta_{iF} \qquad (a)$$

式(a)前两项为静力作功，属变力作功，所以有系数$\frac{1}{2}$。由于单位力 F_0 在产生位移 Δ_{iF}的过程中大小不变，属恒力作功，故式(a)第三项没有系数$\frac{1}{2}$。

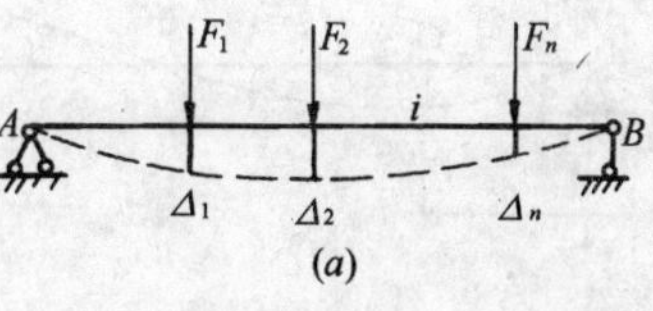

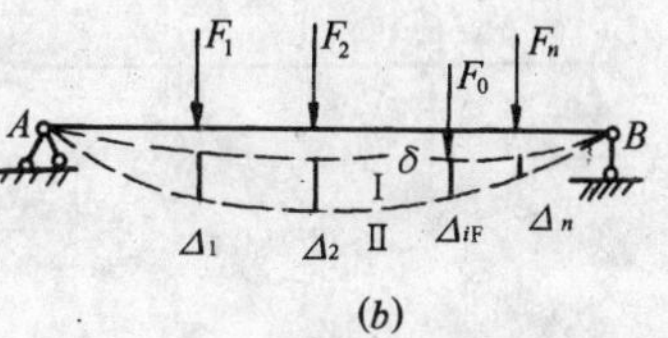

图 3-4-8

现在再从另一方面研究单位荷载和实际荷载作用时梁的弹性变形能。

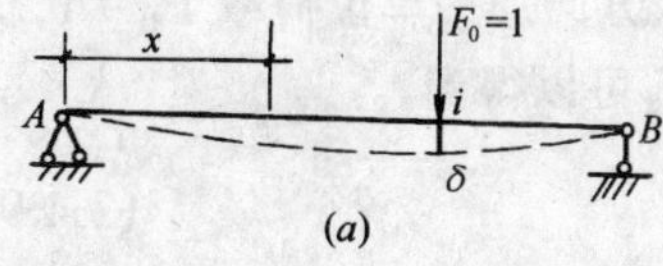

图 3-4-9

设单位荷载单独作用时，梁内 x 截面的弯矩为$\overline{M}$(图3-4-9a)，实际荷载单独作用时梁的同一截面的弯矩为 M_F(图 3-4-9b)。因此，当单位荷载与实际荷载同时作用时(图3-4-8b)，x 截面的弯矩为

$$M_x=\overline{M}+M_F \qquad (b)$$

将式(b)代入式(3-4-6)，即得梁在位置Ⅱ时的弹性变形能为

$$U=\int_l\frac{M_x^2}{2EI}dx=\int_l\frac{(\overline{M}+M_F)^2}{2EI}dx$$

$$=\int_l\frac{\overline{M}^2}{2EI}dx+\int_l\frac{\overline{M}M_F}{EI}dx+\int_l\frac{M_F^2}{2EI}dx \qquad (c)$$

根据功能原理 $W=U$，即式(a)等于式(c)

$$\frac{1\cdot\delta}{2}+\sum_{i=1}^{n}\frac{F_i\Delta_i}{2}+1\cdot\Delta_{iF}=\int_l\frac{\overline{M}^2}{2EI}dx+\int_l\frac{\overline{M}M_F}{EI}dx+\int_l\frac{M_F^2}{2EI}dx \qquad (d)$$

再分别看图 3-4-9a 和b 的情形。根据功能原理，图 3-4-9a 所示单位荷载在梁变形过程中所作的功，等于此时梁内储存的弹性变形能，故有

$$\frac{1\cdot\delta}{2}=\int_l\frac{\overline{M}^2}{2EI}dx \qquad (e)$$

同理，对于图 3-4-9b，有

$$\sum_{i=1}^{n}\frac{F_i\Delta_i}{2}=\int_l\frac{M_F^2}{2EI}dx \qquad (f)$$

将式(e)、(f)代入式(d)，得由于荷载在 i 点引起的位移Δ_{iF}为

$$\Delta_{iF}=\int_l\frac{\overline{M}M_F}{EI}dx \qquad (3\text{-}4\text{-}7)$$

这就是梁上任意点 i 的位移Δ_{iF}计算公式。**由于在推导过程中，用了虚拟的单位荷载，所以这种求位移的方法称为单位荷载法。**

由于所加单位荷载为广义单位力，所以应用单位荷载法，不仅可以求出结构的线位移，而且也可以用来计算结构的角位移或其它性质的位移。例如，当求图 3-4-10a 所示的外伸梁任意截面C 在荷载作用下的转角θ 时，只要在截面 C 加一单位力偶 $m_0=1$ 即可(图 3-4-10b)，此时 $\overline{M}$ 为单位力偶作用下梁x 截面的弯矩。

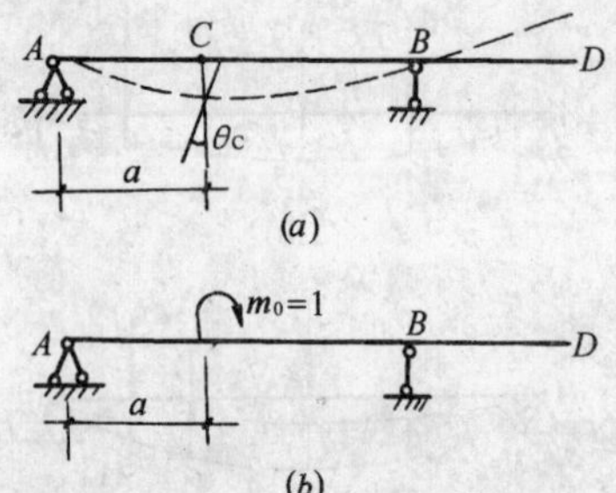

图 3-4-10

对于刚架，一般只考虑弯矩引起的位移，故式(3-4-7)仍然适用，但积分时应对每杆进行积分，然后求代数和，即

$$\Delta_{iF}=\Sigma\int_{l}\frac{\overline{M}M_{F}}{EI}\mathrm{d}x \tag{3-4-8}$$

式中 $\overline{M}$——在单位荷载作用下的弯矩方程；

M_F——在实际荷载作用下的弯矩方程；

EI——杆件的抗弯刚度。

对于桁架，杆内只有轴力，如果需要求某一点沿某一方向的位移，则在该节点沿该方向加一单位荷载 $P_0=1$，仿照上面推导式(3-4-7)的步骤，可以得到

$$\Delta_{iF}=\Sigma\frac{\overline{N}N_{F}l}{EA} \tag{3-4-9}$$

式中 $\overline{N}$——在单位荷载作用下桁架各杆的轴力，拉力为正，压力为负；

N_F——在实际荷载作用下桁架各杆的轴力，拉力为正，压力为负；

EA——桁架各杆的抗拉或抗压刚度。

在此建议，在计算桁架的位移时，因杆件较多，为了避免遗漏和出错，宜采用表格计算。可先按式(3-4-9)计算各杆的$\frac{\overline{N}N_{F}l}{EA}$，然后再叠加。

对于组合结构，因它是由链杆和梁式杆组合而成的，因此它的位移计算很简便，即链杆按桁架位移计算式(3-4-9)计算，梁式杆按梁或刚架位移计算式(3-4-8)计算，然后相加，其具体计算公式如下

$$\Delta_{iF}=\Sigma\int_{l}\frac{\overline{M}M_{F}}{EI}\mathrm{d}x+\Sigma\frac{\overline{N}N_{F}l}{EA} \tag{3-4-10}$$

在此再次强调，欲用单位荷载法计算结构的位移，一个关键性的问题在于，根据位移计算的需要，能正确加相应的广义单位力，现将加广义单位力常遇到的情况列表如表 3-4-1。

下面举例说明，梁、刚架、桁架和组合结构在荷载作用下的位移计算。

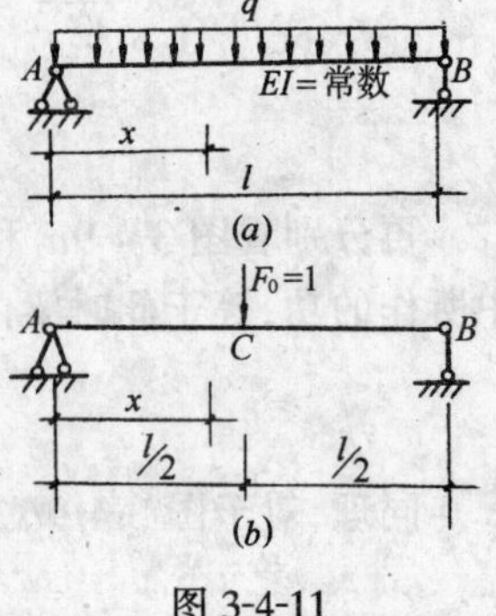

图 3-4-11

【例 3-4-1】 试求图 3-4-11a 所示等截面简支梁，中点 C 的竖向位移。EI 为常数。

表 3-4-1

欲求广义位移	施加相应广义单位力
1. 欲求 C 点竖向线位移	在 C 点处施加一单位集中力 $F_0=1$

续表

欲求广义位移	施加相应广义单位力
2. 欲 A 截面角位移 θ_A 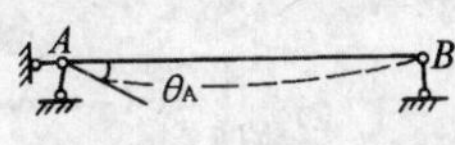 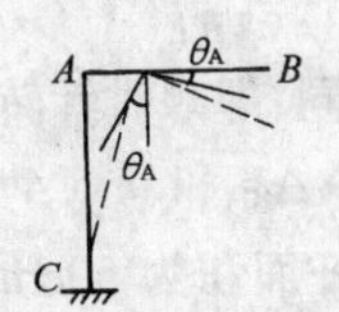	在 A 点施加一单位力偶 $m_0=1$ 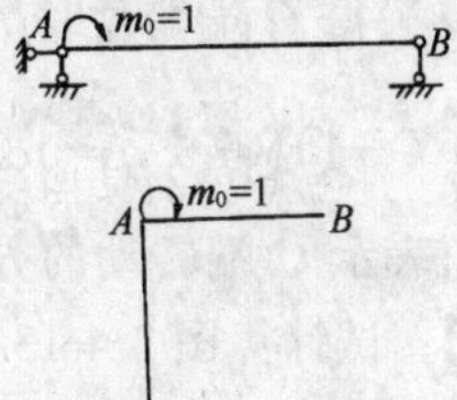
3. 欲求 A、B 两点的相对线位 $\Delta_{AB}=\Delta_A+\Delta_B$ 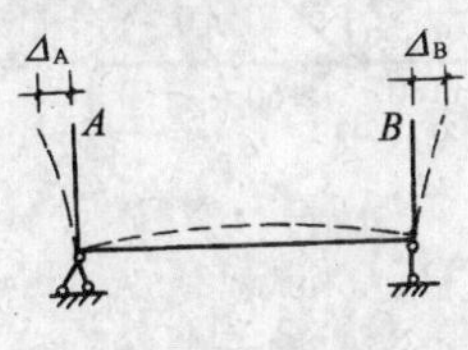 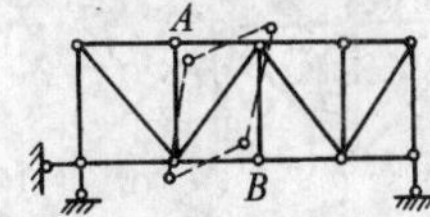	在 A、B 两点连线上加一对方向相反的单位力 $F_0=1$ 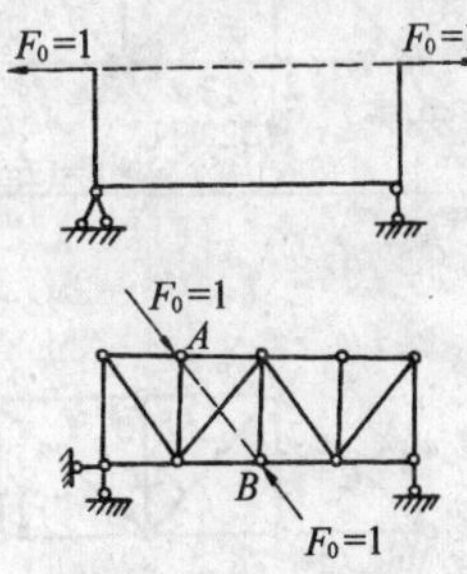

【解】 在 C 点加一竖向虚拟单位力 $F_0=1$(图 3-4-11b)，分别列出实际荷载和单位荷载作用下的弯矩方程(对于梁剪力不考虑)。设以 A 为坐标原点，则当 $0\leqslant x\leqslant\frac{l}{2}$ 时，有

$$\overline{M}=\frac{1}{2}x,\qquad M_F=\frac{q}{2}(lx-x^2)$$

因为梁对称，只需计算一半乘以 2 即可，由式(3-4-8)得

$$\Delta_{CV}=2\int_0^{\frac{l}{2}}\frac{\overline{M}M_F}{EI}\mathrm{d}x=2\int_0^{\frac{l}{2}}\frac{1}{EI}\cdot\frac{x}{2}\cdot\frac{q}{2}(lx-x^2)\mathrm{d}x$$

$$=\frac{q}{2EI}\int_0^{\frac{l}{2}}(lx^2-x^3)\mathrm{d}x=\frac{5ql^4}{384EI}(\downarrow)$$

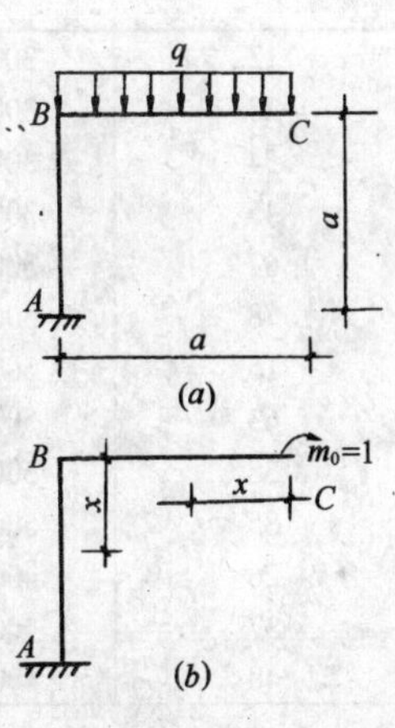

图 3-4-12

计算结果为正，说明 C 点竖向位移的方向与虚拟单位力的方向相同，即向下。这是一个常用到的挠度值，如果记住，将在学习和工作中带来方便。

【例 3-4-2】 试求图 3-4-12a 所示刚架，C 端的角位移 θ_C。已知 $EI=$常数。

【解】 在 C 点加一单位力偶 $m_0=1$ 作为虚拟状态，其方向设为顺时针方向，如图 3-4-12b 示。

略去轴力和剪力的影响，两种状态的弯矩方程为

横梁 BC 上　　$\overline{M}=-1,\quad M_F=-\frac{1}{2}qx^2$

竖柱 AB 上　　$\overline{M}=-1,\quad M_F=-\frac{1}{2}qa^2$

代入公式(3-4-8),得 C 端角位移为

$$\theta_C=\frac{1}{EI}\int_0^a(-1)\left(-\frac{1}{2}qx^2\right)dx+\frac{1}{EI}\int_0^a(-1)\left(-\frac{1}{2}qa^2\right)dx=\frac{2qa^3}{3EI}(\downarrow)$$

计算结果为正,表示 C 端转动的方向与虚拟单位力偶的方向相同,即顺时针转动。

【例 3-4-3】 试计算图 3-4-13a 所示桁架节点 8 的水平位移 Δ_{8H}和节点 4 与 7 的相对线位移。已知上、下弦杆的面积为 $30cm^2$,竖杆面积为 $40cm^2$,斜杆面积为 $50cm^2$。$E=2.1\times10^4kN/cm^2$。

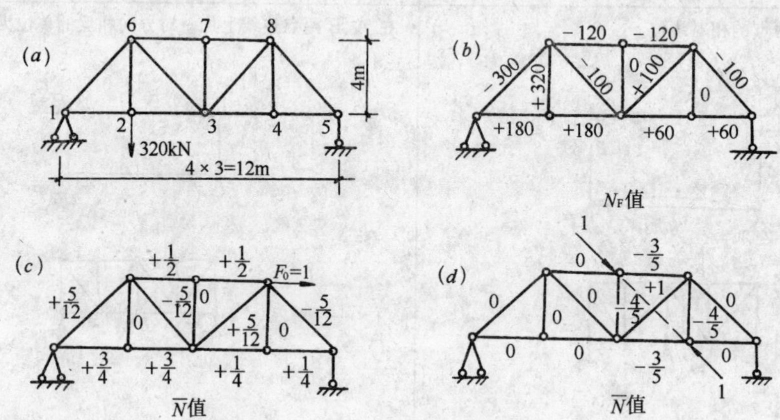

图 3-4-13

【解】 此桁架杆件较多,为了防止遗漏和出错,采用列表计算。

桁架各杆的长度与截面积列于表 3-4-2。N_F 值的计算结果如图 3-4-13b 所示。

桁架位移的计算　　**表 3-4-2**

杆件名	杆件长度 l (cm)	截面积 A (cm²)	N_F (kN)	Δ_{8H}		Δ_{47}	
				$\overline{N}$	$\frac{\overline{N}N_Fl}{A}$	$\overline{N}$	$\frac{\overline{N}N_Fl}{A}$
12	300	30	+180	+3/4	+1350	0	
23	300	30	+180	+3/4	+1350	0	
34	300	30	+60	+1/4	+150	−3/5	−360
45	300	30	+60	+1/4	+150	0	
67	300	30	−120	+1/2	−600	0	
78	300	30	−120	+1/2	−600	−3/5	+720
16	500	50	−300	+5/12	−1250	0	
63	500	50	+100	−5/12	+417	0	
38	500	50	−100	+5/12	+417	+1	+1000
85	500	50	−100	−5/12	+417	0	
26	400	40	+320	0	0	0	
37	400	40	0	0	0	−4/5	
48	400	40	0	0	0	−4/5	
				$\Sigma\frac{\overline{N}N_Fl}{A}=$	+1800		+1360

1. 计算节点 8 的水平位移 Δ_{8U}

在节点 8 加一水平单位力 $F_0=1$，$\overline{N}$ 值的计算结果如图 3-4-13*c* 示。将各杆 N_F、$\overline{N}$ 值列入表 3-4-2 对应行，按式(3-4-9)，由表 3-4-2 计算得

$$\Delta_{8U}=\Sigma\frac{\overline{N}N_F l}{EA}=\Sigma\frac{\overline{N}N_F l}{A}\cdot\frac{1}{E}=\frac{1800}{21000}=+0.086\text{cm}(\rightarrow)$$

2. 计算节点 4 与 7 的相对线位移

在节点 4 与 7 的连线方向，加一对方向相反的单位力，$\overline{N}$ 值的计算结果，如图 3-4-13*d* 所示。N_K 与前相同，将 $\overline{N}$ 列入表 3-4-2 对应行，按式(3-4-9)，由表 3-4-2 计算得

$$\Delta_{47}=+\frac{1360}{21000}=+0.065\text{cm}(\searrow\!\nwarrow)$$

正号表示节点 4 与 7 彼此靠近。

【例 3-4-4】 试求图 3-4-14*a* 所示组合结构 *E* 点的竖向位移 Δ_{EV}。已知，梁式杆 $EI=$ 常数，链杆 $EA=$ 常数。

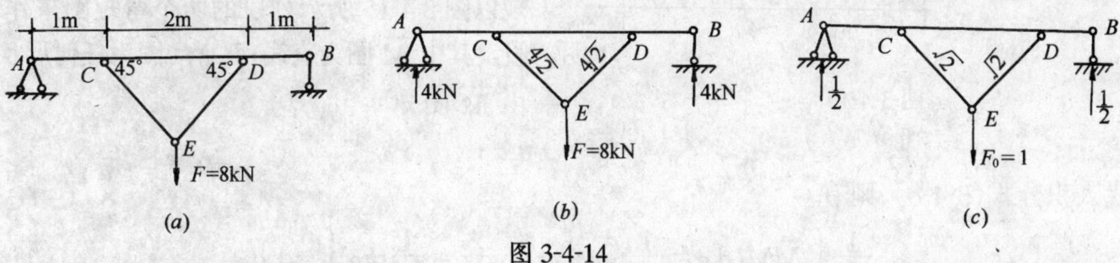

图 3-4-14

【解】 在 *E* 点加一竖向单位力 $F_0=1$，如图 3-4-14*c* 所示。两种状态链杆的轴力为：

链杆 *EC*、*ED* 对称，荷载对称，轴力 $N_{EC}=N_{ED}$

$$\overline{N}=\sqrt{2}\qquad N_F=4\sqrt{2}$$

梁式杆 *AC* 段、*DB* 段对称，荷载对称，弯矩 $M_{AC}=M_{DB}$

$$\overline{M}=\frac{1}{2}x\qquad M_F=4x$$

梁式杆 *CD* 段 $\qquad\overline{M}=\frac{1}{2}\quad M_F=4$

分别代入式(3-4-10)，得 *E* 点的竖向位移为

$$\Delta_{EV}=\Sigma\int_0^l\frac{\overline{M}M_F}{EI}\mathrm{d}x+\Sigma\frac{\overline{N}N_F l}{EA}=2\times\frac{1}{EI}\int_0^1\frac{1}{2}x\cdot 4x\mathrm{d}x+\frac{1}{EI}\int_0^2\frac{1}{2}\cdot 4\mathrm{d}x$$
$$+2\times\frac{\sqrt{2}\cdot 4\sqrt{2}\cdot\sqrt{2}}{EA}$$
$$=\frac{16}{3EI}+\frac{16\sqrt{2}}{EA}(\downarrow)$$

计算结果为正，表示 *E* 点竖向位移方向与所加单位力方向相同，即向下。

第四节　图　乘　法

当求梁和刚架的位移时，要对下式

$$\Delta_{iF}=\Sigma\int_l \frac{\overline{M}M_F}{EI}dx$$

进行积分。这就需要先确定坐标轴,然后写出 $\overline{M}$ 和 M_F 的弯矩方程式,将其代入上式,这样才能进行积分。若结构杆件数目比较多,荷载比较复杂时,运算是很麻烦的。试想,有无其它办法代替这个积分呢?有,但是有条件的:

(1) 杆段的 EI 为常数;

(2) 杆段为直杆;

(3) 杆段的 $\overline{M}$ 和 M_F 图至少有一个是直线图形。

其实在工程中,绝大部分杆件都能满足这三个条件,即使整个杆件不满足,可分段进行,例如变截面梁、柱就是这样处理的,所以它有广泛的应用范围。

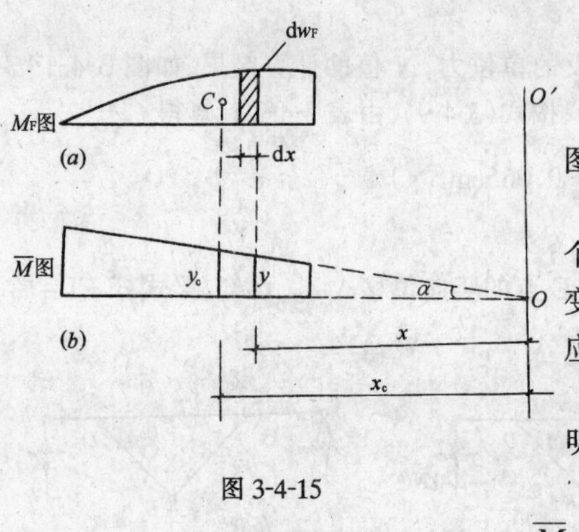

图 3-4-15

现以图 3-4-15 所示杆段的两个弯矩图来作说明。假设其中 $\overline{M}$ 图为直线,而 M_F 图为任何形状。

由 $\overline{M}$ 图知

$$\overline{M}=x\text{tg}\alpha$$

代入积分式(3-4-8),则有

$$\frac{1}{EI}\int\overline{M}M_F dx=\frac{1}{EI}\text{tg}\alpha\int xM_F dx=\frac{1}{EI}\text{tg}\alpha\int x dw_F$$

这里的 dw_F 表示 M_F 图的微分面积,如图 3-4-5a 所示的阴影部分,因而积分 $\int x dw_F$ 表示 M_F 图的面积 w_F 对于 $O—O'$ 轴的静矩。这个静矩可以写成

$$\int x\,dw_F=w_F x_c$$

其中 x_c 是 M_F 图的形心到 $O—O'$ 轴的距离。因此

$$\int\frac{\overline{M}M_F}{EI}dx=\frac{1}{EI}w_F x_c\text{tg}\alpha$$

但因

$$x_c\text{tg}\alpha=y_c$$

故得

$$\int\frac{\overline{M}M_F}{EI}dx=\frac{1}{EI}w_F y_c$$

$$\Sigma\int\frac{\overline{M}M_F}{EI}dx=\Sigma\frac{w_F y_c}{EI} \tag{3-4-11}$$

其中 y_c 为 M_F 图面积的形心在 $\overline{M}$ 图上对应的竖标。

由此可见,当上述三个条件能满足时,积分式 $\int\frac{\overline{M}M_F}{EI}dx$ 之值就等于 M_F 图的面积 w_F(可为任何图形)乘其形心下相对应的(直线图形上)竖标 y_c,再以 EI 除之。w_F 与 y_c 相乘正负号规定为:**在基线的同一侧时为正,异侧为负**。这就是图形相乘法,简称**图乘法**。

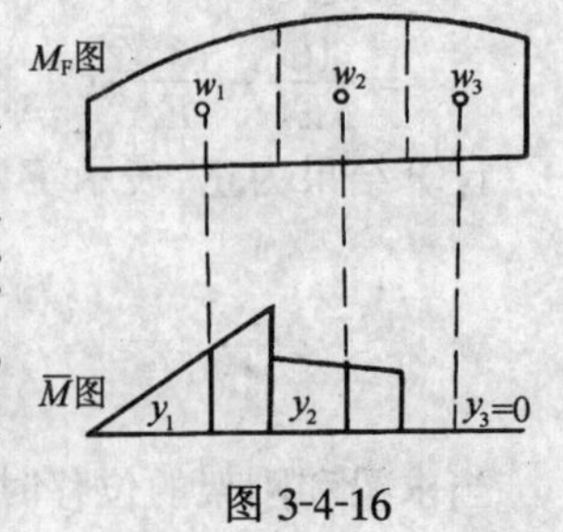

图 3-4-16

在此再次提醒,**y_c 必须从直线图形上取得**。当 $\overline{M}$ 图形是由若干直线段组成时,就应该分段图乘。如对图 3-4-16 所示情

况，就应分成三段进行图乘，即

$$\Sigma\int\frac{\overline{M}M_F}{EI}dx=\frac{1}{EI}(w_1y_1+w_2y_2+w_3y_3)$$

应用图乘时，如遇到弯矩图的形心位置或面积不易于确定的情况，可将该图形分解为几个易于确定形心位置或面积的部分，并将这些部分分别与另一图形相乘，然后再将所得结果相加，即得两图形相乘之值。

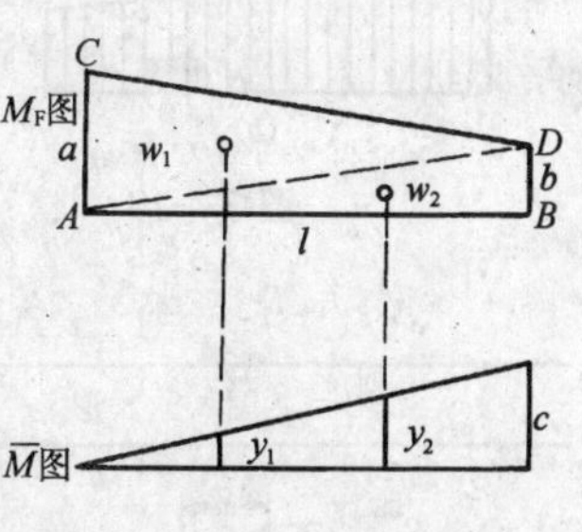

图 3-4-17

例如图 3-4-17 所示的一个梯形与一个三角形相图乘时，可不必找出梯形的形心，而将 M_F 图所示的梯形 $ABDC$ 分解为两个三角形 ABD 和 ADC，这两个三角形的面积分别为 $w_1=\frac{1}{2}bl$、$w_2=\frac{1}{2}al$；其形心位置分别离三角形底边为 $\frac{l}{3}$，它们的形心在 $\overline{M}$ 图上分别对应的竖标为 $y_1=\frac{c}{3}$、$y_2=\frac{2c}{3}$。因而这两个图形相乘变为

$$\frac{w_Fy_c}{EI}=\frac{1}{EI}(w_1y_1+w_2y_1)=\frac{1}{EI}\left(\frac{1}{2}al\cdot\frac{c}{3}+\frac{1}{2}bl\cdot\frac{2c}{3}\right)$$

$$=\frac{cl}{6EI}(a+2b)$$

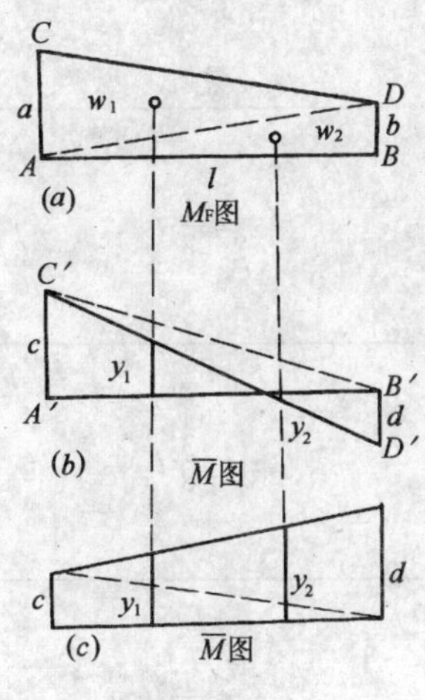

图 3-4-18

又如图 3-4-18a、b 所示的一个梯形与一个含有不同符号的图形相乘，因它们都是由直线组成的，按图乘条件，它们哪个图形为面积，哪个图形取竖标都可以，其选择原则是，怎样计算简单就怎样选择。现选择 M_F 图为面积，$\overline{M}$ 图取竖标进行图乘。将 M_F 图形用虚线分成两个三角形 ABD 和 ADC，将 $\overline{M}$ 图形 C'、D' 两点连以虚线，利用三角形的几何关系，$y_1=\frac{2c}{3}-\frac{d}{3}$，$y_2=\frac{2d}{3}-\frac{c}{3}$。故这两个图形相乘变为

$$\frac{w_Fy_c}{EI}=\frac{1}{EI}(w_1y_1+w_2\cdot y_2)$$

$$=\frac{l}{EI}\left[\frac{a}{2}\cdot\left(\frac{2c}{3}-\frac{d}{3}\right)+\frac{b}{2}\cdot\left(\frac{2d}{3}-\frac{c}{3}\right)\right]$$

$$=\frac{l}{EI}\left[\frac{1}{3}(ac+bd)-\frac{1}{6}(ad+bc)\right] \qquad (a)$$

分析此计算结果，从中可以总结出下列规律：一个梯形与一个含有不同符号的图相乘，等于 $\frac{l}{EI}$ 乘以对应边(注：a 与 c、b 与 d 为对应边)相乘之和的 $\frac{1}{3}$，减去对应边交叉相乘之和的 $\frac{1}{6}$。如理解这一规律，可直接代入数值进行计算。对于同一基线边的两梯形(如图 3-4-18a、c)相乘，只要将式(a)中的减号变成加号即可，即

$$\frac{w_Fy_c}{EI}=\frac{1}{EI}\left[\frac{1}{3}(ac+bd)+\frac{1}{6}(ad+bc)\right]$$

对于图 3-4-19a 所示，某一区段，由于均布荷载作用引起的 M_F 图，可根据第二篇第六章第

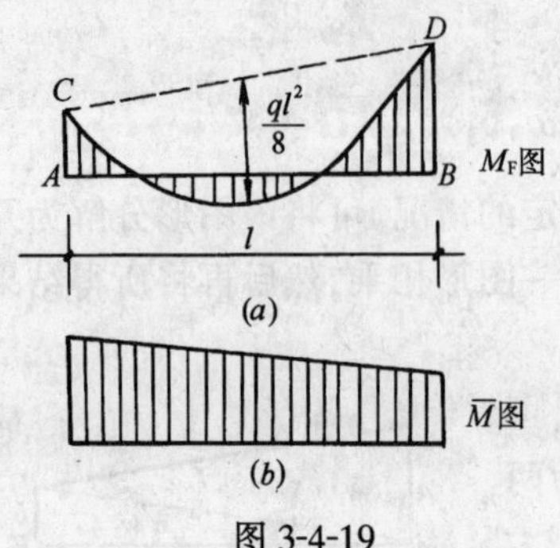

图 3-4-19

五节区段叠加法中所阐述过的结论，将 M_F 图看作是由两端弯矩竖标所连成的梯形 $ABDC$（当有一端为零时为三角形）与相应简支梁，在均布荷载作用下的弯矩图叠加而成的，后者即虚线 CD 与曲线之间所包含的部分。因此，可将 M_F 图分解为上述两个图形分别与 $\overline{M}$ 图相乘，然后取其代数和，即可方便地得出结果。

为了方便计算，现将常见图形的面积及其形心位置列于表 3-4-3 中。

常见图形的面积及其形心位置 **表 3-4-3**

图　形	面　积	重 心 位 置
三角形（x_c，h，l）	$\frac{1}{2}lh$	$x_c=\frac{1}{3}l$
三角形（x_c，h，a，b，l）	$\frac{1}{2}lh$	$x_c=\frac{1}{3}(l+a)$
二次抛物线（x_c，h，l）	$\frac{2}{3}lh$	$x_c=\frac{1}{2}l$
二次抛物线（x_c，h，l）	$\frac{2}{3}lh$	$x_c=\frac{3}{8}l$
二次抛物线（x_c，h，l）	$\frac{1}{3}lh$	$x_c=\frac{1}{4}l$
三次抛物线（x_c，h，l）	$\frac{1}{4}lh$	$x_c=\frac{1}{5}l$
n次抛物线（x_c，h，l）	$\frac{1}{n+1}lh$	$x_c=\frac{1}{n+2}l$

在此值得说明的是，表 3-4-3 中所讲的抛物线是指标准抛物线。标准抛物线是指含有顶点，且顶点处的切线与基线平行的抛物线。

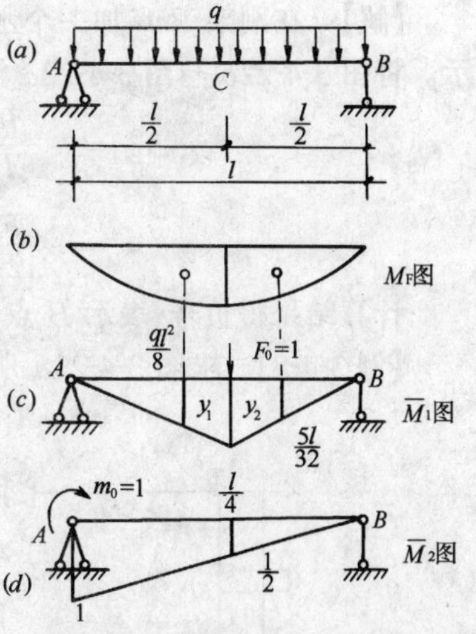

【例 3-4-5】 试求图 3-4-20a 所示简支梁，在均布荷载作用下的中点 C 的竖向位移Δ_{CV}和 A 端的角位移θ_A。EI 为常数。

【解】 例 3-4-1 用积分法计算过此题中点 C 的竖向位移Δ_{CV}，现再用图乘法验证之。在梁的中点 C 加单位竖向荷载$F_0=1$，$\overline{M}$ 图如图 3-4-20c 所示。将图 3-4-20b 与图 3-4-20c 相乘，则得

$$\Delta_{CV}=\frac{1}{EI}(w_1y_1+w_2y_2)=\frac{2}{EI}\left(\frac{2}{3}\cdot\frac{l}{2}\cdot\frac{ql^2}{8}\right)\cdot\frac{5l}{32}$$
$$=\frac{5ql^4}{384EI}(\downarrow)$$

图 3-4-20

与积分法计算结果相同，由此验证两种方法都正确。

在梁的 A 端加一单位力偶$m_0=1$，$\overline{M}$ 图如图 3-4-20d 所示。将图 3-4-20b 与图 3-4-20d 相乘，则得

$$\theta_A=\frac{l}{EI}\left(\frac{2}{3}\cdot l\cdot\frac{ql^2}{8}\right)\cdot\frac{1}{2}=\frac{ql^2}{24EI}(\downarrow)$$

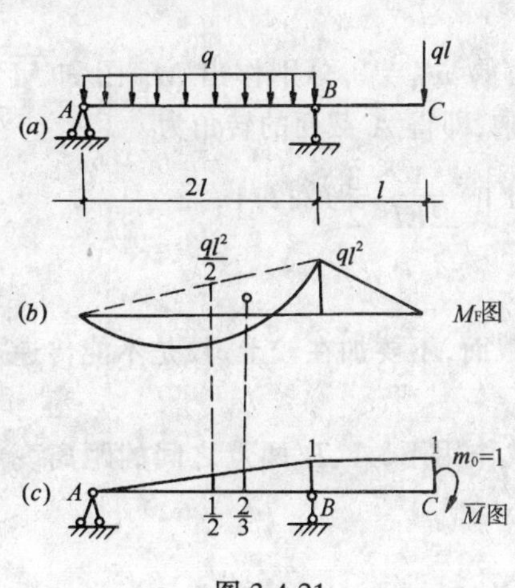

图 3-4-21

【例 3-4-6】 试求图 3-4-21a 外伸梁截面C 的转角。EI＝常数。

【解】 在外伸梁截面 C 加一单位外力偶 $m_0=1$，绘出 M_F 图和 $\overline{M}$ 图，如图 3-4-21b、c 所示。将图 3-4-21b 与图 3-4-21c 相乘，则得截面 C 的转角为

$$\theta_C=\frac{1}{EI}\left(\frac{1}{2}\cdot ql^2\cdot l\cdot 1+\frac{1}{2}\cdot ql^2\cdot 2l-\frac{2}{3}\cdot\frac{ql^2}{2}\cdot 2l\cdot\frac{1}{2}\right)$$
$$=\frac{1}{EI}\left(\frac{1}{2}ql^3+\frac{2}{3}ql^3-\frac{1}{3}ql^3\right)$$
$$=\frac{5ql^3}{6EI}(\downarrow)$$

【例 3-4-7】 求图 3-4-22a 所示刚架，在水平荷载作用下，B 点的水平位移Δ_{BU}。梁与柱的截面惯性矩 I（各杆弹性模量 E 相同）如图中所注。

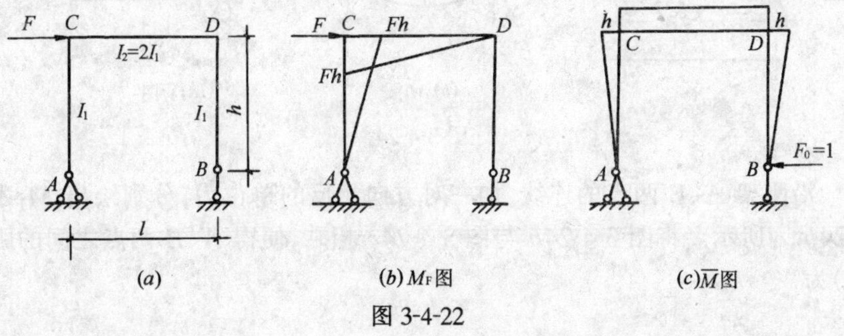

图 3-4-22

【解】 在刚架 B 点加一个水平单位力 $F_0=1$，绘出 M_F 图和 $\overline{M}$ 图，如图 3-4-22b、c 所示。将图 3-4-22b 与图 3-4-22c 相乘，则得刚架 B 点的水平位移为

$$\Delta_{BU}=-\frac{1}{EI_1}\left(\frac{1}{2}h\cdot Fh\cdot\frac{2}{3}h\right)-\frac{1}{2EI}\left(\frac{1}{2}\cdot Fh\cdot l\cdot h\right)$$

$$=-\frac{Fh^2}{12EI_1}(4h+3l)(\rightarrow)$$

计算结果得负号，表示 B 点的实际水平位移 Δ_{BU} 向右。

【例 3-4-8】 求图 3-4-23a 所示刚架，在图示荷载作用下，A 截面的转角 θ_A

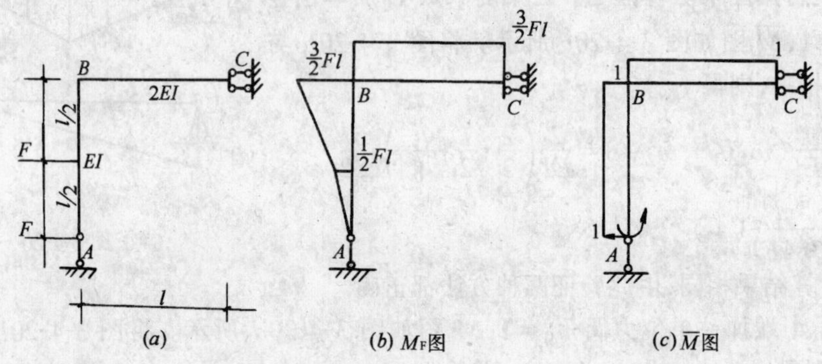

图 3-4-23

【解】 在刚架 A 处，沿所求位移方向虚设一单位力偶 $m_0=1$，分别作出 M_F 图和 $\overline{M}$ 图，如图 3-4-23b、c 所示。将图 3-4-23b 与图 3-4-23c 相乘，即得 A 截面的转角为

$$\theta_A=\frac{1}{EI}\left[\frac{1}{2}\cdot\frac{Fl}{2}\cdot\frac{l}{2}+\frac{1}{2}\left(\frac{Fl}{2}+\frac{3Fl}{2}\right)\cdot\frac{l}{2}\cdot 1\right]+\frac{1}{2EI}\cdot\frac{3}{2}Fl\cdot l\cdot 1$$

$$=\frac{11}{8EI}Fl^2(\searrow)$$

此题注意，在加虚拟单位力偶 $m_0=1$ 时，要加在 A 截面，不要加在铰上，铰是不能传递力偶的。在 AB 杆图乘时，因 M_F 图为折线，要分段图乘。

【例 3-4-9】 试求图 3-4-24a 所示刚架，在均布荷载作用下，A、B 两点之间的距离变化。各杆 EI 均相同。

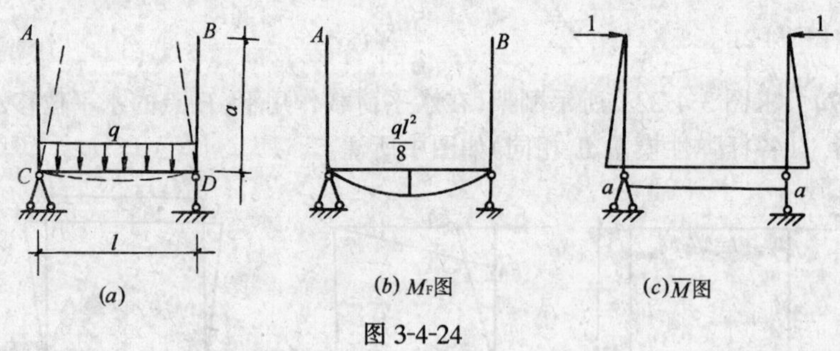

图 3-4-24

【解】 沿刚架 A、B 两点的连线，加一对方向相反的单位力，分别绘出 M_F 图和 $\overline{M}$ 图，如图 3-4-24b、c 所示。将图 3-4-24b 与图 3-4-24c 相乘，便得 A、B 两点之间的距离变化(即相对位移)为

$$\Delta_{AB}=\frac{1}{EI}\cdot\frac{2}{3}\cdot\frac{ql^2}{8}\cdot l\cdot a=\frac{qal^3}{12EI}(\rightarrow\leftarrow)$$

所得结果为正号，表示 A、B 两点距离相互靠拢。

第五节　静定结构由支座移动产生的位移计算

静定结构的支座，由于地基的不均匀沉陷，或者因制造误差等，都会产生位移；因而，结构上的各截面也将产生位移，但在结构内部却不会产生内力。例如，图 3-4-25(a)所示的静定刚架，由于基础沉陷而使右支座 B 沿竖向移动了一个竖向位移 c，从而刚架上各点也相应产生了位移，如 C 点移至 C' 点，D 点移至 D' 点等，但并不发生变形，因此不会产生内力。这是静定结构的特点之一。

如欲求刚架上任一点 K 沿 $i—i$ 方向的位移 Δ_{KC}，可直接应用功能原理推出计算公式。

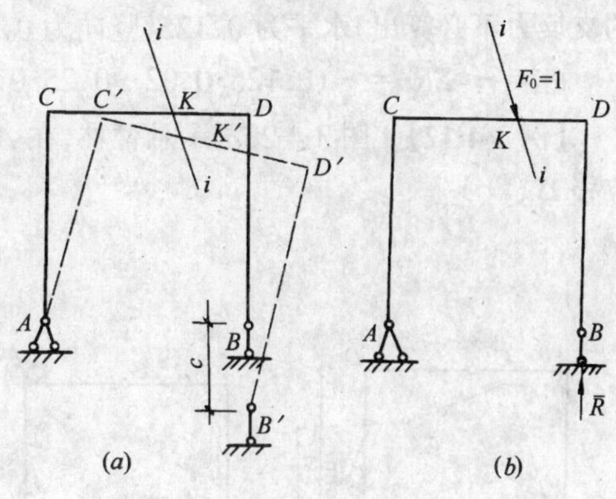

图 3-4-25

现以图 3-4-25a 为实际状态，以图 3-4-25b 为虚拟的单位力状态。由于此刚架没有外荷载，基础沉陷是唯一引起刚架位移的原因，所以应将单位力及其产生的支反力区作为外力来考虑。这时外力所作的功为

$$W=\Delta_{Ki}\cdot 1+\overline{R}c \qquad (a)$$

由于静定刚架在基础沉陷中不发生变形，所以弹性变形能为

$$U=0 \qquad (b)$$

根据功能原理　$W=U$，即式(a)等于式(b)

$$\Delta_{Ki}\cdot 1+\overline{R}c=0$$

$$\Delta_{Ki}=-\overline{R}c \qquad (c)$$

由于结构的支座位移不止一个，所以式(c)应改为

$$\Delta_{Ki}=-\Sigma\overline{R}c \qquad (3\text{-}4\text{-}12)$$

式中　$\overline{R}$——虚拟单位力所产生的支反力；

c——支座处的实际位移。

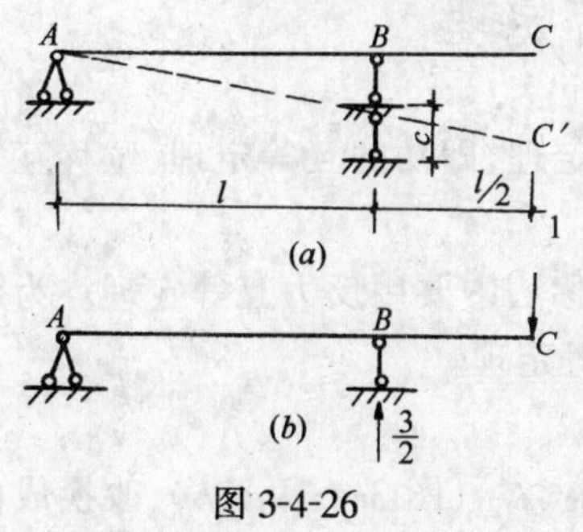

图 3-4-26

式(3-4-12)就是静定结构在支座移动时的位移计算公式。计算 $\overline{R}c$ 时其正负号确定方法如下：**当 $\overline{R}$ 与实际支座位移 c 的方向一致时，所得乘积为正，反之为负。**公式前面的负号是由推导公式时移项得到的，计算时不可忘掉。

【例 3-4-10】　如图 3-4-26a 所示外伸梁，在支座 B 沉陷 0.8cm，试求 C 点的竖向位移 Δ_{CV}。

【解】　在外伸梁 C 点加一单位竖向力(图 3-4-26b)，

B 支座的支反力 $\overline{R}=\dfrac{3}{2}$。根据公式(3-4-12)，$C$ 点的竖向位移为

$$\Delta_{CV}=-\Sigma\overline{R}c=-\frac{3}{2}\cdot(-0.8)=1.2\text{cm}(\downarrow)$$

【例 3-4-11】 图 3-4-27a 所示刚架，B 支座产生移动，水平移动 $c_1=2$cm，竖向移动 $c_2=3$cm，试求 D 点的转角 θ_D。

【解】 在刚架 D 点加一个单位力偶 $m_0=1$(图 3-4-27b)，求得 B 支座的支反力(不必要的支反力不必算出)水平为 0.125，竖向为 0.25。根据公式(3-4-12)，D 点的转角为

$$\theta_D=-\Sigma\overline{R}c=-(0.125\cdot0.02-0.25\cdot0.03)=0.005\text{ 弧度}(\searrow)$$

【例 3-4-12】 图 3-4-28a 示悬臂柱，在 A 支座发生沉陷位移 c_1、c_2、c_3，试求 B 点的水平位移 Δ_{BU}

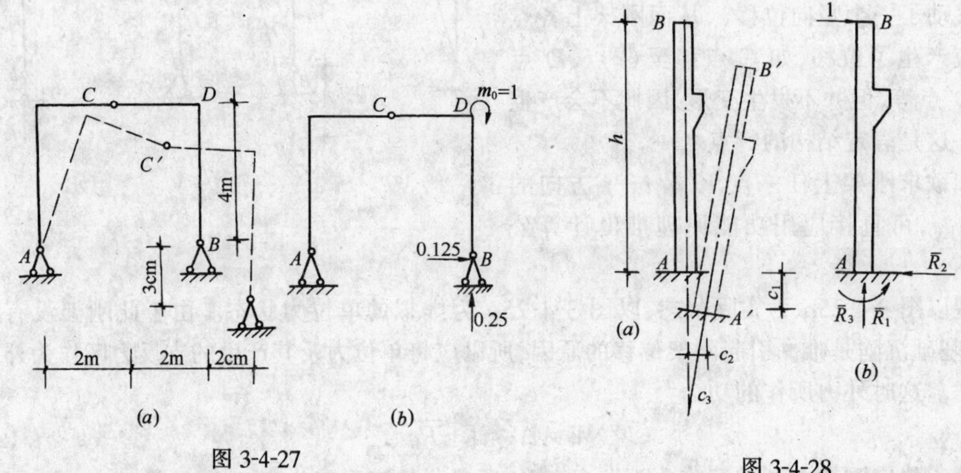

图 3-4-27

图 3-4-28

【解】 在悬臂柱 B 点加一单位水平力(图 3-4-28b)，求其支反力为 $\overline{R}_1=0$，$\overline{R}_2=1$，$\overline{R}_3=\dfrac{1}{h}$。根据公式(3-4-12)，求得 B 端的水平位移为

$$\begin{aligned}\Delta_{BU}&=-\Sigma\overline{R}c=-(-\overline{R}_1c_1-\overline{R}_2c_2-\overline{R}_3\cdot c_3)\\&=-\left(-0\cdot c_1-1\cdot c_2-\frac{1}{h}\cdot c_3\right)\\&=c_2+\frac{c_3}{h}(\rightarrow)\end{aligned}$$

第六节 弹性体系的互等定理

在大学的结构力学中，一般要讲四个弹性体系的互等定理，即功的互等定理、位移互等定理、反力互等定理和反力位移互等定理等。

本书在第五章力法中要用位移互等定理，在第六章位移法中要用反力互等定理。为了满足这两章内容的需要，本节只介绍这两个弹性体系的互等定理。

一、位移互等定理

为了便于在力法中应用，在此将由荷载引起的位移 Δ_{12}、Δ_{21}(图 3-4-29a、b)，改换成由

单位荷载(即 $F_1=1$、$F_2=1$)引起的位移 δ_{12}、δ_{21}来表示(图 3-4-29c、d)。

其中 Δ_{12}——表示由荷载 F_2 在荷载 F_1 方向所引起的位移;

Δ_{21}——表示由荷载 F_1 在荷载 F_2 方向所引起的位移;

δ_{12}——表示由单位荷载 F_2 在单位荷载 F_1 方向所引起的位移;

δ_{21}——表示由单位荷载 F_1 在单位荷载 F_2 方向所引起的位移。

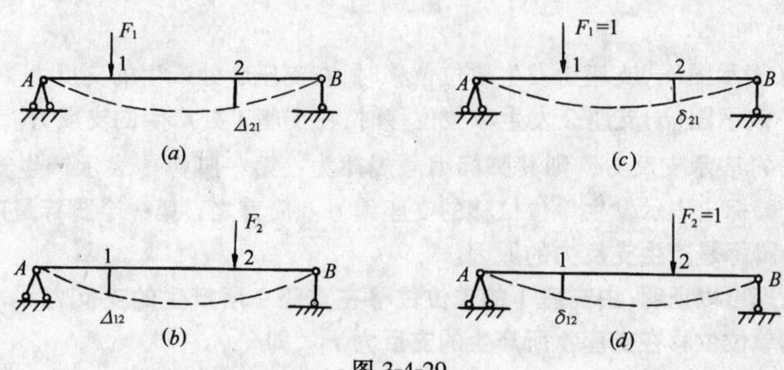

图 3-4-29

如用通式 Δ_{ij}、δ_{ij}表示一般位移和单位位移,由此得出位移脚标编号规律:第一个脚标 i 表示在F_i 力和$F_i=1$ 力方向所引起的位移,第二个脚标 j 表示位移Δ_{ij}、δ_{ij}是由F_j 力和$F_j=1$力所引起的。简言之,**第一个脚标是引起位移的方向,第二脚标是产生位移的原因。**

由功能原理可以证明,**由单位荷载 F_1 在单位荷载 F_2 作用点处,沿其方向所引起的位移 δ_{21};在数值上等于由单位荷载 F_2 在单位荷载 F_1 作用点处,沿其方向所引起的位移 δ_{12}**,即

$$\delta_{12}=\delta_{21} \tag{3-4-13}$$

这就是**位移互等定理**。

在此值得提醒的是,这里的单位荷载是广义单位力,它所对应的位移也应是广义位移,即可以是线位移,也可以是角位移,也可一个是线位移另一个是角位移。如图 3-4-30 所示两种状态的梁,利用图乘法很容易计算出 $\theta_B=\dfrac{Fl^2}{16EI}$,$\Delta_C=\dfrac{Ml^2}{16EI}$。当 $F=1$,$M=1$ 时,则 $\theta_B=\Delta_C=\dfrac{l^2}{16EI}$,亦即 $\delta_{12}=\delta_{21}$,由此验证了位移互等定理的正确性。由此可见,尽管 θ_A 是单位荷载引起的角位移,Δ_c 是单位力偶引起的线位移,尽管它们的物理意义不同,但两者在数值上是相等的,其量纲也是相同的。

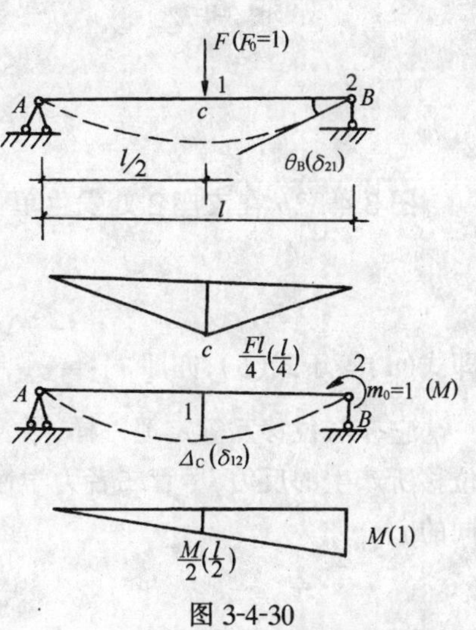

图 3-4-30

二、反力互等定理

为了便于在位移法中应用, 在此将由荷载所产生的反力 R_{12}、R_{21}, 改换成由单位荷载所产生的反力 r_{12}、r_{21} 来表示, 如图3-4-31 所示。

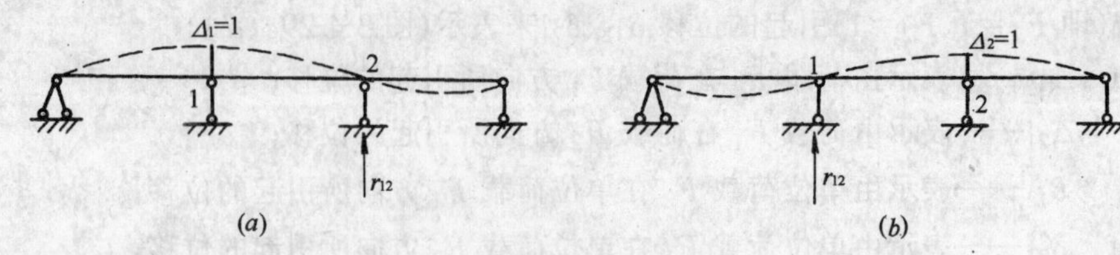

图 3-4-31

其中　r_{12}——表示图(a)支座 1 发生单位位移时,在支座 2 处产生的支反力。

r_{21}——表示图(b)支座 2 发生单位位移时,在支座 1 处产生的支反力。

若用通式 r_{ij}表示支反力，则其脚标编号规律为：第一脚标 i 表示产生支反力的支座编号，第二个脚标 j 表示发生单位位移的支座编号。简言之，**第一个脚标是产生支反力的支座，第二个脚标是产生支反力的原因。**

由功能原理可以证明,**由支座 1 的单位位移在支座 2 所产生的支反力 r_{21},在数值上等于由支座 2 的单位位移在支座 1 所产生的支反力 r_{12}**,即

$$r_{12}=r_{21} \tag{3-4-14}$$

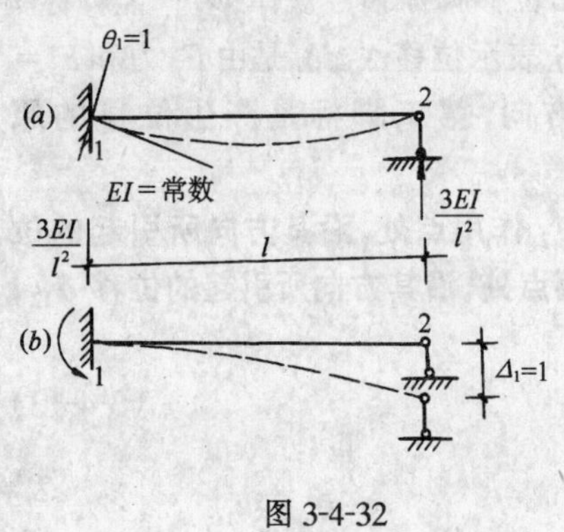

图 3-4-32

这就是**反力互等定理**,它只适合于超静定结构。

反力互等定理亦与位移互等定律一样,这里讲的单位位移是广义单位位移,它所对应的支反力亦是广义支反力,即它既可是反力,也可以是反力偶矩,也可以一个是反力另一个是反力偶矩。例如图 3-4-32 所示两种状态的梁,查第三篇第五章表 3-5-1 知,图 3-4-32a 在支座 1 处发生单位角位移,在支座 2 处产生的反力为

$$r_{21}=\frac{3EI}{l^2} \tag{a}$$

图 3-4-32b 在支座 2 处发生单位线位移,在支座 1 处产生的反力偶矩为

$$r_{12}=\frac{3EI}{l^2} \tag{b}$$

即式(a)等于式(b),亦即 $r_{12}=r_{21}=\frac{3EI}{l^2}$,由此验证了反力互等定理的正确性。

它亦与位移互等定理一样,尽管 r_{12}是由单位线位移所产生的反力偶矩,r_{21}是由单位角位移所产生的反力,尽管二者力学性质大不一样,但二者在数值上是相等的,其量纲也是相同的。

小　结

. 结构的变形是指结构在外力等因素作用下,发生形状或体积的改变,它是对结构整体或部分而言的;而位移是指某一截面位置的改变。位移分为线位移和角位移。线位移又分为水平线位移和竖向线位移,

工程上又常将竖向线位移称为挠度。工程上所说的研究结构的变形,实际上是指计算结构上某些截面的线位移和角位移。

计算结构位移的方法很多,本章只介绍了工程上常用的单位荷载法。之所以叫单位荷载法,系因在推导结构的位移计算公式中,引用了虚拟的单位荷载(广义单位力)的缘故。

在荷载作用下,单位荷载法的结构位移计算公式为

梁与刚架
$$\Delta_{iF}=\Sigma\int_l \frac{\overline{M}M_F}{EI}dx \text{ 或 } \Sigma\frac{w_F y_c}{EI}$$

桁架
$$\Delta_{iF}=\Sigma\frac{\overline{N}N_F l}{EA}$$

在荷载和支座移动共同作用下,单位荷载法的结构位移计算公式为

梁与刚梁
$$\Delta_{iF}=\Sigma\int\frac{\overline{M}M_F}{EI}dx-\Sigma\overline{R}c \text{ 或 } \Sigma\frac{w_F y_c}{EI}-\Sigma\overline{R}c$$

桁架
$$\Delta_{iF}=\Sigma\frac{\overline{N}N_F l}{EA}-\Sigma\overline{R}c$$

从梁与刚架的位移计算公式可以看出,它的计算方法又分为积分法和图乘法。积分法是计算结构位移的普遍方法,一般较麻烦,不常用;而图乘法,工程中的梁、刚架一般都符合图乘的三个条件,且计算又简便,所以在工程中常用图乘法计算梁、刚架的位移,其计算步骤如下:

1. 根据所求位移的性质,在其所求位移处加相应的单位力,具体加法详见表 3-4-1。

2. 分别绘出实际荷载和单位荷载的弯矩图 M_F、$\overline{M}$。

3. 将对应杆段的 M_F 图与 $\overline{M}$ 图进行图乘,图乘公式为 $\Delta_{iF}=\Sigma\frac{w_F y_c}{EI}$;图乘应注意事项为

(1) y_c 必须在直线图形上取,若两图皆为直线图形时,哪个取 w_F 方便,就在那个图上取;

(2) 对于折线图形或变截面梁柱要分段图乘;

4. 对于曲线图形要区别标准抛物线图形和假抛物线图形,只有标准抛物线图形才能直接图乘,其面积与形心位置见表 3-4-3。

5. w_F 与 y_c 相乘正负号确定法则为:在基线同侧为正,异侧为负。

位移互等定理为 $\delta_{12}=\delta_{21}$,它表示由单位荷载 1 在单位荷载 2 作用点处沿其方向所引起的位移 δ_{21},在数值上等于由单位荷载 2 在单位荷载 1 作用点处沿其方向所引起的位移δ_{12}。

反力互等定理为 $r_{12}=r_{21}$,它表示由支座 1 的单位位移在支座 2 所产生的支反力 r_{21},在数值上等于由支座 2 的单位位移在支座 1 所产生的支反力 r_{12}。

它们分别在力法、位移法中都有广泛应用。

思 考 题

3-4-1 书上讲的,研究结构的变形具体指的是什么?

3-4-2 为什么要计算结构的位移?

3-4-3 什么是弹性体系的功能原理?在此为什么要研究它?

3-4-4 何谓单位荷载法?在求结构的线位移、角位移、相对线位移和相对角位移时,单位力如何加?所得结果的正负号说明什么问题?

3-4-5 图乘法的适用条件是什么?说明在推导图乘法公式时,三个先决条件体现在哪些地方?

3-4-6 用图乘法计算结构位移的主要步骤是什么?各步有哪些注意事项?

3-4-7 静定结构由支座移动产生的位移计算公式是什么?并说明每个符号的意义。

3-4-8 何谓位移互等定理和反力互等定理?它们各适合于什么结构?

3-4-9 试问图 3-4-33 示图乘法是否正确?如不正确请改正之。

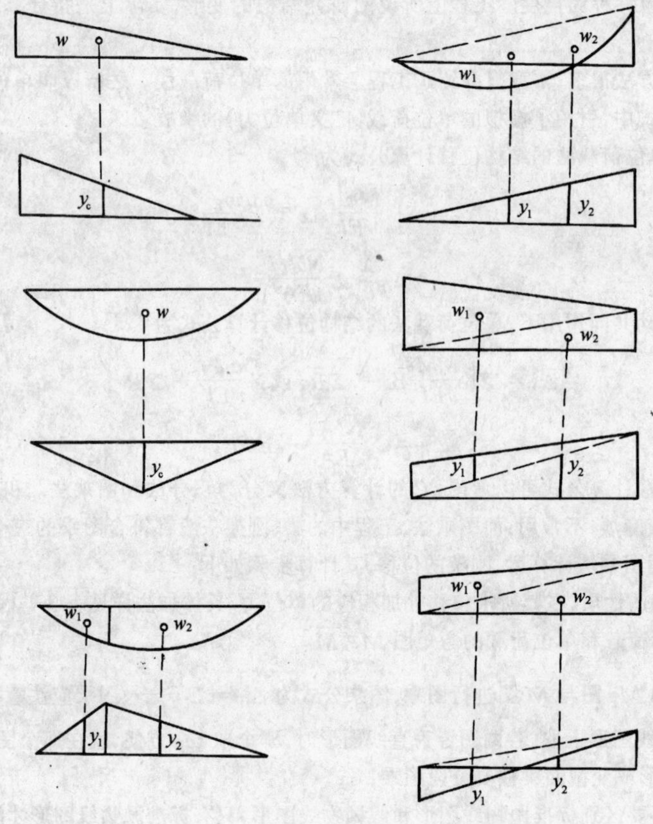

图 3-4-33

习　题

3-4-1 根据所求位移的类别，请在题 3-4-1 图所示各图中，加上相应的广义单位力。
(*a*) 求 *B* 点转角 θ_B；(*b*) 求 *A*、*B* 两点相对转角 $\theta_{A\text{-}B}$
(*c*) 求 *A*、*D* 两点相对位移 $\Delta_{A\text{-}D}$。

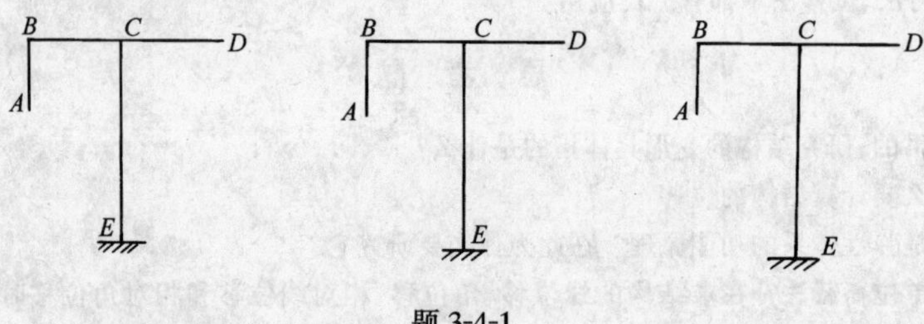

题 3-4-1

3-4-2 试用积分法求图示悬臂梁 *A* 端的竖向位移 Δ_{AV} 和转角 θ_A。EI = 常数。

3-4-3 试用积分法求图示刚架 *C* 点的水平线位移 Δ_{CU}。EI = 常数。

3-4-4 试用积分法求图示刚架 *C* 点的转角 θ_C。EI = 常数。

3-4-5 求图示桁架节点 *C* 的水平位移 Δ_{CU}。EA = 常数。

3-4-6 求图示结构 *C* 点的竖向位移 Δ_{CV}。EI、EA 皆为常数。

3-4-7 已知梁、刚架 M_F 图，请用图乘法求图示梁、刚架指定截面的位移。

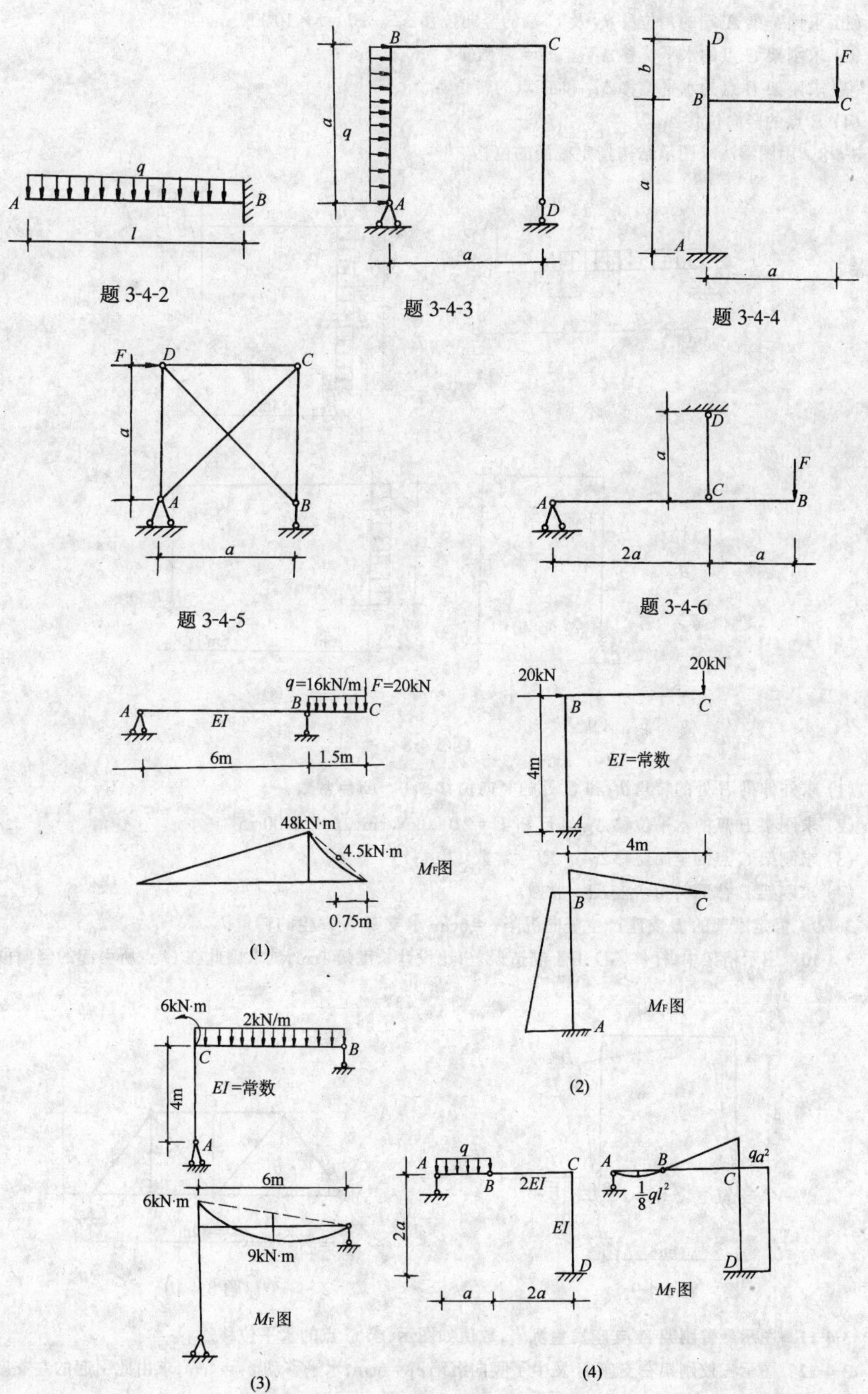

题 3-4-2

题 3-4-3

题 3-4-4

题 3-4-5

题 3-4-6

题 3-4-7

(1) 求伸臂梁 A 端的角位移 θ_A 及 C 端的竖向位移 Δ_{cv}。$EI=5\times10^4\text{kN·m}$。

(2) 求刚架 C 点的水平位移 Δ_{CU}。$EI=$ 常数。

(3) 求刚架 B 点的水平位移 Δ_{BU} 和 B 点的转角 θ_B。

(4) B 点的竖向位移 Δ_{BV}。

3-4-8 用图乘法求图示结构指定截面的位移。

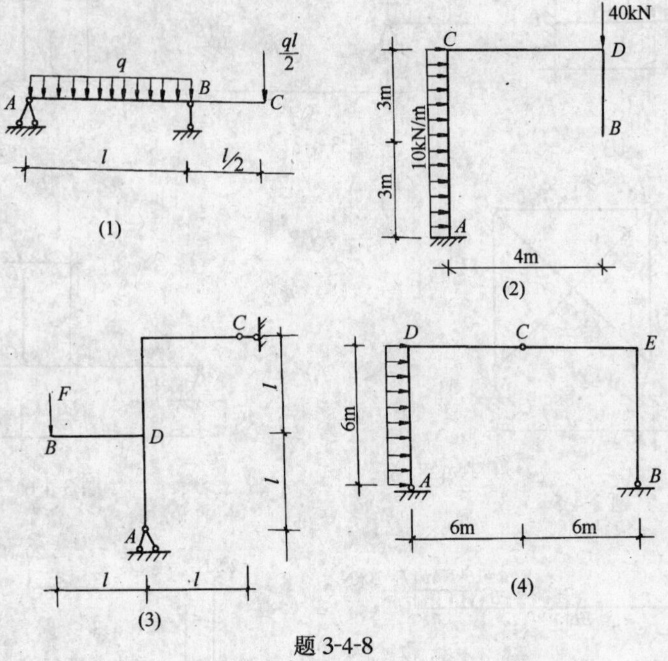

题 3-4-8

(1) 求外伸梁 B 处的转角 θ_C 和 C 处的竖向位移 Δ_{CV}。$EI=$ 常数

(2) 求刚架 B 点的水平位移 Δ_{BU}。已知 $E=21000\text{kN/cm}^2$, $I=24000\text{cm}^4$

(3) 求刚架 C 点的竖向位移 Δ_{CV}。$EI=$ 常数。

(4) 求刚架 B 截面转角 θ_B。$EI=$ 常数。

3-4-9 静定刚架的 B 支座产生竖向沉陷 $c=6\text{cm}$，求支座 A 发生的转角 θ_A。

3-4-10 图示桁架中，杆件 GD 由于制造误差，比设计长度短 1cm，试求因此在 G 点所引起的竖向位移 Δ_{GV}。

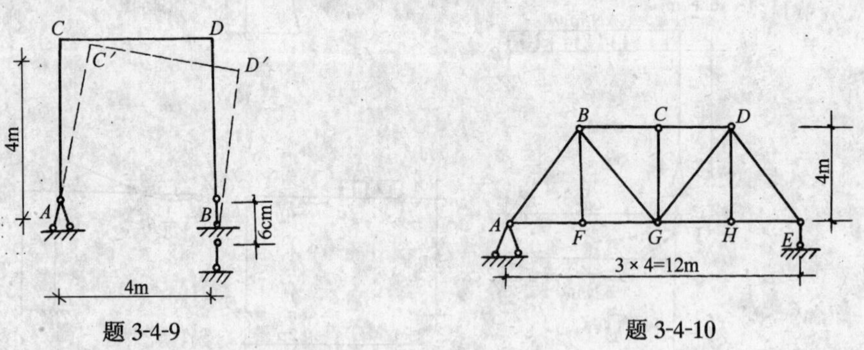

题 3-4-9　　题 3-4-10

3-4-11 图示悬臂刚架 A 支座发生沉陷，数值如图示，求 C 点的水平位移 Δ_{CU}。

3-4-12 图示三铰刚架右支座 B 发生了竖向沉陷 $c_1=6\text{cm}$，水平移动 $c_2=4\text{cm}$，求由此引起的左支座 A 处的杆端转角 θ_A。

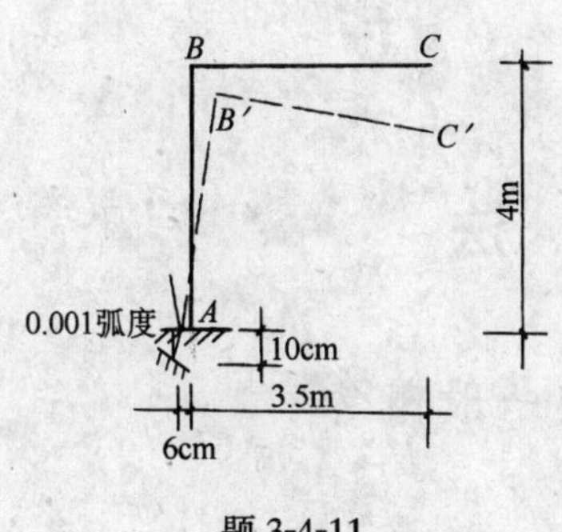

题 3-4-11

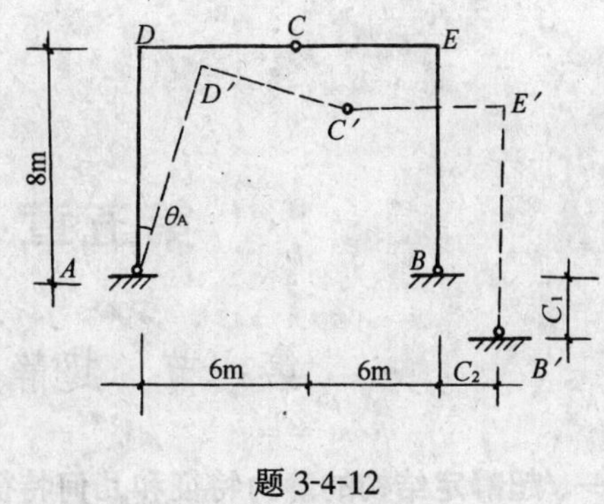

题 3-4-12

第五章　力　　法

第一节　超静定结构的一般概念

一、超静定结构的静力特征和几何特征

无论什么结构，凡仅用静力平衡条件不足以算出全部反力和内力的结构，统称为**超静定结构**。这就是超静定结构的静力特征。它的几何特征是，除了含静定结构所必要的杆件和联系外，尚有多余的杆件或联系。这些杆件或联系，统称为多余联系，亦称**多余约束**。如图3-5-1a 所示的刚架，它的两端固定于基础，共有六个联系，其中必要联系三个(图 3-5-1b、c 所示固定支座)，多余联系三个(图 3-5-1b、c 所示多余未知力代替的联系)。再如图 3-5-1d 所示的桁架，它的支座是静定的，但在跨中的两节间多了两根链杆，因此有两个多余联系(图 3-5-1e)。根据超静定结构的几何特征判断，它们都是超静定结构。

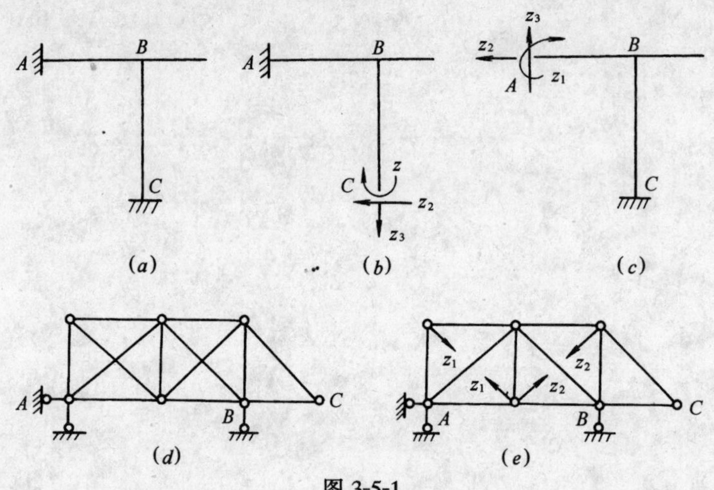

图 3-5-1

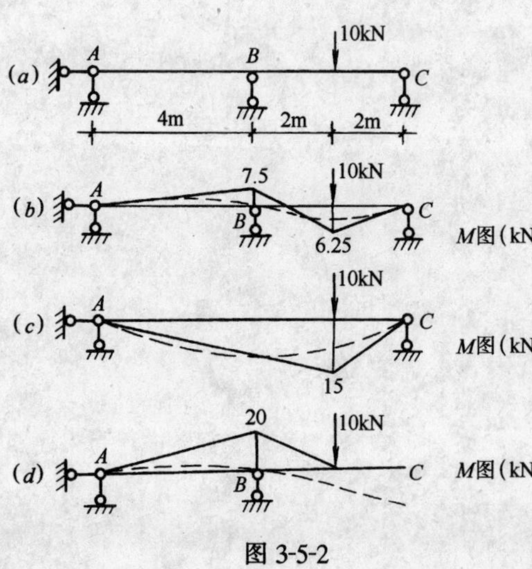

图 3-5-2

多余联系可以是外部的(图 3-5-1a)，也可以是内部的(图 3-5-1d)。所谓多余联系是相对于静定结构而言的，但这些多余联系对于调整结构的内力、位移来说并不多余，它可以减少弯矩、减小挠度等。也就是说，多余联系并不多余，有时是不可缺少的。如图3-5-2a 所示的两跨超静定梁，有一个多余联系，即

可以是中间 B 支杆，也可以是右端 C 支杆，假设分别去掉上述两个支杆(图 c、d)，梁仍然是几何不变的，但与原结构相比，在同样荷载作用下，两种情况的内力和变形大不一样，显然，图 3-5-2c、d 所示静定梁的弯矩峰值与位移比原超静定梁大得多。

超静定结构的型式很多，常见的超静定结构有超静定梁(图 3-5-3a)、超静定刚架(图 3-5-3b)、超静定桁架(图 3-5-3c)、超静定拱(图3-5-3d)，以及超静定组合结构(图 3-5-3e)等。

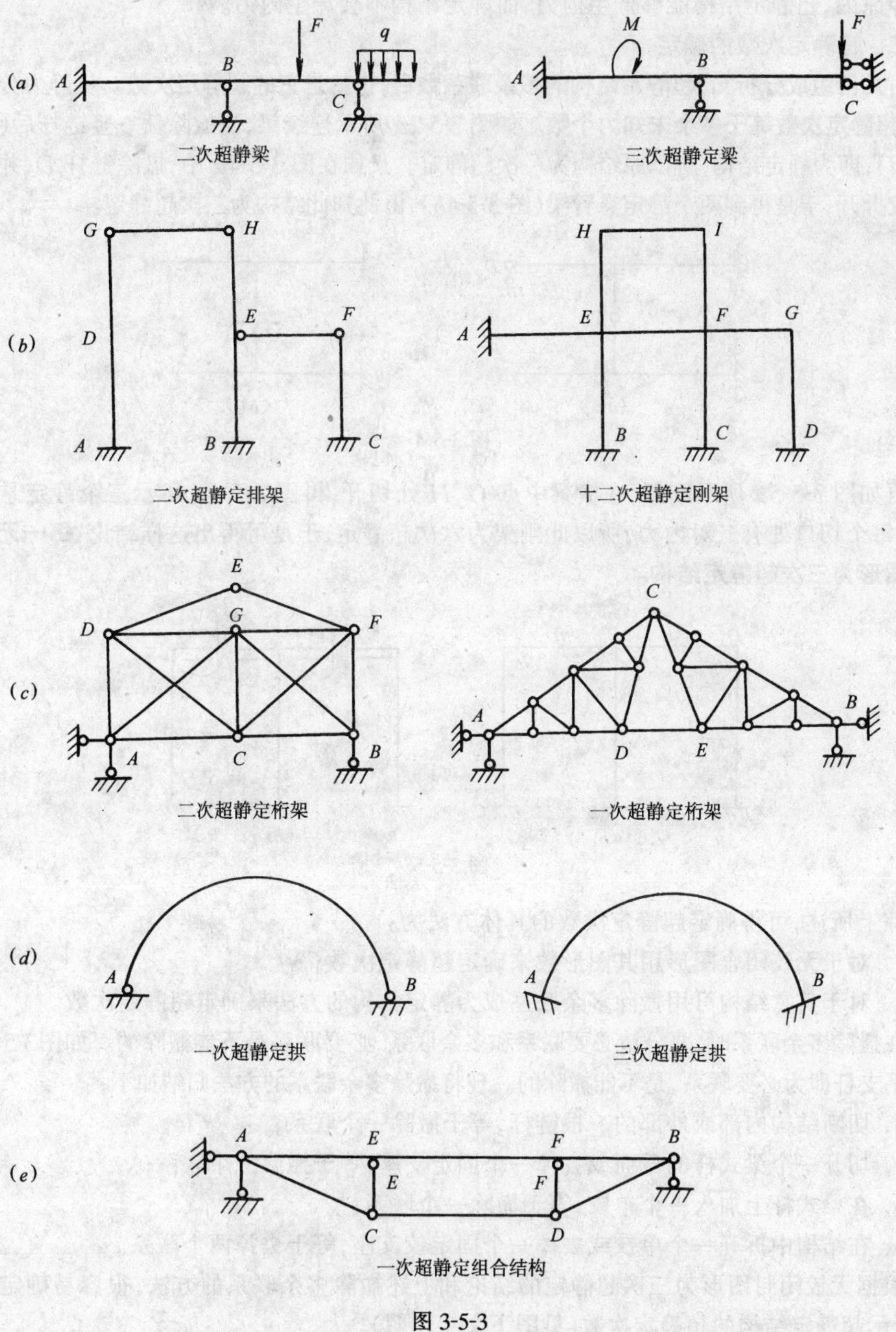

图 3-5-3

根据超静定结构的静力特征和几何特征,可归纳出超静定结构的主要性质如下:

1. 仅由平衡条件不能确定多余约束的反力,欲求全部反力和内力,除使用平衡条件外,还要考虑变形的连续条件;

2. 其内力情况与材料的物理力学性质、截面的几何性质有关;

3. 由于去掉一些多余联系后,体系仍为几何不变体,所以因支座移动、制造误差、温度改变等原因,超静定结构能够产生内力,而静定结构不会产生内力。

二、超静定次数的确定

由几何组成分析知,**超静定结构的多余联系数目,也就是它的超静定次数**。从静力分析角度看,**超静定次数等于多余未知力个数**。如图 3-5-2*a* 所示连续梁,当撤除任一竖链杆后(图 3-5-2*c*、*d*),即为静定结构,所以原结构为一次超静定。又如在图 3-5-4*a* 中,撤除链杆 *D*,并在 *C* 处把铰拆开,于是得到两个静定悬臂梁(图 3-5-4*b*),由此知此结构为三次超静定。

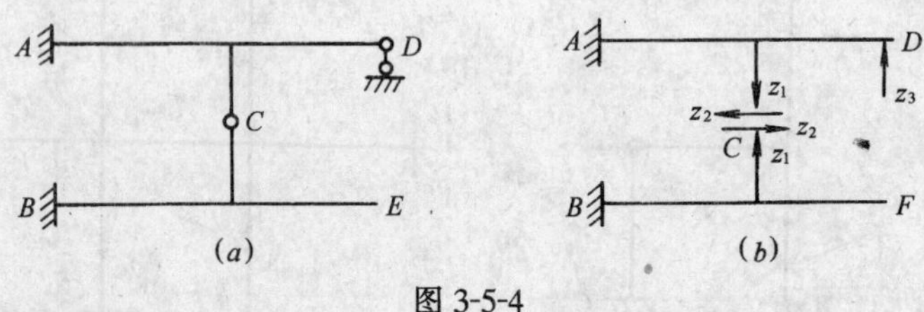

图 3-5-4

再如图 3-5-5*a* 所示刚架,在横梁中点 *G*、*H* 处切开,得图 3-5-5*b* 所示三个静定悬臂刚架,在每个切口处有三对内力,所以此刚架为六次超静定,于是可得出这样结论:**每一无铰的闭合图形为三次超静定结构**。

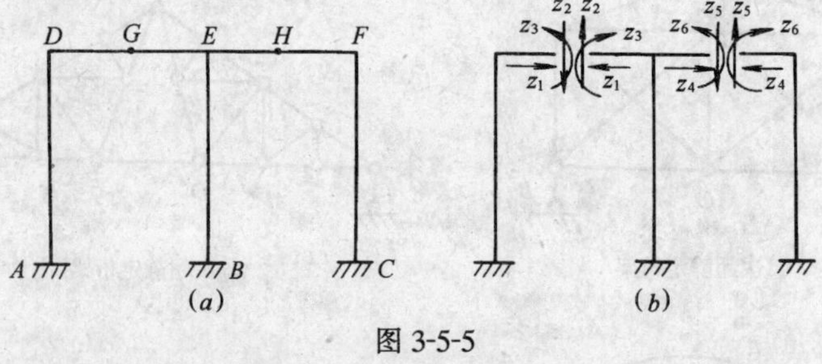

图 3-5-5

综上所述,可得确定超静定次数的具体方法为:

1. 对于无铰闭合图形用其图形数来确定超静定次数;

2. 对于其它结构可用撤除多余联系成为静定结构的方法来确定超静定次数。

在撤除多余联系时,要分清必要联系和多余联系,必要联系是不能撤除的。如图3-5-2*a*中的水平支杆即为必要联系,是不能撤除的。现将撤除多余联系的方法归纳如下:

1. 切断结构内部或外部的一根链杆,等于撤除一个联系;

2. 切开一个梁式杆的截面或去掉一个固定支座,等于撤除三个联系;

3. 在梁式杆上加入一个单铰,等于撤除一个联系;

4. 在结构中拆开一个单铰或去掉一个固定铰支座,等于去掉两个联系。

根据无铰闭封图形为三次超静定的结论和上述撤除多余联系的方法,很容易确定图 3-5-3 所示超静定结构的超静定次数(见图下文字说明)。

第二节　力法的基本原理

计算超静定结构的方法很多，但基本方法只有两种——力法与位移法。其它计算方法都是从上述两种方法演变来的，如力矩分配法就是由位移法演变来的。本节用一个具体事例说明力法的基本原理。

图 3-5-6*a* 所示为一次超静定梁，有一个多余联系，现取 B 支座链杆作为多余联系，用多余未知力 Z_1 来代替(图 3-5-6*b*)。

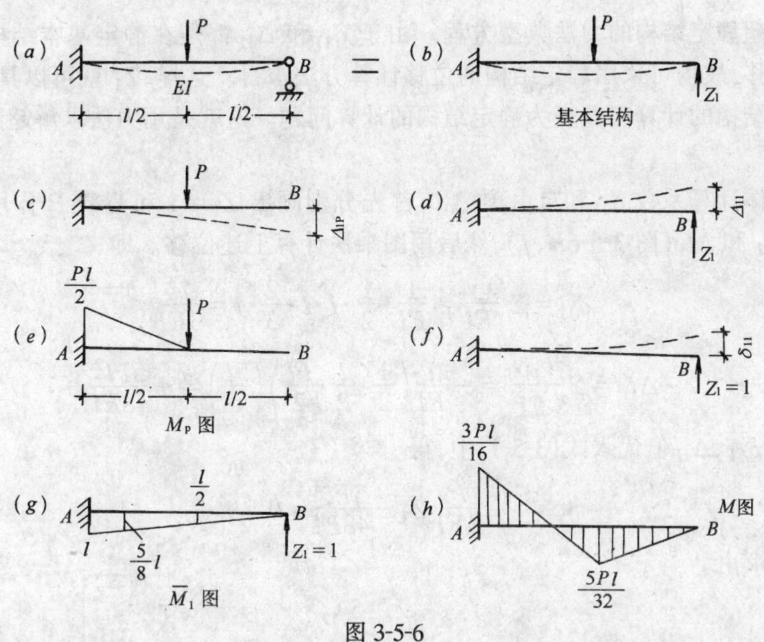

图 3-5-6

我们把原来的超静定结构称为**原结构**(图 3-5-6*a*)，把撤除了多余联系以后所得到的静定结构，称为**力法的基本结构**(图 3-5-6*b*)。为了使这两种结构在受力与变形上完全一致，必须在基本结构上，被撤除多余联系处加一多余未知力 Z_1。以后的全部计算都在基本结构上进行。因为这一解决超静定结构内力的计算方法，所用的基本未知量都是多余未知力，故称为**力法**。基本结构在原有荷载和多余未知力共同作用下的体系，称为力法的**基本体系**。在以力法解决超静定结构的问题中，首先应算出多余未知力 Z，即此题中的 Z_1。为了求得这些多余未知力，必须考虑变形的连续条件建立补充方程式。为此，应对比原结构与基本体系的变形情况。原结构在支座 B 处竖向位移 V_{BV}为零；而基本体系在支座 B 处的竖向位移，是由原荷载 P 和 Z_1 共同产生的。为了不改变原结构的变形情况，必须使基本体系在支座 B 处的竖向位移Δ_1 也应等于零，即

$$\Delta_1 = \Delta_{BV} = 0$$

上式即为确定未知力 Z_1 的补充条件，它表示基本体系的变形与原结构相同，故称为**变形的连续条件或位移条件**。

若以 Δ_{11}和 Δ_{1P}，分别表示未知力 Z_1 和荷载 P 单独作用在基本结构上时，B 点沿 Z_1 方向的位移(图 3-5-6*d*、*c*)，其符号均以沿 Z_1 方向为正。Δ 的两个下标含意是：第一个下标表

示产生位移的地点和方向;第二个下标表示产生位移的原因。

例如 Δ_{11}——表示 Z_1 作用点处沿 Z_1 方向,由 Z_1 所产生的位移;

Δ_{1P}——表示 Z_1 作用点处沿 Z_1 方向,由外荷载 P 所产生的位移。

根据弹性体系的叠加原理,B 支座处的竖向位移为

$$\Delta_1=\Delta_{11}+\Delta_{1P} \tag{a}$$

若以 δ_{11}表示单位力(即 $Z_1=1$)时基本体系沿 Z_1 方向所产生的位移,则为 $\Delta_{11}=\delta_{11}Z_1$。于是上述变形连续条件($a$)式变为

$$\delta_{11}Z_1+\Delta_{1P}=0 \tag{3-5-1}$$

这就是一次超静定结构的力法典型方程。由于 δ_{11}和 Δ_{1P}都是在静定基本结构上由已知力作用下的位移,故均可采用静定结构的位移计算方法求得。这样,Z_1 就可以具体求出,由此就将超静定结构的计算问题变为静定结构的计算问题。这就是用力法求解超静定结构的基本原理。

为了具体计算系数 δ_{11}和自由项 Δ_{1P},首先分别画出 $Z_1=1$ 和荷载 P 作用下基本结构的弯矩图$\overline{M}_1$ 和 M_P(图 3-5-6h、f),然后用图乘法计算上述位移。即

$$\delta_{11}=\Sigma\frac{wy_c}{EI}=\frac{1}{EI}\cdot\frac{1}{2}\cdot l\cdot l\cdot\frac{2}{3}\cdot l=\frac{l^3}{3EI}$$

$$\Delta_{1P}=\Sigma\frac{w_Py_c}{EI}=-\frac{1}{EI}\left(\frac{1}{2}\cdot\frac{l}{2}\cdot\frac{Pl}{2}\right)\left(\frac{5l}{6}\right)=-\frac{5Pl^2}{48EI}$$

将上面 δ_{11}、Δ_{1P}值代入式(3-5-1)中,得

$$\frac{l^3}{3EI}Z_1-\frac{5Pl^2}{48EI}=0$$

解方程求出

$$Z_1=\frac{5}{16}P$$

求得的多余未知力 Z_1 为正号,表示反力 Z_1 的方向与原设的方向相同。

多余未知力 Z_1 求出后,其余反力、内力的计算均可用静力平衡条件求得。最后弯矩图 M 也可利用$\overline{M}_1$ 和 M_P 图的叠加法绘出,即

$$M=\overline{M}Z_1+M_{1P}$$

由 M 图也可以进一步绘出剪力图。

综上所述,用力法分析超静定结构的基本原理和计算方法是:以超静定结构的多余未知力(反力、内力)作为基本未知量,再根据基本体系在多余约束处与原结构位移相同的条件,建立变形协调的力法方程,以求解多余未知力,从而把超静定结构的分析问题,转化成静定结构的分析问题。也就是说,利用已学过的静定结构的内力和位移计算方法,来计算超静定结构的内力、位移问题。因此,第三章中静定结构的内力计算、作内力图和第四章中关于静定结构的位移计算等,都是本章学习的基础。

第三节　力法的典型方程

上一节用典型事例,边讲力法的基本原理,边推导出一个未知量的力法典型方程式

$$\delta_{11}Z_1+\Delta_{1P}=0$$

根据上述基本原理，现以一个二次超静定刚架为例，说明如何建立二次超静定结构的力法典型方程，再进一步推及 n 次超静定结构的力法典型方程。

图 3-5-7a 所示刚架为二次超静定结构。撤去 A 支座处的两根链杆，代以多余未知力 Z_1、Z_2，得到与原结构变形完全相同的基本结构(图 3-5-7b)。由于原结构在支座 B 处没有

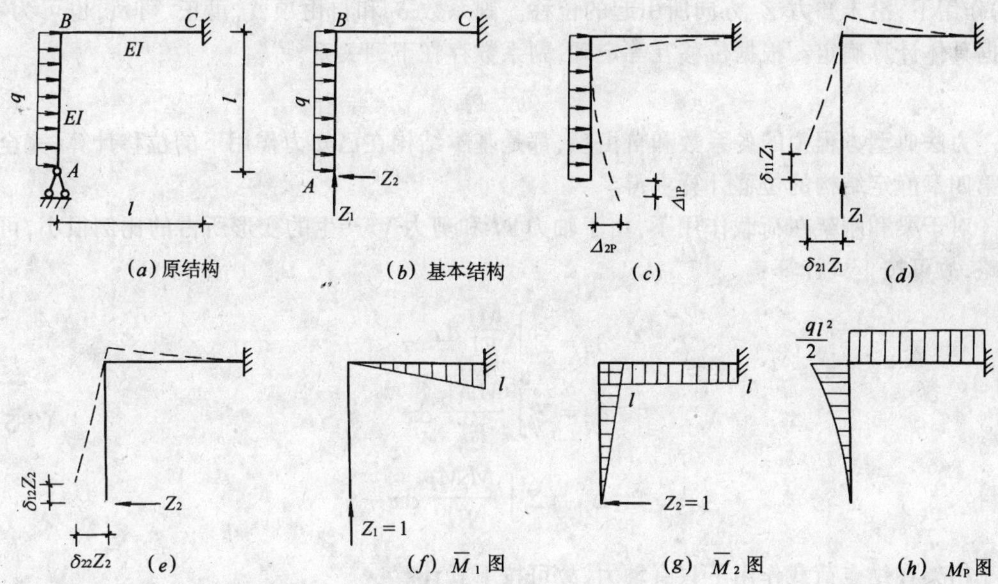

(a) 原结构　(b) 基本结构　(c)　(d)

(e)　(f) $\overline{M}_1$ 图　(g) $\overline{M}_2$ 图　(h) M_P 图

图 3-5-7

水平线位移和竖向线位移，因此，基本结构在荷载和多余未知力 Z_1、Z_2 共同作用下，必须保证同样的变形条件。也就是说，B 点沿 Z_1 和 Z_2 方向的位移 Δ_1、Δ_2 都应等于零，即

$$\Delta_1=0\ ,\quad \Delta_2=0$$

设各单位未知力 $Z_1=1$、$Z_2=1$ 和荷载分别作用于基本结构上，B 点沿 Z_1 方向的位移分别为 δ_{11}、δ_{12} 和 Δ_{1P}；沿 Z_2 方向的位移分别为 δ_{21}、δ_{22} 和 Δ_{2P}(图 3-5-7c、d、e)。根据叠加原理，上述位移条件可表示为

$$\begin{aligned}\Delta_1=\delta_{11}Z_1+\delta_{12}Z_2+\Delta_{1P}=0\\ \Delta_2=\delta_{12}Z_1+\delta_{22}Z_2+\Delta_{2P}=0\end{aligned}\qquad(3\text{-}5\text{-}2)$$

这就是二次超静定结构典型的力法方程式。

对于一个 n 次超静定结构，相应的也有 n 个多余未知力，而每一个多余未知力处，结构总有一个已知的位移条件来对应，故可按已知位移条件(不一定都等于零)建立一个含 n 个未知量的代数方程组，从而可解出 n 个多余未知力。设原结构上各多余未知力作用处的位移皆为零，则对应的 n 个力法方程式为

$$\begin{aligned}\delta_{11}Z_1+\delta_{12}Z_2+\cdots+\delta_{1n}Z_n+\Delta_{1P}=0\\ \delta_{21}Z_1+\delta_{22}Z_2+\cdots+\delta_{2n}Z_n+\Delta_{2P}=\Delta\\ \cdots\cdots\cdots\cdots\cdots\cdots\cdots\cdots\\ \delta_{n1}Z_1+\delta_{n\,2}Z_2+\cdots+\delta_{nn}Z_n+\Delta_{nP}=0\end{aligned}\qquad(3\text{-}5\text{-}3)$$

这就是 n 次超静定结构力法典型方程的一般形式。典型方程的物理意义是：基本结构在多

余未知力和荷载共同作用下,多余约束处的位移与原结构相应的位移相等。

在上述方程组中,主对角线上未知力的系数 δ_{ii},称为**主系数**,它表示单位未知力 $Z_i=1$ 单独作用在基本结构上时,在 i 处沿 Z_i 自身方向上所引起的位移,其值恒为正,且永不等于零。其余的系数 $\delta_{ij}(i\neq j)$,称为**副系数**,它表示基本结构在未知力 Z_i 处,由未知力 $Z_j=1$ 单独作用时所引起的位移。$\Delta_{i\mathrm{p}}$称为**自由项**,它是由广义荷载(如荷载、温度改变、支座移动等)作用下,沿未知力 Z_i 方向所引起的位移。副系数 δ_{ij}和自由项$\Delta_{i\mathrm{p}}$可正、可负,也可为零,根据具体计算确定。根据位移互等定理,副系数存在下列关系

$$\delta_{ij}=\delta_{ji}$$

力法典型方程中的各系数和自由项,都是基本结构在已知力作用下的位移计算,完全可用第四章静定结构的位移计算求得。

对于梁和刚架在荷载作用下,由于轴力 N 和剪力 V 产生的变形所占的比例很小,可以忽略,故可按下式计算:

$$\begin{aligned}\delta_{ii}&=\Sigma\int\frac{\overline{M}_1^2}{EI}\,\mathrm{d}x\\ \delta_{ij}&=\Sigma\int\frac{\overline{M}_i\overline{M}_j}{EI}\,\mathrm{d}x\\ \Delta_{i\mathrm{p}}&=\Sigma\int\frac{\overline{M}_iM_\mathrm{P}}{EI}\,\mathrm{d}x\end{aligned}\qquad(3\text{-}5\text{-}4)$$

对于桁架在结点荷载作用下只有轴力,故可按下式计算:

$$\begin{aligned}\delta_{ii}&=\Sigma\frac{\overline{N}_i{}^2l}{EA}\\ \delta_{ij}&=\Sigma\frac{\overline{N}_i\overline{N}_jl}{EA}\\ \Delta_{i\mathrm{p}}&=\Sigma\frac{\overline{N}_iN_\mathrm{P}l}{EA}\end{aligned}\qquad(3\text{-}5\text{-}5)$$

将求得的系数和自由项代入力法典型方程,解出各多余未知力 Z_1、Z_2、……Z_n。然后将已求得的多余未知力和荷载共同作用在基本结构上,利用平衡条件,求出其余的反力和内力。在绘原结构的最后弯矩图时,亦可用叠加公式

$$M=\overline{M}Z_1+\overline{M}_2Z_2+\cdots+\overline{M}_\mathrm{n}Z_\mathrm{n}+M_\mathrm{P}\qquad(3\text{-}5\text{-}6)$$

当绘出 M 图后,亦可利用杆件平衡作剪力图,利用结点平衡作轴力图。

第四节　荷载作用下超静定结构的内力计算

力法是计算超静定结构内力的基本方法之一,它适用于解算各种超静定结构。根据上节所述,现将用力法计算超静定结构的步骤归纳如下:

1. 首先确定超静定次数,它等于多余未知力的数目。

2. 选择基本结构。去掉多余联系,得到的静定结构为基本结构。同一种原结构可有不同的基本结构,应选择计算简便的基本结构。例如图 3-5-7a 所示的原结构,除图 3-5-7b 所

示基本结构之外，还有图 3-5-8a、b、c、d 所示的基本结构，你认为哪一种基本结构计算简单，你就选择哪一种。但图 3-9-8e 所示的图形，不能作为基本结构，因为它是几何可变的。

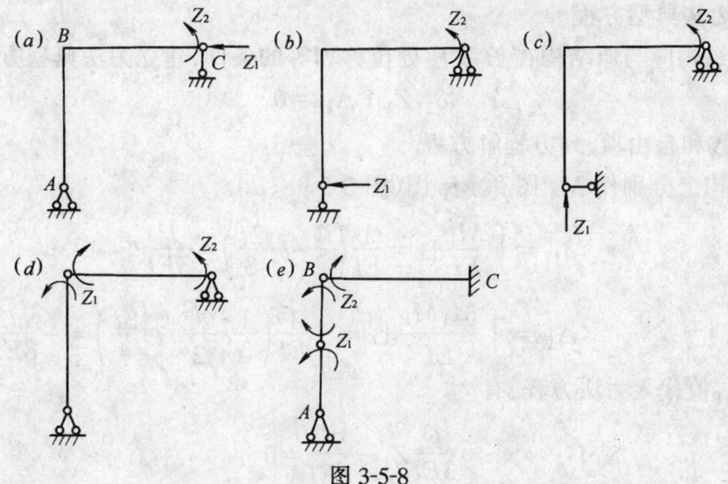

图 3-5-8

3. 根据基本结构在多余未知力和荷载共同作用下，在所去掉各多余约束处的位移与原结构各相应位移相等的条件，建立力法的典型方程。

4. 在基本结构上作各单位弯矩图 $\overline{M}_i$ 和 M_P 图，用图乘法计算力法方程中的系数和自由项。

5. 求解力法方程，得到各多余未知力。如所得为正，表示多余未知力的方向与假设方向相同，否则相反。

6. 按分析静定结构的方法，由平衡条件和叠加法绘制 M 图，再由 M 图绘制剪力图、轴力图。

7. 校核。一般既校核平衡条件，又校核位移条件。

下面结合范例，说明力法在常见结构中的应用。

一、超静定梁

对于由直杆组成的超静定梁，其力法方程中的系数和自由项，均可用图乘法计算。

【例 3-5-1】 试计算图 3-5-9a 所示超静定梁，并作内力图。

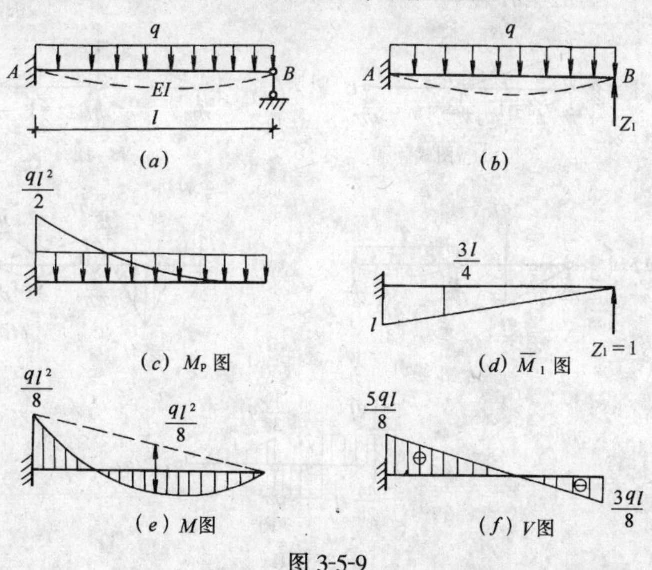

图 3-5-9

【解】 (1) 确定基本结构

该梁为一次超静定梁，有一个多余联系，其基本结构如图 3-5-9b 所示。

(2) 建立力法典型方程

根据基本结构应与原结构在 B 支座处位移相等的条件，建立力法典型方程为

$$\delta_{11}Z_1 + \Delta_{1P} = 0$$

(3) 求系数和自由项，列方程解方程

在基本结构上分别作 $\overline{M}_1$ 图和 M_P 图(图 3-5-9c、d)。

$$\delta_{11} = \int \frac{\overline{M}_1^2}{EI}dx = \frac{1}{EI}\left(\frac{l}{2}\cdot l\cdot\frac{2l}{3}\right) = \frac{l^3}{3EI}$$

$$\Delta_{1P} = \int \frac{\overline{M}_1 M_P}{EI}dx = -\frac{1}{EI}\left(\frac{1}{3}\cdot\frac{ql^2}{2}\cdot l\cdot\frac{3l}{4}\right) = -\frac{ql^4}{8EI}$$

将 δ_{11}、Δ_{1P}值代入力法方程，有

$$\frac{l^3}{3EI}Z_1 - \frac{ql^4}{8EI} = 0$$

解方程得
$$Z_1 = \frac{3ql}{8}(\uparrow)$$

计算结果为正值，表明 Z_1 的真正方向与假设相同，即向上。至此，已将原结构的内力计算问题，完全转化为静定结构的内力计算问题了。

(4) 绘制内力图

按照 $M = \overline{M}_1 Z_1 + M_P$ 求出杆端弯矩，作原结构的弯矩图，如图 3-5-9e 所示。由弯矩图作出剪力图如图 3-5-9f 所示。

【例 3-5-2】 试计算图 3-5-10a 所示两跨连续梁，并绘制内力图。

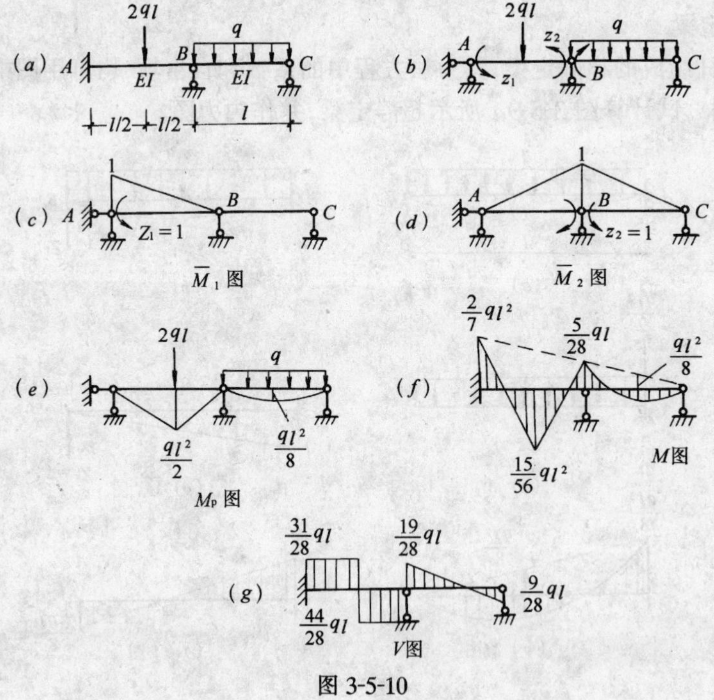

图 3-5-10

【解】 (1) 确定基本结构

该梁是一个两次超静定梁，有两个多余联系，基本结构有几种取法，现取图 3-5-10b 所示为基本结构。

(2) 建立力法典型方程

把支座 A 的弯矩约束去掉，把 B 支座变成全铰，代以多余未知力 Z_1、Z_2。根据 A、B 支座处的变形连续条件，A 处的转角为零，B 处左右截面相对转角也为零，故有

$$\delta_{11}Z_1+\delta_{12}Z_2+\Delta_{1P}=0$$

$$\delta_{21}Z_1+\delta_{22}Z_3+\Delta_{2P}=0$$

(3) 计算系数和自由项

在基本结构上分别作 $Z_1=1$、$Z_2=1$ 和荷载作用下的 $\overline{M}_1$ 图、$\overline{M}_2$ 图和 M_P 图(图 3-5-10c、d、e)。

$\overline{M}_{11}$图自乘得 $\delta_{11}=\Sigma\int\dfrac{\overline{M}_1^2}{EI}\mathrm{d}x=\dfrac{1}{EI}\left(\dfrac{1}{2}\cdot l\cdot 1\cdot\dfrac{2}{3}\cdot 1\right)=\dfrac{l}{3EI}$

$\overline{M}_2$ 图自乘得 $\delta_{22}=\Sigma\int\dfrac{\overline{M}_1^2}{EI}\mathrm{d}x=\dfrac{2}{EI}\left(\dfrac{1}{2}\cdot l\cdot 1\cdot\dfrac{2}{3}\cdot 1\right)=\dfrac{2l}{3EI}$

$\overline{M}_1$ 图与 $\overline{M}_2$ 图相乘得 $\delta_{12}=\delta_{21}=\Sigma\int\dfrac{\overline{M}_1\overline{M}_2}{EI}\mathrm{d}x=\dfrac{1}{EI}\left(\dfrac{1}{2}\cdot l\cdot 1\cdot\dfrac{1}{3}\cdot 1\right)=\dfrac{l}{6EI}$

$\overline{M}_1$ 图与 M_P 图相乘得 $\Delta_{1P}=\Sigma\int\dfrac{\overline{M}_1M_P}{EI}\mathrm{d}x=\dfrac{1}{EI}\left(-\dfrac{1}{2}\cdot\dfrac{1}{2}ql^2\cdot l\cdot\dfrac{1}{2}\cdot 1\right)=-\dfrac{ql^3}{8EI}$

$\overline{M}_2$ 图与 M_P 图相乘得 $\Delta_{2P}=\Sigma\int\dfrac{\overline{M}_2M_P}{EI}\mathrm{d}x=-\dfrac{1}{EI}\left(\dfrac{1}{2}\cdot\dfrac{1}{2}ql^2\cdot l\cdot\dfrac{1}{2}+\dfrac{2}{3}\cdot\dfrac{1}{8}ql^2\cdot l\cdot\dfrac{1}{2}\right)$

$$=-\frac{ql^3}{6EI}$$

(4) 列方程解方程

将上述各系数、自由项值代入两个未知量的力法典型方程，有

$$\frac{l}{3EI}Z_1+\frac{l}{6EI}Z_2-\frac{ql^3}{8EI}=0$$

$$\frac{l}{6EI}Z_1+\frac{2l}{3EI}Z_2-\frac{ql^3}{6EI}=0$$

整理，得

$$8Z_1+4Z_2=3ql^2$$

$$Z_1+4Z_2=ql^2$$

解方程，得 $Z_1=\dfrac{2}{7}ql^2,Z_2=\dfrac{5}{28}ql^2$

(5) 绘制内力图

按照$M=\overline{M}_1Z_1+\overline{M}_2Z_2+M_P$ 求得各杆端弯矩为

$$M_{AB}=(-1)\cdot\frac{2}{7}ql^2=-\frac{2}{7}ql^2$$

$$M_{BA}=1\cdot\frac{5}{28}ql^2=\frac{5}{28}ql^2$$

$$M_{BC}=(-1)\cdot\frac{5}{28}ql^2=-\frac{5}{28}ql^2$$

$M_{CB}=0$

据此数值作弯矩图如图 3-5-10f 所示。由弯矩图作剪力图如图 3-5-10g 所示。

二、超静定刚架

对于直杆组成的超静定刚架，其力法中系数和自由项，均可用图乘法计算。

【例 3-5-3】 试计算图 3-5-11a 所示刚架，并绘其内力图。

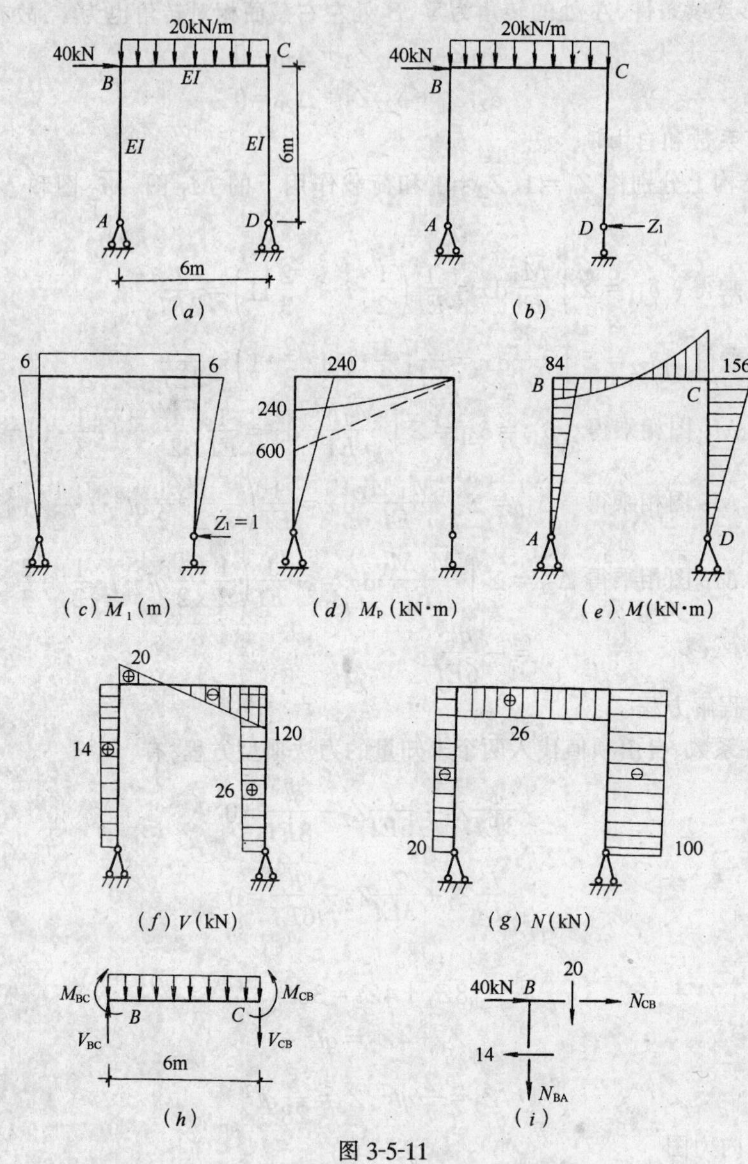

图 3-5-11

【解】 (1) 该刚架为一次超静定，取基本结构如图 3-5-11b 所示。

(2) 列力法典型方程

根据原结构 D 支座水平位移为零的条件，列力法方程如下

$$\delta_{11}Z_1+\Delta_{1P}=0$$

(3) 计算系数和自由项

在基本结构上,分别作 $Z_1=1$ 和荷载作用下的 $\overline{M}_1$ 图和 M_P 图(图 3-5-11c、d)

$$\delta_{11}=\Sigma\int\frac{\overline{M}_1^2}{EI}dx=\frac{1}{EI}\left[2\left(\frac{1}{2}\times6\times6\times\frac{2}{3}\times6\right)+6\times6\times6\right]=\frac{360}{EI}$$

$$\Delta_{1P}=\Sigma\int\frac{\overline{M}_1M_P}{EI}=-\left[\frac{1}{2}\times240\times6\times\frac{2}{3}\times6+\left(\frac{1}{2}\times6\times600\times6-\frac{1}{3}\times6\times360\times6\right]\right.$$

$$=-\frac{9360}{EI}$$

(4) 列力法方程求未知力 Z_1

$$\frac{360}{EI}Z_1-\frac{9360}{EI}=0$$

解方程得 $Z_1=26\text{kN}$

(5) 作刚架的内力图 M、V、N 图

利用叠加公式 $M=\overline{M}Z_1+M_P$ 得

$$M_{BA}=6\times26-240=-84\text{kN·m}$$
$$M_{BC}=-6\times26+240=84\text{kN·m}$$
$$M_{CB}=6\times26=156\text{kN·m}$$
$$M_{CD}=-6\times26=-156\text{kN·m}$$

据此杆端弯矩作 M 图如图 3-5-11e 所示。利用 M 图取杆件平衡可作出剪力 V 图(图 3-5-11f)。例如,取 BC 杆为隔离体,其受力图如图 3-5-11h 所示,利用平衡条件可求出 $V_{BC}=20\text{kN}$,$V_{CB}=-120\text{kN}$,这样此杆剪力图就很容易作出了。再利用 V 图取节点平衡条件作轴力 N 图(图 3-5-11g)。例如,取节点 B 为隔离体,其受力图如图 3-5-11I 所示,利用平衡条件可求出 $N_{BA}=-20\text{kN}$,$N_{BC}=26\text{kN}$,故其 N 图很容易作出。

此题值得提出的是,求自由项易于出错,尤其对杆 BC 用 $\overline{M}_1$ 与 M_P 图乘时,须注意 M_P 图并非标准抛物线图形,它是一个三角形与一个标准抛物线图形之差,如图 3-5-12 所示。

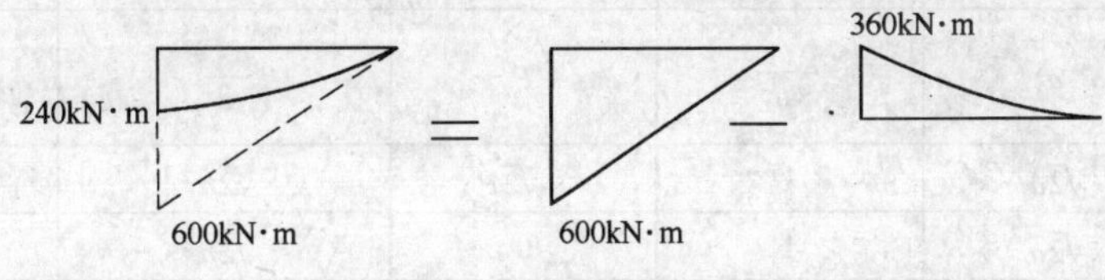

图 3-5-12

三、超静定桁架

超静定桁架的计算,与超静定刚架的思路相同,只是计算系数和自由项的公式不同,即按(3-5-5)式计算。

【例 3-5-4】 试分析图 3-5-13a 所示超静定桁架,已知各杆的截面面积 A 均相同。

【解】 该桁架为一次超静定,取杆 6 为多余联系,切断杆 6,并于切断处加一对轴力 Z_1,得基本结构如图 3-5-13b 所示。按杆 6 被切断的截面两侧相对线位移等于零的条件,得

$$\delta_{11}Z_1+\Delta_{1P}=0$$

为了计算简单明了,列表计算系数和自由项,如表 3-5-1 和图 3-5-13c、d 所示。注意,计

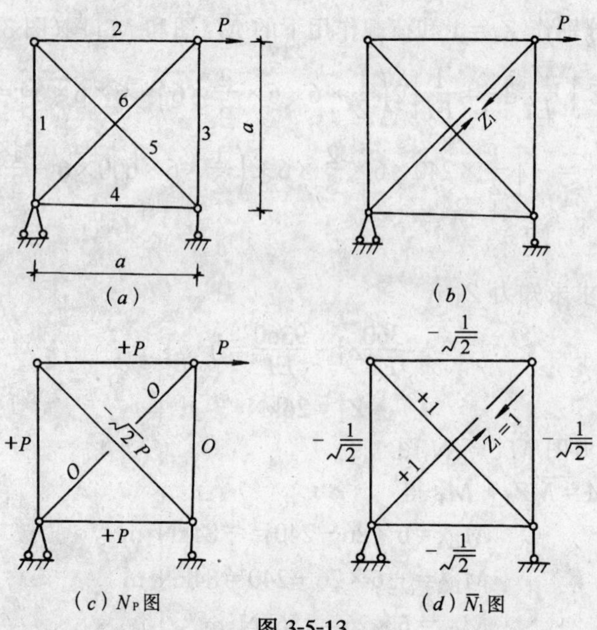

图 3-5-13

算 δ_{11}时必须包括被切断的杆件 6 在内。所用的计算公式如下

δ_{11}与 Δ_{1P}的计算表 **表 3-5-1**

杆件	长度	$\overline{N}_1$	N_P	$\overline{N}_1^2 l$	$\overline{N}_1 N_P l$
1	a	$-\frac{1}{\sqrt{2}}$	P	$\frac{a}{2}$	$-\frac{Pa}{\sqrt{2}}$
2	a	$-\frac{1}{\sqrt{2}}$	P	$\frac{a}{2}$	$-\frac{Pa}{\sqrt{2}}$
3	a	$-\frac{1}{\sqrt{2}}$	0	$\frac{a}{2}$	0
4	a	$-\frac{1}{\sqrt{2}}$	P	$\frac{a}{2}$	$-\frac{Pa}{\sqrt{2}}$
5	$\sqrt{2}a$	1	$-\sqrt{2}P$	$\sqrt{2}a$	$-2Pa$
6	$\sqrt{2}a$	1	0	$\sqrt{2}a$	0
	Σ			$a(2+2\sqrt{2})$	$-\frac{Pa}{\sqrt{2}}(3+2\sqrt{2})$

$$\delta_{11}=\Sigma\frac{\overline{N}_1^2 l}{EA}=\frac{1}{EA}\Sigma\overline{N}_1^2 l$$

$$\Delta_{1P}=\Sigma\frac{\overline{N}_1 N_P l}{EA}=\frac{1}{EA}\Sigma\overline{N}_1 N_P l$$

其计算结果列于表 3-5-1，由表得

$$\delta_{11}=\frac{a(2+2\sqrt{2})}{EA},\Delta_{1P}=\frac{-\frac{Pa}{\sqrt{2}}(3+2\sqrt{2})}{EA}$$

故未知量
$$Z_1 = -\frac{\Delta_{1P}}{\delta_{11}} = \frac{3+2\sqrt{2}}{4+2\sqrt{2}}P$$
任一杆件的轴力用叠加公式 $N = \overline{N}_1 Z_1 + N_P$ 都可求得,例如杆件 2 的轴力为
$$N_2 = \left(-\frac{1}{\sqrt{2}}\right)\left(\frac{3+2\sqrt{2}}{4+2\sqrt{2}}\right)P + P = \frac{1+2\sqrt{2}}{4(1+\sqrt{2})}P$$

四、铰接排架

单层工业厂房中的排架是由屋架(或屋面大梁)、柱和基础共同组成的一个横向承受荷载单元(图 3-5-14a),因屋架或屋面大梁两端距离不变,可视为抗拉刚度 $EA=\infty$。其计算简图如图 3-5-14b 所示,称为铰接排架。计算铰接排架就是对图 b 所示柱子进行受力分析。

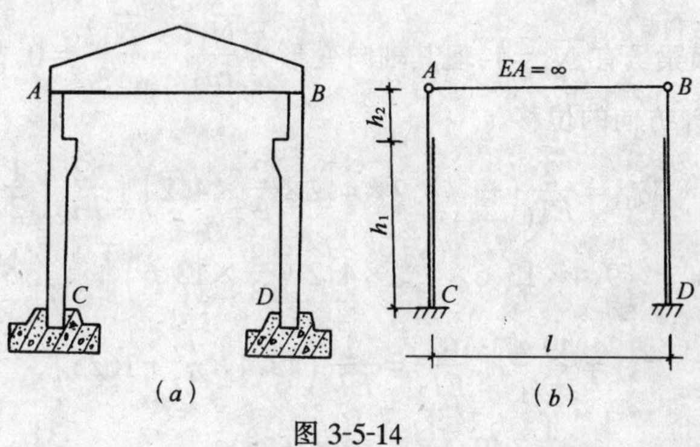

图 3-5-14

【例 3-5-5】 试作图 3-5-15a 所示排架的 M 图。

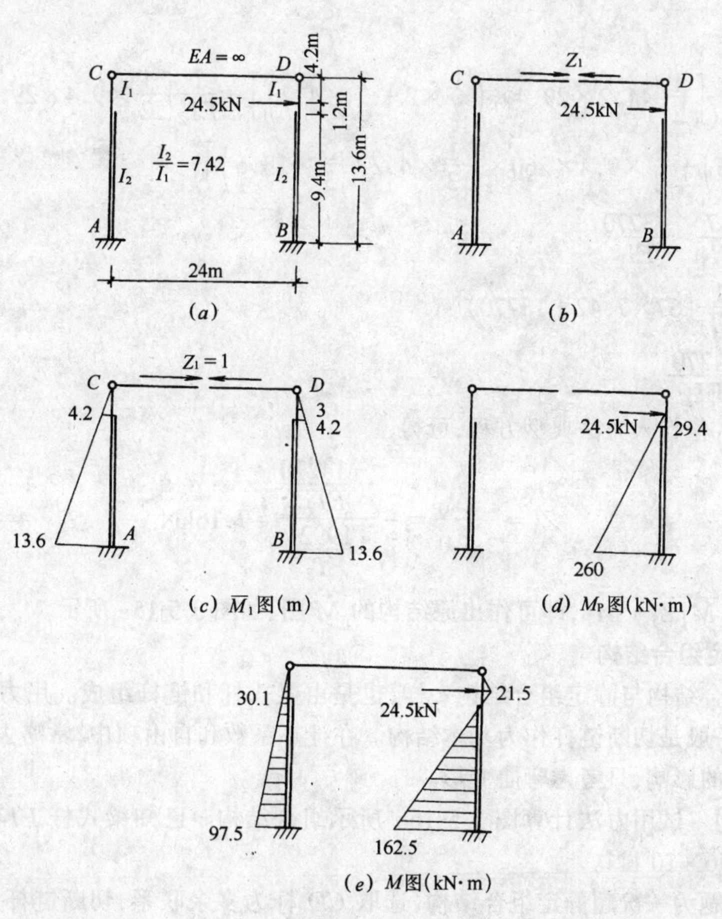

图 3-5-15

【解】 该铰接排架为一次超静定，取 CD 二力杆为多余联系，切开 CD 二力杆，代以多余未知力 Z_1，其基本结构如图 3-5-15b 所示。根据基本结构在原有荷载和多余未知力共同作用下，横梁切口处两侧截面相对水平位移等于零的变形一致条件，其力法典型方程为

$$\delta_{11}Z_1+\Delta_{1P}=0$$

为了求系数和自由项，在基本结构上分别作出 $Z_1=1$ 和荷载单独作用时的 $\overline{M}_1$ 图和 M_P 图(图 3-5-15c、d)，用图乘法求出系数和自由项。在计算 δ_{11}时，由于横梁 $E_A=\infty$，所以横梁虽有 $\overline{N}_1=1$，但其轴向变形为 $\dfrac{\overline{N}_1 l}{EA}=\dfrac{\overline{N}_1 l}{\infty}=0$，故只需计算 $\overline{Z}_1=1$ 作用下，两边柱顶沿 Z_1 方向的位移。

$$\delta_{11}=\frac{2}{EI_1}\left(\frac{1}{2}\times4.2\times4.2\times\frac{2}{3}\times4.2\right)+\frac{2}{EI_2}\left[\frac{1}{2}\times9.4\times4.2\times\left(\frac{2}{3}\times4.2+\frac{1}{3}\times13.6\right)\right.$$
$$\left.+\frac{1}{2}\times9.4\times13.6\times\left(\frac{1}{3}\times4.2+\frac{2}{3}\times13.6\right)\right]$$
$$=\frac{49.4}{EI_1}+\frac{1625}{EI_2}=\frac{1}{EI_2}\left(49.4\times\frac{I_2}{I_1}+1625\right)$$
$$=\frac{1}{EI_2}(49.4\times7.42+1625)$$
$$=\frac{1992}{EI_2}$$

$$\Delta_{1P}=-\frac{1}{EI}\left[\frac{1}{2}\times1.2\times29.4\times\left(\frac{1}{3}\times3+\frac{2}{3}\times4.2\right)\right]-\frac{1}{EI_2}\left[\frac{1}{2}\times9.4\times29.4\times\left(\frac{2}{3}\times\right.\right.$$
$$\left.\left.4.2+\frac{1}{3}\times13.6\right)+\frac{1}{2}\times9.4\times260\times\left(\frac{1}{3}\times4.2+\frac{2}{3}\times13.6\right)\right]$$
$$=-\frac{67}{EI_1}-\frac{13770}{EI_2}$$
$$=-\frac{1}{EI_2}(67\times7.42+13770)$$
$$=-\frac{14270}{EI_2}$$

将所得 δ_{11}、Δ_{1P}值代入力法典型方程，可得

$$Z_1=-\frac{\Delta_{1P}}{\delta_{11}}=-\frac{\dfrac{-14270}{EI_2}}{\dfrac{1992}{EI_2}}=7.16\text{kN}$$

按式 $M=\overline{M}_1Z_1+M_P$，即可作出原结构的 M 图，如图 3-5-15e 所示。

五、超静定组合结构

超静定组合结构与静定组合结构一样，也是由梁式杆和链杆组成。用力法计算超静定组合结构时，一般是切断链杆作为基本结构。在计算系数和自由项中，常略去梁式杆剪切变形和轴向变形的影响，只考虑弯曲变形。

【例 3-5-6】 试用力法计算图 3-5-16a 所示组合结构。已知梁式杆 $EI=1400\text{kN}\cdot\text{m}^2$，链杆 $EA=2.56\times10^5\text{kN}$。

【解】 该题为一次超静定组合结构，选取 CD 杆为多余联系，切断链杆 CD，其基本结构如图 3-5-16b 所示。根据 CD 杆切口处的变形连续条件，建立力法典型方程如下

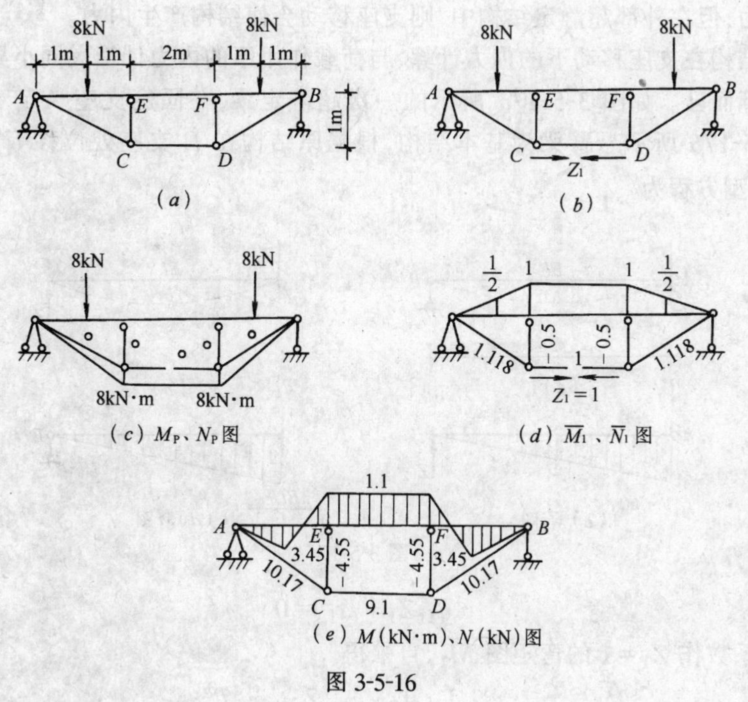

(c) M_P、N_P图　　(d) $\overline{M}_1$、$\overline{N}_1$图

(e) M(kN·m)、N(kN)图

图 3-5-16

$$\delta_{11}Z_1+\Delta_{1P}=0$$

为了计算系数和自由项,在基本结构上分别作 $Z_1=1$ 和荷载单独作用时的 $\overline{M}_1$ 图、$\overline{N}_1$ 图和 M_P 图(N_P 各杆为零)。

$$\begin{aligned}\delta_{11}&=\Sigma\int\frac{\overline{M}_1^2}{EI}\mathrm{d}x+\Sigma\frac{\overline{N}_1^2 l}{EA}\\&=\frac{1}{1400}\times\left(\frac{1}{2}\times1\times2\times\frac{2}{3}\times1\times2+1\times2\times1\right)+\frac{1}{2.56\times10^5}\\&\quad(1^2\times2+0.5^2\times1\times2+1.118^2\times2.236\times2)\\&=2.413\times10^{-3}\mathrm{m/kN}\end{aligned}$$

$$\begin{aligned}\Delta_{1P}&=-\frac{1}{1400}\left[\left(\frac{1}{2}\times8\times1\times\frac{2}{3}\times\frac{1}{2}\times2\right)+1\times8\times\left(\frac{1+\frac{1}{2}}{2}\right)\times2+2\times8\times1\right]\\&=-21.905\times10^{-3}\mathrm{m}\end{aligned}$$

多余未知力 Z_1 为

$$Z_1=-\frac{\Delta_{1P}}{\delta_{11}}=-\frac{-21.905\times10^{-3}}{2.413\times10^{-3}}=9.1\mathrm{kN}$$

分别用 $M=\overline{M}_1Z_1+\overline{M}_P$、$N=\overline{N}_1Z_1+N_P$ 计算梁式杆和链杆的 M 图和 N 图,如图 3-5-16e 所示。

第五节　支座移动时单跨超静定梁的内力计算

这里所说的支座移动,系指结构支座处的线位移和角位移。在静定结构以及外部静定而内部为超静定的结构,支座移动只能引起结构本身的刚体位移(本身不变形只产生位移)

而不产生内力；但在外部超静定结构中，则支座移动会使结构产生内力。

超静定结构在支座移动下的内力计算，与荷载作用下的内力计算大同小异，所不同者仅自由项的计算而已。如图 3-5-17a 所示的一次超静定梁，在固定支座 A 产生一个角位移 φ_A。取图 3-5-17b 所示悬臂梁为基本结构，根据原结构在 B 支座处位移等于零的变形条件，其力法典型方程为

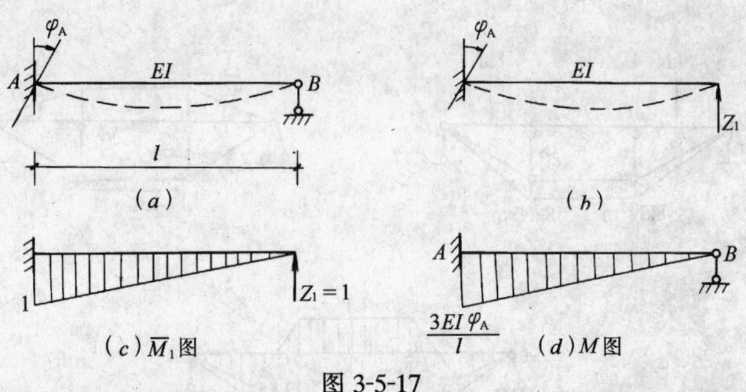

图 3-5-17

$$\delta_{11}Z_1+\Delta_{1\Delta}=0$$

为了求系数作 $Z_1=1$ 的弯矩图 $\overline{M}_1$，自乘得

$$\delta_{11}=\frac{1}{EI}\cdot\frac{1}{2}\cdot l\cdot l\cdot\frac{2}{3}\cdot l=\frac{l^3}{3EI}$$

自由项的求法，与支座移动时静定结构的位移计算一样，其计算公式为 $\Delta_{1\Delta}=-\Sigma c\overline{R}$。此题 $c=\varphi_A$，$\overline{R}=1\times l=l$，故

$$\Delta_{1\Delta}=-\varphi_A l$$

将求得的 δ_{11}、$\Delta_{1\Delta}$值代入力法典型方程，有

$$\frac{l^3}{3EI}Z_1-\varphi_A l=0$$

解方程得

$$Z_1=\frac{3EI\varphi_A}{l^2}$$

$$M_{AB}=\overline{M}Z_1=l\cdot\frac{3EI\varphi_A}{l^2}=\frac{3EI\varphi_A}{l}$$

作最后弯矩图如图 3-5-17d 所示。

【例 3-5-7】 图 3-5-18a 所示等截面超静定梁，固定支座 B 相对固定支座 A，在垂直于轴方向发生相对线位移 Δ_{AB}，求作此梁的内力图。

【解】 该梁为三次超静定梁，因在工程中一般不考虑轴向变形，所以只考虑两个多余联系，其对应的多余未知力为 Z_1(杆端弯矩)，Z_2(杆端剪力)，取基本结构如图 3-5-18b 所示。

根据原结构在固定支座 B 处没有角位移，只有竖向线位 Δ_{AB}，故力法典型方程为

$$\delta_{11}Z_1+\delta_{12}Z_2+\Delta_{1\Delta}=0$$
$$\delta_{21}Z_2+\delta_{22}Z_2+\Delta_{2\Delta}=-\Delta_{AB}$$

为了计算系数，在基本结构上分别作出 $Z_1=1$、$Z_2=1$ 的单位弯矩图 $\overline{M}_1$、$\overline{M}_2$(图3-5-18c、d)，应用图乘法，可得

$$\delta_{11}=\frac{1}{EI}\times1\times l\times1=\frac{l}{EI}$$

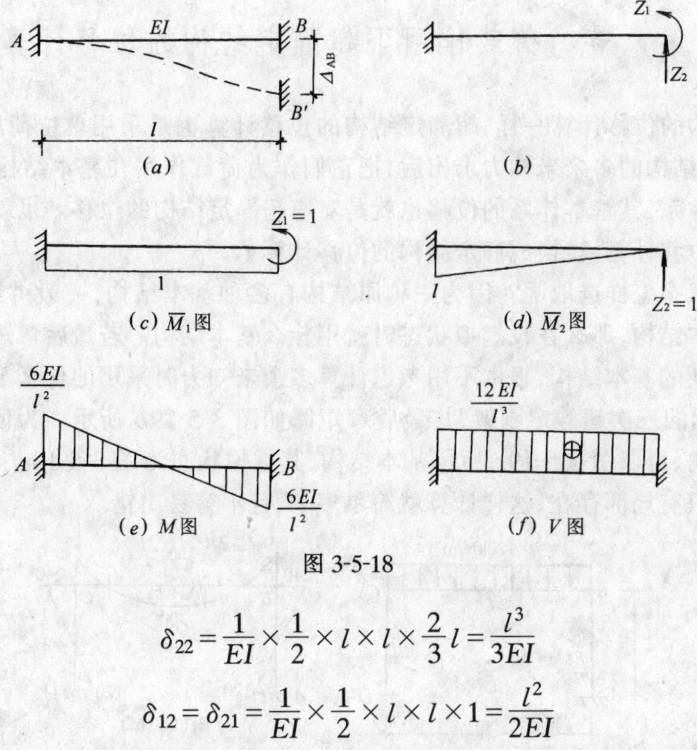

图 3-5-18

$$\delta_{22}=\frac{1}{EI}\times\frac{1}{2}\times l\times l\times\frac{2}{3}l=\frac{l^3}{3EI}$$

$$\delta_{12}=\delta_{21}=\frac{1}{EI}\times\frac{1}{2}\times l\times l\times 1=\frac{l^2}{2EI}$$

自由项 $\Delta_{1\Delta}$、$\Delta_{2\Delta}$的计算方法，与静定结构由于支座移动时所引起的位移计算一样，其计算公式为 $\Delta=-\Sigma\overline{R}c$。

当 $Z_1=1$ 时，$c_1=0$　$\overline{R}_1=l$；当 $Z_2=1$ 时，$c_2=0,\overline{R}_2=1$。故 $\Delta_{1\Delta}=0$　$\Delta_{2\Delta}=0$

将所求系数和自由项代入力法典型方程，有

$$\frac{l}{EI}Z_1+\frac{l^2}{2EI}Z_2=0$$

$$\frac{l^2}{2EI}Z_1+\frac{l^3}{3EI}Z_2=-\Delta_{AB}$$

化简，得

$$2Z_1+lZ_2=0$$

$$3Z_1+2lZ_2=-\frac{6EI\Delta_{AB}}{l^2}$$

解方程得 $Z_1=\frac{6EI}{l^2}\Delta_{AB},Z_2=-\frac{12EI}{l^3}\Delta_{AB}$

据此作最后弯矩图 M 和剪力图 V，如图 3-5-18e、f 所示。

由图 3-5-17d、图 3-5-18e 所示的弯矩图可见，超静定结构由于支座移动产生内力，其内力的大小与杆件的刚度 EI 成正比，与杆长 l 成反比。或者说，其内力的大小与杆件的$\frac{EI}{l}$成正比。因此，加大截面不能改善其受力状态。但是，在连续梁及连续桁架的设计中，时常有意识的调整支座的高低，从而使其内力分布更趋均匀，以达到在设计上经济合理的目的。为了在应用上方便，$\frac{EI}{l}$常用i 表示，即 $i=\frac{EI}{l}$，称为杆的**线刚度**。其物理意义表示，**单位长度杆的抗弯刚度**。因此，由支座移动引起的杆件内力与杆的线刚度 i 成正比。

第六节　荷载作用下超静定结构的位移计算

与静定结构的位移计算一样,超静定结构的位移计算也是采用单位荷载法。其基本思路是:当超静定结构的多余未知力求出后,把它们作为荷载作用在基本结构上,再加上原有荷载构成基本体系,其基本体系的位移也就是对应超静定结构的位移。也就是说,这样就将超静定结构的位移计算,转换成静定结构的位移计算了。

那么虚拟状态怎样选取呢?因为一种原结构有多种基本结构,一般讲计算多余未知力时用的什么基本结构,那么在设虚拟状态时就用什么基本结构。若最后弯矩图已绘出来了,也可另选更简便的基本结构,根本不用考虑计算多余未知力时采用的什么基本结构。例如,图 3-5-19a 所示的三次超静定刚架,其最后弯矩图如图 3-5-19b 所示。为便于求结点 B 的水平位移和转角,可取图 3-5-19c 所示基本结构,其虚拟状态为图 3-5-19c、d 所示。使虚拟状态的弯矩图只有局部存在,这样计算就简单多了,且不容易出错。

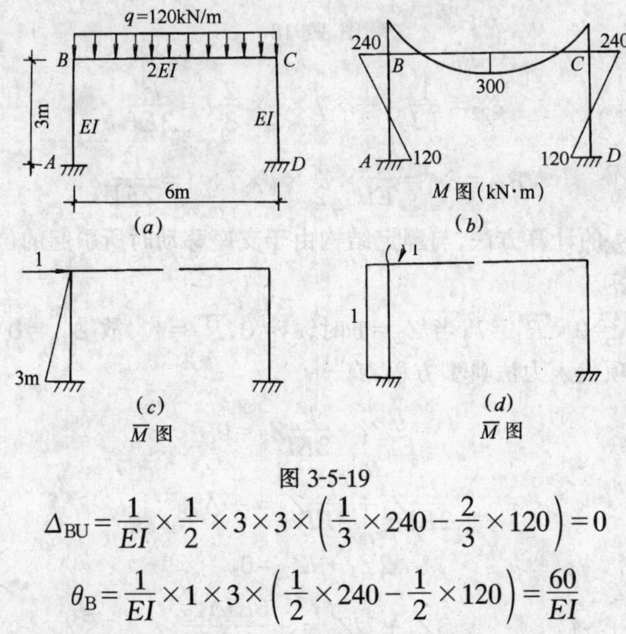

图 3-5-19

$$\Delta_{BU}=\frac{1}{EI}\times\frac{1}{2}\times3\times3\times\left(\frac{1}{3}\times240-\frac{2}{3}\times120\right)=0$$

$$\theta_B=\frac{1}{EI}\times1\times3\times\left(\frac{1}{2}\times240-\frac{1}{2}\times120\right)=\frac{60}{EI}$$

由计算知,**对称结构在对称荷载作用下,不产生水平线位移。**

【例 3-5-8】 图 3-5-20a 所示刚架,最后弯矩图如图 3-5-20b 所示,其中 $K=\frac{I_2h}{I_1l}$,为梁

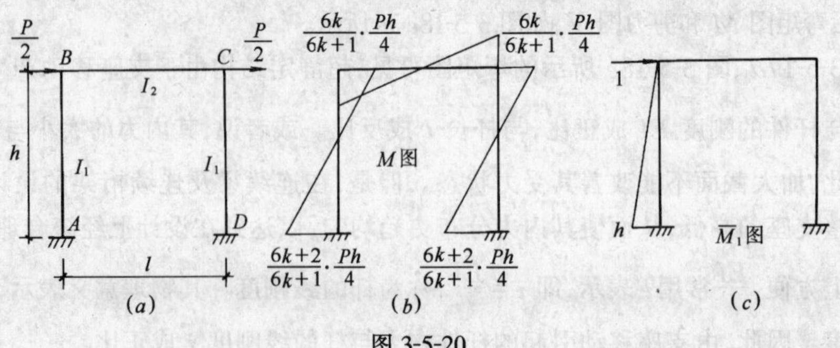

图 3-5-20

柱的线刚度比。求 B 点的水平位移。

【解】 欲求 B 点水平位移,取单位虚拟状态如图 3-5-20c 所示,作 $\overline{M}_1$ 图,M 图与 $\overline{M}_1$ 图相乘即得 B 点的水平位移

$$\Delta_{BU}=\frac{1}{EI_1}\cdot\frac{1}{2}\cdot h\cdot h\cdot\left(\frac{2}{3}\cdot\frac{6k+2}{6k+1}\cdot\frac{Ph}{4}-\frac{1}{3}\cdot\frac{6k}{6k+1}\cdot\frac{Ph}{4}\right)$$
$$=\frac{h^3P}{8EI_1}\cdot\frac{12k+4-6k}{3(6k+1)}$$
$$=\frac{6k+4}{6k+1}\cdot\frac{h^2}{12i_1}\cdot\frac{P}{2}$$

注:此计算结果将在第八章第二节中采用。

第七节 力法基本结构的合理选择

由上述超静定结构的内力计算和位移计算知,基本结构的选择是否恰当,直接涉及到计算的繁与简。为了简化计算,在此集中作以总结与介绍。

1. 基本结构必须是几何不变的。对于同一原结构可以选取多种不同的基本结构。例如图 3-5-21a 所示的刚架,可以选择图 3-5-21b、c、d、e 所示的基本结构,按照它们来计算,得到的最后内力图是一样的,但计算繁简程度却不同,以图 c 为最简单。但绝对不能选择图 f 所示的瞬变体系作为基本结构。

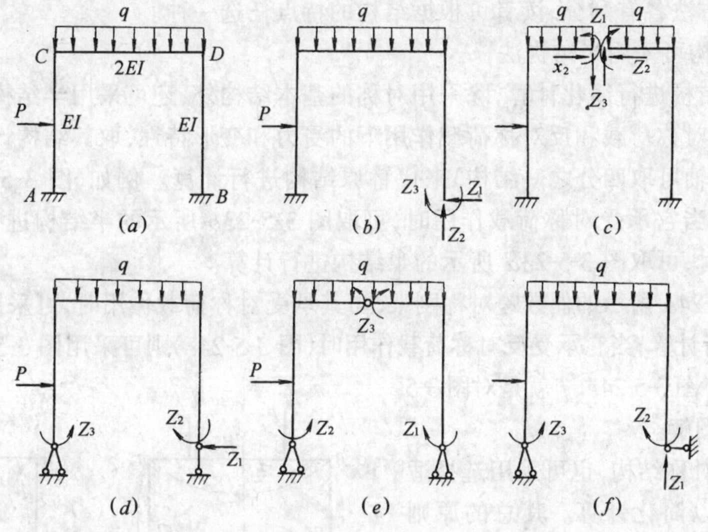

图 3-5-21

2. 对称结构宜选取对称的基本结构

所谓对称结构系指结构的几何形状和支承情况对某轴对称,杆件截面和材料性质(即 E、A、I)也对此轴对称。如图 3-5-21a 所示的刚架即为对称刚架。

对于图 3-5-21a 所示的对称刚架,可将荷载分解为对称荷载和反对称荷载,如图 3-5-22a、b 所示。根据图 3-5-19a 所示对称刚架,在对称荷载作用下的 M 图(图 3-5-19b);和图 3-5-20a 所示对称刚架,在反对称荷载作用下的 M 图(图 3-5-20b)可知,对称结构在对称荷载作用下,反力、内力也是对称的,在对称轴处只有对称内力(即弯矩、轴力);对称结构在反

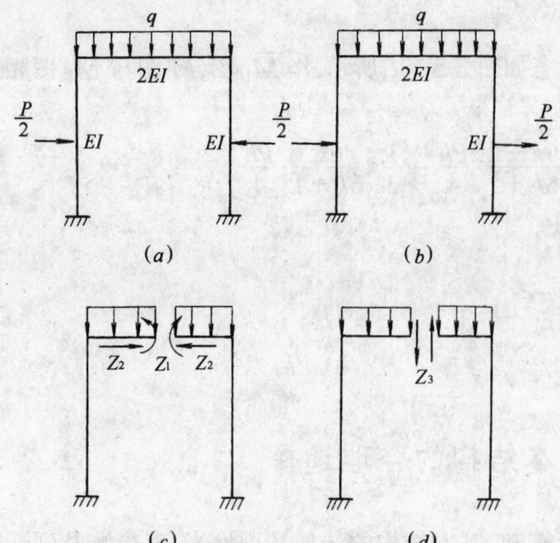

图 3-5-22

对称荷载作用下，反力、内力也是反对称的，在对称轴处只有反对称内力（即剪力）。如取基本结构也是对称的，那么对称结构在对称荷载作用下，其基本体系如图 3-5-22c 所示；对称结构在反对称荷载作用下，其基本体系如图 3-5-22d 所示。故三次超静定对称结构，在对称荷载作用下的力法典型方程为

$$\begin{aligned}\delta_{11}Z_1+\delta_{12}Z_2+\Delta_{1P}=0\\ \delta_{21}Z_1+\delta_{22}Z_3+\Delta_{2P}=0\end{aligned}\qquad(a)$$

三次超静定对称结构，在反对称荷载作用下的方法典型方程为

$$\delta_{33}Z_3+\Delta_{3P}=0\qquad(b)$$

这样，将力法典型方程分解为独立的两组，一组只包含对称未知力（式 a），另一组只包含反对称未知力（式 b），从而使计算得到简化。

对于对称结构在一般荷载作用时，有两种处理方法：

(1) 把一般荷载分解为对称荷载和反对称荷载，对这两组荷载分别计算，然后将两种结果叠加。

(2) 对一般荷载不进行分解，直接利用对称的基本结构进行计算。

两种计算方法各有利弊，读者可根据结构的特点任选一种。

3．对称结构可采用半结构法

对于对称结构进行简化计算，除采用对称的基本结构外，还可采用**半结构法**。即在对称结构中，根据正对称荷载和反对称荷载作用下的受力和变形特性，取其结构计算简图的一半（如有两个对称轴可取四分之一结构）来代替原结构进行计算。例如，图 3-5-23a 所示的奇数跨对称刚架，当它承受对称荷载作用时，可取图 3-5-23b 所示的半结构进行计算；当它承受反对称荷载时，可取图 3-5-23d 所示的半结构进行计算。

又如图 3-5-24a 所示的偶数跨对称刚架，当其承受对称荷载作用时，可采用图 3-5-24b 所示的半结构进行计算；当它承受反对称荷载作用时（图 3-5-24c）则可采用图 3-5-24d 所示的半结构进行计算。图 3-5-24e、f 就是对图 3-5-24c、d 进行的图解。

4．对于非对称结构，也可采用选择适当的基本结构以简化计算。其总的原则是：**使其可能多的副系数和自由项等于零。**

(1) 选择的基本结构应尽可能有较多的基本部分。例如，图 3-5-25a 所示的刚架，它有两个多余联系，其基本结构选取的方式很多，若选取图 3-5-25b 所示的基本结构，且多余未知力取图示那样，则 $\overline{M}_1$、M_P 图中各有一部分杆件弯矩为零

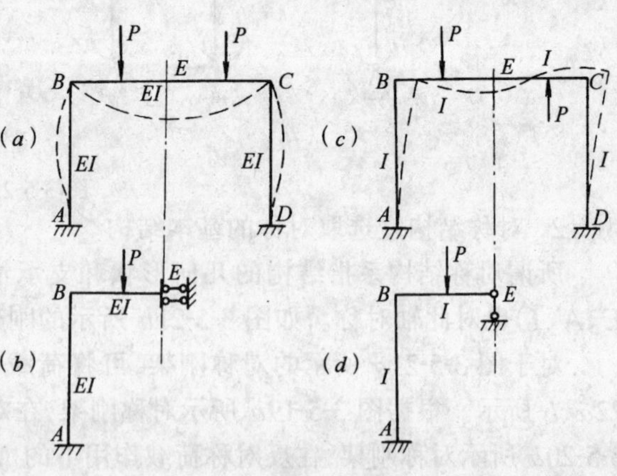

图 3-5-23

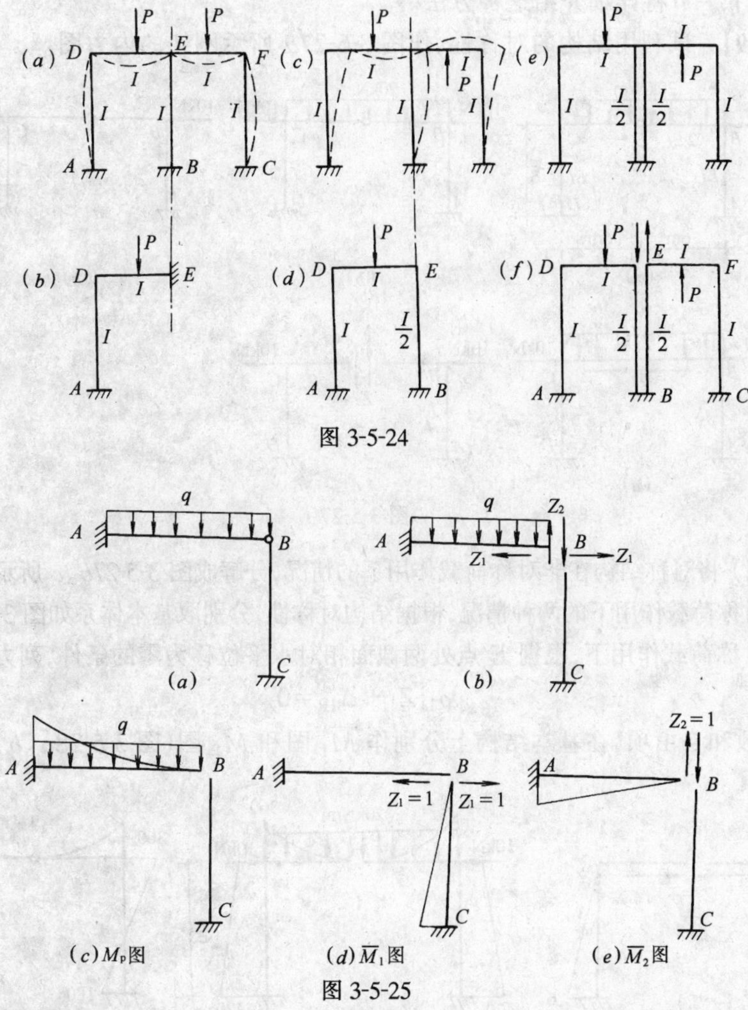

图 3-5-24

图 3-5-25

(图 3-5-25c、d)，则副系数 δ_{12}、δ_{21}等于零，自由项 Δ_{1P}也等于零，从而减轻了计算系数、自由项和求解方程组的工作量。

(2) 对于某些类型结构，通常采用特殊的基本结构，如连续梁，取相应的多跨简支梁为基本结构(图 3-5-26a、b)进行计算比较简便；对于无铰拱，采取弹性中心法较为方便(图

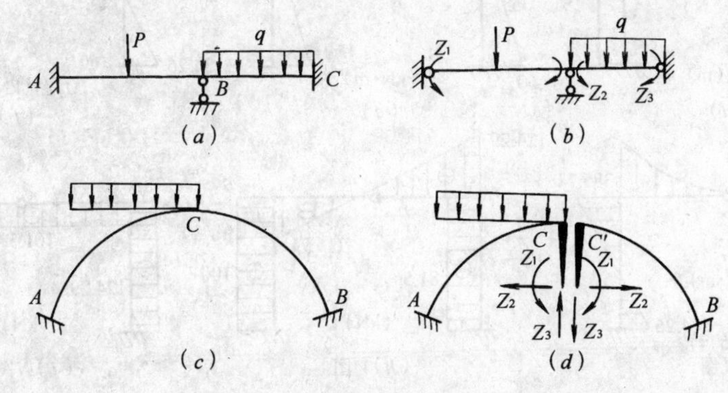

图 3-5-26

3-5-26c、d)，下一节将详细介绍这种方法。

【例 3-5-9】 试利用结构的对称性，作图 3-5-27a 所示刚架的内力图。

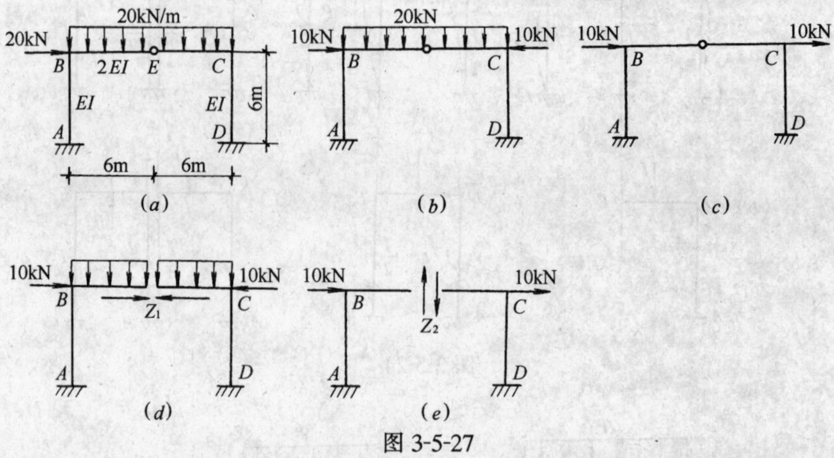

图 3-5-27

【解】 (1) 将对称结构在非对称荷载作用下的情况，分解成图 3-5-27b、c 所示对称结构在对称荷载和反对称荷载作用下的两种情况，根据结构对称性，分别取基本体系如图 3-5-27d、e 所示。

(2) 在对称荷载作用下，根据 E 点处两截面相对水平位移为零的条件，列力法方程如下

$$\delta_{11}Z_1+\Delta_{1\mathrm{P}}=0$$

为求系数和自由项，在基本结构上分别作 $\overline{M}_1$ 图和 M_P 图(图 3-5-28a、b)。

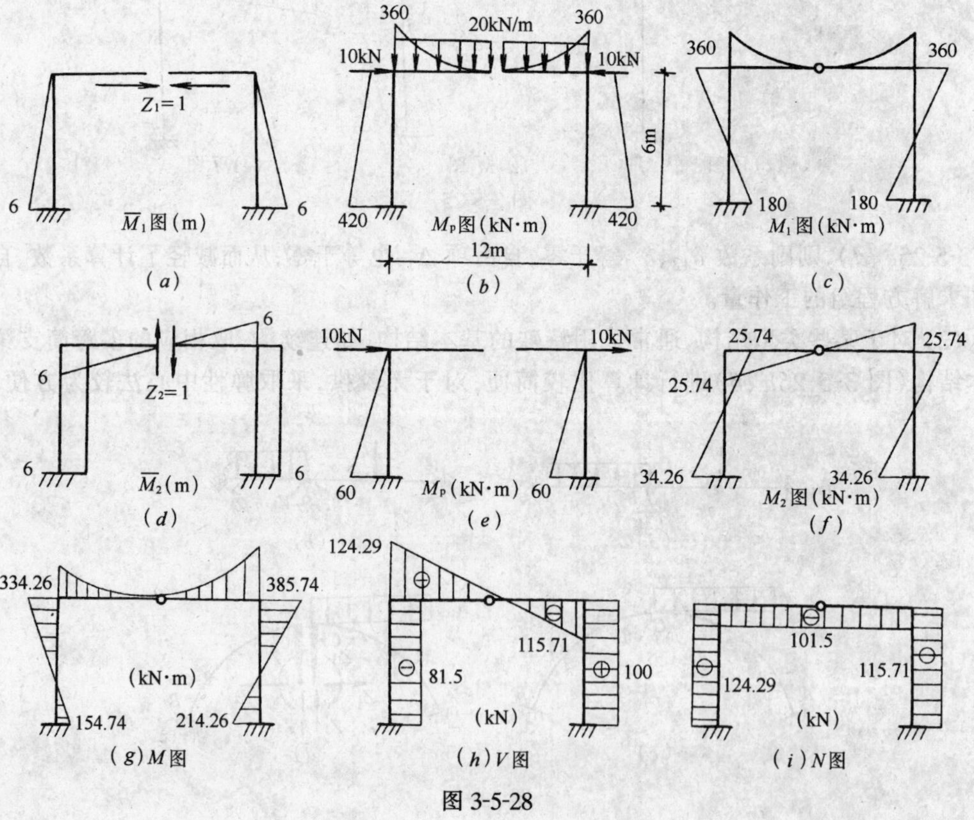

图 3-5-28

$$\delta_{11}=\frac{2}{EI}\times\frac{1}{2}\times6\times6\times\frac{2}{3}\times6=\frac{144}{EI}$$

$$\Delta_{1P}=\frac{2}{EI}\times\frac{1}{2}\times6\times6\times\left(\frac{2}{3}\times420+\frac{1}{3}\times360\right)=\frac{14400}{EI}$$

则力法方程为

$$\frac{144}{EI}Z_1+\frac{14400}{EI}=0$$

解方程得

$$Z_1=-100\text{kN}$$

在对称情况下的 M 图如图 3-5-28c 所示。

(3) 在反对称荷载作用下，根据 E 点处两截面竖向相对位移等于零的条件，列力法方程如下

$$\delta_{22}Z_2+\Delta_{2P}=0$$

为了求 δ_{22}、Δ_{2P}，在基本结构上分别作 $\overline{M}_2$ 图和 M_P 图(图 3-5-28d、e)。

$$\delta_{22}=\frac{2}{2EI}\times\frac{1}{2}\times6\times6\times\frac{2}{3}\times6+\frac{2}{EI}\times6\times6\times6=\frac{504}{EI}$$

$$\Delta_{2P}=-\frac{2}{EI}\times6\times6\times\frac{1}{2}\times60=-\frac{2160}{EI}$$

则力法方程为

$$\frac{504}{EI}Z_2-\frac{2160}{EI}=0$$

解方程得

$$Z_2=4.29$$

在反对称情况下的 M 图如图 3-5-28f 所示。

将图 3-5-28c、f 两弯矩图叠加，得最后弯矩图如图 3-5-28g 所示。根据最后弯矩图，取杆件平衡，可作最后剪力图(图 3-5-28h)；根据最后剪力图，取节点平衡，可作最后轴力图(图 3-5-28i)。

【例 3-5-10】 利用半结构法，作图 3-5-29a 所示刚架的 M 图。

【解】 (1) 将原结构变成半边结构，如图 3-5-29b 所示。取基本结构如图 3-5-29c 所示。

(2) 在基本结构上分别作 $\overline{M}_1$ 图和 M_P 图(图 3-5-29d、e)，则

$$\delta_{11}=\frac{1}{EI_2}\frac{1}{2}\frac{l}{2}\cdot\frac{l}{2}\cdot\frac{2}{3}\cdot\frac{l}{2}+\frac{1}{EI_1}h\cdot\frac{l}{2}\cdot\frac{l}{2}=\frac{l^2h}{4EI_1}+\frac{l^3}{24EI_2}$$

$$\Delta_{1P}=-\frac{1}{EI_1}\times\frac{1}{2}\times h\cdot\frac{Ph}{2}\times\frac{l}{2}=-\frac{Ph^2l}{8EI_1}$$

代入力法方程，并设梁柱刚度比 $k=\frac{i_2}{i_1}=\frac{I_2h}{I_1l}$，解方程，则得

$$Z_1=\frac{\Delta_{1P}}{\delta_{11}}=\frac{6K\cdot Ph}{6K+12l}$$

(3) 作 M 图。先将半边结构 M 图作出，然后利用对称结构在反对称荷载作用下的内力也为反对称的性质，作最后弯矩图如图 3-5-29f 所示。

为了给第八章 D 值法打下一定的基础，在此再作进一步讨论。一般情况下，柱的弯矩

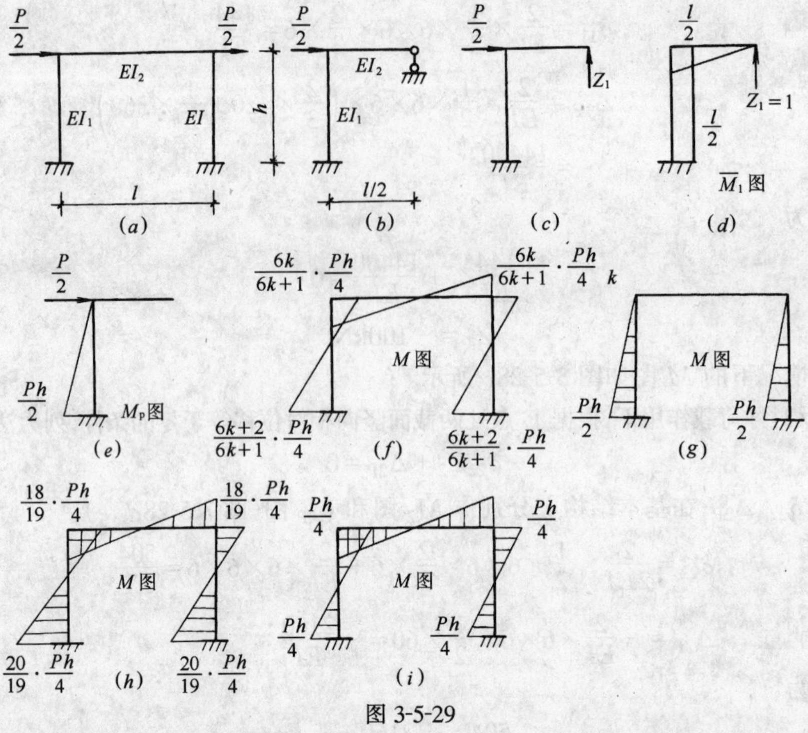

图 3-5-29

有零点,此弯矩零点在柱上半部范围内变动。当 $K=0$ 时,弯矩零点在柱顶,其弯矩图如图 3-5-29g 所示;随着 K 值的增大(即梁刚度增大),弯矩零点柱顶往下移动,在柱上半部出现弯矩零点;当 $K=3$ 时。弯矩零点已接近柱中点,其弯矩图如图 3-5-29h 所示;当 $K\rightarrow\infty$ 时,弯矩零点移到柱中点处,其弯矩图如图 3-5-29i 所示。

*第八节　超静定拱的内力计算

工程中常用的超静定拱有图 3-5-30a 所示的**无铰拱**和图 3-5-30b、c 所示的**两铰拱**。无

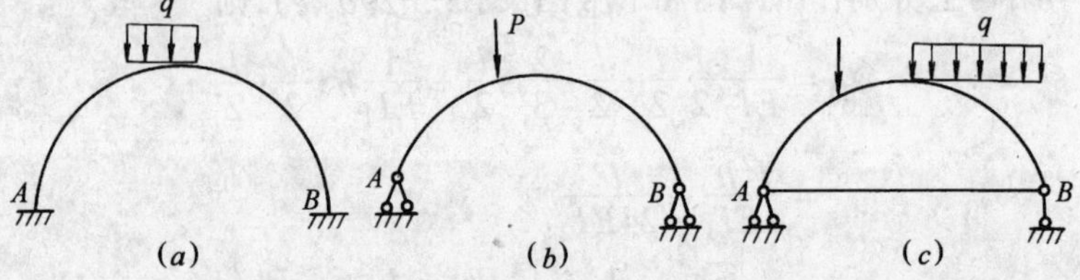

图 3-5-30

铰拱与两铰拱相比,无铰拱构造简单,在竖向荷载作用下弯矩分布比较均匀,建筑材料能得到充分利用,但在支座发生沉陷时对弯矩影响比较大,因而在地基不好的地段,应避免采用。而两铰拱当发生支座沉陷且又不是很大时,对内力影响很小,可以不考虑,所以在房屋建造中常采用两铰拱。两铰拱又分为**无拉杆两铰拱**(图 3-5-30b)和**有拉杆两铰拱**(图 3-5-30c)。有拉杆两铰拱,由于有拉杆来承受支座处的水平推力,它不再对墙、柱产生推力了,所以在房屋建筑中,优先采用带拉杆的两铰拱。

一、无拉杆两铰拱内力计算

无拉杆两铰拱是一次超静定结构(图 3-5-31a),用力法计算时,选用简支曲梁为基本结构(图 3-5-31b),水平推力 Z_1 为基本未知量,其力法典型方程为

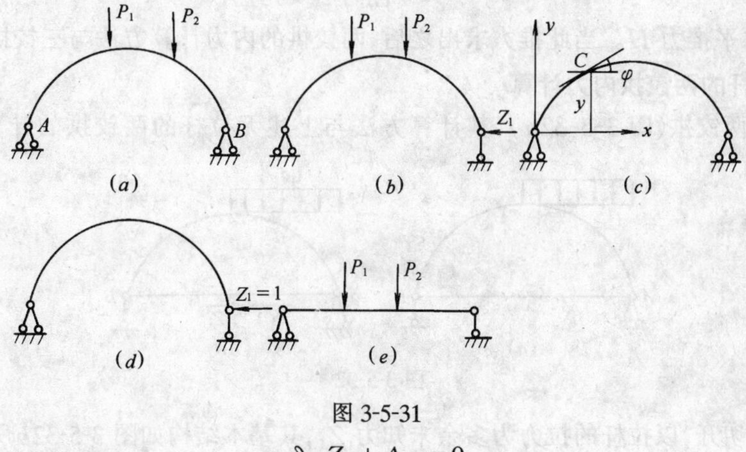

图 3-5-31

$$\delta_{11}Z_1+\Delta_{1P}=0$$

方程式说明,基本结构在支座 B 处的水平位移等于零。

由于拱轴为曲杆,计算系数 δ_{11} 和自由项 Δ_{1P} 时,不能采用图乘法。通常情况下 δ_{11} 和 Δ_{1P} 的计算公式为

$$\left.\begin{aligned}\delta_{11}&=\int_0^l\frac{\overline{M}_1^2}{EI}ds+\int_0^l\frac{\overline{N}_1^2}{EA}ds\\ \Delta_{1P}&=\int_0^l\frac{\overline{M}_1M_P}{EI}ds\end{aligned}\right\}\qquad(a)$$

基本体系在 $Z_1=1$ 单独作用下(图 3-5-31d),任意截面 C 的弯矩和轴力分别为

$$\left.\begin{aligned}\overline{M}_1&=-y\\ \overline{N}_1&=-\cos\varphi\end{aligned}\right\}\qquad(b)$$

式中 y——任意截面 C 的纵坐标,向上为正;

φ——任意截面 C 处拱轴线的切线与 x 轴之间所夹的锐角,左半拱 φ 为正值,右半拱 φ 为负值。

弯矩 M 以使拱圈内侧受拉为正;轴力 N 以压为正。

在竖向荷载作用下,简支曲梁的水平支座反力等于零,于是简支曲梁任意截面的弯矩 M_P,和同跨度,同荷载的简支梁(图 3-5-31e),相应截面的弯矩 M^0 相等。即

$$M_P=M^0\qquad(c)$$

将式(b)、式(c)代入式(a)得

$$\delta_{11}=\int_0^l\frac{y^2}{EI}ds+\int_0^l\frac{\cos^2\varphi}{EA}ds$$

$$\Delta_{1P}=-\int_0^l\frac{yM^0}{EI}ds$$

将 δ_{11} 和 Δ_{1P} 代入力法方程,可算出基本未知量

$$Z_1 = -\frac{\Delta_{1P}}{\delta_{11}} = \frac{\int_0^l \frac{yM^0}{EI}\mathrm{d}s}{\int_0^l \frac{y^2}{EI}\mathrm{d}s + \int_0^l \frac{\cos^2\varphi}{EA}\mathrm{d}s} \tag{3-5-7}$$

Z_1 即为水平推力 H。当此推力求出之后，两铰拱的内力计算方法与三铰拱基本相同。

二、有拉杆的两铰拱内力计算

有拉杆的两铰拱（图 3-5-32a），其计算方法与上述无拉杆的两铰拱的计算方法相似。

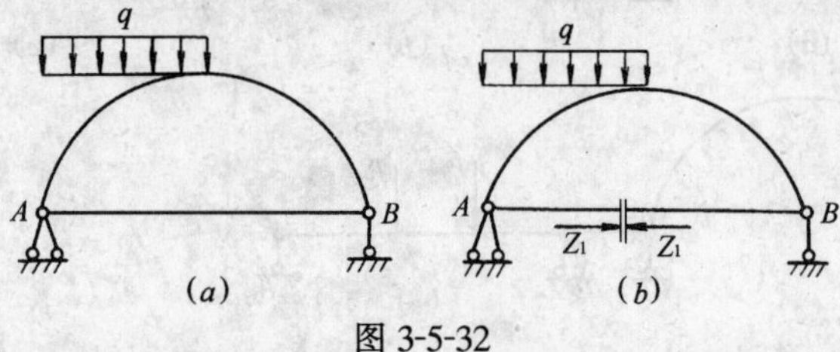

图 3-5-32

通常是将拉杆切开，以拉杆的拉力为多余未知力 Z_1，其基本结构如图 3-5-32b 所示。其力法典型方程仍为

$$\delta_{11}Z_1 + \Delta_{1P} = 0$$

方程式说明，拉杆切口两侧的相对轴向位移等于零。式中 Δ_{1P} 的计算亦和无拉杆的情况相同，即

$$\Delta_{1P} = -\int_0^l \frac{yM^0}{EI}\mathrm{d}s \tag{d}$$

在此应注意的是，计算 δ_{11} 时应考虑拉杆的轴向变形。根据虎克定律，当 $Z_1 = 1$ 时，轴向变形为 $\frac{l}{E_1A_1}$，所以

$$\delta_{11} = \int_0^l \frac{y^2}{EI}\mathrm{d}s + \int_0^l \frac{\cos^2\varphi}{EA}\mathrm{d}s + \frac{l}{E_1A_1} \tag{e}$$

式中　E、A 和 I 分别为拱圈的弹性模量、横截面的面积和惯性矩；而 E_1、A_1 分别为拉杆的弹性模量和横截面面积，l 为拉杆的长度。

将式（d）、式（e）分别代入力法典型方程中，可求得拉杆中的拉力，即

$$Z_1 = -\frac{\Delta_{1P}}{\delta_{11}} = \frac{\int_0^l \frac{yM^0}{EI}\mathrm{d}s}{\int_0^l \frac{y^2}{EI}\mathrm{d}s + \int_0^l \frac{\cos^2\varphi}{EA}\mathrm{d}s + \frac{l}{E_1A_1}} \tag{3-5-8}$$

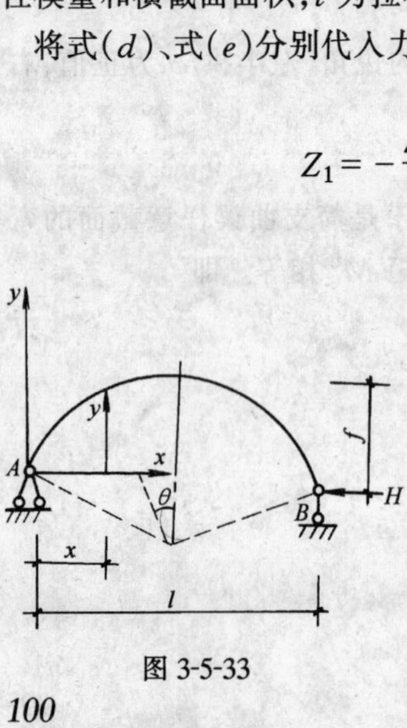

拉杆拉力 Z_1 相当于无拉杆两铰拱的水平推力 H，因此，其余解法与无拉杆的两铰拱相同。

由式（3-5-7）、式（3-5-8）知，计算基本未知力 Z_1 是很麻烦的，若荷载再复杂一点，那么计算也就更麻烦了。工程中一般不直接采用此公式计算，而是将此公式进行恒等变换，变成表格形式进行计算。

图 3-5-33 所示，为等截面圆弧两铰拱的基本结构和基本未知数。对带拉杆的两铰拱，H 为拉杆的拉力。

图 3-5-33

表 3-5-2 为圆弧两铰拱基本未知量的系数表。用此表计算基本未知力是很方便的。

圆弧两铰拱基本未知力系数表 **表 3-5-2**

序 号	两铰拱受荷简图	基本未知力	$\rho=f/l$					
			0	0.1	0.2	0.3	0.4	0.5
1		$H=(\text{系数})\frac{ql^2}{f}K$	$\frac{1}{8}$	0.1243	0.1221	0.1184	0.1131	0.1061
2		$H=(\text{系数})\frac{ql^2}{f}K$	$\frac{1}{16}$	0.06215	0.06105	0.05920	0.05655	0.05305
3		$H=(\text{系数})\frac{ql^2}{f}K$	$\frac{35}{768}$	0.04539	0.04481	0.04375	0.04212	0.03979
4		$H=(\text{系数})\frac{ql^2}{f}K$	$\frac{1}{42}$	0.02319	0.02144	0.01981	0.01565	0.01235
5		$H=(\text{系数})\frac{Pl}{f}K$	$\frac{25}{128}$	0.1937	0.1889	0.1812	0.1712	0.1592

下面用一实例具体说明用法。

1. 公式及符号含义

$\rho=\frac{f}{l}$——高跨比， f——拱矢高， l——拱跨度。

表 3-5-2 中系数按 $\rho=f/l$ 为 0.1、0.2、0.3、0.4、0.5 五个高跨比列出。其间的系数，一般可用直线插值公式求得。

表中 **K 为考虑轴力对变形影响的系数**。在竖向荷载作用下，两铰拱的 K 的计算公式为

无拉杆两铰拱

$$K=\frac{1}{1+\frac{In_1}{Af^2}} \tag{3-5-9}$$

有拉杆两铰拱

$$K=\frac{1}{1+\frac{In_1}{Af^2}+\frac{EIn_2}{E_1A_1f^2}} \tag{3-5-10}$$

式中 A——拱横截面面积；

I——拱横截面惯性矩；

E——拱圈的弹性模量；

E_1——拉杆的弹性模量；

A_1——拉杆的横截面面积；

n_1——无拉杆两铰拱对 K 的附属系数；

n_2——带拉杆两铰拱对 K 的附属系数；

n_1、n_2 与高跨比有关，表 3-5-3 列出各高跨比对应的 n_1、n_2 值，其间的值可用直线插值公式求得。

各高跨比对应的 n_1、n_2 值 **表 3-5-3**

$\rho=\frac{f}{l}$	0.1	0.2	0.3	0.4	0.5
n_1	1.787	1.575	—	—	—
n_2	1.834	1.723	1.576	1.420	4/π

对于无拉杆的两铰拱，当$\frac{f}{l}>\frac{1}{5}$时，可忽略轴力的影响，即取 $K=1$。

2. 支反力与内力的计算公式

算出基本未知力后，根据平衡条件，可以很方便地求得各截面的内力和支座反力。在竖向荷载作用下，两铰拱的反力和内力计算公式如下：

竖向反力：$V_A=V_A^0$

$V_0=V_B^0$

截面内力：$M=M^0-Hy$

$N=Q^0\sin\theta+H\cos\theta$

$V=Q^0\cos\theta-H\sin\theta$

式中上角标有“0”者，为与拱同跨度，且受同样荷载的简支梁，其相应截面上的内力和支反力(图 3-5-34b、c、d)。

3. 反力与内力的计算步骤

(1) 将拱变成相应的简支梁，算出支反力与所需的内力。

(2) 查表计算基本未知力。

(3) 根据三铰拱的内力计算公式计算两铰拱的内力与反力。

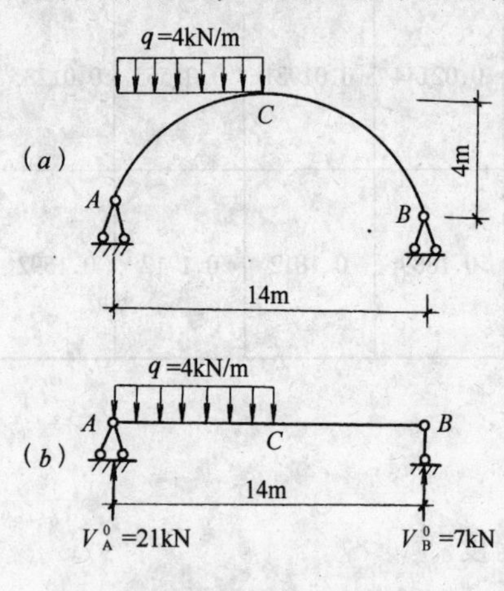

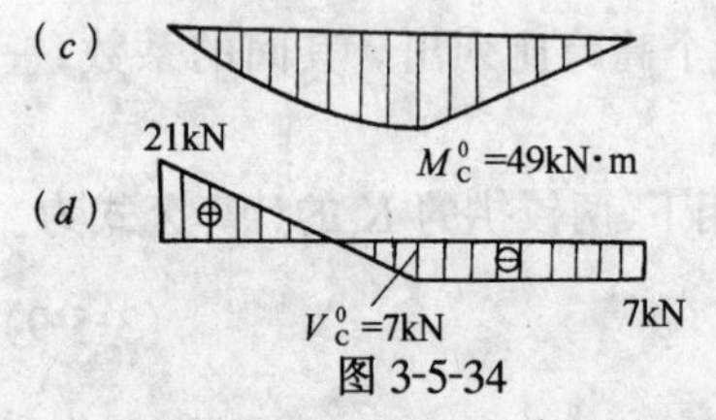

图 3-5-34

【例 3-5-11】 已知图 3-5-34a 所示等截面圆弧两铰拱，$f=4$m，$l=14$m，$q=4$kN/m。试求支座反力与拱顶 C 处的内力。

【解】 1. 作相应简支梁(图 3-5-34b)，其支反力 $V_A^0=\frac{3q}{8}=\frac{3\times4\times14}{8}=21$kN，$V_B^0=\frac{ql}{8}=\frac{4\times14}{8}=7$kN；梁中点 C 的弯矩为 $M_C^0=\frac{ql^2}{16}=\frac{4\times14^2}{16}=49$kN·m(图 3-5-34$c$)，剪力 $Q_C^0=-7$kN(图 3-5-34d)。

2. $\rho=\frac{f}{l}=\frac{4}{14}=\frac{2}{7}>\frac{1}{5}$，可忽略轴力 N 对变形的影响，即 $K=1$。

$\rho=\frac{f}{l}=\frac{2}{7}=0.286$，表 3-5-2 上没有它对应的基本未知力系数，可用直线标值公式计算它对应的系数。因此拱与表 3-5-2 上 2 号拱受荷相同，故应查此拱对应的基本未知力系数。

当 $\rho=0.2$ 时，系数 $=0.06105$

$\rho=0.3$ 时，系数 $=0.05920$

故 $\rho=0.286$ 时，系数 $=0.06105-\frac{0.06105-0.05920}{0.3-0.2}\times(0.286-0.2)=0.05946$

$$H=(\text{系数})\frac{ql^2}{f}K=0.05946\times\frac{4\times 14^2}{4}\times 1=11.65\text{kN}$$

3. 求支反力与拱顶内力

反力　　水平反力 $H=11.65\text{kN}$

竖向反力　$V_A=V_A^0=21\text{kN}$，$V_B=V_B^0=7\text{kN}$

拱顶内力　$M_c=49-11.65\times 4=2.4\text{kN}\cdot\text{m}$

$$N_c=Q^0\sin\theta+H\cos\theta=(-7)\sin 0+11.65\cos 0=11.65\text{kN}$$

$$V_c=Q^0\cos\theta-H\sin\theta=(-7)\cos 0-11.65\sin 0=-7\text{kN}$$

三、无铰拱内力计算

图 3-5-35a 为一对称无铰拱，它是工程中应用十分广泛的一种三次超静定拱，但计算是

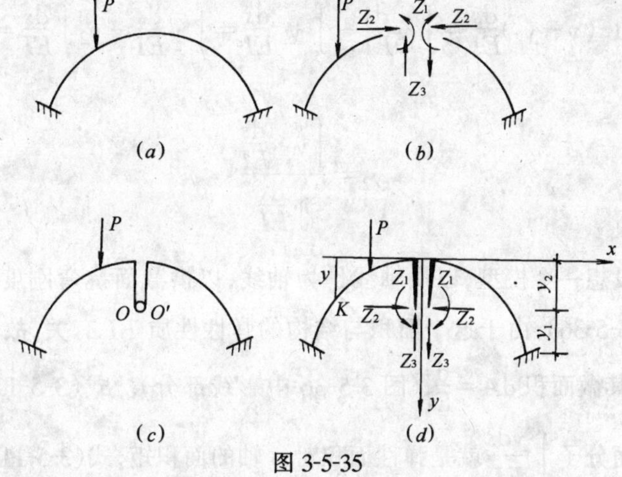

图 3-5-35

很麻烦的。为了便于计算，常用拱的对称性和弹性中心法进行简化。

将图 3-5-35a 所示的无铰拱，在拱顶 C 切开，取图 3-5-35b 所示的两个悬臂曲梁为基本结构。由于多余未知力弯矩 Z_1 和轴力 Z_2 是对称内力，剪力 Z_3 是反对称内力，根据对称结构的特性，此无铰拱力法典型方程中的副系数

$$\delta_{13}=\delta_{31}=0,\delta_{23}=\delta_{32}=0$$

于是，根据切口 C 处位移等于零的条件，可建立力法典型方程为

$$\delta_{12}Z_1+\delta_{12}Z_2+\Delta_{1P}=0$$
$$\delta_{21}Z_1+\delta_{22}Z_2+\Delta_{2P}=0 \quad (a)$$
$$\delta_{33}Z_3+\Delta_{3P}=0$$

式(a)中仍有一对副系数 $\delta_{12}=\delta_{21}\neq 0$。能否也使它们等于零呢？如果能设法使这对副系数也等于零，则方程(a)可进一步简化为三个独立的方程，即一个方程中只含有一个未知数，可避免解联立方程组，从而使计算更加简化。

为了达到上述目的，将图 3-5-35a 所示的对称无铰拱沿拱顶 C 切开后，在切口两边 C、C'沿对称轴方向，加两个刚度为无穷大的伸臂，称为**刚臂**，并在刚臂下端 O、O'处将其刚性连接，得如图 3-5-35c 所示的结构。由于刚臂是不变形的，因而切口两边的截面 C、C'没有任何相对位移，这样便保证了此结构与原拱的变形完全一致，可以用它来代替原拱。再将此结构在刚臂下端的刚性连接处切开，代之以多余未知力 Z_1、Z_2 和 Z_3，得图 3-5-35d 所示基本结构，图中 y_2 是刚臂长度，根据切口处位移为零的条件，建立的力法典型方程仍如式(a)的形式。

现令
$$\delta_{12}=\delta_{21}=\int\frac{\overline{M}_1\overline{M}_2}{EI}\mathrm{d}s=0 \quad (b)$$

式中 $\overline{M}_1$——当 $Z_1=1$ 单独作用在基本结构上时所引起的弯矩，由图 3-5-35d 知
$$\overline{M}_1=1$$
$\overline{M}_2$——当 $Z_2=1$ 单独作用在基本结构上时，所引起的弯矩同样由图 3-5-35d 知
$$\overline{M}_2=y-y_2$$

将 $\overline{M}_1$、$\overline{M}_2$ 代入式(b)，得
$$\int 1\cdot(y-y_2)\frac{\mathrm{d}s}{EI}=\int y\frac{\mathrm{d}s}{EI}-\int y_2\frac{\mathrm{d}s}{EI}=\int y\frac{\mathrm{d}s}{EI}-y_2\int\frac{\mathrm{d}s}{EI}=0$$

于是
$$y_2=\frac{\int y\cdot\frac{\mathrm{d}s}{EI}}{\int\frac{\mathrm{d}s}{EI}} \quad (5\text{-}5\text{-}11)$$

对于无铰拱，设想一个模型，以拱轴线作为轴线，以拱截面抗弯刚度的倒数$\frac{1}{EI}$，作为宽度的窄条面积(图 3-5-36)，由于这个面积与结构的弹性性质 EI 有关，故称**弹性面积**。弹性面积中取微段 ds，其微面积 $\mathrm{d}A=\frac{\mathrm{d}s}{EI}$(图 3-5-36 中影线部分)。式(3-5-11)中的分母$\int\frac{\mathrm{d}s}{EI}$即为总的弹性面积，而分子$\int\frac{y\mathrm{d}s}{EI}$就是弹性面积对 x 轴的面积矩，式(3-5-11)中的 y_2 就是弹性面积的形心 O 到 x 轴的距离，即形心的纵坐标。由此可见，刚臂的端点 O 就是弹性面积的形心，称为**弹性中心**。**这种利用弹性中心使全部副系数等于零的简化计算方法，称为弹性中心法。**

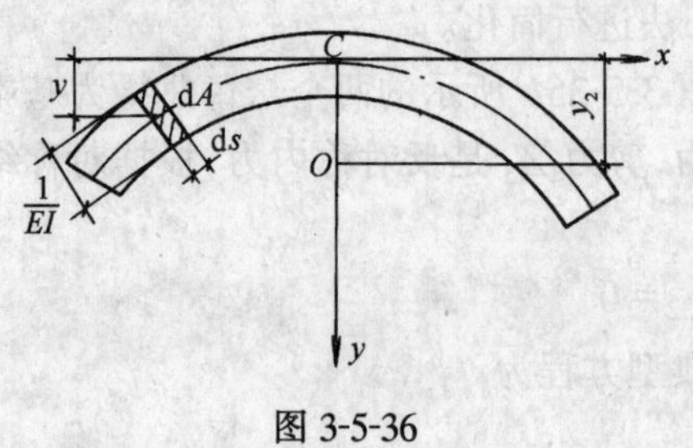

图 3-5-36

弹性中心法不仅适合于对称无铰拱，而且对于图 3-5-37a、b 所示的圆管、无铰闭合图形等三次超静定结构也是适用的。对于这样的结构，只要取图 3-5-37c、d

所示的对称基本结构,其力法方程皆为

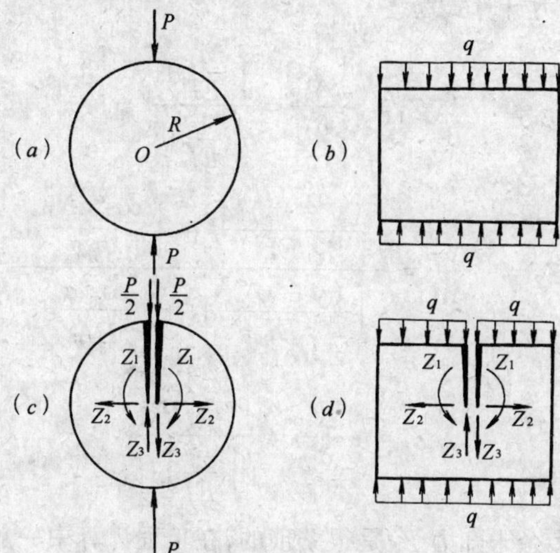

图 3-5-37

$$
\begin{aligned}
\delta_{11}Z_1+\Delta_{1P}=0\\
\delta_{22}Z_2+\Delta_{2P}=0\\
\delta_{33}Z_3+\Delta_{3P}=0
\end{aligned}
\qquad (3\text{-}5\text{-}12)
$$

在一般情况下,系数和自由项可按下列公式计算。

$$
\begin{aligned}
&\delta_{11}=\int\frac{\overline{M}_1^2}{EI}\mathrm{d}s && \Delta_{1P}=\int\frac{\overline{M}_1\overline{M}_P}{EI}\mathrm{d}s\\
&\delta_{22}=\int\frac{\overline{M}_2^2}{EI}\mathrm{d}s+\int\frac{\overline{N}_2^2}{EA}\mathrm{d}s && \Delta_{2P}=\int\frac{\overline{M}_2M_P}{EI}\mathrm{d}s+\int\frac{\overline{N}_2N_P}{EA}\mathrm{d}s\\
&\delta_{33}=\int\frac{\overline{M}_3^2}{EI}\mathrm{d}s && \Delta_{3P}=\int\frac{\overline{M}_3M_P}{EI}\mathrm{d}s
\end{aligned}
\qquad (3\text{-}5\text{-}13)
$$

对于图 3-5-35d 所示的基本结构,在各单位力 $Z_i=1$ 作用下,拱任意截面(x,y)上的内力为

$$
\begin{aligned}
&\overline{M}_1=0,\overline{V}_1=0,\overline{N}_1=0\\
&\overline{M}_2=y-y_2,\overline{V}_2=-\sin\varphi,\overline{N}_2=\cos\varphi\\
&\overline{M}_3=-x,\overline{V}_3=\cos\varphi,\overline{N}_3=\sin\varphi
\end{aligned}
\qquad (c)
$$

注意:在右半拱时,应以$(-x)$代 x,以$(-\varphi)$代 φ。

将式(c)代入式(3-5-13)中,得

$$
\begin{aligned}
&\delta_{11}=\int\frac{1}{EI}\mathrm{d}s \qquad \Delta_{1P}=\int\frac{M_P}{EI}\mathrm{d}s\\
&\delta_{22}=\int\frac{(y-y_2)^2}{EI}\mathrm{d}s+\int\frac{\cos^2\varphi}{EA}\mathrm{d}s\\
&\Delta_{2P}=\int\frac{(y-y_2)M_P}{EI}\mathrm{d}s+\int\frac{\cos\varphi N_P}{EA}\mathrm{d}s\\
&\delta_{33}=\int\frac{x^2}{EI}\mathrm{d}s \qquad \Delta_{3P}=-\int\frac{xM_P}{EI}\mathrm{d}s
\end{aligned}
\qquad (d)
$$

将所计算的系数和自由项代入力法方程(3-5-12),可得多余未知力。对于图 3-5-35d 所示的基本结构,多余未知力计算式为

$$Z_1=-\frac{\Delta_{1P}}{\delta_{11}}=\frac{\int\frac{M_P}{EI}\mathrm{d}s}{\int\frac{1}{EI}\mathrm{d}s}$$

$$Z_2=-\frac{\Delta_{2P}}{\delta_{11}}=\frac{\int\frac{(y-y_2)M_P}{EI}+\int\frac{\cos^2\varphi N_P}{EA}\mathrm{d}s}{\int\frac{(y-y_2)^2}{EI}\mathrm{d}s+\int\frac{\cos^2\varphi}{EA}\mathrm{d}s}$$

$$Z_3=-\frac{\Delta_{3P}}{\delta_{33}}=\frac{\int\frac{xM_P}{EI}\mathrm{d}s}{\int\frac{x^2}{EI}\mathrm{d}s} \tag{3-5-14}$$

由式(3-5-14)看出,计算多余未知力 Z_i 是很繁琐的,在工程计算中一般不予采用,而是将上述公式进行恒等变换,变换成工程表格进行计算,表 3-5-4 就是等截面圆弧无铰拱的基本未知力计算表,用此表计算基本未知力是很方便的。对于抛物线无铰拱也有类似表格,本书略。

圆弧无铰拱基本未知力系数表 **表 3-5-4**

序 号	无铰拱受荷简图	基本未知力	$\rho=f/l$					
			0	0.1	0.2	0.3	0.4	0.5
1	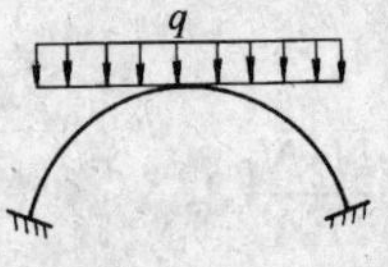	$M_0=(系数)ql^2$	$\frac{1}{24}$	0.04255	0.04517	0.04944	0.05524	0.06250
		$H_0=(系数)\frac{ql^2}{f}K$	$\frac{1}{8}$	0.1257	0.1278	0.1310	0.1351	0.1400
		$V_0=0$	0	0	0	0	0	0
2	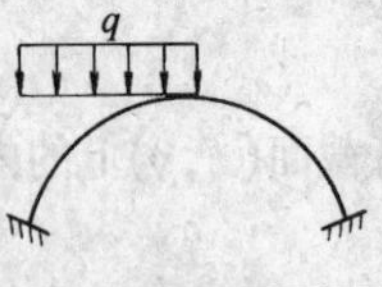	$M_0=(系数)ql^2$	$\frac{1}{48}$	0.02128	0.02259	0.02472	0.02762	0.03125
		$H_0=(系数)\frac{ql^2}{f}K$	$\frac{1}{16}$	0.06285	0.06390	0.06550	0.06755	0.07000
		$V_0=(系数)ql$	$-\frac{3}{32}$	−0.0943	−0.0958	−0.0983	−0.1017	−0.1061
3	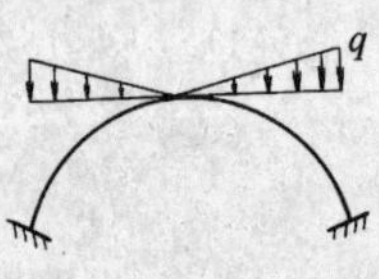	$M_0=(系数)ql^2$	$\frac{1}{96}$	0.01069	0.01153	0.01295	0.01499	0.01768
		$H_0=(系数)\frac{ql^2}{f}K$	$\frac{5}{128}$	0.03948	0.04073	0.04275	0.04547	0.04885
		$V_0=0$	0	0	0	0	0	0
4	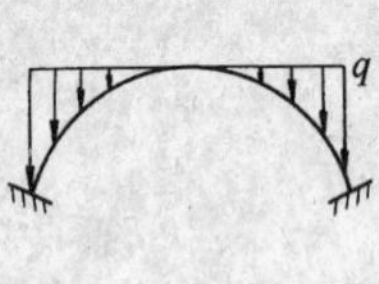	$M_0=(系数)ql^2$	$\frac{1}{240}$	0.004174	0.004196	0.004231	0.004283	0.004362
		$H_0=(系数)\frac{ql^2}{f}K$	$\frac{1}{56}$	0.01765	0.01706	0.01617	0.01510	0.01399
		$V_0=0$	0	0	0	0	0	0
5	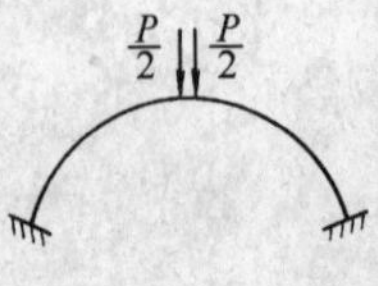	$M_0=(系数)Pl$	$\frac{1}{8}$	0.1267	0.1314	0.1388	0.1482	0.1592
		$H_0=(系数)\frac{Pl}{f}K$	$\frac{15}{64}$	0.2341	0.2334	0.2323	0.2310	0.2296
		$V_0=0$	0	0	0	0	0	0

等截面圆弧无铰拱的基本体系和基本未知力，如图 3-5-38 所示。

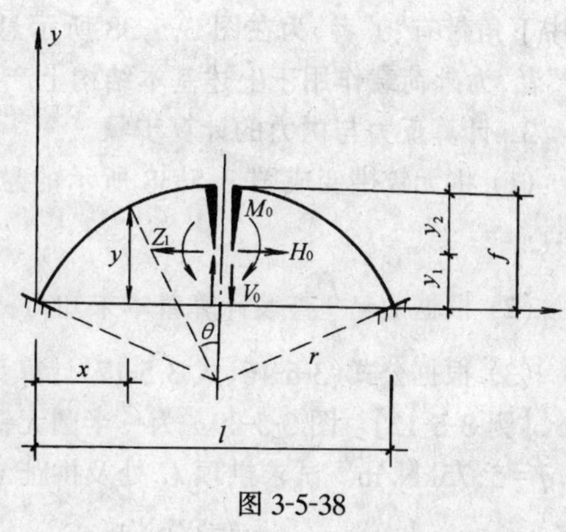

图 3-5-38

下面介绍此表的用法及内力计算公式。

1. 主要字符含义及表格用法

$\rho=\dfrac{f}{l}$——高跨比，表 3-5-4 中系数按 $\rho=0.1$、0.2、0.3、0.4、0.5 五个高跨比列出，其间的系数，一般可用直线插值公式求得。

K——当考虑轴力对变形的影响时的系数。在竖向荷载作用下，无铰拱 K 的计算公式为

$$K=\frac{1}{1+\dfrac{In_3}{Af^2}} \tag{3-5-15}$$

n_3——无铰拱对 K 的附属系数。

各种高跨比时 n_3 和 y_1 值（见图 3-5-38）列于表 3-5-5 中，其间的值可用直线插值公式求得。

表 3-5-5

$\rho=\dfrac{f}{l}$	0.1	0.2	0.3	0.4	0.5
n_3	10.64	9.19	7.57	6.20	5.28
y_1	$0.6649f$	$0.6601f$	$0.6531f$	$0.6450f$	$0.6366f$

对于无铰拱，当 $\dfrac{f}{l}>\dfrac{1}{3}$ 时，可忽略轴力的影响，即 $K=1$。

2. 支反力和内力的计算公式

有了基本未知数后，根据平衡条件，可以很方便地求出各截面的内力和支反力。在竖向荷载作用下，无铰拱内力和支反力计算公式如下：

支反力：

$$\begin{aligned}
&V_A=V_{AP}+V_0 \qquad V_B=V_{BP}-V_0\\
&H_A=H_{AP}+H_0 \qquad H_B=H_{BP}+H_0\\
&M_A=M_{AP}-M_0-H_0y_1+\frac{1}{2}V_0l\\
&M_B=M_{BP}-M_0-H_0y_1-\frac{1}{2}V_0l
\end{aligned} \tag{3-5-16}$$

任意截面内力：

$$\begin{aligned}
&M_x=-M_P+M_0+H_0(y_1-y)-V_0\left(\frac{1}{2}-x\right)\\
&N_x=N_P+H_0\cos\theta+V_0\sin\theta\\
&V_x=V_P-H_0\sin\theta+V_0\cos\theta
\end{aligned} \tag{3-5-17}$$

式中下角带有“0”者，为在图 3-5-38 所示悬臂曲梁基本结构刚臂上产生的内力；下角带有“P”者，为外荷载作用于上述基本结构上产生的支反力或内力。

3．计算反力与内力的计算步骤

(1) 将无铰拱变成图 3-5-38 所示的悬臂曲梁基本结构，算出支反力与所求截面的内力；

(2) 根据 $\rho=\dfrac{f}{l}$ 查表计算基本未知力；

(3) 根据公式(3-5-16、式 3-5-17)计算无铰拱的支反力和内力。

【例 3-5-12】 图 3-5-39a 为一半圆无铰拱，已知拱圈半径 $R=3.4$m，跨度 $l=6.8$m，荷载 $q=5.75$kN/m。试求拱顶 C 处及拱趾 A 处的反力。

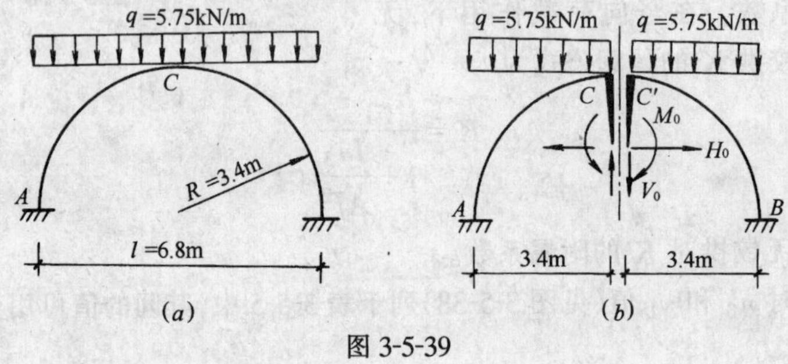

图 3-5-39

【解】 1．将图 3-5-39a 变成图 3-5-39b 所示的基本结构。在荷载作用下，支座 A 的反力为

$$V_{AP}=5.75\times3.4=19.55\text{kN}$$

$$H_{AP}=0$$

$$M_{AP}=\frac{ql^2}{8}=\frac{5.75\times6.8^2}{8}=33.24\text{kN·m}$$

截面 C 的内力为 $M_P=0, N_P=0, V_P=0$

2．$\rho=\dfrac{f}{l}=\dfrac{3.4}{6.8}=\dfrac{1}{2}>\dfrac{1}{3}$，可忽略轴力对变形的影响，即 $K=1$。

$\rho=\dfrac{1}{2}=0.5$，据此查表 3-5-4 得

$y_1=0.6366f=0.6366\times3.4=2.1644$m

图 3-5-39a 所示情况与表 3-5-4 示 1 号情况相同，按 $\rho=0.5$ 查表得基本未知力系数为 0.06250 与 0.1400，分别代入

$$M_0=(\text{系数})ql^2=0.06250\times5.75\times6.8^2=16.62\text{kN·m}$$

$$H_0=(\text{系数})\frac{ql^2}{f}K=0.1400\times\frac{5.75\times6.8^2}{3.4}\cdot1=10.95\text{kN}$$

$$V_0=0$$

3．求拱趾 A 处的反力及拱顶 C 处的内力。

拱趾 A 处的反力

$$V_A=V_{AP}+V_0=19.55\text{kN}(\uparrow)$$

$$H_A = H_{AP} + H_0 = 10.95\text{kN}(\rightarrow)$$

$$\begin{aligned} M_A &= M_{AP} - M_0 - H_0 y_1 + \frac{1}{2} V_0 l \\ &= 33.24 - 16.62 - 10.95 \times 2.1644 \\ &= -7.08\text{kN}\cdot\text{m}(\searrow) \end{aligned}$$

拱顶 C 处的内力

$$\begin{aligned} M_C &= -M_P + M_0 + H_0(y_1 - y) - V_0\left(\frac{l}{2} - x\right) \\ &= 16.62 + 10.95(2.1644 - 3.4) = 3.09\text{kN}\cdot\text{m} \end{aligned}$$

$$\begin{aligned} N_C &= N_P + H_0\cos\theta + V_0\sin\theta \\ &= 10.95\cos 0 = 10.95\text{kN} \end{aligned}$$

$$V_C = V_P - H_0\sin\theta + V_0\cos\theta = 0$$

小　结

因计算超静定结构时，采用静定的基本结构，以多余未知力为基本未知量，所以叫力法。力法的特点是，利用已学过的静定结构的内力和位移计算，达到计算超静定结构内力和位移的目的。因此，第三章中静定结构的内力计算及作内力图，和第四章中关于静定结构的位移计算，以及第二章中的几何组成分析，都是本章的学习基础。

力法适应性很强，原则上可以计算各种类型的超静定结构，其计算步骤为

1. 确定超静定次数，选择基本结构。

去掉多余联系，代以多余未知力，多余未知力数目也就是超静定次数。去掉多余联系的静定结构，为基本结构。将原荷载和多余未知力作用在基本结构上，称为基本体系，力法的一切计算都是在基本结构上进行的。切忌几何可变体系和瞬变体系作为基本结构。

2. 列力法典型方程。

力法典型方程表示的物理意义为位移连续条件，根据基本结构在去掉多余联系处的位移与原结构相应位移一致的条件，建立力法的典型方程。力法的典型方程无论是哪种结构，或选取哪一种基本结构，其形式都是一致的。

3. 在基本结构上，分别作出各单位内力图和荷载内力图（或写出内力表达式），用图乘法计算力法方程中各系数和自由项。

4. 求解方程，得到各多余未知力。

5. 作内力图。

按分析静定结构的方法，用平衡条件或叠加法，绘制结构的内力图。

力法的概念明确易懂，但计算过程较为繁琐，容易出错，且一步出错，步步受到不同程度的影响。为了防止小差错造成大返工，为此，结合梁和刚架的计算，提出下列几点应注意的问题：

(1) 计算伊始，须先对结构计算简图中的尺寸、EI、荷载的位置和数量等基本数据加以核对。

(2) 注意选取合理的基本结构。同一种结构有多种基本结构，有的计算简单，有的计算复杂，要选择计算简便的基本结构。对于对称结构要选取对称的基本结构。

(3) 正确绘单位弯矩图 $\overline{M}_i$ 和荷载弯矩图 M_P。此二图都是静定结构的弯矩图，应该校核它们是否满足平衡条件。

(4) 熟练掌握图乘法技巧，注意不要将正负号搞错。计算系数和自由项大量工作是图乘，往往在此出错而影响全局，所以要熟练掌握图乘法。由于在荷载作用下，超静定结构的内力只与各杆 EI 的相对值有关，故在计算 δ_{ii}、δ_{ij}和Δ_{ip}时，可只将各杆的 EI 相对比值代入。

(5) 解算力法方程时容易出错,故当解出多余未知力后应马上验算计算结果是否准确。

(6) 用叠加法作最后弯矩图时,必须特别注意多余未知力的正负号,所代表的实际方向。

(7) 作出最后内力图后,须经过校核。对于梁和刚架,M 图应分别按静力平衡条件和位移条件校核,而 V、N 图可只按平衡条件校核。

思 考 题

3-5-1 超静定结构的静力特征及几何特征是什么?

3-5-2 超静定结构与静定结构相比较有什么优点?

3-5-3 超静定次数怎样确定?试确定图 3-5-40 所示超静定结构的超静定次数。

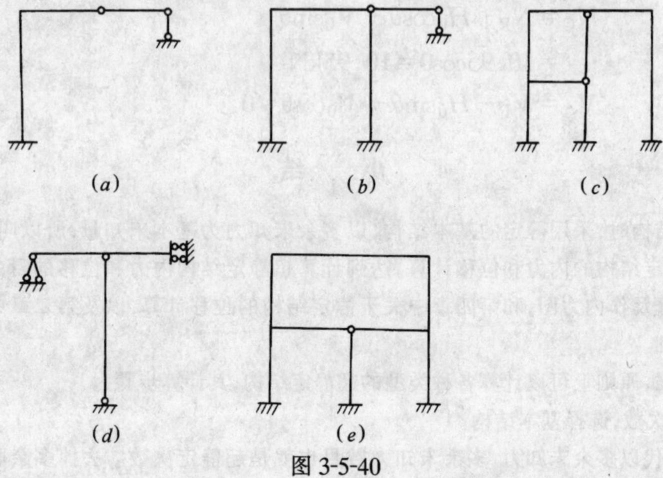

图 3-5-40

3-5-4 什么是力法的基本结构和基本未知量?怎样正确选取基本结构?请指出图 3-5-41 所示结构的基本结构是否正确?如有错请予改正。

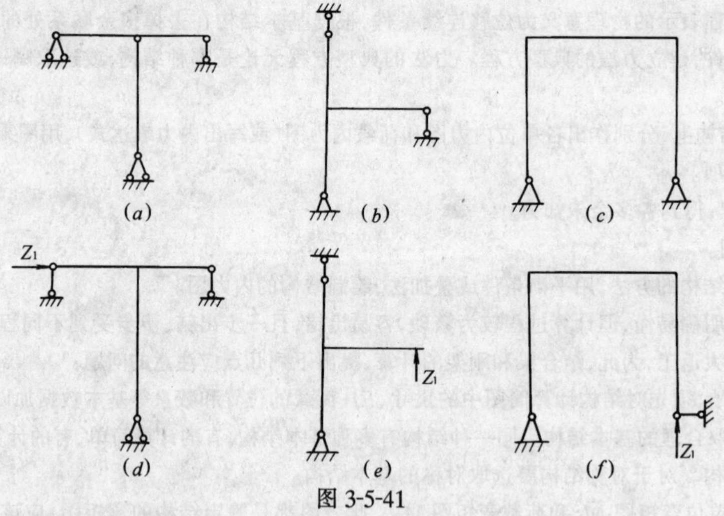

图 3-5-41

3-5-5 力法方程的物理意义是什么?方程中系数和自由项的物理意义是什么?为什么主系数必为大于零的正值?而副系数、自由项为什么可正、可负,也可为零?

3-5-6 什么叫对称结构?对称结构的内力、变形有什么特点?请利用结构的对称性,画出图 3-5-42 所示超静定结构的半边结构。

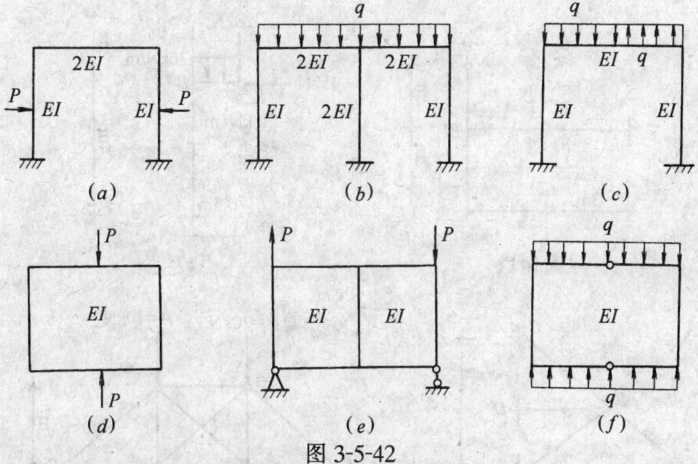

图 3-5-42

3-5-7 什么叫弹性中心法？怎样确定弹性中心位置？为什么弹性中心法可以简化计算？

3-5-8 试述用查表法计算两铰拱和无铰拱内力的步骤是什么？

习　　题

3-5-1 试用力法作图示超静定梁的内力图。

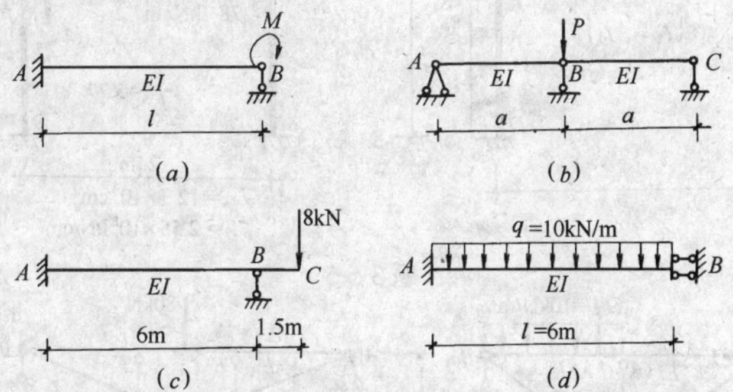

题 3-5-1

3-5-2 试用力法作图示超静定刚架的内力图。

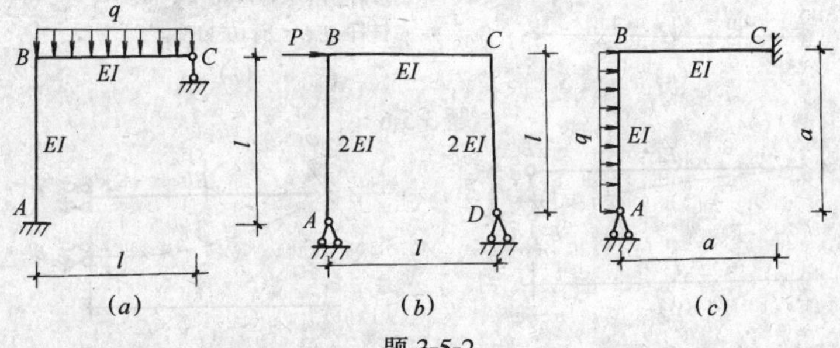

题 3-5-2

3-5-3 试作图示超静定刚架的 M 图。

3-5-4 试求图示超静定桁架的内力。

3-5-5 试作图示排架的 M 图。

3-5-6 试作组合结构梁式杆 M 图，求链杆轴力。

3-5-7 试作图示超静梁由支座移动产生的 M 图。

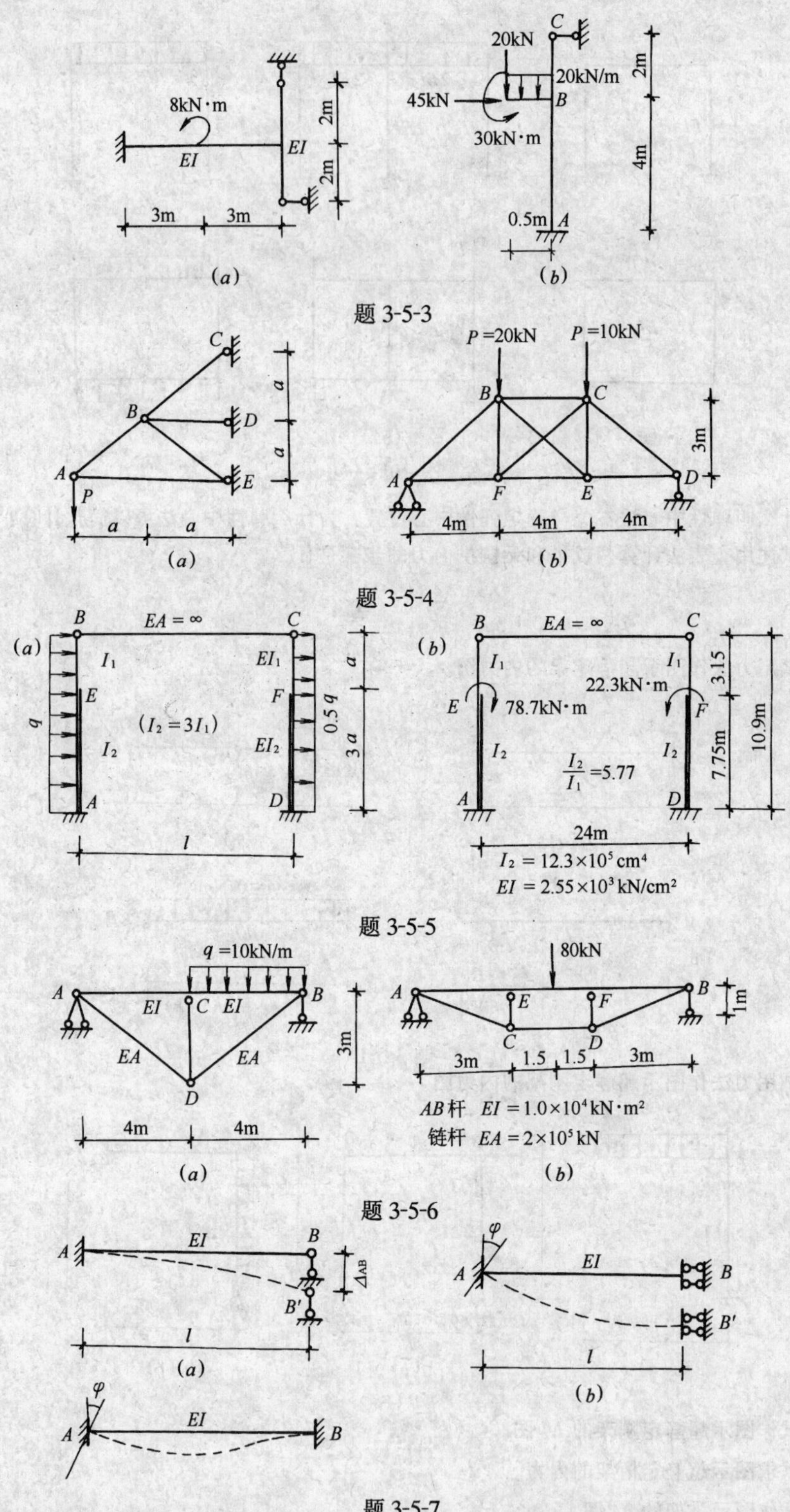

题 3-5-3

题 3-5-4

题 3-5-5

题 3-5-6

题 3-5-7

3-5-8 试求图示结构指定截面的位移。

3-5-9 利用结构的对称性，作图示刚架的 M 图，其中图 c、d 用半结构法。

* **3-5-10** 利用查表法，求图示圆弧两铰拱支座反力及指定截面 C 的内力。

* **3-5-11** 试用查表法，求图示圆弧无铰拱 A 支座反力及指定截面 C 的内力。

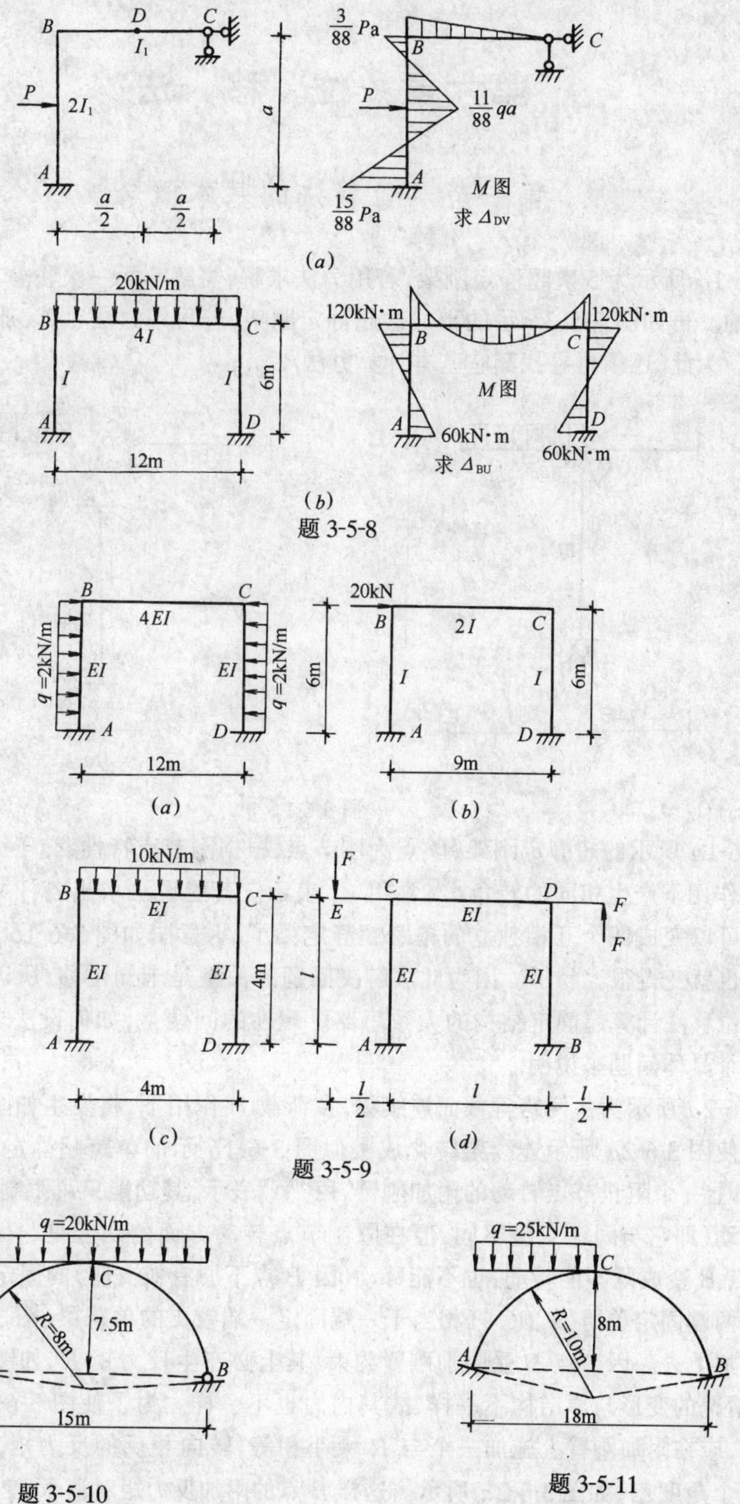

题 3-5-8

题 3-5-9

题 3-5-10

题 3-5-11

第六章　位　移　法

第一节　位移法的基本概念

图 3-6-1a 所示为 5 次超静定刚架，若用力法求解，需解 5 元一次联立方程组，若用手算那是很繁的。再如图 3-5-3b 示的十二次超静定刚架，若再用力法手算，那就变成几乎不可能求解了。为此，还须再寻找其它基本计算方法。

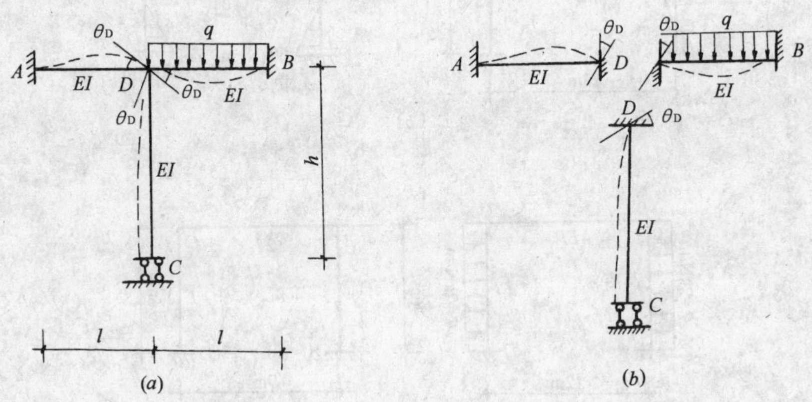

图 3-6-1

图 3-6-1a 所示的超静定刚架，D 点为刚节点，根据刚节点特性，交于 D 点的各杆端，在外荷载 q 作用下产生相同的转角 θ_D，常用 Z_1 表示。若能设法求出各杆共同转角 Z_1，那么此刚架就可以变成四个互相独立的单跨超静定梁了，示意图如图 3-6-1b 所示。这样，再用力法计算也就变得很容易了。因为此法解决问题的关键是未知位移，所以叫做**位移法**。这也就是用位移法计算超静定结构的大致思路。现在的问题是，如何设法求出未知位移 Z_1，下面用一个具体问题来说明。

图 3-6-2a 所示为一两跨等截面连续梁，在荷载 P 作用下，将发生如图中虚线所示的变形。为了使图 3-6-2a 所示连续梁转化成类似图 3-6-1b 示的单跨超静定梁，人为地在原结构 B 点加上一个阻止节点转动的**附加刚臂，用"▽"表示，其功能只可限制节点转动，不能限制节点移动**（即它与固定支座不同，但在限制节点转动方面的功能是与固定支座一样的）。这样，节点 B 变成既不能转动，也不能移动（因 B 点下原有铰支座）的固定支座了，所以 AB 杆相当于两端固定单跨梁，BC 杆相当于一端固定一端铰支的单跨梁（图 3-6-2b）。然后，再把原荷载加上去。因节点 B 受附加刚臂约束，其上必产生反力矩 R，如图 3-6-2c 所示。显然，这种情况的变形与原结构不一样，故其内力也不一样。为了使图 3-6-2c 所示情况恢复为原结构，应在附加刚臂上施加一个与 R 大小相等，转向相反的反力矩，强使节点 B 顺时针转动一个角度 Z_1，如图 3-6-2a 所示。这样 B 点的附加反力矩对消了，变形也就恢复为原结构变形，其内力也与原结构一样了。这时原结构的实际杆端弯矩，应等于图 3-6-2c、d 两种情况

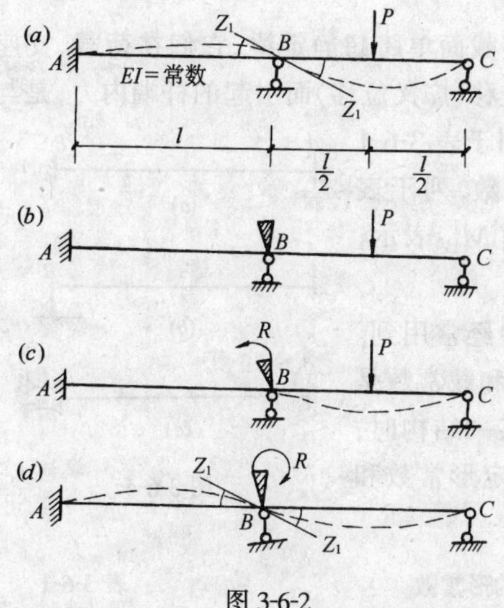

图 3-6-2

杆端弯矩的代数和，且满足节点 B 的平衡条件，即

$$M_{BA}+M_{BC}=0$$

由于 M_{BA}、M_{BC}是图 3-6-2c、d 两种情况的叠加，现设荷载单独作用下，附加刚臂上产生的附加反力矩为 R_{1P}；当使附加刚臂发生转角 Z_1，产生的附加反力矩为 R_{11}时，则有

$$M_{BA}+M_{BC}=R_{1P}+R_{11}=0 \tag{a}$$

若令 r_{11}表示 Z_1 为单位转角时，在附加刚臂上产生的反力矩，则有 $R_{11}=r_{11}Z_1$，故方程(a)可写为

$$r_{11}Z_1+R_{1P}=0 \tag{3-6-1}$$

式(3-6-1)称为一个未知量的位移法典型方程。这样就解决了前面所说的设法求出未知位移的问题。

综上所述，位移法计算超静定结构的基本思路是**先拆后合并**，先拆就是强加附加约束，使结构变成互相独立的单跨超静梁的组合体作为基本结构，对单杆进行受力分析，建立杆端力与杆端位移、荷载之间的关系；后合并是指强使基本结构的变形与原结构一致，利用原节点应满足平衡条件而建立位移法的典型方程。

第二节　等截面单跨超静定梁杆端内力及转角位移方程

由位移法基本思路知，用位移法计算超静定结构时，需要把杆件化作单跨超静定梁，则杆端位移可看作单跨超静定梁的支座位移。这样，杆端内力与杆端位移之间的关系可以用力法求得。

一、杆端弯矩及杆端位移正负号规定

为了方便计算，位移法及第七章的力矩分配法中，对杆端弯矩和杆端位移的正负号作了如下规定：

1. **杆端弯矩对杆端而言，以顺时针转动为正，反之为负；对节点或支座而言，则以逆时针转动为正，反之为负**。图 3-6-3a 中的 M_{AB}为负，而 M_{BA}为正。

2. **杆端转角以顺时针方向转动为正，反之为负**。如图 3-6-3b 中，A 端转角 φ_A为正，B 端转角 φ_B 为负。

3. 杆件两端在垂直于杆轴方向上的**相对线位移 Δ，以使杆件顺时针转动为正，反之为负**。图 3-6-3c 所示为正。

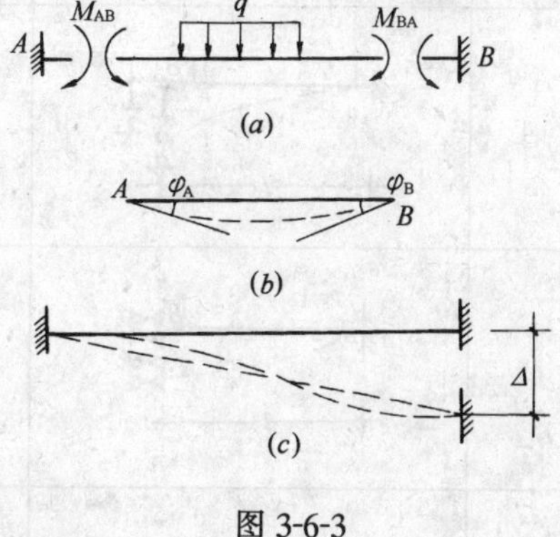

图 3-6-3

在此值得提出的是，这里弯矩的正负号规定，是针对杆端弯矩而言的，至于杆件其他截面的弯矩并未按此规定正负号，还是下部受拉为正，上部受拉为负。在作弯矩图时，应按此正负号规定，正确判定杆件的受拉边。还是与前面规定一样，把弯矩图画在杆件受拉的一边，且不标注正负号。

二、等截面单跨超静定梁的杆端内力

位移法中，常用到图 3-6-4 所示的三种类型的等截面单跨超静定梁，它们在荷载、支座位移等作用下，可以用力法求得。由支座发生单位位移（广义位移）而引起的杆端内力，是与杆件尺寸、材料性质有关的常数，通常称为**形常数**，列于表 3-6-1 中；由荷载作用而引起的杆端内力，通常也称**载常数**，列于表 3-6-2中。其中，杆端弯矩称为**固端弯矩**，常用 M_{AB}^{F}和 M_{BA}^{F}表示；杆端剪力称为**固端剪力**，常用 V_{AB}^{F}和 V_{BA}^{F}表示。

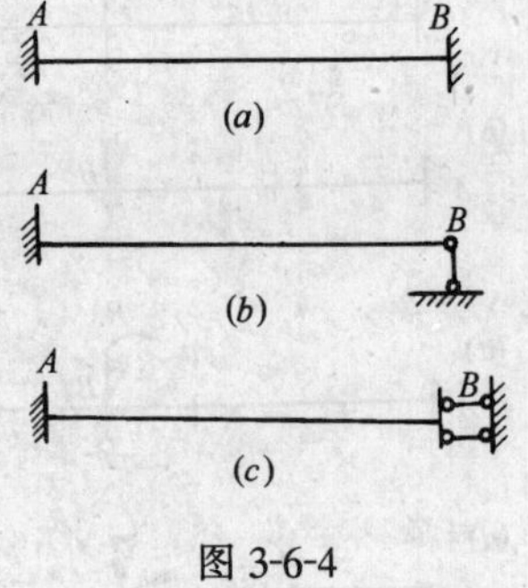

图 3-6-4

形常数和载常数（或称杆端内力）在后面章节中经常用到。在使用表 3-6-1 和表 3-6-2 时应注意，表中的形常数和载常数是根据图示的支座位移和荷载方向求得的。当计算某一结构时，应根据其杆件两端实际的位移方向和荷载方向，判定形常数和载常数应取的正负号。

等截面单跨超静定梁的形常数 **表 3-6-1**

编 号	简 图	杆 端 弯 矩		杆 端 剪 力	
		M_{AB}	M_{BA}	V_{AB}	V_{BA}
1	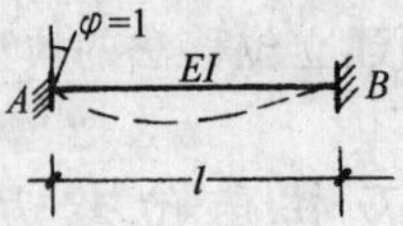	$4i$	$2i$	$-\frac{6i}{l}$	$-\frac{6i}{l}$
2	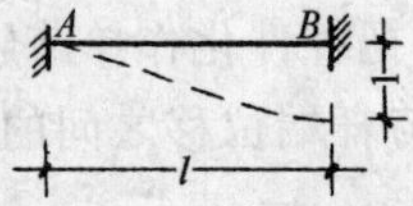	$-\frac{6i}{l}$	$-\frac{6i}{l}$	$\frac{12i}{l^2}$	$\frac{12i}{l^2}$
3	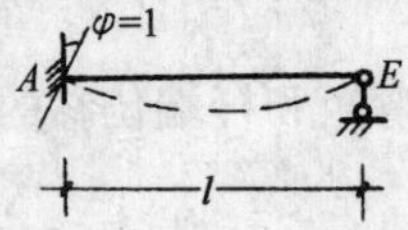	$3i$	0	$-\frac{3i}{l}$	$-\frac{3i}{l}$
4	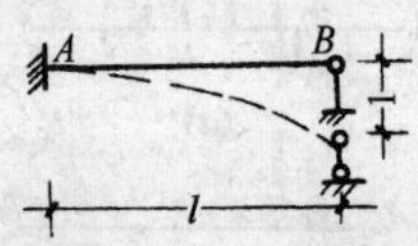	$-\frac{3i}{l}$	0	$\frac{3i}{l^2}$	$\frac{3i}{l^2}$
5	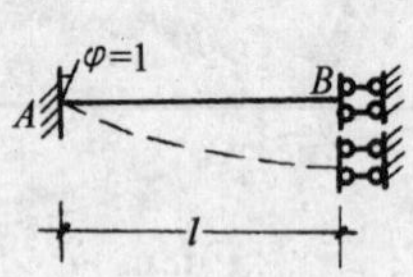	i	$-i$	0	0
6	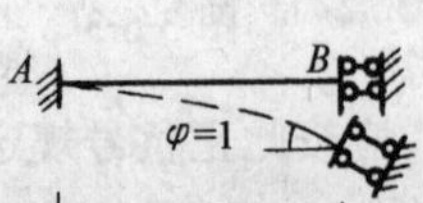	$-i$	i	0	0

等截面单跨超静定梁的杆端内力(载常数)　　表 3-6-2

编号	简图	固端弯矩		固端剪力	
		M_{AB}^{F}	M_{BA}^{F}	V_{AB}^{F}	V_{BA}^{F}
1	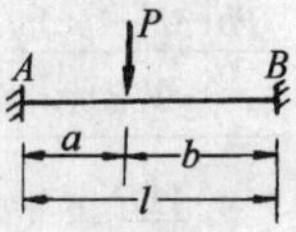	$-\frac{Pab^2}{l^2}$	$\frac{Pa^2b}{l^2}$	$\frac{Pb^2(l+2a)}{l^3}$	$-\frac{Pa^2(l+2b)}{l^3}$
		当 $a=b=\frac{l}{2}$，$-\frac{Pl}{8}$	$\frac{Pl}{8}$	$\frac{P}{2}$	$-\frac{P}{2}$
2	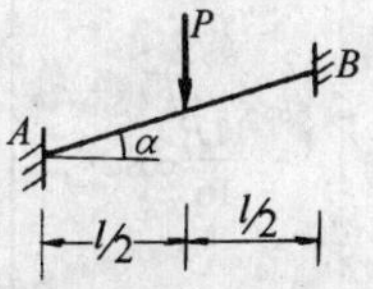	$-\frac{Pl}{8}$	$\frac{Pl}{8}$	$\frac{P}{2}\cos\alpha$	$-\frac{P}{2}\cos\alpha$
3	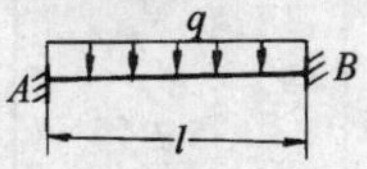	$-\frac{1}{12}ql^2$	$\frac{1}{12}ql^2$	$\frac{1}{2}ql$	$-\frac{1}{2}ql$
4	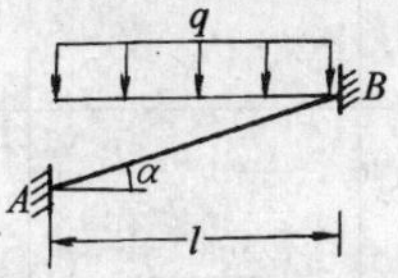	$-\frac{1}{12}ql^2$	$\frac{1}{12}ql^2$	$\frac{1}{2}ql\cos\alpha$	$-\frac{1}{2}ql\cos\alpha$
5	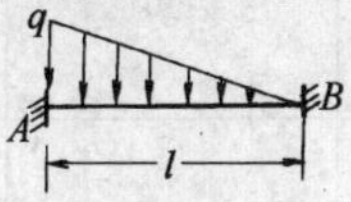	$-\frac{1}{20}ql^2$	$\frac{1}{30}ql^2$	$\frac{7}{20}ql$	$-\frac{3}{20}ql$
6	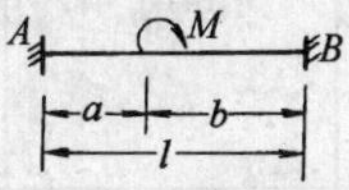	$\frac{b(3a-l)}{l^2}M$	$\frac{a(3b-l)}{l^2}M$	$-\frac{6ab}{l^3}M$	$-\frac{6ab}{l^3}M$
7	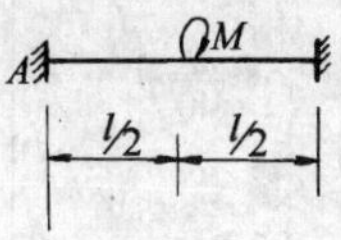	$\frac{1}{4}M$	$\frac{1}{4}M$	0	0
8	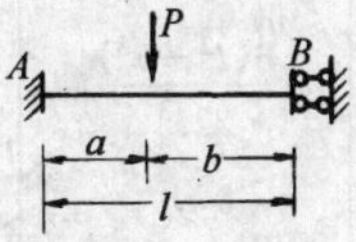	$-\frac{Pa(l+b)}{2l}$	$-\frac{Pa^2}{2l}$	P	0
9	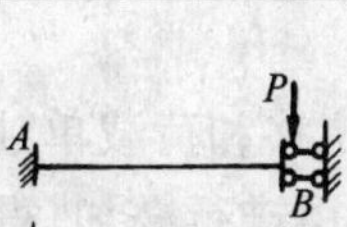	$-\frac{Pl}{2}$	$-\frac{Pl}{2}$	P	0
10	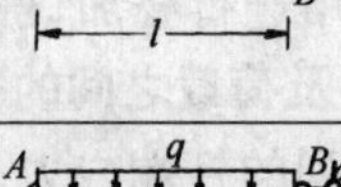	$-\frac{ql^2}{3}$	$-\frac{ql^2}{6}$	ql	0

续表

编号	简图	固端弯矩		固端剪力	
		M_{AB}^{F}	M_{BA}^{F}	V_{AB}^{F}	V_{BA}^{F}
11	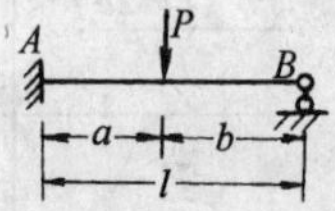	$-\frac{Pab(l+b)}{2l^2}$	0	$\frac{Pb(3l^2-b^2)}{ql^3}$	$-\frac{Pa^2(2l+b)}{2l^3}$
		当 $a=b=\frac{l}{2}$，$-\frac{3Pl}{16}$	0	$\frac{11P}{16}$	$-\frac{5P}{16}$
12	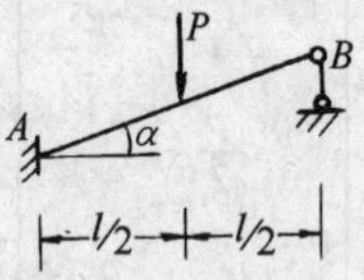	$-\frac{3Pl}{16}$	0	$\frac{11P}{16}\cos\alpha$	$-\frac{5P}{16}\cos\alpha$
13	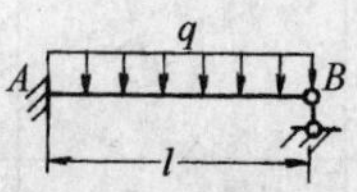	$-\frac{ql^2}{8}$	0	$\frac{5ql}{8}$	$-\frac{3ql}{8}$
14	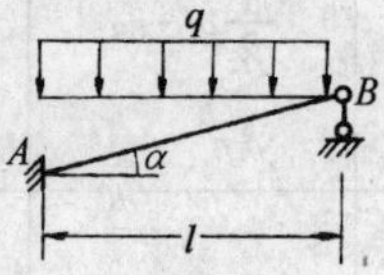	$-\frac{ql^2}{8}$	0	$\frac{5ql}{8}\cos\alpha$	$-\frac{3ql}{8}\cos\alpha$
15	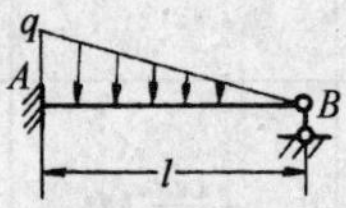	$-\frac{1}{15}ql^2$	0	$\frac{4}{10}ql$	$-\frac{1}{10}ql$
16	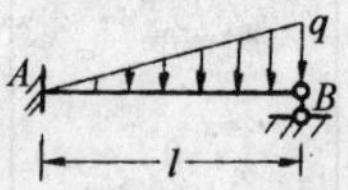	$-\frac{7}{120}ql^2$	0	$\frac{9}{40}ql$	$-\frac{11}{40}ql$
17	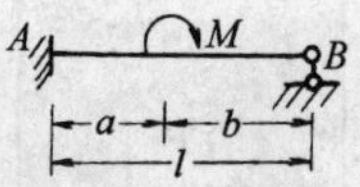	$\frac{l^2-3b^2}{2l^2}M$	0	$-\frac{3(l^2-b^2)}{2l^3}M$	$-\frac{3(l^2-b^2)}{2l^3}M$

三、转角位移方程

表 3-6-1 和表 3-6-2 中所列的杆端内力，是由支座发生单位位移和荷载单独作用时所引起的杆端内力，根据叠加原理，可以依据实际需要将几种单独作用进行叠加，得出几种作用下的杆端内力。**结构力学中，把这种杆件的杆端内力与杆端位移及荷载之间的关系式，称为等截面直杆的转角位移方程**。本小节利用表 3-6-1 和表 3-6-2 所列的杆端内力，由叠加原理导出三种常用的等截面直杆的转角位移方程。

1．两端固定梁

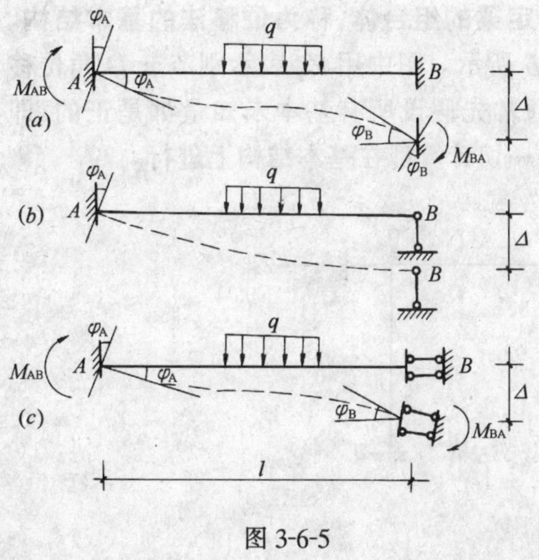

图 3-6-5

图 3-6-5a 所示两端固定的等截面梁AB,设A、B两端的转角分别为φ_A和φ_B,垂直于杆轴方向的相对线位移为Δ,梁上还作用着外荷载。梁AB在上述四种外因共同作用下的杆端弯矩,应等于φ_A、φ_B、Δ和荷载单独作用下的杆端弯矩的叠加。利用表 3-6-1 和表 3-6-2 得

$$
\begin{aligned}
M_{AB} &= 4i\varphi_A + 2i\varphi_B - 6i\frac{\Delta}{l} + M_{AB}^F \\
M_{BA} &= 4i\varphi_B + 2i\varphi_A - 6i\frac{\Delta}{l} + M_{BA}^F
\end{aligned}
\tag{3-6-2}
$$

式(3-6-2)称为**两端固定单跨梁的转角位移方程**。

2. 一端固定一端铰支梁

图 3-6-5b 所示一端固定一端铰支的等截面单跨梁AB,设A端转角为φ_A,两端相对线位移为Δ,梁上还作用着外荷载。利用表 3-6-1、表 3-6-2 和叠加原理,可得**一端固定一端铰支单跨梁的转角位移方程**为

$$M_{AB} = 3i\varphi_A - 3i\frac{\Delta}{l} + M_{AB}^F \tag{3-6-3}$$

3. 一端固定一端定向支承梁

图 3-6-5c 所示一端固定一端定向支承单跨梁,设A端转角为φ_A,B端转角为φ_B,梁上还作用着外荷载。利用表 3-6-1、表 3-6-2 及叠加原理,可得**一端固定一端定向支承单跨梁的转角位移方程**为

$$
\begin{aligned}
M_{AB} &= i\varphi_A - i\varphi_B + M_{AB}^F \\
M_{BA} &= i\varphi_B - i\varphi_A + M_{BA}^F
\end{aligned}
\tag{3-6-4}
$$

以上得到了三种不同约束条件下的等截面直杆的转角位移方程式,它们都表示杆端弯矩与杆端位移之间的关系,至于杆端剪力V_{AB}和V_{BA},可根据静力平衡条件求得

$$
\begin{aligned}
V_{AB} &= -\frac{M_{AB}+M_{BA}}{l} + V_{AB}^0 \\
V_{BA} &= -\frac{M_{AB}+M_{BA}}{l} + V_{BA}^0
\end{aligned}
\tag{3-6-5}
$$

式中V_{AB}^0、V_{BA}^0分别表示相应简支梁在荷载作用下的杆端剪力。

第三节 位移法的基本结构和基本未知量

一、位移法的基本结构

当用位移法计算超静定结构时,须将结构的每根杆件变为单跨超静定梁。为此,可在原结构可能发生独立位移(转角和线位移)的结点上,加入相应的附加约束,使其成为固定端或铰支端。实现方法是:在每个刚节点上加一个**附加刚臂**,阻止刚结点的转动;同时,在每个产生独立线位移的结点上加一个**附加链杆**,阻止结点发生线位移。这样,原结构的所有杆件就

变成彼此独立的单跨超静定梁了。**这个单跨超静定梁的组合体，称为位移法的基本结构**。例如图 3-6-6a 所示的刚架，其基本结构如图 3-6-6b 所示。图中用 Z_1 表示刚节点 D 角位移未知量，用 Z_2 表示结点 D 水平线位移未知量。通常先假设所有基本未知量都是正的，即 **Z_1 顺时针方向转动为正，Z_2 向右移动为正**。以后一切计算都在基本结构上进行。

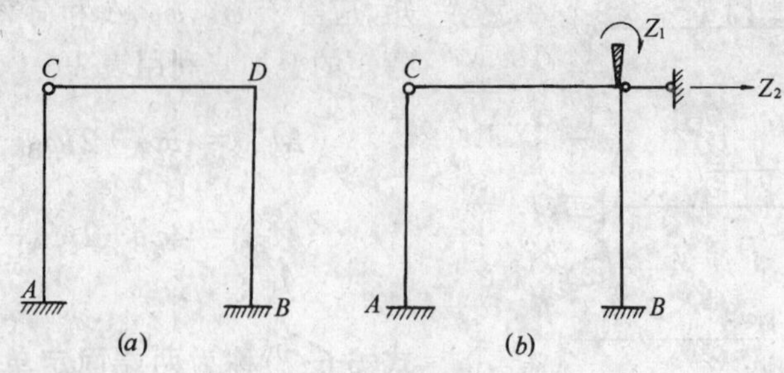

图 3-6-6

二、位移法的基本未知量

如上节所述，位移法是以刚节点的转角和节点线位移作为基本未知量的；在确定基本结构时，为使各杆都转化为单跨超静定梁，则在每一个刚节点上加入一个附加刚臂，以约束其转动，并加入一定数量的附加链杆，以约束各结点移动。附加链杆的数目，显然与原结构各结点的独立线位移数目相等。由此可见，**位移法的基本未知量数目，等于基本结构上所应具有的附加约束的数目**。因此，在确定基本结构的同时，也就可将基本未知量的数目确定了。

1．节点角位移数目

在某一刚节点处，汇交于该节点的各杆端的角位移是相等的，因此，每一个刚节点只有一个独立的角位移。至于铰节点或铰支座处各杆端的转角，一各杆不一样，二由转角位移方程式(3-6-3)知，计算杆端弯矩时不需要它们的数值，故可不作为基本未知量。因此，节点角位移未知量的数目，等于结构刚节点的数目。也就是说，**数一数结构有多少刚节点，也就有多少节点角位移未知量数目**。例如，图 3-6-7a 所示刚架，有 3 个刚节点，它即有 3 个节点角位移未知量，其基本结构如图 3-6-7b 所示。

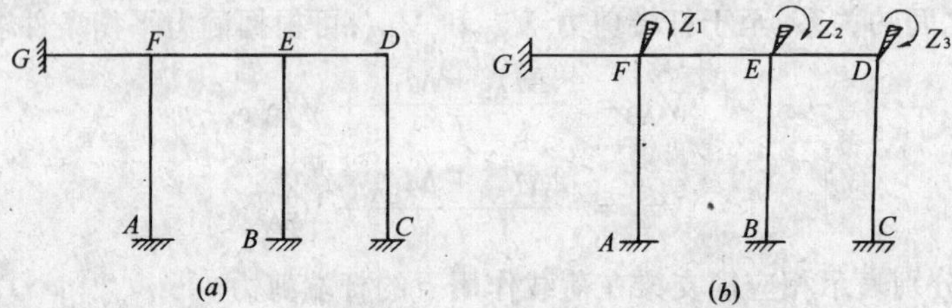

图 3-6-7

2．节点线位移数目

如果考虑杆件的轴向变形，则平面刚架的每个节点都可能有水平和竖向两个线位移。但是，在用手算方法进行结构分析时，一般忽略受弯直杆的轴向变形，并认为弯曲变形是微小的，即假定变形的直杆，在变形后其长度不变。例如图 3-6-6 所示刚架，由于变形后视为长度不变，所以 C、D 两节点都没有竖向线位移，且水平线位移相等，故该刚架只有 1 个独立的节点线位移。

对于一般的刚架，其独立的节点线位移数目，可以直接观察确定。例如图 3-6-8a 所示的刚架，显然每层有一个独立的节点线位移。其基本结构如图 3-6-8b 所示。

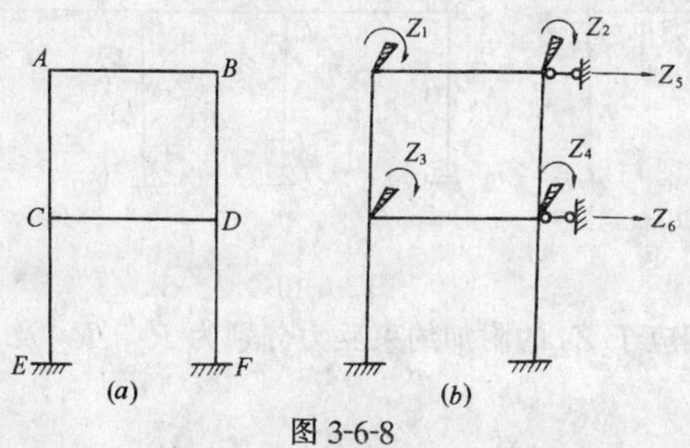

图 3-6-8

对于形式较复杂的刚架，单凭观察比较困难，这时可以采用**"铰化节点、增设链杆"**的方法，来确定其独立的节点线位移数。即把刚架所有刚节点和固定支座均改为铰接。如果原结构有节点线位移，则得的铰接体系必定是几何可变的。利用几何组成分析方法，增加几个链杆使其变成几何不变体系，就可确定该刚架有几个独立的节点线位移数目。例如，图 3-6-9a 所示刚架，将刚节点 C、D 及固定支座 E、F 变成铰节点，利用几何组成分析规则很容易确定，增加链杆 EC、EB，即将几何可变的铰接体系（图 3-6-9b），变成几何不变的铰结体系（图 3-6-9c），故此刚架有二个独立的节点线位移。

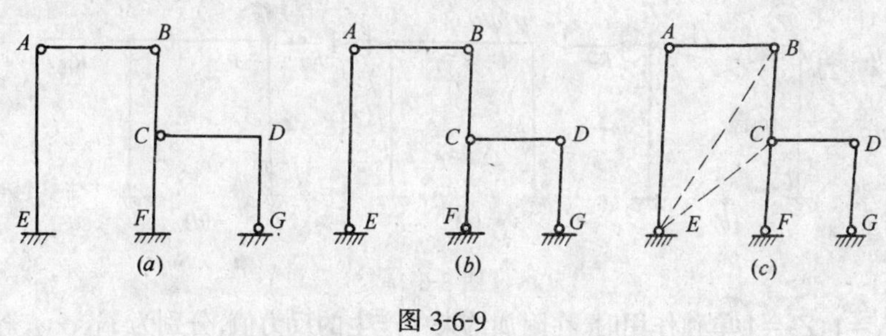

图 3-6-9

第四节　位移法的典型方程

在第一节位移法的基本概念中，推导出一个未知量的位移法典型方程式为

$$r_{11}Z_1 + R_{1P} = 0$$

它表示某一节点位移处的平衡条件。那么两个，三个，仍至 n 个未知量的位移法典型方程式又是什么形式呢？现以两个未知量为例进行推导，从中找出规律，再写出三个未知量，仍至 n 个未知量的位移法典型方程式。

图 3-6-10a 所示刚架，其基本未知量为节点 B 的转角 Z_1 和节点 B、C 的水平位移 Z_2，基本结构如图 3-6-10b 所示。为了使基本结构的受力和变形情况与原结构一致，基本结构除了承受原荷载 P 外，还必须使附加约束处产生与原结构相同的位移（图 3-6-10c），即迫使基本结构的 B 结点产生转角 Z_1，迫使基本结构的 B、C 节点产生侧移 Z_2。考虑到原结构实际上不存在这些附加约束，因此，基本结构在各节点位移和荷载共同作用下，各附加约束的反力都应等于零，即 $R_1 = R_2 = 0$。据此，可建立求解 Z_1、Z_2 的两个方程。

设基本结构分别由 Z_1、Z_2 及荷载单独作用，引起相应于 Z_1 的附加约束反力分别为

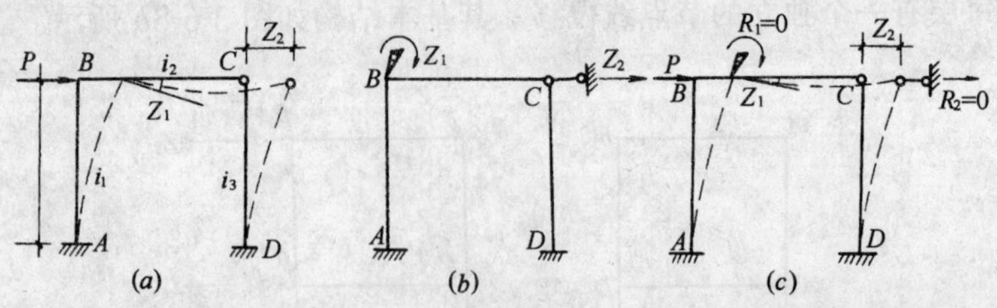

图 3-6-10

R_{11}、R_{12}及 R_{1P}，引起相应于 Z_2 的附加约束反力分别为 R_{21}、R_{22}及 R_{2P}（图 3-6-11b、c、d）。根据叠加原理，可得

$$\begin{aligned}R_1 &= R_{11} + R_{12} + R_{1P} = 0\\ R_2 &= R_{21} + R_{22} + R_{2P} = 0\end{aligned} \tag{a}$$

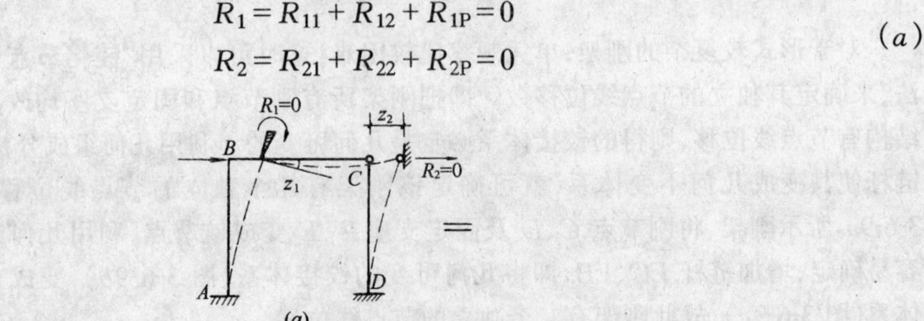

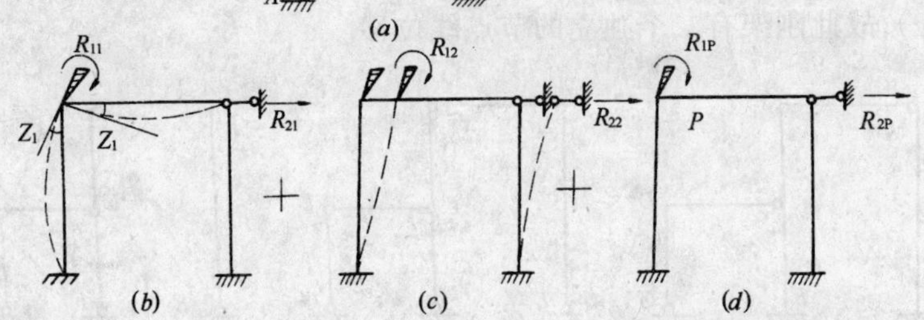

图 3-6-11

又设 $Z_1=1$、$Z_2=1$ 单独作用时，在附加约束中产生的反力值，分别为 r_{11}、r_{12}、r_{21}、r_{22}，则有

$$\begin{aligned}R_{11} = r_{11}Z_1, R_{12} = r_{12}Z_2\\ R_{21} = r_{21}Z_1, R_{22} = r_{22}Z_2\end{aligned} \tag{b}$$

将式(b)代入式(a)，得

$$\begin{aligned}r_{11}Z_1 + r_{12}Z_2 + R_{1P} = 0\\ r_{21}Z_1 + r_{22}Z_2 + R_{2P} = 0\end{aligned} \tag{3-6-6}$$

式(3-6-6)为两个未知量的位移法典型方程。其物理意义是，基本结构在荷载及各节点位移的共同作用下，每个附加约束中的反力等于零。它实质上反映了原结构的静力平衡条件。

式(3-6-6)中，r_{11}、r_{22}两个下标相同，称为主系数，一般表示为 r_{ii}。其物理意义为，在基本结构附加约束上，由节点单位位移在本节点上所产生的反力。显然，主系数 r_{ii} 的方向总是与所设的 Z_i 方向相同，故恒为正。

r_{12}、r_{21}两个下标不同，称为副系数，一般表示为 $r_{ij}(i \neq j)$。其物理意义为，在基本结构上，由 j 节点单位位移，在 i 节点附加约束上所产生的反力。

R_{1P}、R_{2P}称为自由项，一般表示为 R_{iP}。其物理意义为，在基本结构的附加刚臂上，由外荷载产生的反力。显然，副系数 r_{ij}，自由项 R_{iP}的方向，不一定与所设 Z_i 方向相同，故副系数和自由项则可能为正、为负或为零。根据反力互等定理，应有 $r_{ij}=r_{ji}$。

根据上述物理意义，可方便地写出三个未知量的位移法典型方程为

$$\begin{aligned} r_{11}Z_1+r_{12}Z_2+r_{13}Z_3+R_{1P}=0 \\ r_{21}Z_1+r_{22}Z_2+r_{23}Z_3+R_{2P}=0 \\ r_{31}Z_1+r_{32}Z_2+r_{33}Z_3+R_{3P}=0 \end{aligned} \qquad (3\text{-}6\text{-}7)$$

显然，位移法典型方程的一般形式如下：

$$\begin{aligned} r_{11}Z_1+r_{12}Z_2+\cdots+r_{1n}Z_n+R_{1P}=0 \\ r_{21}Z_1+r_{22}Z_2+\cdots+r_{2n}Z_n+R_{2P}=0 \\ \cdots\cdots\cdots\cdots\cdots\cdots\cdots\cdots \\ r_{n1}Z_1+r_{n2}Z_2+\cdots+r_{nn}Z_n+R_{nP}=0 \end{aligned} \qquad (3\text{-}6\text{-}8)$$

第五节　无侧移刚架的内力计算

由于无侧移刚架，没有线位移，只有角位移，所以计算比较简便。根据前几节所述，将用位移法计算无侧移刚架的计算步骤归纳如下：

1．确定基本未知量，即刚节点的角位移。

2．建立基本结构，即在刚节点加入附加刚臂，阻止刚节点的转动。

3．列位移法典型方程，即根据基本结构在荷载作用和附加刚臂发生与原结构相同的角位移后，每个附加刚臂约束的总反力等于零，列出位移法方程。

4．计算系数和自由项。在基本结构上分别作各附加刚臂发生单位角位移时的 $\overline{M}_i$ 图和荷载作用下的 M_P 图，由节点平衡条件求出。

5．解位移法典型方程。将系数和自由项代入位移法典型方程，用代数方法求得基本未知量 Z_1、$Z_2\cdots Z_n$。

6．绘内力图。按照 $M=\overline{M}_1Z_1+\overline{M}_2Z_2+\cdots+\overline{M}_nZ_n+M_P$，叠加得出最后弯矩图；根据弯矩图作出剪力图；根据剪力图作出轴力图。

7．校核。由于位移法在确定基本未知量时，已满足了变形的连续条件，**位移法典型方程是静力平衡方程**，故只需按平衡条件进行校核。

【例 3-6-1】 求图 3-6-12*a* 所示两跨连续梁的内力，并绘出内力图。$EI=$常数。

【解】 1．在节点 B 加附加刚臂，其基本结构如图 3-6-12*b* 所示，它所对应的位移法典型方程为

$$r_{11}Z_1+R_{1P}=0$$

2．分别在基本结构上作荷载弯矩 M_P 图（图 3-6-12*c*）和单位角位移 $Z_1=1$ 的 $\overline{M}_1$ 图（图 3-6-12*d*）。分别取 B 节点为隔离体，利用节点 B 的平衡条件，得

$$R_{1P}=-\frac{3Pl}{16},\ r_{11}=\frac{7EI}{l}$$

3．将 R_{1P}、r_{11} 值代入位移法典型方程，有

$$\frac{7EI}{l}Z_1-\frac{3Pl}{16}=0$$

解得

$$Z_1=\frac{3Pl^2}{112EI}$$

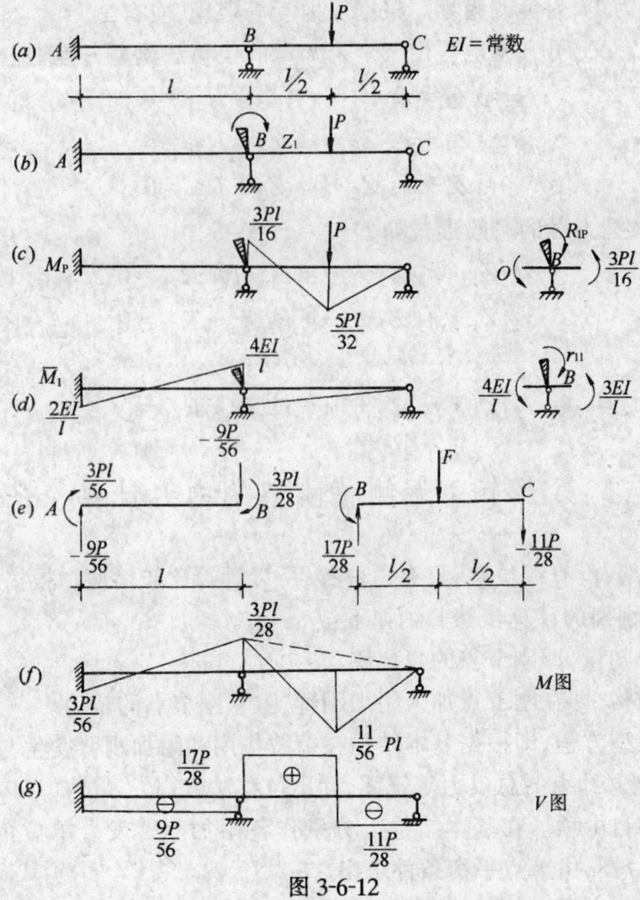

图 3-6-12

利用公式 $M=\overline{M}_1 Z_1+M_P$,求得 AB、BC 两杆的杆端弯矩如下:

$$M_{AB}=\frac{2EI}{l}Z_1=\frac{2EI}{l}\cdot\frac{3Pl^2}{112EI}=\frac{3Pl}{56}$$

$$M_{BA}=\frac{4EI}{l}Z_1=\frac{4EI}{l}\cdot\frac{3Pl^2}{112EI}=\frac{3Pl}{28}$$

$$M_{BC}=\frac{3EI}{l}Z_1-\frac{3Pl}{16}=\frac{3EI}{l}\cdot\frac{3Pl^2}{112EI}-\frac{3Pl}{16}=-\frac{3Pl}{28}$$

$$M_{CB}=0$$

其实际弯矩图如图 3-6-12f 所示。取杆件 AB、BC 平衡(图 3-6-12e),求得杆端剪力,其剪力图如图 3-6-12g 所示。

【例 3-6-2】 试求图 3-6-13a 所示刚架的杆端弯矩,并绘弯矩图。各截面的惯性矩值均以某惯性矩 I 值的倍数表示。

【解】 1. 在节点 B 加附加刚臂,取基本结构如图 3-6-13b 所示,对应的位移法典型方程为

$$r_{11}Z_1+R_{1P}=0$$

2. 在基本结构上分别作 M_P 图和 $\overline{M}_1$ 图(图 3-6-13c、d),分别取节点 B 为隔离体(图 3-6-13f、g),利用节点 B 的平衡条件,得

$$R_{1P}=-\frac{3Pl}{16}\qquad r_{11}=\frac{21EI}{l}$$

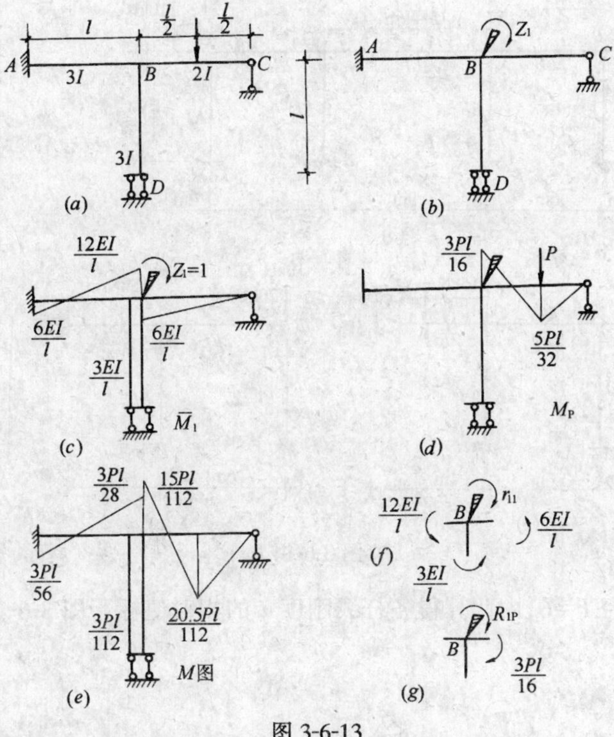

图 3-6-13

3. 将 R_{1P}、r_{11}值代入位移法典型方程,有

$$\frac{21EI}{l}Z_1-\frac{3Pl}{16}=0$$

解得

$$Z_1=\frac{Pl^2}{112EI}$$

4. 利用公式 $M=\overline{M}_1Z_1+M_P$,求得各杆的杆端弯矩

$$M_{AB}=\frac{6EI}{l}\cdot Z_1=\frac{6EI}{l}\cdot\frac{Pl^2}{112EI}=\frac{3Pl}{56}$$

$$M_{BA}=\frac{12EI}{l}Z_1=\frac{12EI}{l}\cdot\frac{Pl^2}{112EI}=\frac{3Pl}{28}$$

$$M_{BC}=\frac{6EI}{l}\cdot Z_1-\frac{3Pl}{16}=\frac{6EI}{l}\cdot\frac{Pl^2}{112EI}-\frac{3Pl}{16}=-\frac{15Pl}{112}$$

$$M_{BD}=\frac{3EI}{l}Z_1=\frac{3EI}{l}\cdot\frac{Pl^2}{112EI}=\frac{3Pl}{112}$$

$$M_{DB}=M_{BD},M_{CB}=0$$

最后弯矩图如图 3-6-13*e* 所示。

*【**例 3-6-3**】 试计算图 3-6-14*a* 所示刚架,并绘内力图。

【**解**】 此刚架为对称结构,且荷载也是对称的,可取图 3-6-14*b* 所示半边刚架进行计算。图 3-6-14*b* 所示刚架的 *AB* 杆为静定悬臂梁,*B* 端的弯矩和剪力可由静力平衡条件求得。将它们反向作用于杆件 *BC* 的 *B* 端,即得图 3-6-14*c* 所示刚架。

图 3-6-14*c* 所示刚架基本未知量为节点 *C* 的转角 Z_1,基本结构如图 3-6-15*a* 所示。由于超静定结构在荷载作用下的内力,只与各杆的相对刚度有关,为计算方便,可设 *EI* 等于

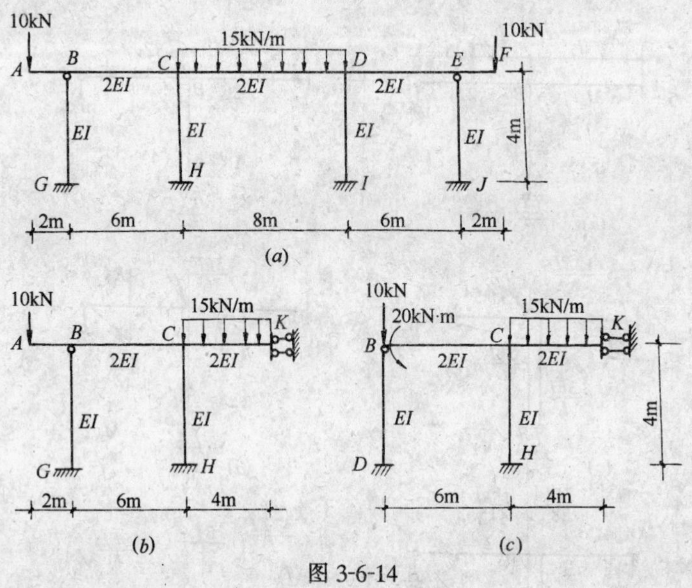

图 3-6-14

某一个具体数,现设 $EI=6$,由此算得各杆线刚度 i 的相对值标于图 3-6-15a 中。

位移法方程为

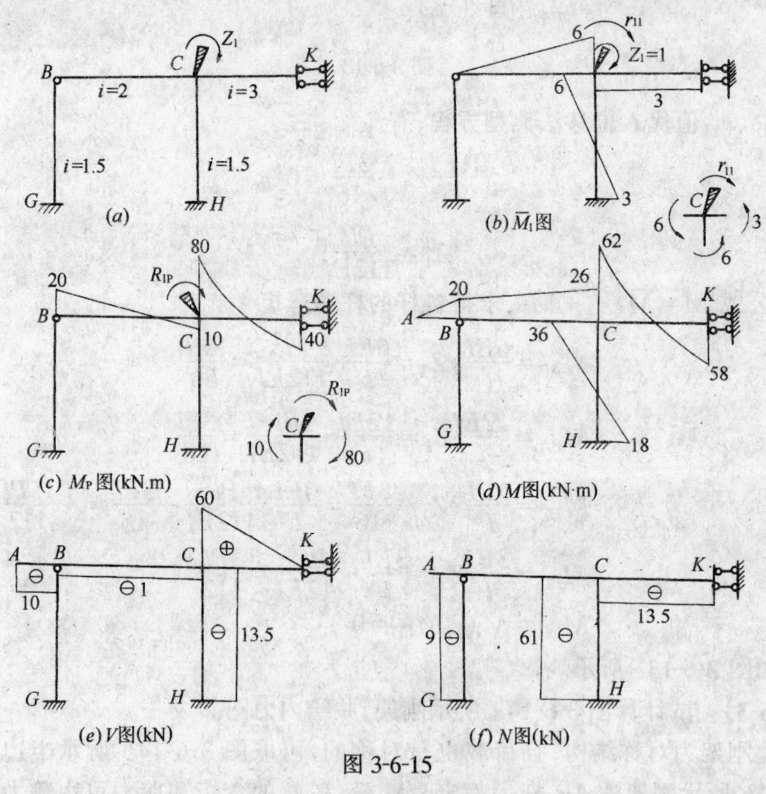

图 3-6-15

$$r_{11}Z_1+R_{1P}=0$$

为了计算方程中的系数 r_{11}和自由项 R_{1P},利用表 3-6-1、表 3-6-2,分别作出基本结构 $Z_1=1$及荷载单独作用下的 $\overline{M}$ 图和M_P 图,如图 3-6-15b、c 所示。再分别取 C 点为隔离体

(图 3-6-15b、c 右下角示)，利用平衡条件 $\Sigma M_C=0$，得

$$r_{11}=6+6+3=15$$

$$R_{1P}=-10-80=-90\text{kN}\cdot\text{m}$$

将求得的 r_{11}和 R_{1P}值代入位移法方程，有

$$15Z_1-90=0$$

解得

$$Z_1=6$$

根据叠加原理，由 $M=\overline{M}_1Z_1+M_P$，即可求出各杆的杆端弯矩

$$M_{BC}=-20\text{kN}\cdot\text{m}$$
$$M_{CB}=-6\times6+10=26\text{kN}\cdot\text{m}$$
$$M_{CK}=3\times6-80=-62\text{kN}\cdot\text{m}$$
$$M_{KC}=3\times6+40=58\text{kN}\cdot\text{m}$$
$$M_{CH}=6\times6=36\text{kN}\cdot\text{m}$$
$$M_{HC}=3\times6=18\text{kN}\cdot\text{m}$$
$$M_{BG}=M_{GB}=0$$

根据杆端弯矩，绘出半边结构的最后弯矩图，如图 3-6-15d 所示。取每一杆件为隔离体，由平衡条件可求出各杆端剪力，据此可绘出半边结构的剪力图(图 3-6-15e)。取每一节点为隔离体，可求出各杆轴力，据此可绘出半边结构的轴力图(图 3-6-15f)。

根据对称结构在对称荷载作用下，其内力也是对称的特性，则整个刚架的内力图如图 3-6-16所示。

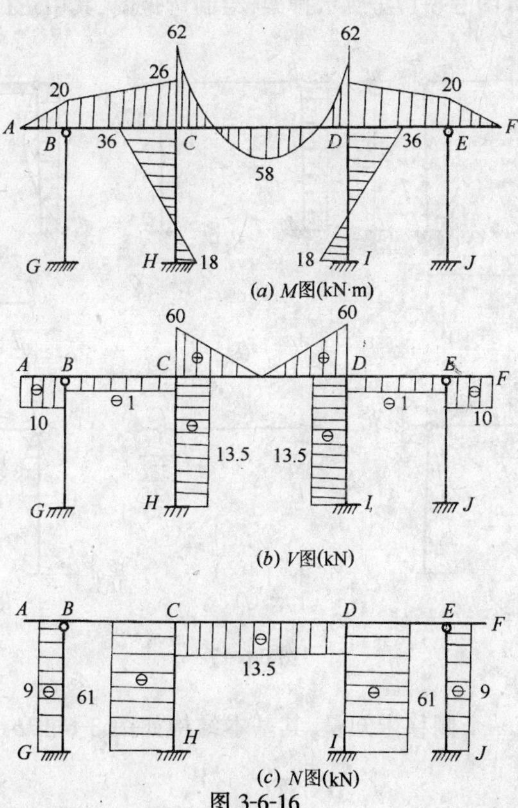

(a) M图(kN·m)

(b) V图(kN)

(c) N图(kN)

图 3-6-16

*第六节　有侧移刚架的内力计算

一般讲,有侧移的刚架往往伴有刚节点角位移,也就是说,既有侧移又有刚节点角位移的刚架为一般情况,只有刚节点角位移,或只有侧移的刚架为特殊情况。根据前几节所述,现将用位移法计算刚架一般情况的步骤归纳如下:

1. 确定基本未知量,即刚节点的角位移和独立的节点线位移;

2. 建立基本结构。加上附加刚臂阻止刚节点的转动,加上附加链杆控制各节点的移动,即把原结构分隔成若干独立的单跨超静定梁;

3. 列典型方程。根据基本结构在荷载作用下,和附加约束发生与原结构相同的位移后,每个附加约束的总反力等于零,列出位移法典型方程;

4. 计算系数和自由项。在基本结构上,分别作各附加约束发生单位位移时的 $\overline{M}_i$ 图和荷载作用下的 M_P 图,由节点平衡和杆件或部分结构的平衡条件,求得系数和自由项。

5. 解典型方程,求出基本未知量 Z_1、$Z_2\cdots Z_n$。

6. 绘制内力图。按照 $M=\overline{M}_1Z_1+\overline{M}_2Z_2+\cdots\overline{M}_nZ_n+M_P$,叠加出最后弯矩图;根据弯矩图,利用杆件平衡作出剪力图,根据剪力图,利用节点平衡作出轴力图;

7. 校核。由于位移法在确定基本未知量时已满足了变形连续条件,位移法典型方程是静力平衡方程,故通常只需按平衡条件进行校核。

【例 3-6-4】 试计算图 3-6-17a 所示排架,绘制弯矩图,其中 $EI=$常数,$i=\dfrac{EI}{l}$。

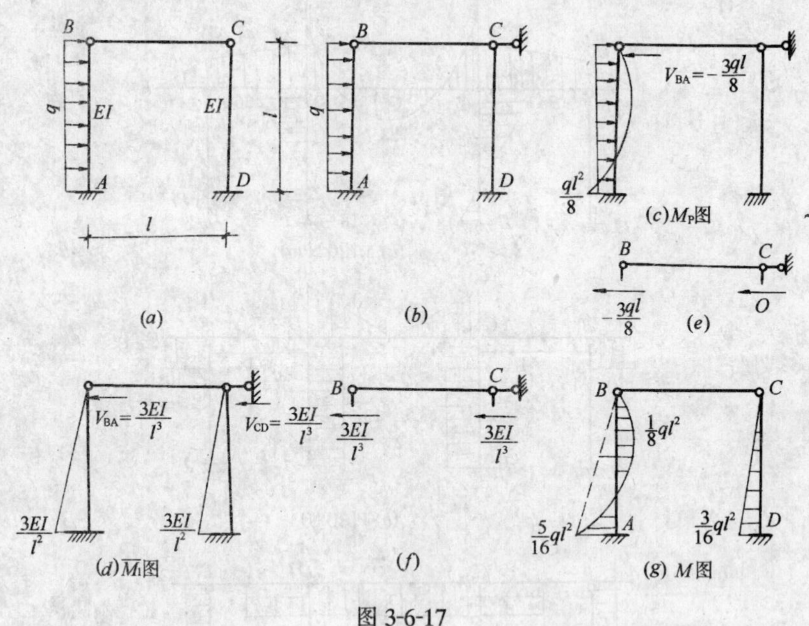

图 3-6-17

【解】 此排架只有一个侧移未知量,其基本结构如图 3-6-17b 所示。它所对应的位移法典型方程为

$$r_{11}Z_1+R_{1P}=0$$

为了计算方程中的系数 r_{11}和自由项 R_{1P}，利用表 3-6-1、表 3-6-2，分别作出基本结构 $Z_1=1$ 及荷载单独作用下的 $\overline{M}_1$ 图和 M_P 图，如图 3-6-17c、d 所示。再分别取 BC 杆为隔离体(图 3-6-17e、f)，利用平衡条件 $\Sigma Z=0$，得

$$r_{11}=\frac{6EI}{l^3},R_{1P}=-\frac{3}{8}ql$$

将上述 r_{11}、R_{1P}值代入位移法典型方程，有

$$\frac{6EI}{l^3}Z_1-\frac{3}{8}ql=0$$

解方程得
$$Z_1=\frac{ql^4}{16EI}$$

根据 $M=\overline{M}_1Z_1+M_P$，即可求出各杆的杆端弯矩

$$M_{AB}=-\frac{3EI}{l^2}\cdot\frac{ql^4}{16EI}-\frac{ql^2}{8}=-\frac{5ql^2}{16}$$

$$M_{DC}=-\frac{3EI}{l^2}\cdot\frac{ql^4}{16EI}-0=-\frac{3ql^2}{16}$$

$$M_{AB}=M_{CD}=0$$

据此作弯矩图如图 3-6-17g 所示。

【例 3-6-5】 试计算图 3-6-18a 所示刚架的弯矩，并作弯矩图。

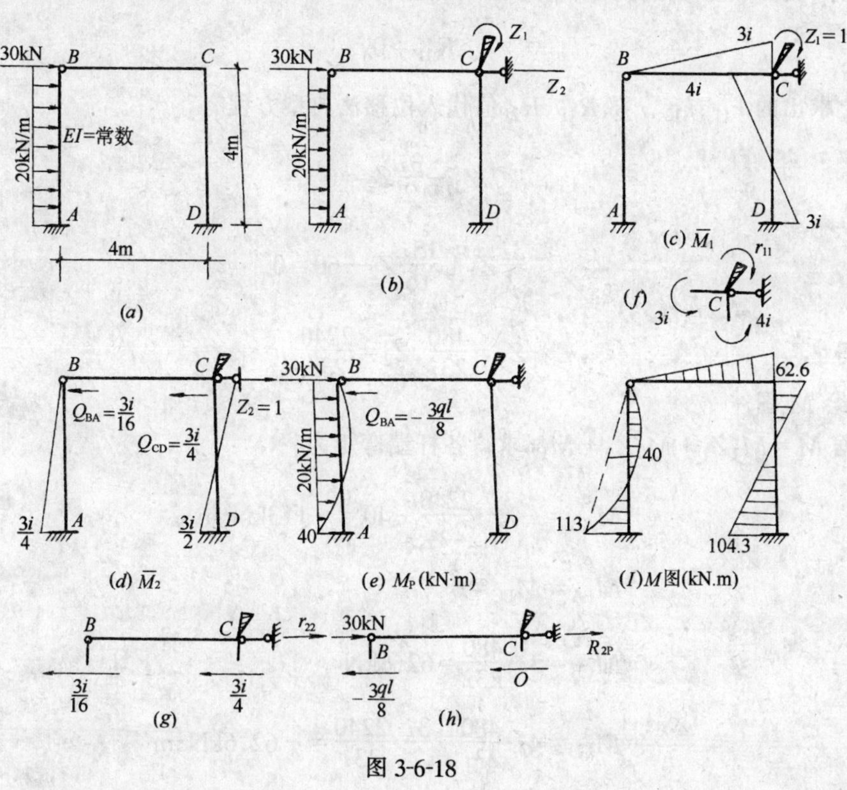

图 3-6-18

【解】 1. 此刚架有一个独立的节点角位移 Z_1 和一个独立的节点水平平位移 Z_2,其基本结构如图 3-6-18b 所示,对应的位移法典型方程为

$$r_{11}Z_1+r_{12}Z_2+R_{1P}=0$$
$$r_{21}Z_1+r_{22}Z_2+R_{2P}=0$$

2. 为求系数和自由项,分别绘出 $\overline{M}_1$ 图、$\overline{M}_2$ 图和 M_P 图,如图 3-6-18c、d、e 所示。取 $\overline{M}_1$ 图结点 C 为隔离体(图 3-6-18f),利用 $\Sigma M_C=0$ 得

$$r_{11}=3i+4i=7i$$

取 $\overline{M}_2$ 图杆件 BC 为隔离体(图 3-6-18g),利用 $\Sigma Z=0$

得
$$r_{22}=\frac{3i}{16}+\frac{3i}{4}=\frac{15i}{16}$$

取 $\overline{M}_2$ 图节点 C 为隔离体,利用 $\Sigma M_C=0$,得

$$r_{21}=r_{12}=-\frac{3i}{2}$$

取 M_P 图杆件 BC 为隔离体(图 3-6-18h),利用 $\Sigma Z=0$,得

$$R_{2P}=-\frac{3ql}{8}-30=-\frac{3\times20\times4}{8}-30=-60\text{kN}$$

取 M_P 图节点 C 为隔离体,利用 $\Sigma M_C=0$,得

$$R_{1P}=0$$

将上求出的 r_{11}、r_{12}、r_{22}、R_{1P}、R_{2P}值代入位移法典型方程有

$$7iZ_1-\frac{3i}{2}Z_2=0$$

$$-\frac{3i}{2}Z_1+\frac{15i}{16}Z_2-60=0$$

解方程得
$$Z_1=\frac{480}{23i},Z_2=\frac{2240}{23i}$$

3. 绘 M 图

根据 $M=\overline{M}_1Z_1+\overline{M}_2Z_2+M_P$,求得各杆端弯矩为

$$M_{AB}=-\frac{3i}{4}\cdot\frac{2240}{23i}-40=-113\text{kN}\cdot\text{m}$$

$$M_{BA}=M_{BC}=0$$

$$M_{CB}=3i\cdot\frac{480}{23i}=62.6\text{kN}$$

$$M_{CD}=4i\cdot\frac{480}{23i}-\frac{3i}{2}\cdot\frac{2240}{23i}=-62.6\text{kN}\cdot\text{m}$$

$$M_{DC}=3i\cdot\frac{480}{23i}-\frac{3i}{2}\cdot\frac{2240}{23i}=-104.3\text{kN}\cdot\text{m}$$

根据上面杆端弯矩作 M 图如图 3-6-18I 所示。

【例 3-6-6】 试作图 3-6-19a 所示刚架的 M 图。

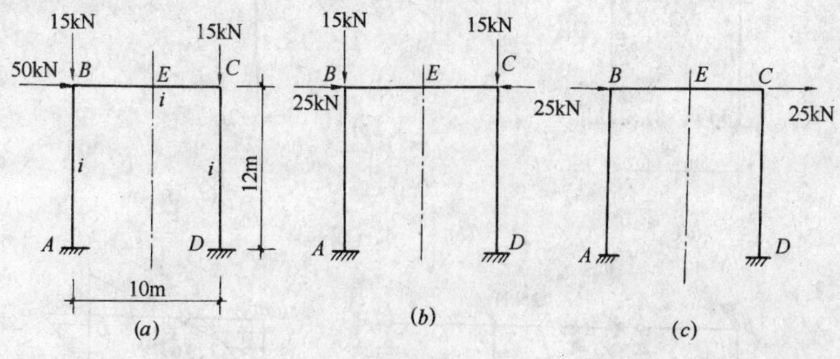

图 3-6-19

【解】 此刚架为对称刚架，而荷载不对称。首先将图 3-6-19a 所示刚架的荷载分解成对称荷载和反对称荷载，如图 3-6-19b、c 所示。其中图 3-6-19b 所示为对称刚架，并在对称荷载作用下，且此对称荷载都与杆件轴线分别重合，故各杆均不产生弯矩和剪力，只有轴力，CD 杆轴力 $N_{CD}=N_{DC}=-25\text{kN}$，$AC$、$BD$ 杆轴力 $=N_{AC}=N_{CA}=N_{BD}=N_{DB}=-15\text{kN}$。因此，图 3-6-19$c$ 所示对称刚架在反对称荷载作用下的弯矩图，显然就是图 3-6-19a 所示刚架的弯矩图。利用结构的对称性可取图 3-6-20a 所示的半边刚架进行计算。

图 3-6-20a 所示刚架，基本未知数为节点的转角 Z_1 和节点 E 的水平线位移 Z_2，其对应的基本结构如图 3-6-20b 所示。

为了计算系数和自由项，作 $\overline{M}_1$ 图、$\overline{M}_2$ 图和 M_P 图，如图 3-6-20c、d、e 所示。取 $\overline{M}_1$ 图节点 B 为隔离体(图 3-6-20f)，利用 $\Sigma M_B=0$，得 $r_{11}=4i+6i=10i$。取 $\overline{M}_2$ 图 ABE 部分为隔离体(图 3-6-20g)，由 $\Sigma Z=0$，得 $r_{22}=\frac{i}{12}$。取 $\overline{M}_2$ 图节点 B 为隔离体(图 3-6-20i)，由 $\Sigma M_B=0$，得 $r_{21}=-\frac{i}{2}$。取 M_P 图 ABE 部分为隔离体(图 3-6-20h)，由 $\Sigma Z=0$，得 $R_{2P}=-25\text{kN}$。取 M_P 图节点 B 为隔离体，由 $\Sigma M_B=0$，得 $R_{1P}=0$

将上面求出的系数和自由项值，代入位移法典型方程有

$$10iZ_1-\frac{i}{2}Z_2=0$$

$$-\frac{i}{2}Z_1+\frac{i}{12}Z_2-25=0$$

求解方程得
$$Z_1=\frac{150}{7i},Z_2=\frac{3000}{7i}$$

利用 $M=\overline{M}_1Z_1+\overline{M}_2Z_2+M_P$，求得各杆的杆端弯矩为

$$M_{AC}=2i\times\frac{150}{7i}-\frac{i}{2}\times\frac{3000}{7i}=-171.4\text{kN}\cdot\text{m}$$

$$M_{CA}=4i\times\frac{150}{7i}-\frac{i}{2}\times\frac{3000}{7i}=-128.6\text{kN}\cdot\text{m}$$

$$M_{CE}=6i\times\frac{150}{7i}=128.6\text{kN}\cdot\text{m}$$

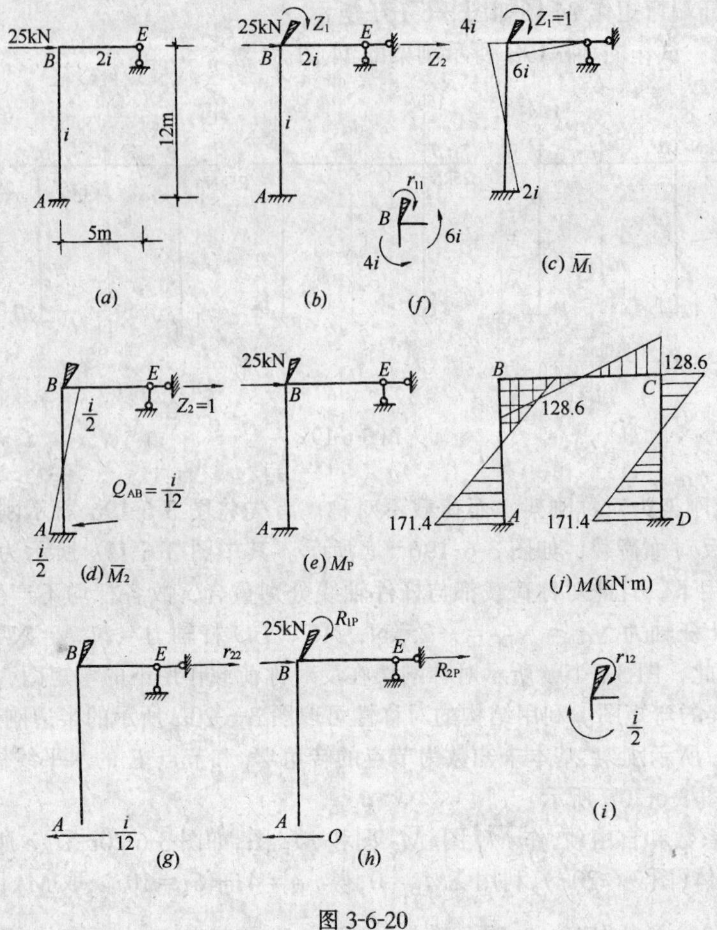

图 3-6-20

对于对称结构取半边结构计算，作 M 图的方法为：先做所计算的半边结构 M 图，然后根据对称结构在反对称荷载作用下，弯矩应是反对称的关系，绘出整个结构的 M 图（图 3-6-20j）。

前面一再强调，力法、位移法是计算超静定结构的基本方法，为了加深理解，在此将力法与位移法作一简单比较。

1．力法与位移法虽然概念不一样，解决问题的途径也不大相同，但它们解决问题的总思路是一致的，**即利用基本结构的变形和受力情况与原结构一致，从而保证由基本结构求出的内力完全与原结构一样。**

2．力法以多余未知力为基本未知量，其数目等超静定次数；位移法以节点的独立位移作为基本未知量，其数目与结构的超静定次数无关，适用于解决多次超静定结构。

3．力法的基本结构是从原结构中去掉多余联系代以多余未知力，而得到静定的基本结构。位移法的基本结构则是在原结构中，加入附加约束以控制节点的独立位移，而得到单跨超静定结构的组合体，即为基本结构。无论力法或是位移法的基本运算都是在基本结构上进行的。

4．力法的典型方程是根据原结构的位移条件建立的，体现了原结构的变形连续条件；

而位移法的典型方程是根据原结构的平衡条件建立的,体现了原结构的静力平衡条件。无论用力法或位移法计算超静定结构时,都同时考虑了静力平衡条件和变形连续条件。只有如此,才能确保原结构的受力和变形状态不变。

小　结

位移法是以节点位移（含节点角位移和线位移）为基本未知量，计算超静定结构内力的一种基本方法。它的基本思路是：在原结构上加附加约束，使原结构变成互相独立的单跨超静定梁的组合体作为基本结构，利用平衡条件，推导出位移法的典型方程，解方程求出未知位移，再利用内力与位移的关系，从而解决超静定结构的内力计算。即用位移法计算超静定结构时，先将结构离散成单个杆件，进行杆件受力分析，然后考虑变形的连续条件和平衡条件，将杆件在节点处拼装成整体结构。在这一分一合中，从而解决超静定结构的内力计算问题，其具体步骤是：

1. 确定基本未知量（包含转角和侧移）；

2. 在各刚节点处加附加刚臂，如有侧移，在某些节点加附加链杆，把原结构变成若干互相独立的单跨超静定梁的组合体作为基本结构；

3. 列出位移法的典型方程；

4. 求系数和自由项。在基本结构上作 $\overline{M}_1$ 图、$\overline{M}_2$ 图…$\overline{M}_n$ 图和 M_P 图，利用节点平衡或杆件和部分结构平衡，求出方程中对应的系数和自由项；

5. 将各系数和自由项值代入位移法典型方程中，解出未知位移 Z_1、$Z_2 \cdots Z_n$；

6. 利用叠加法公式 $M=\overline{M}_1Z_1+\overline{M}_2Z_2+\cdots+\overline{M}_2Z_2$，分别求出各杆的杆端弯矩，据此作出 M 图；

7. 利用 M 图，取杆件为平衡对象，求出各杆的杆端剪力，从而作出 V 图。

8. 利用 V 图，取节点为平衡对象，求出各杆轴力，从而作出 N 图；

9. 校核。只用平衡条件校核。

思　考　题

3-6-1　位移法的基本未知量指的是什么？怎样确定位移法的基本未知量？

3-6-2　铰节点和铰支座处的转角为什么不计入位移法的基本未知量？

3-6-3　位移法的基本未知量与超静定次数有无关系？用位移法最适合解决什么结构问题？

3-6-4　在推导位移法典型方程中，哪个地方应用了变形的连续条件？哪个地方应用了平衡条件？

3-6-5　杆端弯矩的正负号是怎样规定的？节点角位移和节点线位移处的反力正负号是怎样规定的？

3-6-6　杆端弯矩的符号与节点角位移和节点线位移的关系是什么？

3-6-7　什么是固端弯矩？什么是等截面直杆的转角位移方程？

3-6-8　在建立位移法典型方程时，其静定结构部分怎样处理？

3-6-9　试确定图 3-6-21 所示各结构，用位移法计算时的基本未知量数目及基本结构。

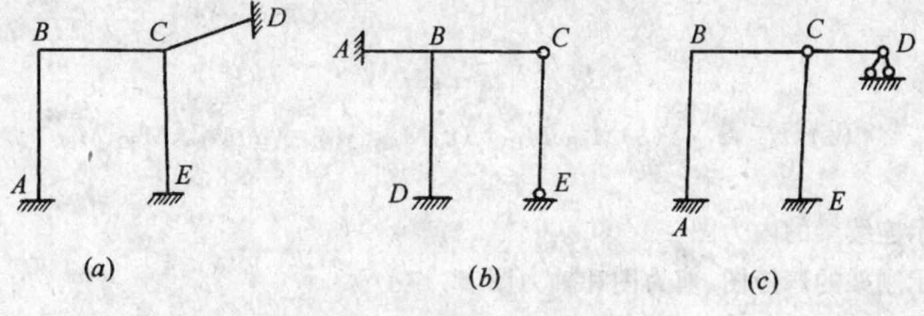

图 3-6-21(一)

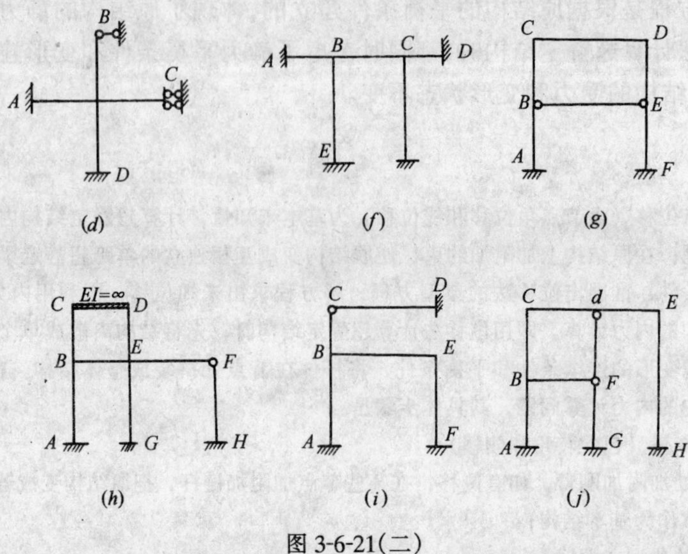

图 3-6-21(二)

习 题

3-6-1 利用表 3-6-1、表 3-6-2,或根据转角位移方程,试写出图示结构指定杆端的杆端弯矩。

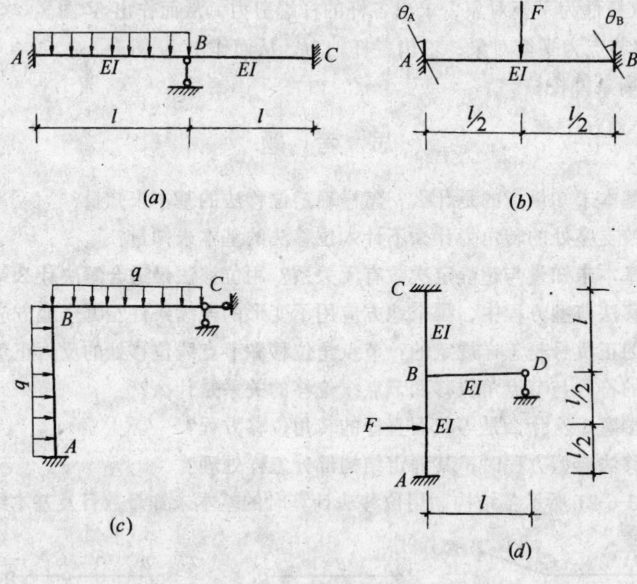

题 3-6-1

$(a)M_{AB}$、M_{BC} $(b)M_{AB}$、M_{BA} $(c)M_{AB}$、M_{BC} $(d)M_{BA}$、M_{BC}、M_{BD}

3-6-2 作图示连续梁的内力图。

3-6-3 作图示刚架的弯矩图、剪力图和轴力图。

* **3-6-4** 作图示刚架的 M 图。

* **3-6-5** 作图示刚架的 M 图。

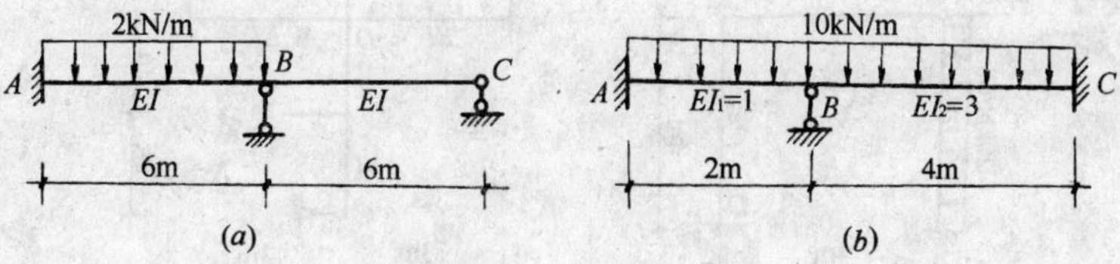

题 3-6-2

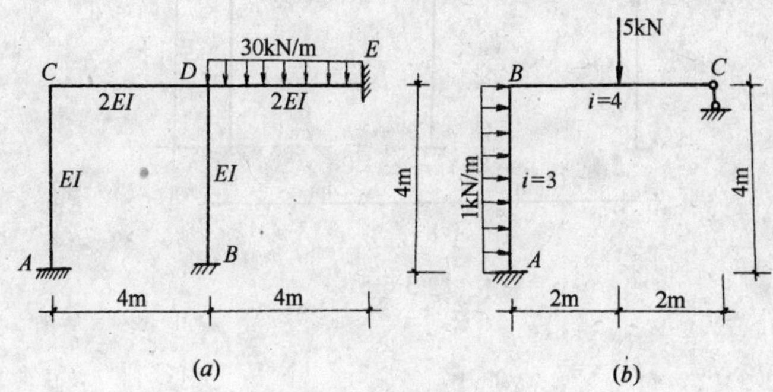

题 3-6-3

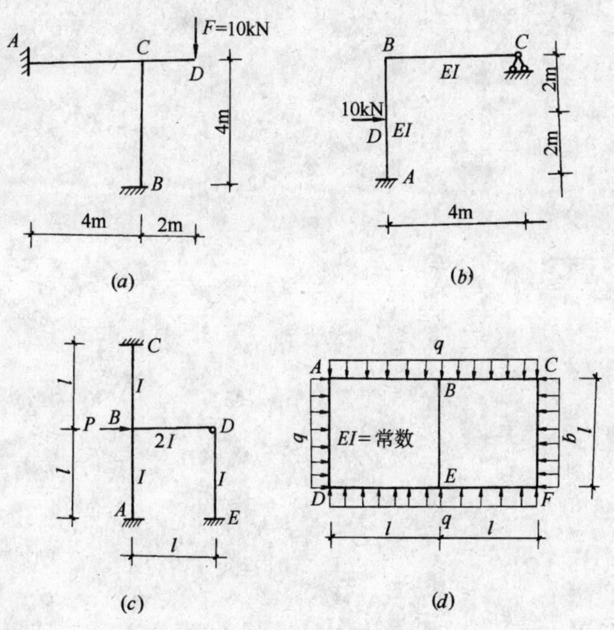

题 3-6-4

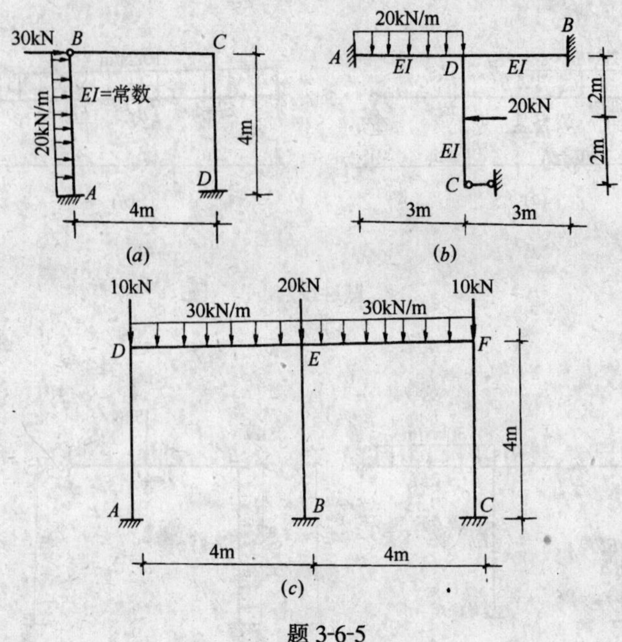

30kN
B
C
EI=常数
20kN/m
4m
D
A
4m
(a)
20kN/m
B
A
EI
D
EI
2m
20kN
EI
2m
C
3m
3m
(b)
10kN
20kN
10kN
30kN/m
30kN/m
D
E
F
4m
A
B
C
4m
4m
(c)

题 3-6-5

第七章　力矩分配法

第一节　概　　述

第五章和第六章介绍的力法和位移法是计算超静定结构的两种基本方法。该两种方法的优点是计算结果准确可靠,但必须建立和解算联立方程,需要进行大量的计算工作,特别是基本未知量数目较多时,其计算工作更加繁重。

本章所介绍的力矩分配法,是工程中广为采用的一种实用方法。它是建立在位移法基础上的一种**渐近计算法**。采用这类计算方法,既可避免解算联立方程组,又可遵循一定的机械步骤进行计算,十分简便。但也有一定的局限性,它只适合于连续梁及无侧移刚架的计算。

由于力矩分配法是以位移法为基础的,因此本章中的基本结构及有关的正负号规定等,均与位移法相同。如杆端弯矩仍规定为:对杆端而言,以顺时针转动为正,逆时针转动为负;对节点或支座而言,则以逆时针转动为正,顺时针转动为负;而节点上的外力矩仍以顺时针转动为正等。

第二节　力矩分配法的基本原理

一、名词解释

1. 转动刚度 S

对于任意支承形式的单跨超静定梁 iK,为使某一端(设为 i 端)产生角位移 ϕ_i,则须在该端施加一力矩 M_{iK}。当 $\phi_i=1$ 时所须施加的力矩,称为 iK 杆在 i 端的**转动刚度**,并用 S_{iK} 表示,其中 i 端为施力端称为**近端**,而 K 端则称为**远端**。如图 3-7-1a 所示。同理,使 iK 杆 K 端产生单位转角位移 $\varphi_K=1$ 时,所须施加的力矩应为 iK 杆 K 端的转动刚度,并用 S_{Ki} 表示。如图 3-7-1b 所示。

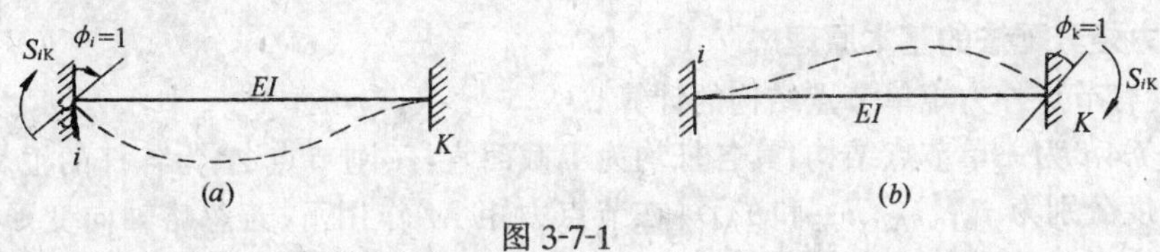

图 3-7-1

当近端转角 $\varphi_i\neq1$(或 $\phi_K\neq1$)时,则必有 $M_{iK}=S_{iK}\cdot\varphi_i$(或 $M_{Ki}=S_{Ki}\phi_K$)。

由位移法所建立的单跨超静定梁的转角位移方程知,杆件的转动刚度 S_{iK}除与杆件的线刚度 i 有关外,还与杆件的远端(即 K 端)的支承情况有关。图 3-7-2 中分别给出不同远端支承情况下的杆端转动刚度 S_{Aj}的表达式。

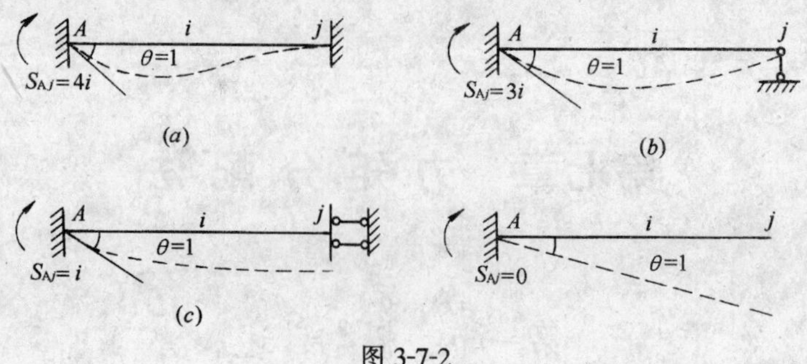

图 3-7-2

2．传递系数 C

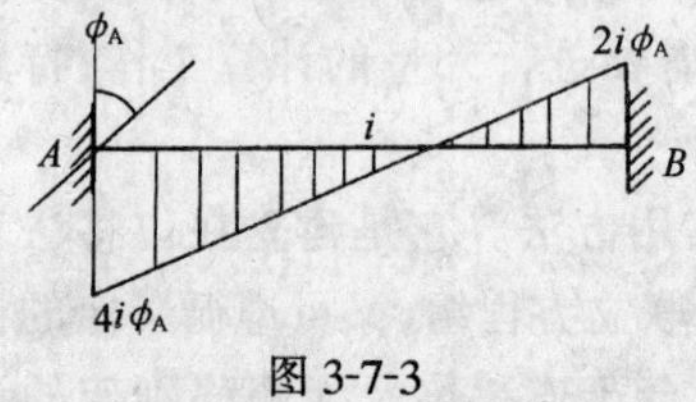

图 3-7-3

对于单跨超静定梁而言，当一端发生转角而具有弯矩时（称为近端弯矩），其另一端即远端一般也将产生弯矩（称为远端弯矩），如图 3-7-3 所示。通常将远端弯矩同近端弯矩的比值，称为杆件由近端向远端的**传递系数**，并用 C 表示。图 3-7-3 所示梁 AB 由 A 端向 B 端的传递系数应为

$$C_{AB}=\frac{M_{BA}}{M_{AB}}=\frac{2i\varphi_A}{4i\varphi_A}=\frac{1}{2}$$

显然，对不同的远端支承情况，其传递系数也将不同，如表 3-7-1 所示。

表 3-7-1

单跨梁 A 端产生单位转角时 M 图	远端支承情况	传递系数 C_{AB}
A　$2i_{AB}$　B　$4i_{AB}$	固　定	$\frac{1}{2}$
A　B　$3i_{AB}$	铰　支	0
A　B　i_{AB}　i_{AB}	滑　动	−1

二、力矩分配法的基本原理

1．具有节点外力矩单节点结构的计算

图 3-7-4a 为一单节点结构，其各杆均为等截面直杆，刚节点 A 为各杆的汇交点。设各杆的线刚度分别为 i_{A1}、i_{A2}、i_{A3}和 i_{A4}。在节点力矩 M 作用下，若忽略轴向变形的影响，则各杆在汇交点 A 处将产生相同的转角 z_A，现先用位移法进行分析，然后引出力矩分配法的概念。

由等截面直杆的转角位移方程知，各杆的杆端弯矩的表达式为：

$$\left.\begin{aligned}M_{A1}=4i_{A1}z_A,\quad M_{A2}=4i_{A2}z_A\\ M_{A3}=3i_{A3}z_A,\quad M_{A4}=i_{A4}z_A\end{aligned}\right\}$$

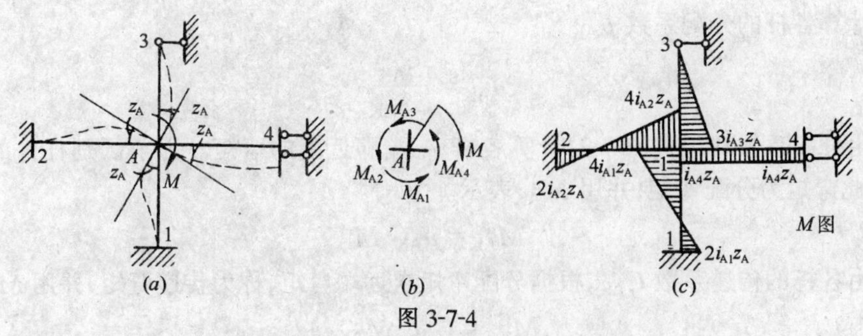

图 3-7-4

$$\left.\begin{array}{ll} M_{1A}=2i_{A1}z_A, & M_{2A}=2i_{A2}z_A \\ M_{3A}=0, & M_{4A}=-i_{A4}z_A \end{array}\right\}$$

其弯矩图如图 3-7-4c 所示。

取节点 A 为隔离体，如图 3-7-4b 所示，由平衡条件 $\Sigma M_A=0$ 有

$$M=M_{A1}+M_{A2}+M_{A3}+M_{A4}$$

或

$$M=\Sigma M_{AK} \qquad (K=1、2、3、4) \tag{a}$$

M_{AK}——汇交于刚节点 A 处的任一杆 AK 由于节点转角 z_A 在 A 端产生的杆端弯矩。

显然，当转角 $\overline{z}_A=1$ 时，应有

$$\left.\begin{array}{l} \overline{M}_{A1}=S_{A1},\overline{M}_{A2}=S_{A2},\overline{M}_{A3}=S_{A3},\overline{M}_{A4}=S_{A4}, \\ M_{A1}=S_{A1}z_A,M_{A2}=S_{A2}z_A,M_{A3}=S_{A3}z_A,M_{A4}=S_{A4}z_A \end{array}\right\}$$

即

$$\Sigma M_{AK}=\Sigma S_{AK}\cdot z_A \tag{b}$$

将式(b)代入式(a)。

$$M=\Sigma M_{AK}=\Sigma S_{AK}z_A=z_A\cdot\Sigma S_{AK}$$

$$\therefore \qquad z_A=\frac{M}{\Sigma S_{AK}} \tag{c}$$

当 z_A 求出后，则各杆杆端弯矩可表示为

$$M_{AK}=\frac{S_{AK}}{\Sigma S_{AK}}\cdot M$$

令

$$\mu_{AK}=\frac{S_{AK}}{\Sigma S_{AK}} \tag{3-7-1}$$

则有

$$M_{AK}=\mu_{AK}\cdot M \tag{3-7-2}$$

式中 μ_{AK}称为各杆在 A 端的**力矩分配系数**，它只与各杆在 A 端的转动刚度 S_{AK}有关；而 ΣS_{AK}则表示汇交于 A 节点的所有杆件在 A 端的转动刚度之和。本例中

$$\begin{aligned}\Sigma S_{AK}&=S_{A1}+S_{A2}+S_{A3}+S_{A4}\\&=4i_{A1}+4i_{A2}+3i_{A3}+i_{A4}\end{aligned}$$

$$\mu_{A1}=\frac{4i_{A1}}{4i_{A1}+4i_{A2}+3i_{A3}+i_{A4}}$$

……

综上所述，并结合传递系的概念，则不难求出各杆的杆端弯矩。其步骤如下：

(1) 计算各杆的分配系数 μ_{AK}

$$\mu_{AK}=\frac{S_{AK}}{\Sigma S_{AK}}$$

(2) 由分配系数利用式(3-7-2)计算各杆 A 端即近端的弯矩。为了区别杆件的最后杆端弯矩称此弯矩为**分配弯矩**,并用 M_{AK}^{μ}表示。

$$M_{AK}^{\mu}=\mu_{AK}\cdot M$$

(3) 由各杆的传递系数 C_{AK},根据分配弯矩求远端弯矩,称为**传递弯矩**,并用 M_{KA}^{C}表示。

$$M_{KA}^{C}=C_{AK}\cdot M_{AK}^{\mu}$$

如求 $A1$ 杆 1 端弯矩,有

$$M_{1A}^{C}=\frac{1}{2}\cdot M_{AK}^{\mu}$$

【例 3-7-1】 图 3-7-5a 所示为两跨连续梁,各杆 EI 为常数,试作其弯矩图。

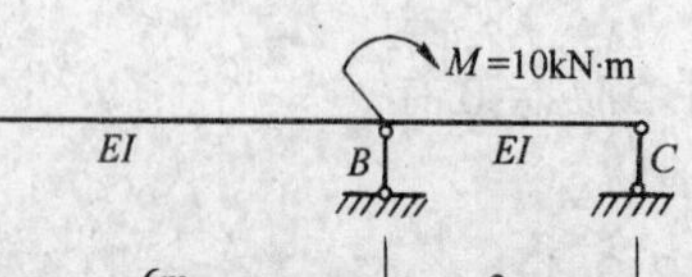

(a)

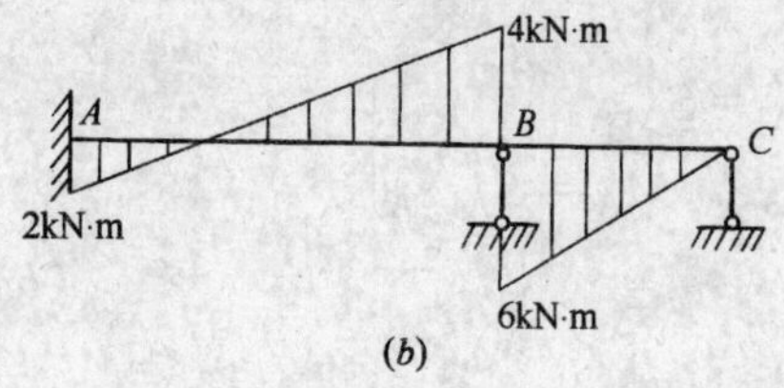

(b)

图 3-7-5

【解】 此连续梁为一单节点结构,根据位移法概念,可将 AB 和 BC 分别看成两端固定和一端固定一端铰支的单跨梁,在刚节点 B 处汇交。

(1) 计算各杆分配系数

因为超静定结构内力只与相对刚度有关,与绝对刚度无关,为计算方便起见,设 $EI=6$。

则
$$i_{AB}=1$$
$$i_{BC}=2$$
$$S_{BA}=4i_{AB}=4$$
$$S_{BC}=3i_{BC}=6$$

故有

$$\mu_{BA}=\frac{S_{BA}}{S_{BA}+S_{BC}}=\frac{4}{6+4}=0.4$$

$$\mu_{BC}=\frac{6}{6+4}=0.6$$

(2) 计算各杆分配弯矩

$$M_{BA}^{\mu}=\mu_{BA}\cdot M=0.4\times10=4\ \text{kN}\cdot\text{m}$$

$$M_{BC}^{\mu}=\mu_{BC}\cdot M=0.6\times10=6\ \text{kN}\cdot\text{m}$$

(3) 计算各杆传递弯矩

$$M_{AB}^{C}=C_{BA}\cdot M_{BA}^{\mu}=\frac{1}{2}\times4=2\ \text{kN}\cdot\text{m}$$

$$M_{CB}^{C}=C_{BC}\cdot M_{BC}^{\mu}=0$$

(4) 作弯矩图如图 3-7-5b 所示。

三、非节点荷载作用下单节点结构的计算

图 3-7-6a 所示为一等截面两跨连续梁,在相应荷载作用下,节点 B 产生转角 ϕ_B,设为

正向。梁的变形曲线如图中虚线所示。

首先，与位移法一样在节点 B 上增设一附加刚臂，其变形如图 3-7-6b 所示。此时各杆杆端弯矩应为固端弯矩，用 M_{AB}^{F}表示，其值可由表 3-6-1、3-6-2 查得。显然附加刚臂上的约束力矩应为该两杆在 B 端的固端弯矩之代数和，称为**不平衡力矩**，并用 M_B 表示，当取 B 节点为隔离体时，如图 3-7-6d 所示。由平衡条件有

$$M_B = M_{BA}^{F} + M_{BC}^{F} = \Sigma M_{BK}^{F}$$

其中 M_{BA}^{F}、M_{BC}^{F}分别为 BA 杆和 BC 杆在 B 端的固端弯矩，它们作用于节点 B 上以逆时针转角为正。

其次，考虑到原结构上并不存在附加刚臂，亦即 B 节点上并没有不平衡力矩 M_B，所以为了消除其影响，应在 B 节点上加入一个与不平衡力矩大小相等转向相反的力矩 $-M_B$（称为放松节点），如图 3-7-6c 所示。

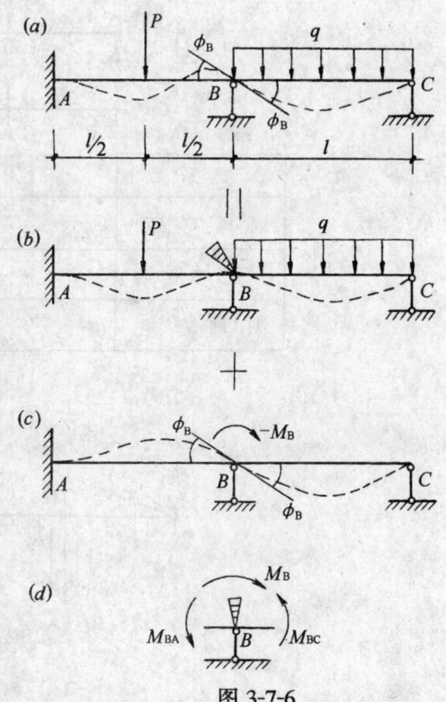

图 3-7-6

由叠加原理可明显地看出，图 3-7-6b 与图 3-7-6c 叠加后应与图 3-7-6a 相同，即图 3-7-6a 的内力可以由图 3-7-6b 和图 3-7-6c 的内力叠加得到。由于图 3-7-6b 为单跨梁的固端弯矩，而图 3-7-6c 为节点力矩作用下的情况，其弯矩可由前述的力矩分配法求得，所以上述结构可以求解，其具体步骤如下：

1. 计算各杆在 B 端的分配系数 μ_{BK}

$$\mu_{BK} = \frac{S_{BK}}{\Sigma S_{BK}}$$

2. 增设附加刚臂固结 B 节点，计算各杆固端弯矩 M_{BK}^{F}，并求出节点不平衡力矩 $M_B = \Sigma M_{BK}^{F}$

3. 放松节点 B 计算汇交于 B 节点处各杆杆端的分配弯矩 M_{BK}^{μ}

$$M_{BK}^{\mu} = \mu_{BK} \cdot (-M_B)$$

4. 由分配弯矩和传递系数计算各杆远端传递弯矩 M_{KB}^{C}

$$M_{KB}^{C} = C_{BK} \cdot M_{BK}^{\mu}$$

5. 计算各杆杆端最后弯矩

最后杆端弯矩应为固端弯矩、分配弯矩和传递弯矩的代数和，即

$$M_{BK} = M_{BK}^{F} + M_{BK}^{\mu} + M_{BK}^{C}$$

6. 由最后杆端弯矩作出弯矩图，由弯矩图再作剪力图。

【例 3-7-2】 试用力矩分配法计算图 3-7-7a 所示的连续梁，并绘 M 图。

【解】 (1) 计算分配系数，设 $EI = 6$

$$\mu_{BA} = \frac{S_{BA}}{S_{BA} + S_{BC}} = \frac{3i_{BA}}{3i_{BA} + 4i_{BC}} = \frac{3}{3+4} = \frac{3}{7}$$

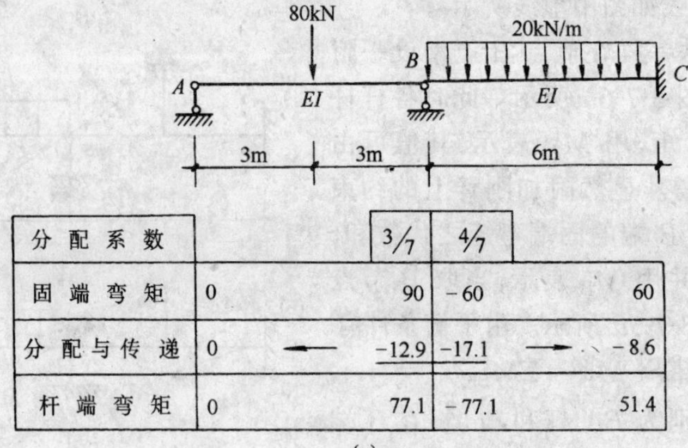

分配系数		3/7	4/7	
固端弯矩	0	90	−60	60
分配与传递	0 ←	−12.9	−17.1	→ −8.6
杆端弯矩	0	77.1	−77.1	51.4

(a)

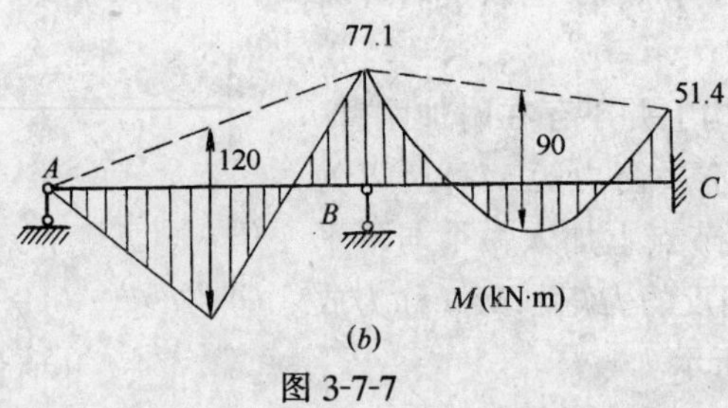

(b)

图 3-7-7

$$\mu_{BC}=\frac{S_{BC}}{S_{BA}+S_{BC}}=\frac{4}{3+4}=\frac{4}{7}$$

(2) 计算固端弯矩及不平衡力矩

$$M^F_{AB}=0, M^F_{BA}=\frac{3}{16}\times 80\times 6=90\ \text{kN·m}$$

$$M^F_{BC}=-M^F_{CB}=-\frac{1}{12}\times 20\times 6^2=-60\ \text{kN·m}$$

$$M_B=M^F_{BA}+M^F_{BC}=90-60=30\ \text{kN·m}$$

其余计算结果见图表。

(3) 作 M 图如图 3-7-7b 所示。

【例 3-7-3】 试由力矩分配法计算图 3-7-8a 所示刚架，并绘 M 图。

【解】 (1) 计算分配系数

$$\mu_{AB}=\frac{3\times 2}{3\times 2+4\times 1.5+4\times 2}=\frac{6}{20}=0.3$$

$$\mu_{AD}=\frac{4\times 1.5}{20}=\frac{6}{20}=0.3$$

$$\mu_{AC}=\frac{4\times 2}{20}=\frac{8}{20}=0.4$$

(2) 计算固端弯矩及 A 节点不平衡力矩

$$M^F_{AB}=\frac{1}{8}\times 30\times 4^2=60\ \text{kN·m}$$

$$M^F_{AD}=-(100\times 3\times 2^2)/5^2=-48\ \text{kN·m}$$

$$M_{DA}^{F}=(100\times3^{2}\times2)/5^{2}=72\ \text{kN·m}$$

$$M_{A}=60+0-48=12\ \text{kN·m}$$

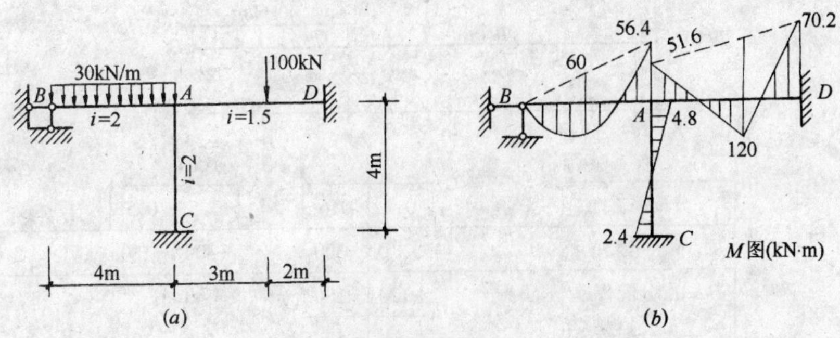

杆端弯矩的计算

节　点	B	A			D	C
杆　端	BA	AB	AC	AD	DA	CA
分配系数		0.3	0.4	0.3		
固端弯矩	0	+60.0	0	−48.0	+72.0	0
分配弯矩和传递弯矩	0	−3.6	−4.8	−3.6	−1.8	−2.4
最后弯矩	0	+56.4	−4.8	−51.6	+70.2	−2.4

注：表中弯矩的单位为 kN·m。

图 3-7-8

其余计算结果见图表。

(3) 绘 M 图如图 3-7-8b 所示。

第三节　用力矩分配法计算连续梁和无侧移刚架

上节针对单节点结构分析了力矩分配法的解题过程。由于单节点结构只有一个节点不平衡力矩，所以计算时只需对其进行一次分配和传递，就能使节点上各杆的力矩获得平衡。对于具有多个刚节点的连续梁和无侧移刚架，同样也可以利用力矩分配法进行计算。由于具有多个节点不平衡力矩，所以计算时，是按照逐次放松每个节点的原则，分别对各节点的不平衡力矩反复运用单节点的运算手段，进行分配与传递，直至每个节点上的杆端弯矩均趋于平衡为止。下面结合实际例子加以说明。

图 3-7-9 所示为三跨等截面连续梁，在荷载作用下，两个中间节点 B、C 将发生转角，即具有两个节点转角位移。首先仍假想地用附加刚臂分别固定节点 B 和 C 使之不能转动，则连续梁被分隔成三个独立的单跨超静定梁。然后计算各杆的固端弯矩及节点不平衡力矩。

$$M_{AB}^{F}=M_{BA}^{F}=0$$

$$M_{BC}^{F}=-M_{CB}^{F}=-\frac{1}{8}\times400\times6=-300\ \text{kN·m}$$

$$M_{CD}^{F}=-\frac{1}{8}\times400\times6^{2}=-180\ \text{kN·m}$$

$$M_{DC}^{F}=0$$

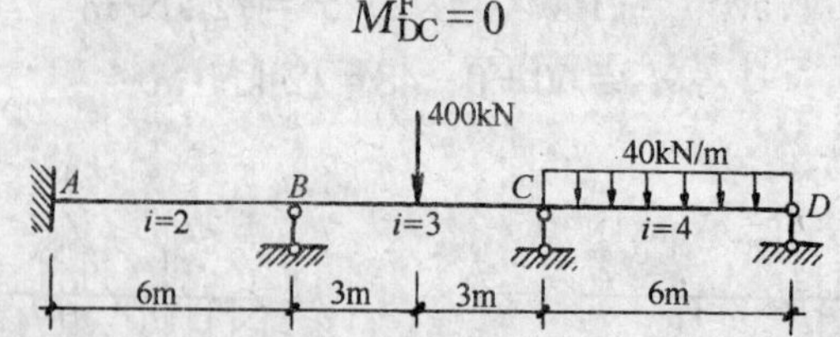

分配系数		0.4	0.6	0.5	0.5	
固端弯矩	0	0	−300	+300	−180	0
B 一次分配传递	+60 ←	+120	+180 →	+90		
C 一次分配传递			−52.5 ←	−105	−105	
B 二次分配传递	+10.5 ←	+21.0	+31.5 →	+15.75		
C 二次分配传递			−3.94 ←	−7.88	−7.88	
B 三次分配传递	+0.79 ←	+1.58	+2.36 →	+1.18		
C 三次分配传递			−0.30 ←	−0.59	−0.59	
B 四次分配传递	+0.06 ←	+0.12	+0.18 →	+0.09		
C 四次分配传递			−0.02 ←	−0.04	−0.04	
B 五次分配传递		+0.01	+0.01			
最后弯矩	+71.35	+142.71	−142.71	+293.51	−293.51	0

图 3-7-9

B、C 两点处的不平衡力矩分别为

$$M_{B}=M_{BA}^{F}+M_{BC}^{F}=0-300=-300\ \text{kN}\cdot\text{m}$$

$$M_{C}=M_{CB}^{F}+M_{CD}^{F}=300-180=120\ \text{kN}\cdot\text{m}$$

为了消除这两个不平衡力矩，先放松节点 B，而节点 C 仍为固定（一般先放松不平衡力矩大的节点）。此时对 ABC 部分可利用上节所述的力矩分配法进行计算。为此，需先求出汇交于节点 B 的各杆端的分配系数。

$$\mu_{BA}=\frac{4\times2}{4\times2+4\times3}=0.4$$

$$\mu_{BC}=\frac{4\times3}{4\times2+4\times3}=0.6$$

然后进行力矩分配，将不平衡力矩 M_B 反号乘以分配系数，求得节点 B 上各杆近端的分配弯矩为

$$M_{BA}^{\mu}=300\times0.4=120\ \text{kN}\cdot\text{m}$$

$$M_{BC}^{\mu}=300\times0.6=180\ \text{kN}\cdot\text{m}$$

将分配弯矩乘以相应的传递系数求得远端传递弯矩为

$$M_{AB}^{C}=C_{BA}M_{BA}^{\mu}=\frac{1}{2}\times120=60\ \text{kN}\cdot\text{m}$$

$$M_{CB}^{C}=C_{BC}M_{BC}^{\mu}=\frac{1}{2}\times180=90\ \text{kN}\cdot\text{m}$$

这样，就完成了节点 B 的第一次分配和传递。将分配系数、固端弯矩及求得的分配及

传递弯矩分别记入图 3-7-9 所示的表格中。节点 B 经一次分配传递后，获得了暂时的平衡，为突出此点可在分配弯矩值下面划一横线表示(见表)。然后，再来考虑节点 C，其上仍存在着不平衡力矩。但其数值不再是开始求得的在荷载作用下产生的 M_C，而应在 M_C 基础上增加由于放松节点 B 而传来的传递弯矩 M_{CB}^{C}，即应为 $120+90=210\text{kN}\cdot\text{m}$。为了消除这一不平衡力矩，设想将节点 B 重新固定，而放松节点 C，在 BCD 上进行力矩的分配和传递。汇交于节点 C 的各杆端的分配系数为

$$\mu_{CB}=\frac{4\times3}{4\times3+3\times4}=0.5$$

$$\mu_{CD}=\frac{4\times3}{4\times3+3\times4}=0.5$$

故各杆近端的分配弯矩为

$$M_{CB}^{\mu}=-210\times0.5=-105\ \text{kN}\cdot\text{m}$$

$$M_{CD}^{\mu}=-210\times0.5=-105\ \text{kN}\cdot\text{m}$$

远端的传递弯矩为

$$M_{BC}^{C}=\frac{1}{2}\times(-105)=-52.5\ \text{kN}\cdot\text{m}$$

$$M_{DC}^{C}=0$$

将上述分配系数和计算结果亦记入图 3-7-9 的表中，同样也在分配弯矩值的下面划一横线，表明此时节点 C 也获得了第一次平衡，即节点 C 的第一次分配传递结束。至此，结构的第一轮次的计算结束。然而由于节点 C 放松时，又使得节点 B 有了新的不平衡力矩(即由节点 C 结束的弯矩 $M_{BC}^{C}=-52.5\text{kN}\cdot\text{m}$)。不过其值已明显少于前一次的不平衡力矩。为此需对节点 C，重新固定而第二次放松节点 B 并进行相应的分配与传递；同理，C 节点的第一次平衡也将失去，而也应对其进行第二次分配与传递。即进行第二轮次的计算。如此循环进行下去，若干轮次之后，会明显的发现，不平衡力矩渐次减少，而当其小到可以忽略不计时便不再传递以结束计算。此时的结构也就非常接近于真实的平衡状态了。

将各轮次计算结果都记入图 3-7-9 的表中，最后将每一杆端历次的分配弯矩、传递弯矩和原来的固端弯矩相加，便可得到各杆杆端的最后弯矩。见图 3-7-9 的表格，M 的单位为 kN·m。

上述的计算方法同样可用于一般无节点线位移的刚架。

综上所述，力矩分配法的计算过程，是依次放松各节点以消去其上的各不平衡力矩而修正各杆的杆端弯矩，使其逐渐接近于真实的弯矩值，所以它是一种渐近计算法。分配时，可以遵循任意顺序进行，但为使计算收敛得快些，通常宜从不平衡力矩值较大的节点开始。其计算步骤可归纳如下：

1．求出汇交于各节点每一杆端的力矩分配系数，并确定其传递系数。

2．计算各杆杆端的固端弯矩。

3．进行第一轮次的分配与传递。

从不平衡力矩较大的节点开始，依次放松各节点，对相应的不平衡力矩进行分配与传递。

4．循环采用步骤 3，直到最后一个节点的传递弯矩小到可以略去而不需要再传递为止。

5. 求最后杆端弯矩。

将各杆杆端的固端弯矩与历次的分配弯矩和传递弯矩相加即可。

6. 作弯矩图。

【例 3-7-4】 试用力矩分配法计算图 3-7-10a 所示的多跨连续梁，并作弯矩图。各杆 EI = 常数。

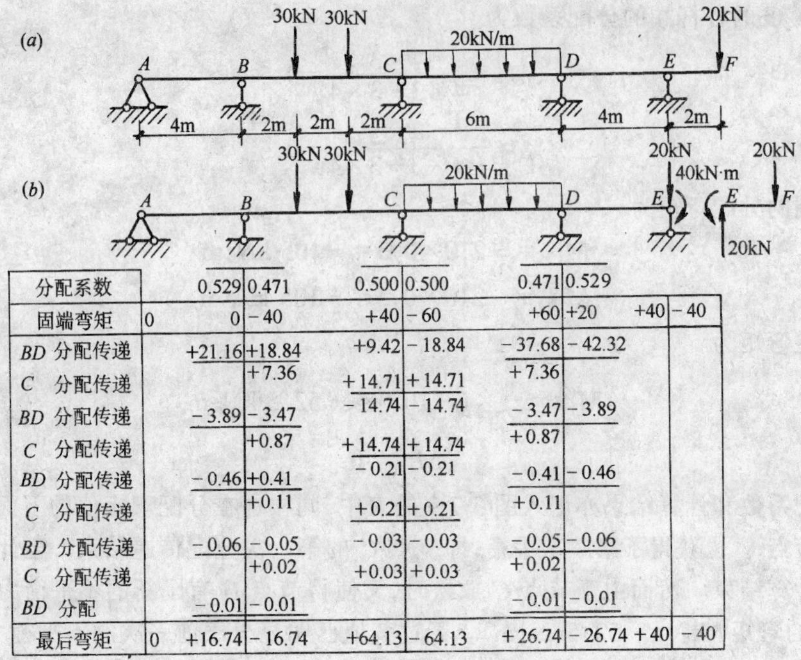

分配系数		0.529	0.471	0.500	0.500	0.471	0.529		
固端弯矩	0	0	−40	+40	−60	+60	+20	+40	−40
BD 分配传递		+21.16	+18.84	+9.42	−18.84	−37.68	−42.32		
C 分配传递			+7.36	+14.71	+14.71	+7.36			
BD 分配传递		−3.89	−3.47	−14.74	−14.74	−3.47	−3.89		
C 分配传递			+0.87	+14.74	+14.74	+0.87			
BD 分配传递		−0.46	+0.41	−0.21	−0.21	−0.41	−0.46		
C 分配传递			+0.11	+0.21	+0.21	+0.11			
BD 分配传递		−0.06	−0.05	−0.03	−0.03	−0.05	−0.06		
C 分配传递			+0.02	+0.03	+0.03	+0.02			
BD 分配		−0.01	−0.01			−0.01	−0.01		
最后弯矩	0	+16.74	−16.74	+64.13	−64.13	+26.74	−26.74	+40	−40

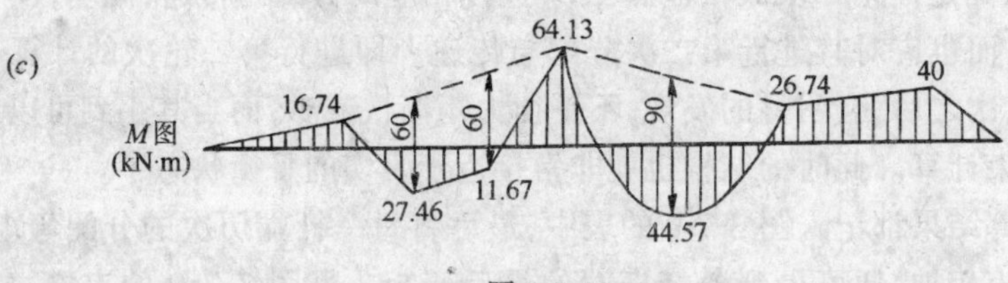

图 3-7-10

【解】 此梁的悬臂部分 EF 为一静定部分，其内力可根据静力平衡条件求得，$M_{EF}=-40\text{kN·m}$。计算时，可将该悬臂部分去掉，仅将 M_{EF} 作为外力作用于节点 E 处，而节点 E 可作为铰支座。因此，全部计算可按图 3-7-10b 来进行。

(1) 计算分配系数：设 $EI=12$

$$\mu_{BA}=\frac{3\times3}{3\times3+4\times2}=\frac{9}{17}=0.529$$

$$\mu_{BC}=\frac{4\times2}{3\times3+4\times2}=\frac{8}{17}=0.471$$

$$\mu_{CB}=\frac{4\times2}{4\times2+4\times2}=\frac{8}{16}=0.5$$

$$\mu_{CD}=\frac{4\times2}{4\times2+4\times2}=\frac{8}{16}=0.5$$

$$\mu_{DC}=\frac{4\times2}{4\times2+3\times3}=\frac{8}{17}\doteq0.471$$

$$\mu_{DE}=\frac{4\times2}{4\times2+3\times3}=\frac{9}{17}\doteq0.529$$

(2) 计算各杆固端弯矩

$$M_{AB}^{F}=M_{BA}^{F}=0$$

$$M_{BC}^{F}=-M_{CB}^{F}=-\left(\frac{30\times2\times4^2}{6^2}+\frac{30\times2^3\times4}{6^2}\right)=-40\ \text{kN·m}$$

$$M_{CD}^{F}=M_{DC}^{F}=-\frac{1}{12}\times20\times6^2=-60\ \text{kN·m}$$

$$M_{DE}^{F}=\frac{1}{2}\times40=20\ \text{kN·m}$$

$$M_{ED}^{F}=40\ \text{kN·m}$$

将上述得到的分配系数及固端弯矩填入图 3-7-10 所示表中的相应位置。

(3) 对各节点依次进行力矩分配法计算

计算结果均列在表中。

(4) 求最后杆端弯矩

将表内各列数据分别相加可得。列于表中。

(5) 作出弯矩图

如图 3-7-10*c* 所示。

【例 3-7-5】 试用力矩分配法计算图 3-7-11*a* 所示刚架，并作弯矩图。各杆线刚度如图所示。

【解】 (1) 计算分配系数(设 $i=1$)

$$\mu_{BA}=\frac{4\times1}{4\times1+4\times1+4\times1}=\frac{1}{3}$$

$$\mu_{BC}=\frac{4\times1}{4\times1+4\times1+4\times1}=\frac{1}{3}$$

$$\mu_{BE}=\frac{4\times1}{4\times1+4\times1+4\times1}=\frac{1}{3}$$

$$\mu_{CB}=\frac{4\times1}{4\times1+4\times1+4\times1}=\frac{1}{3}$$

$$\mu_{CD}=\frac{4\times1}{4\times1+4\times1+4\times1}=\frac{1}{3}$$

$$\mu_{CF}=\frac{4\times1}{4\times1+4\times1+4\times1}=\frac{1}{3}$$

(2) 计算固端弯矩

$$M_{AB}^{F}=-M_{BA}^{F}=-\frac{1}{8}\times80\times6=-60(\text{kN·m})$$

$$M_{BC}^{F}=-M_{CB}^{F}=-\frac{1}{12}\times15\times6^2=-45(\text{kN·m})$$

其余均为零。

将上述分配系数及固端弯矩均填入图 3-7-11 的表中。

(3) 逐次对 *B*、*C* 节点进行分配传递(详见表)。

(4) 求最后杆端弯矩(见表)。

(5) 作弯矩图如图 3-7-11b。

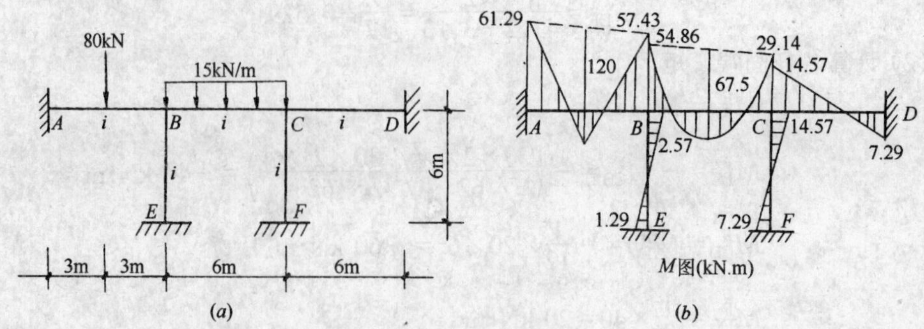

(a) (b)

杆端弯矩的计算

节　点	E	A	B			C			D	F
杆　端	EB	AB	BA	BE	BC	CB	CF	CD	DC	FC
分配系数	/	/	$\frac{1}{3}$	$\frac{1}{3}$	$\frac{1}{3}$	$\frac{1}{3}$	$\frac{1}{3}$	$\frac{1}{3}$	/	/
固端弯矩	0	-60.0	+60.0		-45.0	+45.0				
C 分配传递					-7.5	-15.0	-15.0	-15.0	-7.5	-7.5
B 分配传递	-1.25	-1.25	-2.5	-2.5	-2.5	-1.25				
C 分配传递					+0.21	+0.42	+0.42	+0.42	+0.21	+0.21
B 分配传递	-0.04	-0.04	-0.07	-0.07	-0.07	-0.04				
C 分配传递						+0.01	+0.01	+0.01		
最后弯矩	-1.29	-61.29	+57.43	-2.57	-54.86	+29.14	-14.57	-14.57	-7.29	-7.29

图 3-7-11

第四节　等截面等跨度连续梁内力计算的查表法

在工程中,连续梁是常用的重要结构型式之一,为了计算简便,在没有掌握用计算机计算前,常常采用查表法。所谓查表法系指,将等截面等跨度的连续梁,作用着不同分布的单位匀布或单位集中荷载,利用力矩分配法或其它方法,分别计算出每跨内的最大值或最小值,此内力值称为**内力系数**,将内力系数制成表供查用。如附录Ⅳ就是等截面等跨度连续梁在常用荷载作用下的内力系数表。当求其梁在匀布荷载作用下的最大内力值及最小内力值时,首先找到与之相同跨度、相同荷载分布的梁,找出各跨相应的最大内力或最小内力系数,然后利用下列公式计算最大内力值或最小内力值

$$M_{max}(或\ M_{min}) = 内力系数 \times ql^2$$

$$V_{max}(或\ V_{min}) = 内力系数 \times ql$$

对于集中荷载作用下,其计算方法相似,可查附录Ⅳ。

【例 3-7-6】 运用查表法，试计算图 3-7-12 所示连续梁每跨内的最大弯矩，B、C 二截面处的最大负弯矩及 A、B 二截面处的剪力。

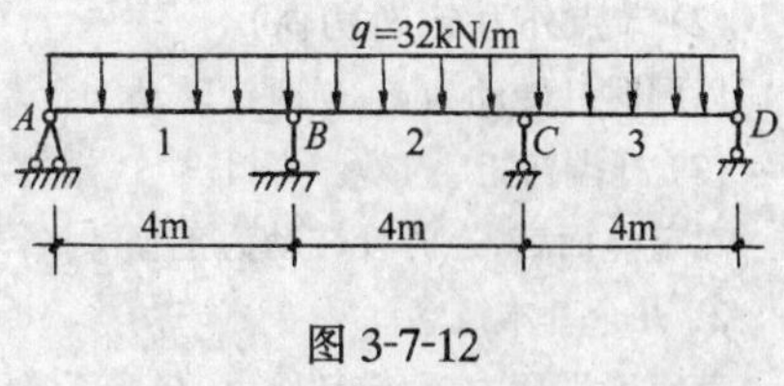

图 3-7-12

【解】 图 3-7-12 所示连续梁与附录Ⅳ三跨梁序号为 1 的梁形式相同，查表可得所求内力对应的内力系数，利用公式得所求内力为

$$M_1 = M_3 = 0.080 \times 32 \times 4^2 = 40.96\text{kN}\cdot\text{m}$$

$$M_2 = 0.025 \times 32 \times 4^2 = 12.8\text{kN}\cdot\text{m}$$

$$M_B = M_C = -0.100 \times 32 \times 4^2 = -51.2\text{kN}\cdot\text{m}$$

$$V_A = -0.400 \times 32 \times 4 = 51.2\text{kN}$$

$$V_{B左} = -0.600 \times 32 \times 4 = -76.8\text{kN}$$

$$V_{B右} = 0.500 \times 32 \times 4 = 64\text{kN}$$

【例 3-7-7】 利用查表法，试求图 3-7-13 所示连续梁 1、2 跨的最大弯矩，B、C 截面处的最大负弯矩及 D、E 截面处的剪力。

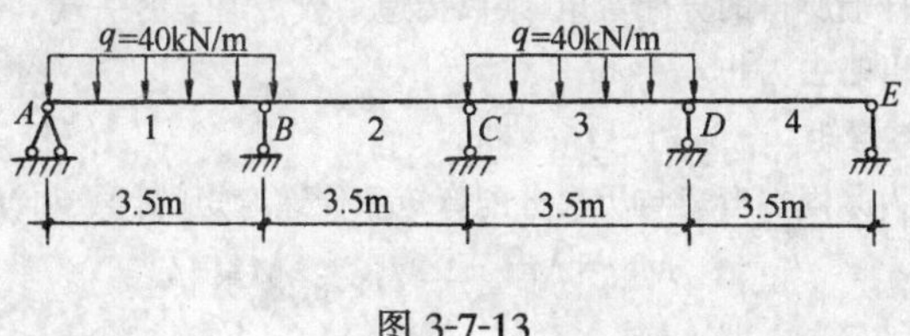

图 3-7-13

【解】 图 3-7-13 所示连续梁与附录Ⅳ四跨梁序号为 2 的梁的形式相同，查表可得所求内力对应的内力系数，利用公式得所求内力为

$$M_1 = 0.100 \times 40 \times 3.5^2 = 49\ \text{kN}\cdot\text{m}$$

$$M_3 = 0.081 \times 40 \times 3.5^2 = 39.69\ \text{kN}\cdot\text{m}$$

$$M_B = -0.054 \times 40 \times 3.5^2 = -26.46\ \text{kN}\cdot\text{m}$$

$$M_C = -0.036 \times 40 \times 3.5^2 = -17.64\ \text{kN}\cdot\text{m}$$

$$V_{D左} = 0.518 \times 40 \times 3.5 = 72.52\ \text{kN}$$

$$V_{D右} = 0.054 \times 40 \times 3.5 = 7.56\ \text{kN}$$

$$V_E = 0.054 \times 40 \times 3.5 = 7.56\ \text{kN}$$

小　结

力矩分配法是建立在位移法基础上的一种渐近计算法。其优点是不需要解算联立方程组，而是遵循一种机械的步骤反复进行计算，使计算结果渐次接近精确值。但它只适用于求解多跨连续梁和无侧移刚架等结构。实际工程中，多用来解算多跨连续梁。

应用力矩分配法解题时，应注意以下几个方面的问题：

1. 正负号规定

(1) 转角位移

以顺时针转角为正；逆时针转角为负。

(2) 节点外力矩(外力偶)

以顺时针转动为正;逆时针转动为负。

(3) 杆端弯矩

对节点而言,逆时针转动为正;顺时针转动为负。对杆端而言,顺时针转动为正;逆时针转动为负。

2. 几个基本概念

节点不平衡力矩,转动刚度,分配系数与分配弯矩,传递系数与传递弯矩,最后杆端弯矩等。

3. 力矩分配法的解题步骤

(1) 求出汇交于节点的各杆分配系数 μ_{iK},

并确定其传递系数 C_{iK}

$$\mu_{iK}=\frac{S_{iK}}{\Sigma S_{iK}}$$

(2) 计算各杆的杆端固端弯矩

参见表 3-6-1、3-6-2 进行计算。但应注意,当同时有节点外力矩时,不应视为不平衡力矩而应直接参与分配和传递。

(3) 对各节点进行力矩分配法计算

逐次放松各节点以使弯矩平衡。每平衡一个节点时,按分配系数将不平衡力矩反号分配给汇交于该节点的各杆端。然后将各杆端所得的分配弯矩,乘以传递系数传递至另一端。按此步骤循环计算,直至各节点上的传递弯矩小到可以略去为止。

(4) 计算各杆最后杆端弯矩

各杆最后杆端弯矩应为其固端弯矩与历次分配弯矩和传递弯矩的代数和,即

$$M_{iK}=M_{iK}^{F}+\Sigma M_{iK}^{\mu}+\Sigma M_{iK}^{C}$$

(5) 作结构的内力图

4. 说明

(1) 力矩分配法计算时可列表进行。

(2) 具体计算时尚应注意简化手段的运用,如对称性的利用等。

5. 关于运用查表法计算多跨连续梁,它只适合于等截面等跨度连续梁,凡遇到此种情况运用此法最为简便。具体计算公式请参看附录Ⅳ。

思考题

3-7-1 转动刚度的物理意义是什么?与哪些因素有关?

3-7-2 分配系数如何确定?为什么汇交于同一节点的各杆端分配系数之和等于 1?

3-7-3 传递系数如何确定?常见的传递系数有几种?各是多少?

3-7-4 节点不平衡力矩的含义是什么?如何确定节点不平衡力矩?

3-7-5 用力矩分配法计算多节点结构时,应先从哪个节点开始?能否同时放松两个或两个以上的节点?

3-7-6 为什么说力矩分配法是一种渐近计算方法?

3-7-7 力矩分配法计算时,若结构对称,能否取半个结构计算?如何选取半个结构?

3-7-8 何谓连续梁的查表法?它的适用条件是什么?

习题

3-7-1 试用力矩分配法的基本运算计算图示结构,并作弯矩图。

3-7-2 试用力矩分配法计算图示两跨连续梁,并作弯矩图。

3-7-3 试用力矩分配法计算图示刚架,并作内力图。

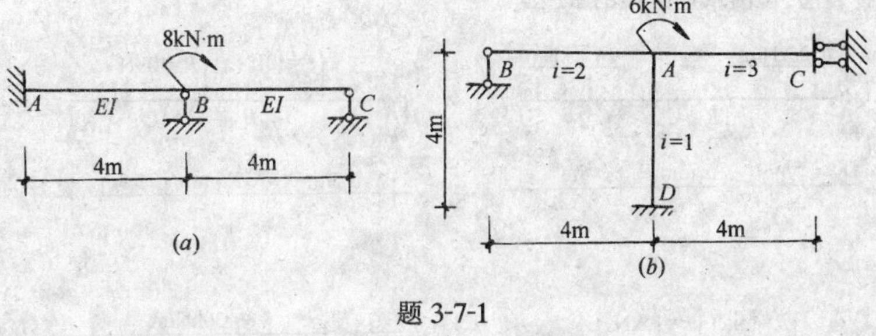

题 3-7-1

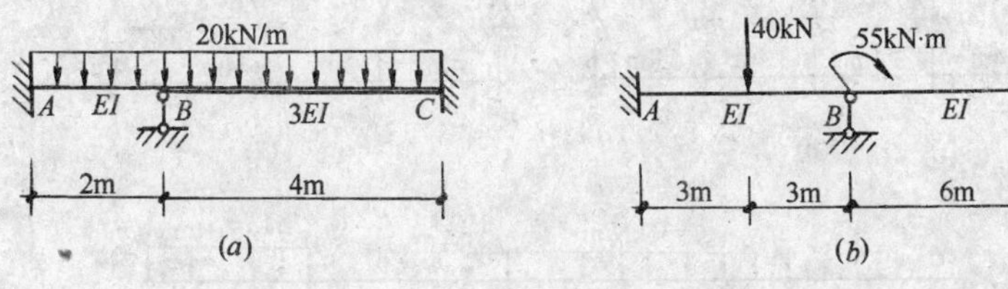

题 3-7-2

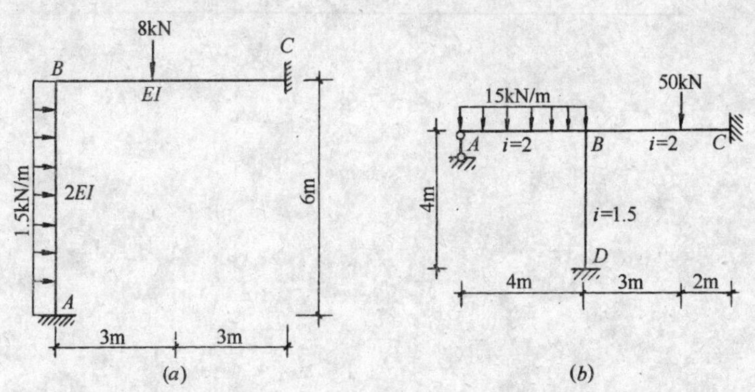

题 3-7-3

3-7-4 试用力矩分配法计算图示多跨连续梁并作内力图。

3-7-5 试用力矩分配法计算图示刚架，并作弯矩图。

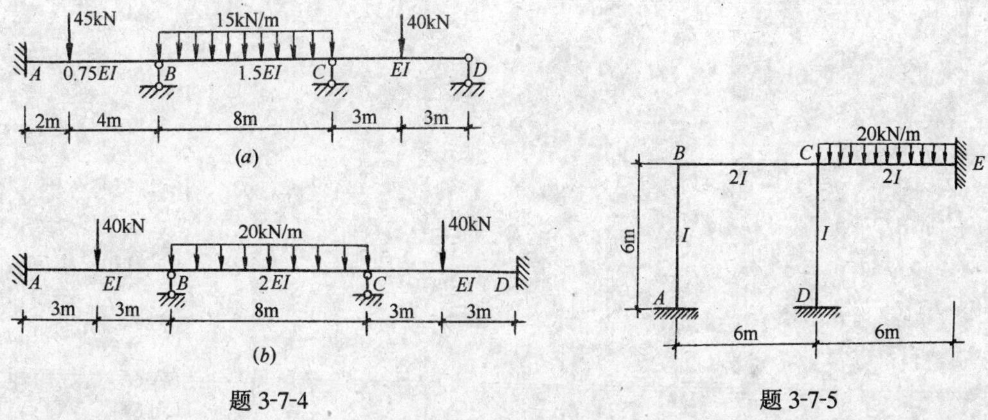

题 3-7-4

题 3-7-5

3-7-6 试用查表法，作图示连续梁的 M 图。

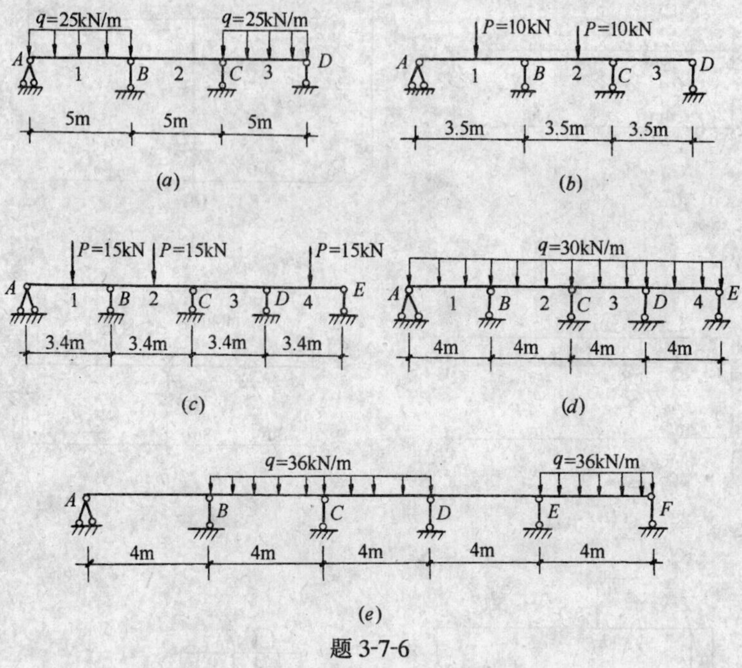

题 3-7-6

*第八章　分层法与 *D* 值法

第一节　概　　述

随着我国改革开放的进一步深入，各式各样的框架高层建筑和多层多跨建筑，像雨后春笋一样拔地而起，框架结构的设计、计算、施工已成为工程中常见的工作。目前，对于高层、超高层框架都用电算，对于层数和跨数不多，或使用电子计算机有困难者，也可用手算的方法进行内力、位移计算。手算一般采用近似的方法，例如，对框架结构在竖向荷载作用下进行内力计算时，多采用分层法、迭代法及力矩分配法等；对框架结构在水平荷载作用下进行内力计算时，多采用反弯点法、D 值法及无剪力分配法等。本章只介绍**分层法**和 ***D* 值法**。

第二节　分层计算法

将空间框架结构划成为平面框架结构后，按照框架的承荷面积计算竖向荷载。因为多层多跨框架在一般竖向荷载作用下侧移是很小的，因此可按照无侧移框架的计算方法进行内力计算。由影响线理论及精确分析知，各层荷载对其他层杆件的内力影响是很小的。因此，可将多层框架简化为多个单层框架，并且用力矩分配法求解杆件内力，这种计算方法称为**分层计算法**。虽说这种分层计算法是一种近似内力计算法，但可以满足工程需要。

如图 3-8-1a 所示的三层框架，可分成图 3-8-1b、c、d 所示的三个单层框架，分别计算其内力。分层计算法所得的梁弯矩即为最终弯矩；每根柱都同时属于上、下两层，必须将上、下两层所得的同一根柱子的内力叠加，才能得到该柱的最终内力。

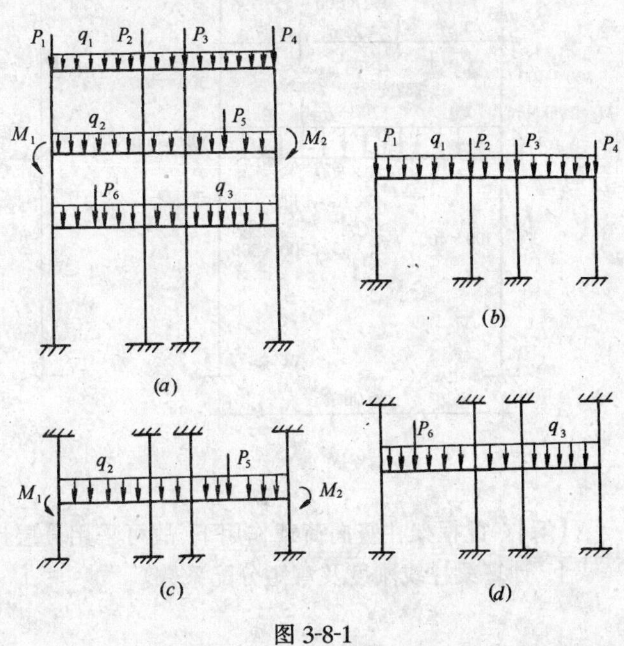

图 3-8-1

用力矩分配法计算各单层框架内力的要点如下：

(1) 框架分层后，各层柱高及梁跨度均与原结构相同，并把柱的远端假定为固定端。

(2) 各层梁上竖向荷载与原结构相同，计算竖向荷载在梁端的固端弯矩。

(3) 计算梁、柱线刚度及弯矩分

配系数。

梁、柱的线刚度分别为 $i_L=\frac{EI_L}{l}$ 和 $i_Z=\frac{EI_Z}{h}$，I_L、I_Z 分别为梁、柱横截面惯性矩，l、h 分别为梁跨度与层高。

计算梁截面的惯性矩时，应考虑楼板的影响，对于现浇楼板的有效作用宽度，可取楼板厚度的 6 倍(梁每侧)，设计时也可按下式近似计算，有现浇楼板的梁截面惯性矩为

一侧有楼板　　$I_L=1.5I_r$

两侧有楼板　　$I_L=2.0I_r$

式中　I_r 为梁由矩形截面计算得到的截面惯性矩。

除底层外，其它各层柱端并非为固定端，分层计算时假定它为固定端，因而除底层柱以外的其它柱子的线刚度乘以 0.9 的修正系数，在计算每个节点的周围各杆的刚度分配系数时，用修正后的线刚度进行计算。

(4) 计算传递系数

底层柱和各层梁的传递系数都取为$\frac{1}{2}$，上层各柱对远端的传递，由于将非固定端假定为固定端，传递系数改用$\frac{1}{3}$。

(5) 各层分别用力矩分配法计算得到各层内力，将上下两层分别计算得到的同一根柱的内力叠加，即为最后内力。这样得到的节点上的弯矩可能不平衡，但误差不会很大。如果要求更精确一些，可将节点不平衡弯矩再进行一次分配。

【例 3-8-1】 已知一钢筋混凝土框架，梁、柱截面尺寸及受力情况如图 3-8-2*a* 所示，试求该框架在竖向荷载作用下的各杆端弯矩值。

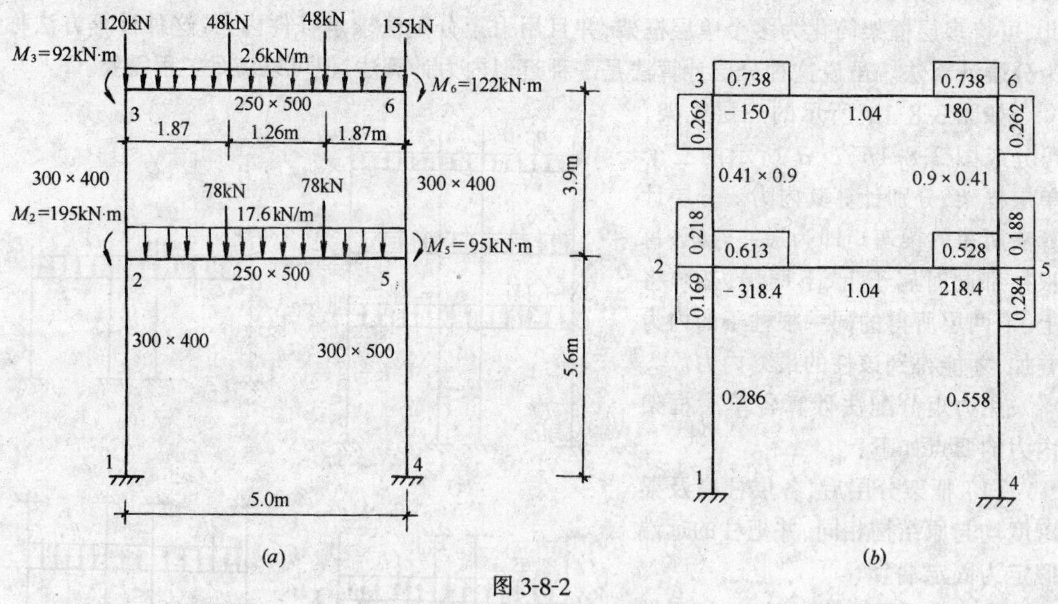

图 3-8-2

【解】 此框架在竖向荷载作用下，故可采用分层计算法。

1. 计算梁柱线刚度及弯矩分配系数。

梁　惯性矩　$I_L=\frac{1}{12}\times0.25\times0.5^3\times2=5.2\times10^{-3}m^4$

相对线刚度为　$\frac{5.2}{5.0}=1.04$

柱　12 柱、23 柱、56 柱惯性矩　$l_z=\frac{1}{12}\times0.3\times0.4^3=1.6\times10^{-3}m^4$

12 柱相对线刚度为　$\frac{1.6}{5.6}=0.286$

23 柱、56 柱相对线刚度为　$\frac{1.6}{3.9}=0.41$

45 柱惯性矩　$l_z=\frac{1}{12}\times0.3\times0.5^3=3.125\times10^{-3}m^4$

45 柱相对线刚度为　$\frac{3.125}{5.6}=0.558$

从而可计算出各节点处的弯矩分配系数，如图 3-8-2b 所示。

2. 各横梁两端的固端弯矩计算公式为

$$M=M_0\pm\frac{1}{12}ql^2\pm\frac{n^2-1}{12n}pl \tag{3-8-1}$$

式中　M_0——节点外力矩。

对于 36 梁　$q=2.6kN/m$，$l=5m$，$p=48kN$，$n=3$

$$M_3=-92-\frac{1}{12}\times2.6\times5^2-\frac{3^2-1}{12\times3}\times48\times5=-150kN\cdot m$$

$$M_6=122+\frac{1}{12}\times2.6\times5^2+\frac{3^2-1}{12\times3}\times48\times5=180kN\cdot m$$

对于 25 梁　$q=17.6kN/m$，$l=5m$，$p=78kN$，$n=3$

$$M_2=-195-\frac{1}{12}\times17.6\times5^2-\frac{3^2-1}{12\times3}\times78\times5=-318.4kN\cdot m$$

$$M_5=95+\frac{1}{12}\times17.6\times5^2+\frac{3^2-1}{12\times3}\times78\times5=218.4kN\cdot m$$

也将梁各固端弯矩列于图 3-8-2b 上。

3. 按分层法分别计算各单层框架的杆端弯矩值，如图 3-8-3a、b 所示。

4. 按叠加原则将各柱杆端弯矩叠加。叠加后节点上产生了不平衡弯矩，为了精确起

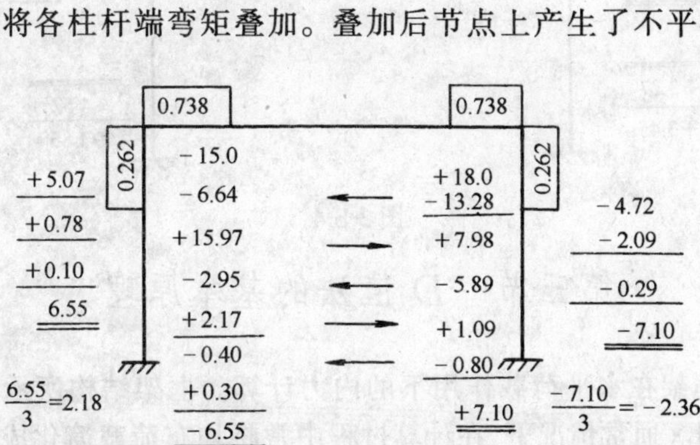

(a)

图 3-8-3(一)

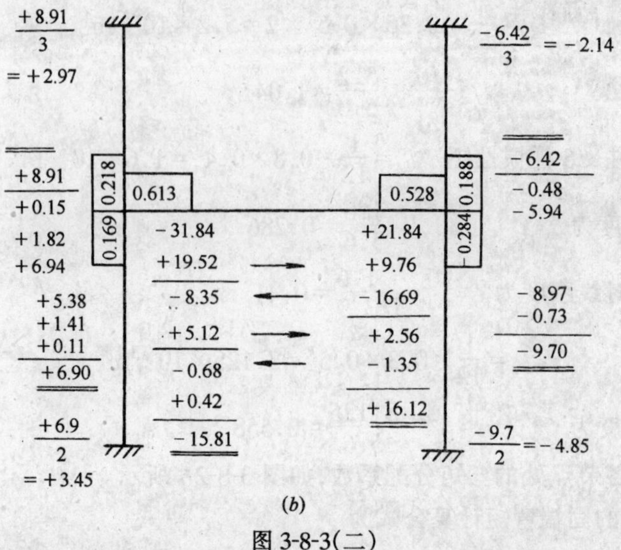

(*b*)

图 3-8-3(二)

见,再按力矩分配法分配一次,其最后杆端弯矩如图 3-8-4 所示。

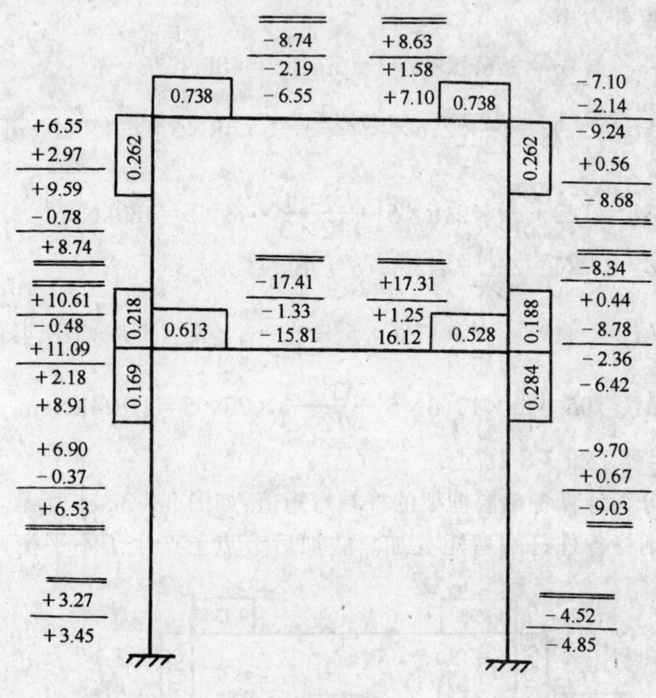

图 3-8-4

第三节　*D* 值法的基本原理

D 值法适合于框架在水平荷载作用下的内力计算。框架结构所承受的水平荷载主要是风荷载和地震作用。通常情况下,在计算过程中常将均布荷载简化成作用在节点上的集中荷载进行计算,如图 3-8-5*a*、*b* 所示。

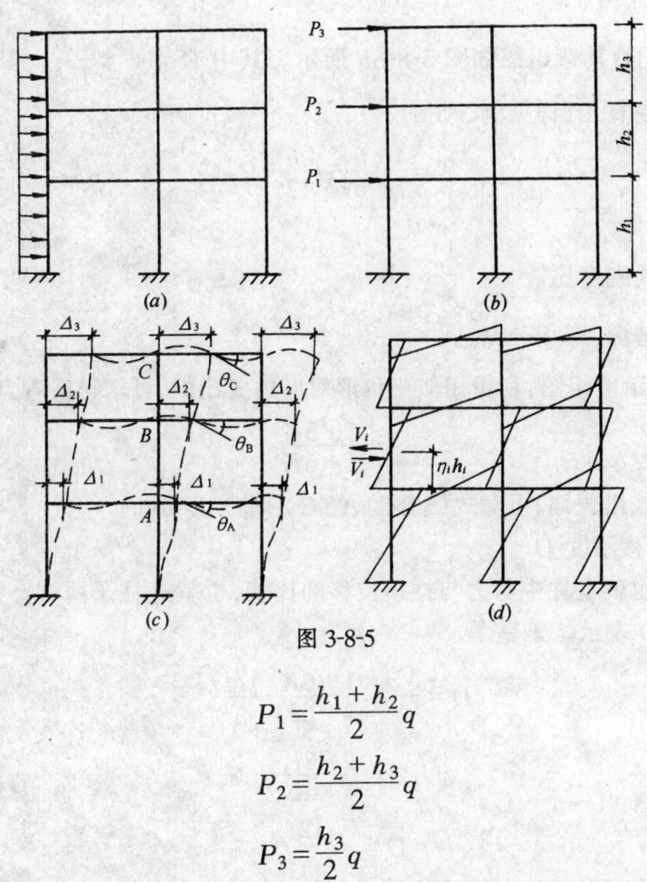

图 3-8-5

其中

$$P_1=\frac{h_1+h_2}{2}q$$

$$P_2=\frac{h_2+h_3}{2}q$$

$$P_3=\frac{h_3}{2}q$$

在水平荷载作用下，框架有侧移，梁柱节点有转角，梁柱杆件变形如图 3-8-5c 所示，梁柱杆件的弯矩图如图 3-8-5d 所示。显然，弯矩图的特点是，各杆的弯矩图均为直线，并且每根杆均有一零弯矩点，称为**反弯点**。该点无弯矩，只有剪力，若能求出各柱的剪力 V_i 及反弯点位置 ηh_i(图 3-8-5d)，那么各柱的柱端弯矩就可求出，进而再求出各梁端弯矩，这样梁柱的内力便可迎刃而解了。

D 值法就是根据这一原理建立的，其解决问题的关键有两项：

(1) 决定反弯点的位置；

(2) 决定柱子中的剪力值。

下面用一个单层单跨对称框架为例，具体阐明用 D 值法解决问题的思路。

图 3-8-6a 所示框架为对称框架，在 B 点作用着一水平集中力 P，根据第三篇第五章例

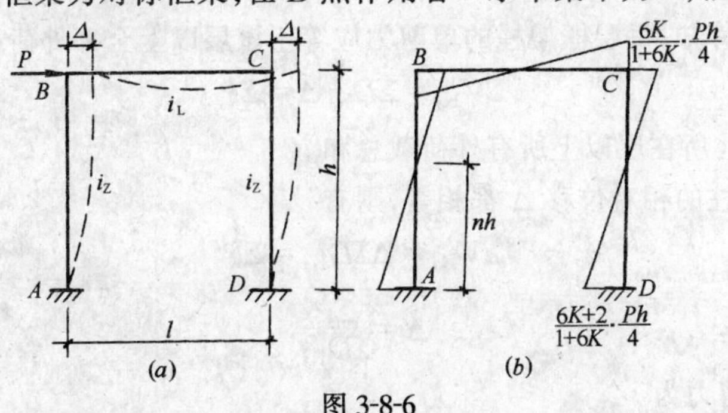

图 3-8-6

3-5-10,在一般情况下,其弯矩图如图 3-8-6b 所示。其中 $K=\frac{i_L}{i_Z}=\frac{I_r h}{I_Z l}$。其柱顶位移 Δ,利用单位荷载法很容易算出(详见例 3-5-8)

$$\Delta=\frac{4+6K}{1+6K}\cdot\frac{h^z}{12i_z}V_Z \tag{3-8-2}$$

式中

K——梁柱的线刚度比。

V_Z——柱子的剪力,即 $V_Z=\frac{P}{2}$。

由图 3-8-6b 所示弯矩图,利用相似三角形对应边成比例,可求得反弯点高度比为

$$\eta=\frac{1+3K}{1+6K} \tag{3-8-3}$$

为了再进一步找出规律,再对式(3-8-2)、(3-8-3)进一步分析。

1. 框架柱的侧移刚度 D

柱的侧移刚度也就是柱中剪力与柱顶位移的比值,也就是柱子两端产生单位侧移时柱中的剪力,一般用 D 表示。于是

$$D=\frac{V_Z}{\Delta}=\frac{1+6K}{4+6K}\cdot\frac{12i_Z}{h^2}$$

令

$$\alpha=\frac{1+6K}{4+6K}$$

则有

$$D=\alpha\cdot\frac{12i_Z}{h^2} \tag{3-8-4}$$

式中 $\boldsymbol{\frac{12i_Z}{h^2}}$**为两端固定杆发生单位侧移,即 $\boldsymbol{\Delta=1}$ 时杆中的剪力**。由于框架柱两端为刚接,非为完全固定端,故与两端固定杆相差 α 系数,**$\boldsymbol{\alpha}$ 反映了框架中梁对柱的约束作用,即梁柱线刚度比 $\boldsymbol{K}$ 对柱抗剪刚度的影响。所以 $\boldsymbol{\alpha}$ 称为梁柱刚度比影响系数。**

将式(3-8-4)代入式(3-8-2)中,得

$$V_Z=D\cdot\Delta \tag{a}$$

由式(3-8-4)及式(a)看出,对于比较复杂的框架,即使侧移相同,其各柱中的剪力也不会完全相等,由式(a)可知任一根柱的剪力应为

$$V_{Kj}=D_{Kj}\Delta \tag{3-8-5}$$

2. 剪力分配系数

由静力平衡条件知,每层框架柱的单剪力应等于该层以上全部外荷载之和,有

$$\Sigma V_{Kj}=\Sigma D_{Kj}\Delta=\Sigma P$$

式中 ΣP——K_j 柱所在层以上所有外荷载总和。

若同一层中各柱的相对位移 Δ 都相等,则有

$$\Sigma V_{Kj}=\Delta\Sigma D_{Kj}=\Sigma P$$

所以

$$\Delta=\frac{\Sigma P}{\Sigma D_{Kj}}$$

而任一 K_j 柱中的剪力为

$$V_{Kj}=\Delta\cdot D_{Kj}=\frac{D_{Kj}}{\Sigma D_{Kj}}\cdot\Sigma P$$

或
$$V_{Kj}=\rho_{Kj}\cdot\Sigma P \tag{3-8-6}$$

$\boldsymbol{\rho_{Kj}}$**称为各柱的剪力分配系数**，其值为

$$\rho_{Kj}=\frac{D_{Kj}}{\Sigma D_{Dj}}$$

式(3-8-6)即为**剪力分配公式**。

3. 反弯点高度比 η

由式(3-8-3)看出，反弯点高度比 η 是与梁柱线刚比 K 有关的，当横梁刚度很弱(即 $K\approx0$)时，则 $\eta=1.0$，这说明反弯点移至柱顶，横梁对柱的约束相当于铰支链杆；当横梁刚度很强(即 $K=\infty$)时，$\eta=0.5$，这说明反弯点在柱子的中点，柱端横梁处可看成是固定端，它就是 D 值法的特殊情况——**反弯点法**的适用条件；即一般情况下，η 在 0.5～1 之间变化(可参考例 3-5-10)。

综上所述，对于多层多跨框架，在水平荷载作用下，如能求出框架柱的侧移刚度，就可以确定各柱的剪力；如再将反弯点高度比 η 求出，那就完全可以解决框架的内力计算问题。D 值法就是基于这种原理建立的。

第四节　多层多跨框架柱侧移刚度 D 的确定

一、规则框架一般 D 值的确定

所谓**规则框架**，是指层高、跨度、柱的线刚度和梁的线刚度分别全相等的多层多跨框架。

1. 侧移刚度 D 的表达式

设从规则框架中任意取出中间一部分，如图 3-8-7 所示。因其是规则框架中的一部分，故可假定 $\theta_j=\theta_K=\theta_w=\theta_n=\theta$，即各节点转角均相等，此处各柱的 Δ/h 也都相等。因此，所有横梁的杆端弯矩都彼此相等；所有柱子的杆端弯矩和剪力也都彼此相等。由两端固定杆的转角位移方程可得，梁端弯矩及柱端弯矩、剪力的表达式为

$$M_L=6i_L\theta$$
$$M_Z=6i_Z\theta-6i_Z\Delta/h$$
$$V_Z=-12i_Z/h(\theta-\Delta/h)$$

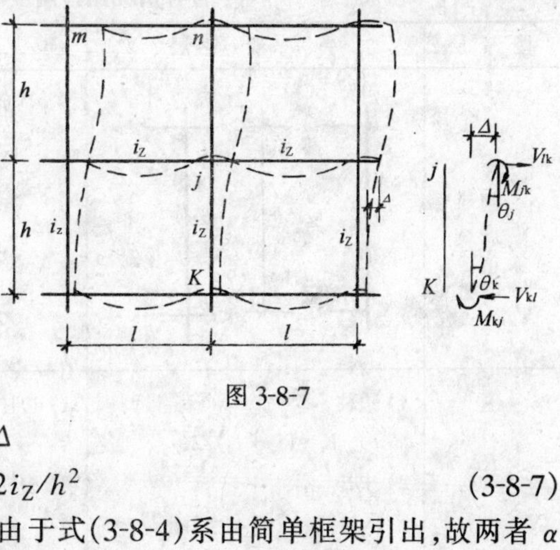

由 $\Sigma M_J=0$ 得

$$2M_Z+2M_L=0$$

有
$$12i_Z-12i_Z\Delta/h+12i_L\theta=0$$

得
$$\theta=i_Z/(i_Z+i_L)\cdot\Delta/h$$

图 3-8-7

将 θ 代入上述 V_Z 式中并注意到 $D=V_Z/\Delta$

得
$$D=\alpha\cdot12i_Z/h^2 \tag{3-8-7}$$

从形式上看式(3-8-7)与式(3-8-4)相同，但由于式(3-8-4)系由简单框架引出，故两者 α 的取值不同，此处

$$\alpha = K/(2+K)$$

式中

$$K = 2i_L/i_Z$$

即

$$K = (i_{L左} + i_{L右})/i_Z \tag{3-8-8}$$

K 称为梁柱线刚比，此处应为左右梁的线刚度与柱的线刚度之比。

2. 不同情况 K 值的确定

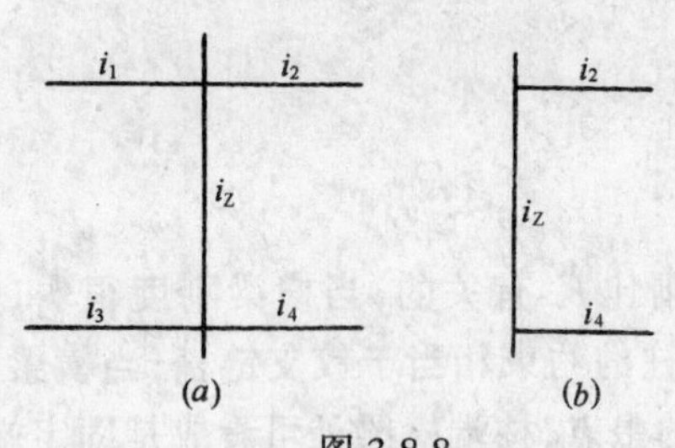

图 3-8-8

由于上述公式(3-8-8)系由规则框架导出，因此当框架不规则时，或是对特定位置的框架柱而言，K 的取值是不一样的，但 D 的表达式仍相同。

(1) 当上下左右梁的线刚度不相等时

如图 3-8-8a 所示，计算 K 时，梁的线刚度可近似地取上下梁的线刚度的平均值。

即

$$K = [(i_1+i_3)/2 + (i_2+i_4)/2]/i_Z = \Sigma i_L/2i_Z \tag{3-8-9}$$

(2) 当计算边柱时

如图 3-8-8b 所示，由式(3-8-9)得

$$K = (i_2+i_4)/2i_Z \tag{3-8-10}$$

二、底层(最下层)柱的 D 值计算

由于底层柱的下端即柱脚为支座，不是一般梁，故其侧移刚度 D 不同于其他各层。为计算方便，D 值的计算公式仍假设与前相同，只根据具体情况修正梁柱刚比影响系数 α。

1. 当柱脚为固定端时：

$$\alpha = (0.5+K)/(2+K) \tag{3-8-11}$$

2. 当柱脚为铰接时：

$$\alpha = 0.5K/(1+2K) \tag{3-8-12}$$

上述 K 值仍用式(3-8-9)计算。为以后计算方便，将各种情况下框架的侧移刚度修正系数 α 的计算公式及常用数值分别列于表 3-8-1 和表 3-8-2 中。

各种情况侧移刚度修正系数 α 的计算公式 表 3-8-1

楼层	一般层	底层	
线刚度值	1) i_2，i_Z，i_4，h；2) i_1 i_2，i_Z，i_3 i_4	1) i_2，i_Z，h；2) i_1 i_2，i_Z	1) i_2，i_Z，h；2) i_1 i_2，i_Z
K	1) 边柱 $K=(i_2+i_4)/2i_Z$ 2) 中柱 $K=(i_1+i_3+i_2+i_4)/2i_Z$	1) 边柱 $K=i_2/i_Z$ 2) 中柱 $K=(i_1+i_2)/i_Z$	1) 边柱 $K=i_2/i_Z$ 2) 中柱 $K=(i_1+i_2)/i_Z$
α	$\alpha=K/(2+K)$	$\alpha=(0.5+K)/(2+K)$	$\alpha=0.5K/(1+2K)$

各种情况下侧移刚度系数 α 的值 **表 3-8-2**

K	一般层 $\alpha=\frac{K}{2+K}$	固定 $\alpha=\frac{0.5+K}{2+K}$	铰接 $\alpha=\frac{0.3K}{1+2K}$
0.1	0.05	0.29	0.042
0.2	0.09	0.32	0.071
0.3	0.13	0.35	0.094
0.4	0.17	0.38	0.11
0.5	0.20	0.40	0.13
0.6	0.23	0.42	0.14
0.7	0.26	0.44	0.15
0.8	0.29	0.46	0.15
0.9	0.31	0.48	0.16
1.0	0.33	0.50	0.17
1.2	0.37	0.53	0.18
1.4	0.41	0.56	0.18
1.6	0.44	0.58	0.19
1.8	0.47	0.61	0.20
2.0	0.50	0.63	0.20
3.0	0.60	0.70	0.21
4.0	0.67	0.75	0.22
5.0	0.71	0.79	0.23
10.0	0.83	0.88	0.24
20.0	0.91	0.93	0.24
30.0	0.94	0.95	0.25
40.0	0.95	0.96	0.25
∞	1.00	1.00	0.25

综上所述,柱中剪力的计算过程如下:

(1) 计算各柱的侧移刚度修正系数 α

可用表 3-8-1 和表 3-8-2 进行计算。

(2) 计算各柱的侧移刚度 D

$$D=\alpha\cdot 12 i_Z/h^2$$

(3) 计算各柱的剪力值

$$V_{Kj}=(D_{Kj}/\Sigma D_{Kj})\Sigma P$$

如果计算第 n 层第 j 柱的剪力 V_{nj},可采用下列公式

$$V_{nj}=(D_{nj}/\Sigma D_n)\Sigma P_n \tag{3-8-13}$$

式中 V_{nj}——第 n 层第 j 柱的剪力;

D_{nj}——第 n 层第 j 柱的侧移刚度 D;

ΣD_n——第 n 层所有柱的 D 的总和;

P_n——第 n 层以上水平荷载的总和,即第 n 层的总剪力。

第五节　反弯点高度比的确定

如前所述,柱子反弯点的高度,取决于柱上下两端的梁对它的约束作用。亦即,由梁柱的线刚比所决定。对任一框架而言,影响反弯点位置的因素主要有以下三项:

(1) 该柱所在的楼层的位置;

(2) 上下梁的相对线刚度的比值;

(3) 上下层层高的变化。

下面我们具体分析一下。

一、规则框架的反弯点高度比 η_0

对规则框架而言,其反弯点高度比仅与框架的层数、柱子所在的楼层及梁柱线刚比 K 等三种因素有关,故又称其为**标准反弯点高度比**。为简化内容,本书不做具体推导,只将框架在均布水平荷载及倒三角形荷载作用下的标准反弯点高度比 η_0 列于表 3-8-3 和表 3-8-4 中,计算时可直接查用。

规则框架承受均布水平力作用的反弯点高度比 η_0 值　　　　**表 3-8-3**

m	n \ k	0.1	0.2	0.3	0.4	0.5	0.6	0.7	0.8	0.9	1.0	2.0	3.0	4.0	5.0
1	1	0.80	0.75	0.70	0.65	0.65	0.60	0.60	0.60	0.60	0.55	0.55	0.55	0.55	0.55
2	2	0.45	0.40	0.35	0.35	0.35	0.35	0.40	0.40	0.40	0.40	0.45	0.45	0.45	0.45
	1	0.95	0.80	0.75	0.70	0.65	0.65	0.65	0.60	0.60	0.60	0.55	0.55	0.55	0.55
3	3	0.15	0.20	0.20	0.25	0.30	0.30	0.30	0.35	0.35	0.35	0.40	0.45	0.45	0.45
	2	0.55	0.50	0.45	0.45	0.45	0.45	0.45	0.45	0.45	0.45	0.45	0.50	0.50	0.50
	1	1.00	0.85	0.80	0.75	0.70	0.70	0.65	0.65	0.65	0.60	0.55	0.55	0.55	0.55
4	4	−0.05	0.05	0.15	0.20	0.25	0.30	0.30	0.35	0.35	0.35	0.40	0.45	0.45	0.45
	3	0.25	0.30	0.30	0.35	0.35	0.40	0.40	0.40	0.40	0.45	0.45	0.50	0.50	0.50
	2	0.65	0.55	0.50	0.50	0.45	0.45	0.45	0.45	0.45	0.45	0.50	0.50	0.50	0.50
	1	1.10	0.90	0.80	0.75	0.70	0.70	0.65	0.65	0.65	0.60	0.55	0.55	0.55	0.55
5	5	−0.20	0.00	0.15	0.20	0.25	0.30	0.30	0.30	0.35	0.35	0.40	0.45	0.45	0.45
	4	0.10	0.20	0.25	0.30	0.35	0.35	0.40	0.40	0.40	0.40	0.45	0.45	0.50	0.50
	3	0.40	0.40	0.40	0.40	0.40	0.45	0.45	0.45	0.45	0.45	0.50	0.50	0.50	0.50
	2	0.65	0.55	0.50	0.50	0.50	0.50	0.50	0.50	0.50	0.50	0.50	0.50	0.50	0.50
	1	1.20	0.95	0.80	0.75	0.75	0.70	0.70	0.65	0.65	0.65	0.55	0.55	0.55	0.55
6	6	−0.30	0.00	0.10	0.20	0.25	0.25	0.30	0.30	0.35	0.35	0.40	0.45	0.45	0.45
	5	0.00	0.20	0.25	0.30	0.35	0.35	0.40	0.40	0.40	0.40	0.45	0.45	0.50	0.50
	4	0.20	0.30	0.35	0.35	0.40	0.40	0.40	0.45	0.45	0.45	0.45	0.50	0.50	0.50

续表

m	n \ k	0.1	0.2	0.3	0.4	0.5	0.6	0.7	0.8	0.9	1.0	2.0	3.0	4.0	5.0
6	3	0.40	0.40	0.40	0.45	0.45	0.45	0.45	0.45	0.45	0.45	0.50	0.50	0.50	0.50
	2	0.70	0.60	0.55	0.50	0.50	0.50	0.50	0.50	0.50	0.50	0.50	0.50	0.50	0.50
	1	1.20	0.95	0.85	0.80	0.75	0.70	0.70	0.65	0.65	0.65	0.55	0.55	0.55	0.55
7	7	−0.35	−0.05	0.10	0.20	0.20	0.25	0.30	0.30	0.35	0.35	0.40	0.45	0.45	0.45
	6	−0.10	0.15	0.25	0.30	0.35	0.35	0.35	0.40	0.40	0.40	0.45	0.45	0.50	0.50
	5	0.10	0.25	0.30	0.35	0.40	0.40	0.40	0.45	0.45	0.45	0.45	0.50	0.50	0.50
	4	0.30	0.35	0.40	0.40	0.40	0.45	0.45	0.45	0.45	0.45	0.50	0.50	0.50	0.50
	3	0.50	0.45	0.45	0.45	0.45	0.45	0.45	0.45	0.45	0.45	0.50	0.50	0.50	0.50
	2	0.75	0.60	0.55	0.50	0.50	0.50	0.50	0.50	0.50	0.50	0.50	0.50	0.50	0.50
	1	1.20	0.95	0.85	0.80	0.75	0.70	0.70	0.65	0.65	0.65	0.55	0.55	0.55	0.55
8	8	−0.35	−0.15	0.10	0.15	0.25	0.25	0.30	0.30	0.35	0.35	0.40	0.45	0.45	0.45
	7	−0.10	0.15	0.25	0.30	0.35	0.35	0.40	0.40	0.40	0.40	0.45	0.50	0.50	0.50
	6	0.05	0.25	0.30	0.35	0.40	0.40	0.40	0.45	0.45	0.45	0.45	0.50	0.50	0.50
	5	0.20	0.30	0.35	0.40	0.40	0.45	0.45	0.45	0.45	0.45	0.50	0.50	0.50	0.50
	4	0.35	0.40	0.40	0.45	0.45	0.45	0.45	0.45	0.45	0.45	0.50	0.50	0.50	0.50
	3	0.50	0.45	0.45	0.45	0.45	0.45	0.45	0.45	0.50	0.50	0.50	0.50	0.50	0.50
	2	0.75	0.60	0.55	0.55	0.50	0.50	0.50	0.50	0.50	0.50	0.50	0.50	0.50	0.50
	1	1.20	1.00	0.85	0.80	0.75	0.70	0.70	0.65	0.65	0.65	0.55	0.55	0.55	0.55
9	9	−0.40	−0.05	0.10	0.20	0.25	0.25	0.30	0.30	0.35	0.35	0.45	0.45	0.45	0.45
	8	−0.15	0.15	0.25	0.30	0.35	0.35	0.35	0.40	0.40	0.40	0.45	0.45	0.50	0.50
	7	0.05	0.25	0.30	0.35	0.40	0.40	0.40	0.45	0.45	0.45	0.45	0.50	0.50	0.50
	6	0.15	0.30	0.35	0.40	0.40	0.45	0.45	0.45	0.45	0.45	0.50	0.50	0.50	0.50
	5	0.25	0.35	0.40	0.40	0.45	0.45	0.45	0.45	0.45	0.45	0.50	0.50	0.50	0.50
	4	0.40	0.40	0.40	0.45	0.45	0.45	0.45	0.45	0.45	0.45	0.50	0.50	0.50	0.50
	3	0.55	0.45	0.45	0.45	0.45	0.45	0.45	0.45	0.50	0.50	0.50	0.50	0.50	0.50
	2	0.80	0.65	0.55	0.55	0.50	0.50	0.50	0.50	0.50	0.50	0.50	0.50	0.50	0.50
	1	1.20	1.00	0.85	0.80	0.75	0.70	0.70	0.65	0.65	0.65	0.55	0.55	0.55	0.55
10	10	−0.40	−0.05	0.10	0.20	0.25	0.30	0.30	0.30	0.35	0.35	0.40	0.45	0.45	0.45
	9	−0.15	0.15	0.25	0.30	0.35	0.35	0.40	0.40	0.40	0.40	0.45	0.45	0.50	0.50
	8	0.00	0.25	0.30	0.35	0.40	0.40	0.40	0.45	0.45	0.45	0.45	0.50	0.50	0.50
	7	0.10	0.30	0.35	0.40	0.40	0.45	0.45	0.45	0.45	0.45	0.50	0.50	0.50	0.50
	6	0.20	0.35	0.40	0.40	0.45	0.45	0.45	0.45	0.45	0.45	0.50	0.50	0.50	0.50
	5	0.30	0.40	0.40	0.45	0.45	0.45	0.45	0.45	0.45	0.50	0.50	0.50	0.50	0.50
	4	0.40	0.40	0.45	0.45	0.45	0.45	0.45	0.45	0.45	0.50	0.50	0.50	0.50	0.50
	3	0.55	0.50	0.45	0.45	0.45	0.50	0.50	0.50	0.50	0.50	0.50	0.50	0.50	0.50
	2	0.80	0.65	0.55	0.55	0.55	0.50	0.50	0.50	0.50	0.50	0.50	0.50	0.50	0.50
	1	1.30	1.00	0.85	0.80	0.75	0.70	0.70	0.65	0.65	0.65	0.60	0.55	0.55	0.55

续表

m	n \ k	0.1	0.2	0.3	0.4	0.5	0.6	0.7	0.8	0.9	1.0	2.0	3.0	4.0	5.0
11	11	−0.40	0.05	0.10	0.20	0.25	0.30	0.30	0.30	0.35	0.35	0.40	0.45	0.45	0.45
	10	−0.15	0.15	0.25	0.30	0.35	0.35	0.40	0.40	0.40	0.40	0.45	0.45	0.50	0.50
	9	0.00	0.25	0.30	0.35	0.40	0.40	0.40	0.45	0.45	0.45	0.45	0.50	0.50	0.50
	8	0.10	0.30	0.35	0.40	0.40	0.45	0.45	0.45	0.45	0.45	0.50	0.50	0.50	0.50
	7	0.20	0.35	0.40	0.45	0.45	0.45	0.45	0.45	0.45	0.45	0.50	0.50	0.50	0.50
	6	0.25	0.35	0.40	0.45	0.45	0.45	0.45	0.45	0.45	0.45	0.50	0.50	0.50	0.50
	5	0.35	0.40	0.40	0.45	0.45	0.45	0.45	0.45	0.45	0.50	0.50	0.50	0.50	0.50
	4	0.40	0.45	0.45	0.45	0.45	0.45	0.45	0.50	0.50	0.50	0.50	0.50	0.50	0.50
	3	0.55	0.50	0.50	0.50	0.50	0.50	0.50	0.50	0.50	0.50	0.50	0.50	0.50	0.50
	2	0.80	0.65	0.60	0.55	0.55	0.50	0.50	0.50	0.50	0.50	0.50	0.50	0.50	0.50
	1	1.30	1.00	0.85	0.80	0.75	0.70	0.70	0.65	0.65	0.65	0.60	0.55	0.55	0.55
12以上	1	−0.40	−0.05	0.10	0.20	0.25	0.30	0.30	0.30	0.35	0.35	0.40	0.45	0.45	0.45
	2	−0.15	0.15	0.25	0.30	0.35	0.35	0.40	0.40	0.40	0.40	0.45	0.45	0.50	0.50
	3	0.00	0.25	0.30	0.35	0.40	0.40	0.40	0.45	0.45	0.45	0.50	0.50	0.50	0.50
	4	0.10	0.30	0.35	0.40	0.40	0.45	0.45	0.45	0.45	0.45	0.50	0.50	0.50	0.50
	5	0.20	0.35	0.40	0.40	0.45	0.45	0.45	0.45	0.45	0.45	0.50	0.50	0.50	0.50
	6	0.25	0.35	0.40	0.45	0.45	0.45	0.45	0.45	0.45	0.45	0.50	0.50	0.50	0.50
	7	0.30	0.40	0.40	0.45	0.45	0.45	0.45	0.45	0.50	0.50	0.50	0.50	0.50	0.50
	8	0.35	0.40	0.45	0.45	0.45	0.45	0.45	0.50	0.50	0.50	0.50	0.50	0.50	0.50
	中间	0.40	0.40	0.45	0.45	0.45	0.45	0.50	0.50	0.50	0.50	0.50	0.50	0.50	0.50
	4	0.45	0.45	0.45	0.45	0.50	0.50	0.50	0.50	0.50	0.50	0.50	0.50	0.50	0.50
	3	0.60	0.50	0.50	0.50	0.50	0.50	0.50	0.50	0.50	0.50	0.50	0.50	0.50	0.50
	2	0.80	0.65	0.60	0.55	0.55	0.50	0.50	0.50	0.50	0.50	0.50	0.50	0.50	0.50
	1	1.30	1.00	0.85	0.80	0.75	0.70	0.70	0.65	0.65	0.65	0.55	0.55	0.55	0.55

规则框架承受倒三角形分布水平力作用反弯点高度比 η_0 值 **表 3-8-4**

m	n \ k	0.1	0.2	0.3	0.4	0.5	0.6	0.7	0.8	0.9	1.0	2.0	3.0	4.0	5.0
1	1	0.80	0.75	0.70	0.65	0.65	0.60	0.60	0.60	0.60	0.55	0.55	0.55	0.55	0.55
2	2	0.50	0.45	0.40	0.40	0.40	0.40	0.40	0.40	0.40	0.45	0.45	0.45	0.45	0.50
	1	1.00	0.85	0.75	0.70	0.70	0.65	0.65	0.65	0.60	0.60	0.55	0.55	0.55	0.55
3	3	0.25	0.25	0.25	0.30	0.30	0.35	0.35	0.35	0.40	0.40	0.45	0.45	0.45	0.50
	2	0.60	0.50	0.50	0.50	0.50	0.45	0.45	0.45	0.45	0.45	0.50	0.50	0.50	0.50
	1	1.15	0.90	0.80	0.75	0.75	0.70	0.70	0.65	0.65	0.65	0.60	0.55	0.55	0.55
4	4	0.10	0.15	0.20	0.25	0.30	0.30	0.35	0.35	0.35	0.40	0.45	0.45	0.45	0.45
	3	0.35	0.35	0.35	0.40	0.40	0.40	0.40	0.45	0.45	0.45	0.45	0.50	0.50	0.50

续表

m	n \ k	0.1	0.2	0.3	0.4	0.5	0.6	0.7	0.8	0.9	1.0	2.0	3.0	4.0	5.0
4	2	0.70	0.60	0.55	0.50	0.50	0.50	0.50	0.50	0.50	0.50	0.50	0.50	0.50	0.50
	1	1.20	0.95	0.85	0.80	0.75	0.70	0.70	0.70	0.65	0.65	0.55	0.55	0.55	0.55
5	5	−0.05	0.10	0.20	0.25	0.30	0.30	0.35	0.35	0.35	0.35	0.40	0.45	0.45	0.45
	4	0.20	0.25	0.35	0.35	0.40	0.40	0.40	0.40	0.40	0.45	0.45	0.50	0.50	0.50
	3	0.45	0.40	0.45	0.45	0.45	0.45	0.45	0.45	0.45	0.45	0.50	0.50	0.50	0.50
	2	0.75	0.60	0.55	0.55	0.50	0.50	0.50	0.50	0.50	0.50	0.50	0.50	0.50	0.50
	1	1.30	1.00	0.85	0.80	0.75	0.70	0.70	0.65	0.65	0.65	0.65	0.55	0.55	0.55
6	6	−0.15	0.05	0.15	0.20	0.25	0.30	0.30	0.35	0.35	0.35	0.40	0.45	0.45	0.45
	5	0.10	0.25	0.30	0.35	0.35	0.40	0.40	0.40	0.45	0.45	0.45	0.50	0.50	0.50
	4	0.30	0.35	0.40	0.40	0.45	0.45	0.45	0.45	0.45	0.45	0.50	0.50	0.50	0.50
	3	0.50	0.45	0.45	0.45	0.45	0.45	0.45	0.45	0.45	0.50	0.50	0.50	0.50	0.50
	2	0.80	0.65	0.55	0.55	0.55	0.55	0.50	0.50	0.50	0.50	0.50	0.50	0.50	0.50
	1	1.30	1.00	0.85	0.80	0.75	0.70	0.70	0.65	0.65	0.65	0.60	0.55	0.55	0.55
7	7	−0.20	0.05	0.15	0.20	0.25	0.30	0.30	0.35	0.35	0.35	0.45	0.45	0.45	0.45
	6	0.05	0.20	0.30	0.35	0.35	0.40	0.40	0.40	0.40	0.45	0.45	0.50	0.50	0.50
	5	0.20	0.30	0.35	0.40	0.40	0.45	0.45	0.45	0.45	0.45	0.50	0.50	0.50	0.50
	4	0.35	0.40	0.40	0.45	0.45	0.45	0.45	0.45	0.45	0.45	0.50	0.50	0.50	0.50
	3	0.55	0.50	0.50	0.50	0.50	0.50	0.50	0.50	0.50	0.50	0.50	0.50	0.50	0.50
	2	0.80	0.65	0.60	0.55	0.55	0.55	0.50	0.50	0.50	0.50	0.50	0.50	0.50	0.50
	1	1.30	1.00	0.90	0.80	0.75	0.70	0.70	0.70	0.65	0.65	0.60	0.55	0.55	0.55
8	8	−0.20	0.05	0.15	0.20	0.25	0.30	0.30	0.35	0.35	0.35	0.45	0.45	0.45	0.45
	7	0.00	0.20	0.30	0.35	0.35	0.40	0.40	0.40	0.40	0.45	0.45	0.50	0.50	0.50
	6	0.15	0.30	0.35	0.40	0.40	0.45	0.45	0.45	0.45	0.45	0.50	0.50	0.50	0.50
	5	0.30	0.45	0.40	0.45	0.45	0.45	0.45	0.45	0.45	0.45	0.50	0.50	0.50	0.50
	4	0.40	0.45	0.45	0.45	0.45	0.45	0.45	0.50	0.50	0.50	0.50	0.50	0.50	0.50
	3	0.60	0.50	0.50	0.50	0.50	0.50	0.50	0.50	0.50	0.50	0.50	0.50	0.50	0.50
	2	0.85	0.65	0.60	0.55	0.55	0.55	0.50	0.50	0.50	0.50	0.50	0.50	0.50	0.50
	1	1.30	1.00	0.90	0.80	0.75	0.70	0.70	0.70	0.65	0.65	0.60	0.55	0.55	0.55
9	9	−0.25	0.00	0.15	0.20	0.25	0.30	0.30	0.35	0.35	0.40	0.45	0.45	0.45	0.45
	8	−0.00	0.20	0.30	0.35	0.35	0.40	0.40	0.40	0.40	0.45	0.45	0.50	0.50	0.50
	7	0.15	0.30	0.35	0.40	0.40	0.45	0.45	0.45	0.45	0.45	0.50	0.50	0.50	0.50
	6	0.25	0.35	0.40	0.40	0.45	0.45	0.45	0.45	0.45	0.50	0.50	0.50	0.50	0.50
	5	0.35	0.40	0.45	0.45	0.45	0.45	0.45	0.45	0.50	0.50	0.50	0.50	0.50	0.50
	4	0.45	0.45	0.45	0.45	0.45	0.50	0.50	0.50	0.50	0.50	0.50	0.50	0.50	0.50
	3	0.60	0.50	0.50	0.50	0.50	0.50	0.50	0.50	0.50	0.50	0.50	0.50	0.50	0.50
	2	0.85	0.65	0.60	0.55	0.55	0.55	0.55	0.50	0.50	0.50	0.50	0.50	0.50	0.50
	1	1.35	1.00	0.90	0.80	0.75	0.75	0.70	0.70	0.65	0.65	0.60	0.55	0.55	0.55

续表

m	n \ k	0.1	0.2	0.3	0.4	0.5	0.6	0.7	0.8	0.9	1.0	2.0	3.0	4.0	5.0
10	10	−0.25	0.00	0.15	0.20	0.25	0.30	0.30	0.35	0.35	0.40	0.45	0.45	0.45	0.45
	9	−0.05	0.20	0.30	0.35	0.35	0.40	0.40	0.40	0.40	0.45	0.45	0.50	0.50	0.50
	8	0.10	0.30	0.35	0.40	0.40	0.40	0.45	0.45	0.45	0.45	0.50	0.50	0.50	0.50
	7	0.20	0.35	0.40	0.40	0.45	0.45	0.45	0.45	0.45	0.50	0.50	0.50	0.50	0.50
	6	0.30	0.40	0.40	0.45	0.45	0.45	0.45	0.45	0.45	0.50	0.50	0.50	0.50	0.50
	5	0.40	0.45	0.45	0.45	0.45	0.45	0.45	0.50	0.50	0.50	0.50	0.50	0.50	0.50
	4	0.50	0.45	0.45	0.45	0.50	0.50	0.50	0.50	0.50	0.50	0.50	0.50	0.50	0.50
	3	0.60	0.55	0.50	0.50	0.50	0.50	0.50	0.50	0.50	0.50	0.50	0.50	0.50	0.50
	2	0.85	0.65	0.60	0.55	0.55	0.55	0.55	0.50	0.50	0.50	0.50	0.50	0.50	0.50
	1	1.35	1.00	0.90	0.80	0.75	0.75	0.70	0.70	0.65	0.65	0.60	0.55	0.55	0.55
11	11	−0.25	0.00	0.15	0.20	0.25	0.30	0.30	0.30	0.35	0.35	0.45	0.45	0.45	0.45
	10	−0.05	0.20	0.25	0.30	0.35	0.40	0.40	0.40	0.40	0.45	0.45	0.50	0.50	0.50
	9	0.10	0.30	0.35	0.40	0.40	0.40	0.45	0.45	0.45	0.45	0.50	0.50	0.50	0.50
	8	0.20	0.35	0.40	0.40	0.45	0.45	0.45	0.45	0.45	0.45	0.50	0.50	0.50	0.50
	7	0.25	0.40	0.40	0.45	0.45	0.45	0.45	0.45	0.45	0.50	0.50	0.50	0.50	0.50
	6	0.35	0.40	0.45	0.45	0.45	0.45	0.45	0.50	0.50	0.50	0.50	0.50	0.50	0.50
	5	0.40	0.45	0.45	0.45	0.45	0.50	0.50	0.50	0.50	0.50	0.50	0.50	0.50	0.50
	4	0.50	0.50	0.50	0.50	0.50	0.50	0.50	0.50	0.50	0.50	0.50	0.50	0.50	0.50
	3	0.65	0.55	0.50	0.50	0.50	0.50	0.50	0.50	0.50	0.50	0.50	0.50	0.50	0.50
	2	0.85	0.65	0.60	0.55	0.55	0.55	0.55	0.50	0.50	0.50	0.50	0.50	0.50	0.50
	1	1.35	1.05	0.90	0.80	0.75	0.75	0.70	0.70	0.65	0.65	0.60	0.55	0.55	0.55
12以上	1	−0.30	0.00	0.15	0.20	0.25	0.30	0.30	0.30	0.35	0.35	0.40	0.45	0.45	0.45
	2	−0.10	0.20	0.25	0.30	0.35	0.40	0.40	0.40	0.40	0.40	0.45	0.45	0.45	0.45
	3	0.05	0.25	0.35	0.40	0.40	0.40	0.45	0.45	0.45	0.45	0.45	0.50	0.50	0.50
	4	0.15	0.30	0.40	0.40	0.45	0.45	0.45	0.45	0.45	0.45	0.45	0.50	0.50	0.50
	5	0.25	0.35	0.50	0.45	0.45	0.45	0.45	0.45	0.45	0.45	0.50	0.50	0.50	0.50
	6	0.30	0.40	0.50	0.45	0.45	0.45	0.45	0.50	0.50	0.50	0.50	0.50	0.50	0.50
	7	0.35	0.40	0.55	0.45	0.45	0.45	0.50	0.50	0.50	0.50	0.50	0.50	0.50	0.50
	8	0.35	0.45	0.55	0.45	0.50	0.50	0.50	0.50	0.50	0.50	0.50	0.50	0.50	0.50
	中间	0.45	0.45	0.55	0.45	0.50	0.50	0.50	0.50	0.50	0.50	0.50	0.50	0.50	0.50
	4	0.55	0.50	0.50	0.50	0.50	0.50	0.50	0.50	0.50	0.50	0.50	0.50	0.50	0.50
	3	0.65	0.55	0.50	0.50	0.50	0.50	0.50	0.50	0.50	0.50	0.50	0.50	0.50	0.50
	2	0.70	0.70	0.60	0.55	0.55	0.55	0.55	0.50	0.50	0.50	0.50	0.50	0.50	0.50
	1	1.35	1.05	0.90	0.80	0.75	0.70	0.70	0.70	0.65	0.65	0.60	0.55	0.55	0.55

二、非规则框架反弯点高度比的修正

对非规则框架而言，柱子反弯点高度比的影响因素除与规则框架相同外，还与上下梁的线刚比，上下层层高的变化等因素有关。

1．上下梁的刚度不同时反弯点高度比的修正值 η_1

当上下梁的线刚度不同时，相当于柱子两端的约束情况有差别，应在标准反弯点基础上予以修正，其修正值为 η_1。修正的方法是将反弯点的位置 $\eta_0 h$ 向上或向下移动 $\eta_1 h$，计算时 η_1 可根据系数 α_1 和 K 查表 3-8-5 获得，其中

$$\alpha_1 = \Sigma i_{L上} / \Sigma i_{L下}$$

当上梁线刚度较下梁线刚度大时，则有

$$\alpha_1 = \Sigma i_{L下} / \Sigma i_{L上}$$

2．层高变化时反弯点高度比的修正值 η_2 和 η_3

上下梁相对线刚度变化时反弯点高度比的修正值 η_1　　表 3-8-5

α_1 \ k	0.1	0.2	0.3	0.4	0.5	0.6	0.7	0.8	0.9	1.0	2.0	3.0	4.0	5.0
0.4	0.55	0.40	0.30	0.25	0.20	0.20	0.20	0.15	0.15	0.15	0.05	0.05	0.05	0.05
0.5	0.45	0.30	0.20	0.20	0.15	0.15	0.15	0.10	0.10	0.10	0.05	0.05	0.05	0.50
0.6	0.30	0.20	0.15	0.15	0.10	0.10	0.10	0.10	0.05	0.05	0.05	0.05	0	0
0.7	0.20	0.15	0.10	0.10	0.10	0.10	0.05	0.05	0.05	0.05	0.05	0	0	0
0.8	0.15	0.10	0.05	0.05	0.05	0.05	0.05	0.05	0.05	0	0	0	0	0
0.9	0.05	0.05	0.05	0.05	0	0	0	0	0	0	0	0	0	0

当柱所在层的层高与其上层或下层的层高不等时，柱子反弯点的位置也要发生变化，如上层较高时，表示柱子上端的约束弱，则反弯点从标准反弯点上移，移动值为 $\eta_2 h$；如下层较高时，表示柱子下端约束较弱，则反弯点从标准反弯点下移，移动值为 $\eta_3 h$。其中 η_2、η_3 可查表 3-8-6 求得。

上下层高变化时反弯点高度比的修正值 η_2 和 η_3　　表 3-8-6

α_2	α_3 \ k	0.1	0.2	0.3	0.4	0.5	0.6	0.7	0.8	0.9	1.0	2.0	3.0	4.0	5.0
2.0		0.25	0.15	0.15	0.10	0.10	0.10	0.10	0.10	0.05	0.05	0.05	0.05	0.0	0.0
1.8		0.20	0.15	0.10	0.10	0.10	0.05	0.05	0.05	0.05	0.05	0.05	0.0	0.0	0.0
1.6	0.4	0.15	0.10	0.10	0.05	0.05	0.05	0.05	0.05	0.05	0.05	0.0	0.0	0.0	0.0
1.4	0.6	0.10	0.05	0.05	0.05	0.05	0.05	0.05	0.05	0.05	0.0	0.0	0.0	0.0	0.0
1.2	0.8	0.05	0.05	0.05	0.0	0.0	0.0	0.0	0.0	0.0	0.0	0.0	0.0	0.0	0.0
1.0	1.0	0.0	0.0	0.0	0.0	0.0	0.0	0.0	0.0	0.0	0.0	0.0	0.0	0.0	0.0
0.8	1.2	−0.05	−0.05	−0.05	0.0	0.0	0.0	0.0	0.0	0.0	0.0	0.0	0.0	0.0	0.0
0.6	1.4	−0.10	−0.05	−0.05	−0.05	−0.05	−0.05	−0.05	−0.05	−0.05	0.0	0.0	0.0	0.0	0.0
0.4	1.6	−0.15	−0.10	−0.10	−0.05	−0.05	−0.05	−0.05	−0.05	−0.05	−0.05	0.0	0.0	0.0	0.0
	1.8	−0.20	−0.15	−0.10	−0.10	−0.10	−0.05	−0.05	−0.05	−0.05	−0.05	−0.05	0.0	0.0	0.0
	2.0	−0.25	−0.15	−0.15	−0.10	−0.10	−0.10	−0.10	−0.10	−0.05	−0.05	−0.05	−0.05	0.0	0.0

经上述分析可知，柱子的最终反弯点高度比 η 应综合各种因素，一般由下式确定

$$\eta=\eta_0+\eta_1+\eta_2+\eta_3$$

式中

η——柱子的反弯点高度比；

η_0——标准反弯点高度比，根据上下梁的平均线刚度与柱的线刚度的比值即 K 值、总层数 m 及该层位置 n 并结合外荷载的作用情况由表 3-8-3 和表 3-8-4 查得；

η_1——上下梁的线刚度不同时柱子反弯点高度比的修正值，由 K 及上下梁的线刚度比值 α_1 查表 3-8-5 求得，对于最下层可不考虑；

η_2——上层层高变化时柱子反弯点高度比的修正值，由上层层高与该层层高的比值 α_2 及 K 查表 3-8-6 求得，对于最上层可不考虑；

η_3——下层层高变化时柱子反弯点高度比的修正值，由下层层高与该层层高的比值 α_3 及 K 查表 3-8-6 求得，对于最下层可不考虑。

综上所述，D 值法求解框架结构的内力的计算步骤可归纳如下：

1．计算柱中剪力

(1) 分别计算各柱的侧移刚度修正系数 α

按表 3-8-1 的计算公式计算或查表 3-8-2 求得。

(2) 分别计算各柱的侧移刚度 D

$$D=\alpha\cdot 12i_Z/h^2$$

(3) 分别计算各柱的剪力值

$$V_{nj}=D_{nj}/\Sigma D_n\cdot\Sigma P_n$$

2．分别计算各柱的反弯点高度比 η

$$\eta=\eta_0+\eta_1+\eta_2+\eta_3$$

3．由各柱剪力及反弯点高度确定各柱端弯矩

$$M_{下}=-V\eta h$$

$$M_{上}=-V(1-\eta)h$$

4．利用各节点的力矩平衡条件计算各梁端弯矩

5．根据各杆端弯矩画出结构的弯矩图及剪力图和轴力图。

第六节　D 值法示例

【例 3-8-2】 计算图 3-8-9 所示框架的内力，并绘制弯矩图。梁和柱的线刚度如图所示。

【解】 1．求各柱侧移刚度 D、反弯点高度比 η 及各柱的柱端弯矩，列于图 3-8-10 中。

2．求梁端弯矩　　$M_{DE}=-M_{DA}=0.139Ph$

$$M_{ED}=M_{EF}=-\frac{3}{3+3}\times(-0.17Ph)=0.086Ph$$

$$M_{FE}=-M_{FC}=0.139Ph$$

3．作出弯矩图如图 3-8-11 所示，由于两根横梁的线刚度相等，故其杆端弯矩相等，均为

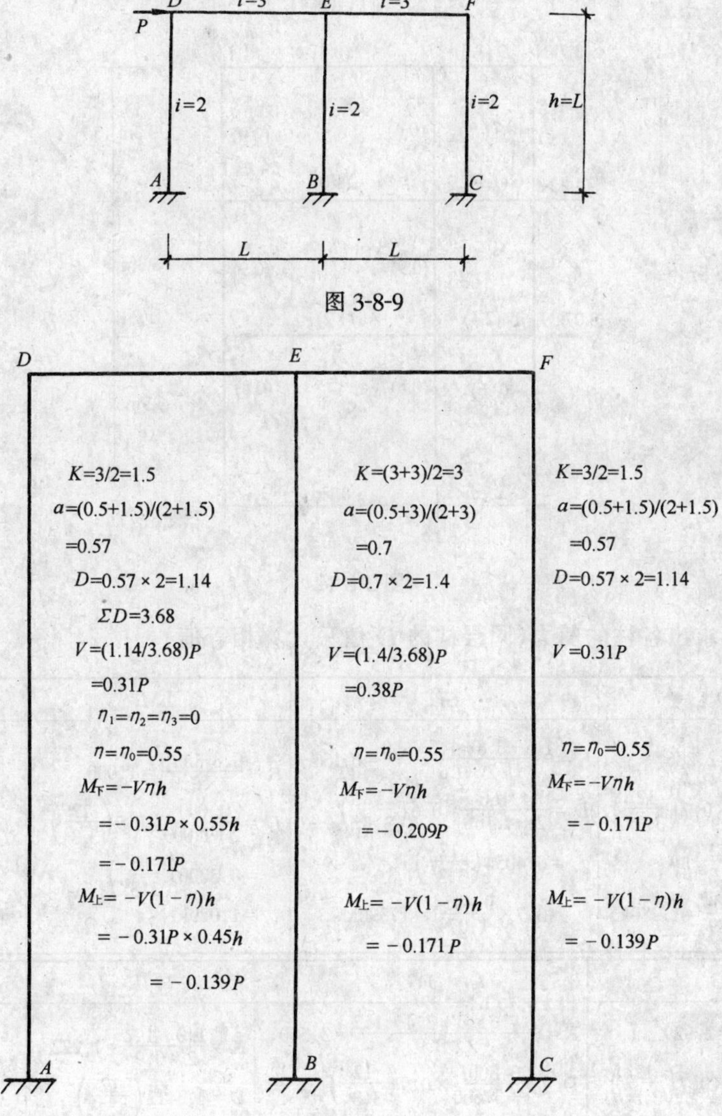

图 3-8-9

图 3-8-10

柱端弯矩的 1/2。

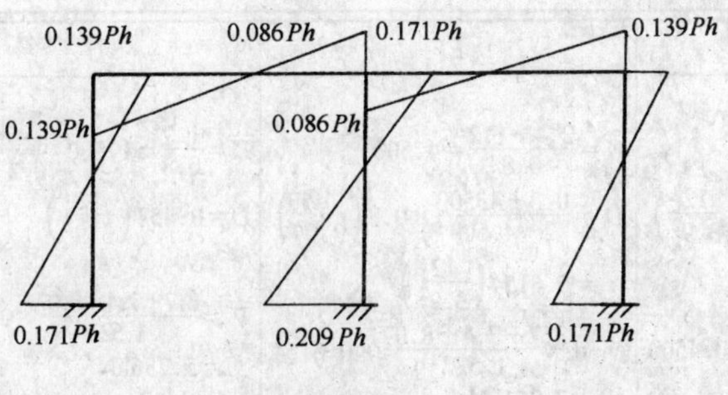

图 3-8-11

【例 3-8-3】 试用 D 值法计算图 3-8-12 所示的框架，并绘出弯矩图。

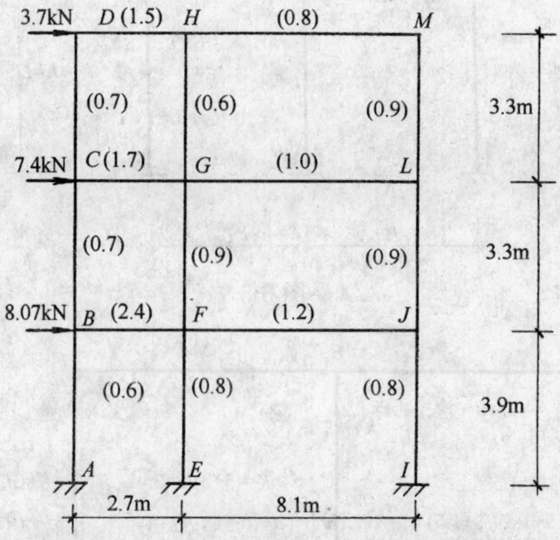

图 3-8-12

【解】 1. 求出各柱的剪力(同层柱的 D 值只计算相等值)

	CD	GH	LM	
第三层	$\overline{K}=\frac{1.5+1.7}{2\times0.7}=2.286$ $D=\frac{2.286}{2+2.286}\times0.7\left(\frac{12}{3.3^2}\right)$ $=0.3734\left(\frac{12}{3.3^2}\right)$ $=3.7\times\frac{0.3734}{1.079}=1.280\text{kN}$	$\overline{K}=\frac{1.5+0.8+1.7+1.0}{2\times0.6}=0.166$ $D=\frac{4.166}{2+4.166}\times0.6\left(\frac{12}{3.3^2}\right)$ $=0.4054\left(\frac{12}{3.3^2}\right)$ $=3.7\times\frac{0.4054}{1.079}=1.390\text{kN}$	$\overline{K}=\frac{0.8+1.0}{2\times0.9}=1.000$ $D=\frac{1.000}{2+1.000}\times0.9\left(\frac{12}{3.3^2}\right)$ $=0.3000\left(\frac{12}{3.3^2}\right)$ $=1.029\text{kN}$	$\Sigma D=1.079\times\left(\frac{12}{3.3^2}\right)$
	BC	FG	JL	
第二层	$\overline{K}=\frac{1.7+2.4}{2\times0.7}=2.929$ $D=\frac{2.929}{2+2.929}\times0.7\left(\frac{12}{3.3^2}\right)$ $=0.4160\left(\frac{12}{3.3^2}\right)$ $V=\frac{3.7\times7.4}{1.330}\times0.4160$ $=3.472\text{kN}$	$\overline{K}=\frac{1.7+1.0+2.4+1.2}{2\times0.9}=3.500$ $D=\frac{3.500}{2+3.500}\times0.9\left(\frac{12}{3.3^2}\right)$ $=0.5727\left(\frac{12}{3.3^2}\right)$ $V=\frac{3.7+7.4}{1.330}\times0.5727$ $=4.7800\text{kN}$	$\overline{K}=\frac{1.0+1.2}{2\times0.9}=1.222$ $D=0.3413\left(\frac{12}{3.3^2}\right)$ $V=2.848\text{kN}$	$\Sigma D=1.330\times\left(\frac{12}{3.3^2}\right)$
	AB	EF	IJ	
第一层	$\overline{K}=\frac{2.4}{0.60}=4.000$ $D=\frac{0.5+4.000}{2+4.000}\times0.6\left(\frac{12}{3.9^2}\right)$ $=0.4500\left(\frac{12}{3.9^2}\right)$ $V=\frac{3.7+7.4+8.07}{1.522}\times0.4500$ $=5.668\text{kN}$	$\overline{K}=\frac{2.4+1.2}{0.8}=4.500$ $D=\frac{0.5+4.500}{2+4.500}\times0.8\left(\frac{12}{3.9^2}\right)$ $=0.6154\left(\frac{12}{3.9^2}\right)$ $V=\frac{3.7+7.4+8.07}{1.522}\times0.6154$ $=7.751\text{kN}$	$\overline{K}=\frac{1.2}{0.8}=1.500$ $D=0.457\left(\frac{12}{3.9^2}\right)$ $V=\frac{3.7+7.4+8.07}{1.522}\times0.457$ $=5.756\text{kN}$	$\Sigma D=1.522\times\left(\frac{12}{3.9^2}\right)$

2. 求出各柱的反弯点高度 η 及柱端弯矩

弯矩的单位为 kN·m

	CD	GH	LM
第三层	$K=0.286\quad \eta_0=0.41$ $\alpha_1=1.5/1.7$ $=0.8824$ $\eta_1=0$ $\alpha_3=1.0\quad \eta_3=0$ $\eta=0.41+0+0=0.41$ $M_{上}=-V\eta h$ $=-1.280\times0.41\times3.3$ $=1.732$ $M_{下}=-V(1-\eta)h$ $=-1.280\times0.59\times3.3$ $=-2.492$	$K=4.166\quad \eta_0=0.45$ $\alpha_1=(1.5+0.8)/(1.7+1.0)$ $=0.8519$ $\eta_1=0$ $\alpha_3=0\quad \eta_3=0$ $\eta=0.45+0+0=0.45$ $M_{上}=-V\eta h$ $=-1.390\times0.45\times3.3$ $=-2.064$ $M_{下}=-V(1-\eta)h$ $=-1.390\times0.55\times3.3$ $=-2.523$	$K=1.000\quad \eta_0=0.35$ $\alpha_1=0.8/1.0$ $=0.8000$ $\eta_1=0$ $\alpha_3=0\quad \eta_3=0$ $\eta=0.35+0+0=0.35$ $M_{上}=-V\eta h$ $=-1.029\times0.35\times3.3$ $=-1.188$ $M_{下}=-V(1-\eta)h$ $=-1.029\times0.65\times3.3$ $=-2.207$
	BC	FG	JL
第二层	$K=2.929\quad \eta_0=0.50$ $\alpha_1=1.7/1.4$ $=0.7083$ $\eta_1=0$ $\alpha_2=1.0\quad \eta_2=0$ $\alpha_3=1.0\quad \eta_3=0$ $\eta=0.50$ $M_{上}=-V\eta h$ $=-3.472\times0.50\times3.3$ $=-5.729$ $M_{下}=-V(1-\eta)h$ $=-3.472\times0.50\times3.3$ $=-5.729$	$K=3.500\quad \eta_0=0.50$ $\alpha_1=(1.7+1.0)/(2.4+1.0)$ $=0.7941$ $\eta_1=0$ $\alpha_2=1.0\quad \eta_2=0$ $\alpha_3=0\quad \eta_3=0$ $\eta=0.50$ $M_{上}=-V\eta h$ $=-4.780\times0.50\times3.3$ $=-7.887$ $M_{下}=-V(1-\eta)h$ $=-4.780\times0.50\times3.3$ $=-7.887$	$K=1.222\quad \eta_0=0.45$ $\alpha_1=1.0/1.2$ $=0.8333$ $\eta_1=0$ $\alpha_2=1.0\quad \eta_2=0$ $\alpha_3=0\quad \eta_3=0$ $\eta=0.45$ $M_{上}=-V\eta h$ $=-2.848\times0.45\times3.3$ $=-4.229$ $M_{下}=-V(1-\eta)h$ $=-2.848\times0.55\times3.3$ $=-5.169$
	AB	EF	IJ
第一层	$K=4.000\quad \eta_0=0.55$ $\alpha_2=3.3/3.9$ $=0.8462$ $\eta_2=0$ $\eta=0.55$ $M_{上}=-V\eta h$ $=-5.668\times0.55\times3.9$ $=-12.16$ $M_{下}=-V(1-\eta)h$ $=-5.668\times0.45\times3.9$ $=-9.947$	$K=4.500\quad \eta_0=0.55$ $\alpha_2=0.8462$ $\eta_2=0$ $\eta=0.55$ $M_{上}=-V\eta h$ $=-7.751\times0.55\times3.9$ $=-16.63$ $M_{下}=-V(1-\eta)h$ $=-7.751\times0.45\times3.9$ $=-13.60$	$K=1.500\quad \eta_0=0.575$ $\alpha_2=0.8462$ $\eta_2=0$ $\eta=0.575$ $M_{上}=-V\eta h$ $=-5.756\times0.575\times3.9$ $=-12.91$ $M_{下}=-V(1-\eta)h$ $=-5.756\times0.425\times3.9$ $=-9.541$

3. 求出各横梁梁端的弯矩(kN·m)

第三层

$M_{DH}=2.492$

$M_{HD}=2.523\times1.5/(1.5+0.8)=1.645$

$M_{HM}=2.523\times0.8/(1.5+0.8)=0.8776$

$M_{MH}=2.207$

第二层

$M_{CG}=1.732+5.729=7.461$

$M_{GC}=(2.064+7.887)\times1.7/(1.7+1.0)=6.357$

$M_{GL}=(2.064+7.887)\times1.0(1.7+1.0)=3.686$

$M_{LG}=1.188+5.169=6.265$

第一层

$M_{BF}=5.729+9.947=15.68$

$M_{FB}=(7.887+13.60)\times2.4/(2.4+1.2)=14.32$

$M_{FJ}=(7.887+13.60)\times1.2/(2.4+1.2)=7.162$

$M_{JF}=4.229+9.541=13.77$

4. 绘出横梁和竖柱的弯矩图如图 3-8-13

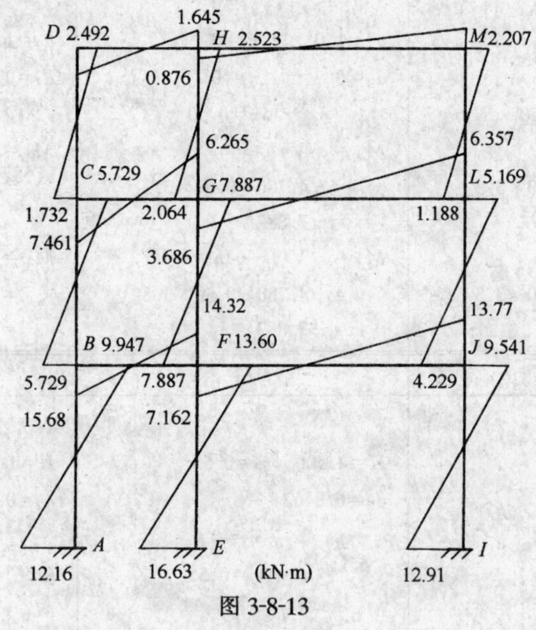

图 3-8-13

小　　结

分层法与 D 值法均属于近似计算法。

1. 分层法的解题思路

由于多层多跨框架在一般竖向荷载作用下侧移是很小的,可以按照无侧移的框架进行内力分析。由影响线理论及精确计算知,各层荷载对其他层杆件的内力影响不大。因此,可将多层框架化成多个单层框架，并可用力矩分配法求解内力，然后将柱内力叠加即为原框架柱的内力，所求梁的内力就是原框架梁的内力。

2. D 值法的解题思路

由于水平荷载在转换成节点荷载后，结构的弯矩图均为直线状，且柱子中间附近存在反弯点。因此当求出柱中剪力及反弯点后，可求解柱端弯矩，进而利用节点弯矩分配法求出梁端弯矩。

3. 框架柱的侧移刚度 D

框架的柱中剪力 V 与柱上下两端产生的相对侧移 Δ 的比值，称为柱子的侧移刚度，并用 D 表示，亦即柱子两端产生单位相对侧移时柱中的剪力值。它标志着框架柱抵抗侧向变形的能力，是框架在水平荷载作用下内力及位移计算的一个重要因素。

柱子的侧移刚度 D 与本身的线刚度及两端梁的线刚度的比值即梁柱线刚比 K 有关。计算时，应根据柱子所在的空间位置及有关系数 (α, K)，利用公式 $D=\alpha \cdot 12 i_Z / h^2$ 求解。

4. 框架柱的反弯点高度比 η

每根柱子的反弯点高度一般是不相同的，它取决于梁柱线刚比 K 的数值。具体来讲就是与以下三种因素有关：

(1) 柱子所在的楼层的位置；

(2) 上下梁相对线刚度的比值；

(3) 上下层层高的变化。

所以，计算 η 时除应包含标准反弯点 η_0 以外，还应视具体情况进行 η_1、η_2 和 η_3 的修正。

5. D 值法仅是求解结构在水平荷载作用下内力及变形的方法之一。由于其本身是一种近似计算法，所以有时所得结果与结构的实际内力及变形有一定的误差(如当 K 值较小的时候)。对一般工程结构精度足够，对特殊情况，计算中可以对某些量值进行修正，此处从略，需要时读者可自行查阅有关书籍。

6. D 值法的解题步骤：

(1) 计算柱中剪力

1) 分别计算各柱的侧移刚度修正系数 α。

按表 3-8-1 的计算公式计算或查表 3-8-2 求得。

2) 分别计算各柱的侧移刚度 D。

$$D=\alpha \cdot 12 i_Z / h^2$$

3) 分别计算各柱的剪力值。

$$V_{nj}=D_{nj} / \Sigma D_n \cdot \Sigma P_n$$

(2) 分别计算各柱的反弯点高度比 η。

利用表 3-8-3、3-8-4、3-8-5 和 3-8-6 求得

$$\eta=\eta_0+\eta_1+\eta_2+\eta_3$$

(3) 由各柱剪力及反弯点高度确定各柱端弯矩

$$M_{下}=-V\eta h$$

$$M_{上}=-V(1-\eta)h$$

(4) 利用各节点的力矩平衡条件计算各梁端弯矩。

(5) 根据各杆端弯矩画出结构的弯矩图及剪力图和轴力图。

思 考 题

3-8-1 何谓分层法？它的适用条件是什么？

3-8-2 D 值法主要用于何种荷载作用下的何种结构？

3-8-3 侧移刚度 D 的含义是什么？

3-8-4 影响框架柱侧移刚度 D 的因素有哪些?

3-8-5 梁柱刚比影响系数 α 的含义是什么?

3-8-6 反弯点高度比 η 的构成?

3-8-7 影响反弯点高度比的因素有哪些?

3-8-8 哪些情况下须对反弯点高度比进行修正?

习　题

3-8-1 试用分层法计算图示框架,并绘出 M 图。

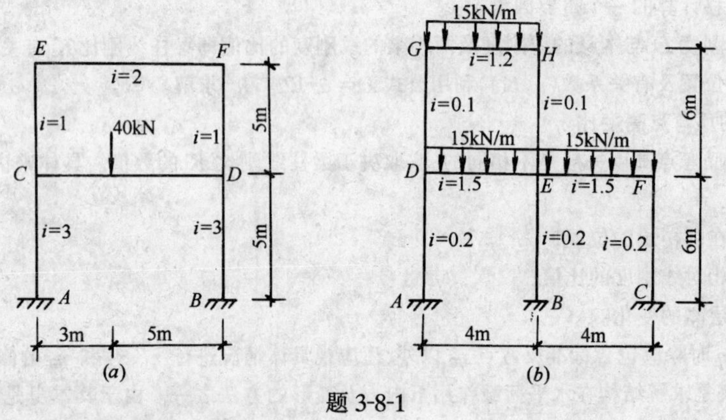

题 3-8-1

3-8-2 试用 D 值法作图示框架的 M 图。

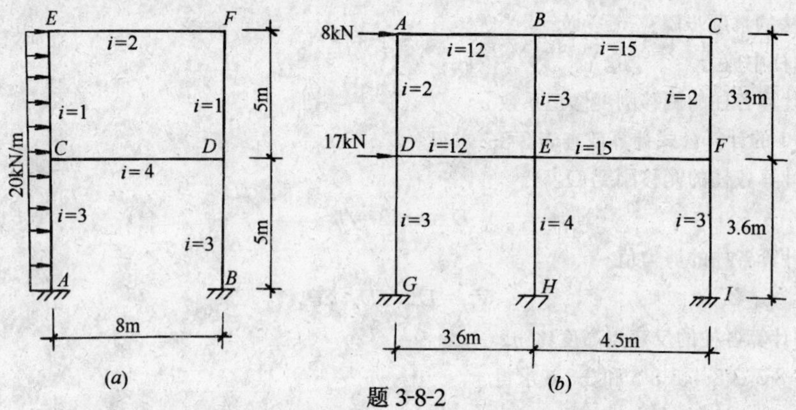

题 3-8-2

第九章　影响线及其应用

第一节　移动荷载与影响线的概念

桥梁上行驶的火车、汽车,走动的人群,工业厂房吊车梁上的吊车等,其荷载作用点都是可以移动的。在力学中,将这种**作用位置随时间移动的荷载,称为移动荷载**。移动荷载仍属于静力计算问题。在移动荷载作用下,结构的反力和内力将随荷载位置的移动而变化。在结构设计中,必须求出移动荷载作用下反力和内力的最大值,作为设计与验算的依据。例如,当一连续梁上有一辆汽车通过时(如图 3-9-1 中两集中荷载 P_1、P_2,分别表示汽车前后轮的压力),为求某一量值,例如 C 支座的反力 R_C 或截面 K 的弯矩 M_K 的最大值,应把汽车放在全梁的很多位置上,算出每一位置时的 R_C 或 M_K 值,取出其中最大者作为设计的依据,如若这样做,显然是很麻烦的。

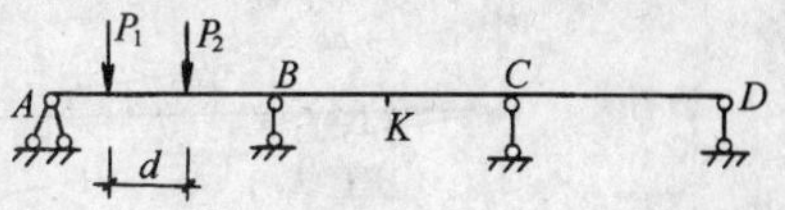

图 3-9-1

根据叠加原理知,一系列移动荷载对结构中任一量值的作用,等于每一荷载对这一量值作用的总和。于是我们可以分别研究一系列移动荷载中每一个荷载对这一量值的作用,然后再求总和,显然这样做也是很麻烦的。我们知道,单位集中荷载是各种荷载的最基本单位,只要知道单位集中移动荷载所引起的某一量值,那么任何移动荷载作用下的量值,利用叠加原理都可方便地求出。也就是说,我们可以暂时撇开实际问题,而只研究一个方向不变的单位集中移动荷载 $P=1$ 对结构某一量值的作用,然后利用叠加原理来解决实际工程问题。为此,需要研究单位集中移动荷载作用下,反力和内力等的变化规律,这一规律称为影响线,影响线的定义为:**当一指向不变的单位集中荷载沿结构移动时,表示某一指定截面某一量值**(如反力、弯矩、剪力、轴力、位移等)**变化规律的图线,称为该量值的影响线。**

在此值将提出的是,单位集中移动荷载 $P=1$,实际是具有力的量纲的,但为了应用方便,在此我们规定,在作任何影响线时,单位集中移动荷载 $P=1$ 都是没有量纲的;再者,影响线是指某一截面某一量值的影响线,其意是说,研究影响线必须是一个截面一个量值地去研究,不能像画内力图那样,一下将整个结构的某一量值的内力图画出。影响线是研究结构在移动荷载作用下,反力和内力等变化规律的工具,在工程中应用十分广泛,应深刻领会影响线的含义。

第二节　用静力法作静定单跨梁的影响线

绘制影响线的基本方法有两种,一静力法,二机动法,在此我们只研究静力法。静力法是以单位集中移动荷载作用点的位置 x 为变量,通过平衡条件求出某一量值与荷载位置 x

之间的函数关系式，称为影响线方程，再按此方程作图像，即为相应量值的影响线。下面分简支梁、外伸梁两种情况来研究。

一、用静力法作简支梁的影响线

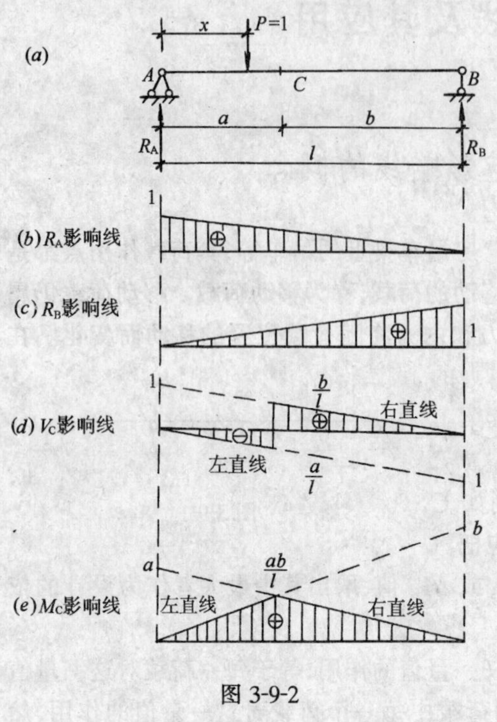

图 3-9-2

如图 3-9-2a 所示简支梁，将单位集中移动荷载放在任一 x 位置，然后分别作支反力和内力的影响线如下：

1. 支座反力的影响线

(1) R_A 的影响线　以梁整体为隔离体，由平衡条件 $\Sigma M_B=0$，有

$$\Sigma M_B = R_A l - P(l-x) = 0$$

解得

$$R_A = \frac{l-x}{l}P = \frac{l-x}{l} \quad (0 \leqslant x \leqslant l) \tag{3-9-1}$$

这个表达式表示反力 R_A 随 $P=1$ 位置的改变而变化的规律。我们规定反力向上为正，并规定把正的纵距画在水平基线的上面，按此作式(3-9-1)的图像，即为 R_A 的影响线(图 3-9-2b)。

(2) R_B 的影响线　以梁整体为隔离体，由平衡条件 $\Sigma M_A=0$，有

$$\Sigma M_A = R_B l - Px = 0$$

解得

$$R_B = \frac{x}{l}P = \frac{x}{l} \quad (0 \leqslant x \leqslant l) \tag{3-9-2}$$

可见 R_B 的影响线也是一条直线。当 $x=0$ 时，$R_B=0$；当 $x=l$ 时，$R_B=1$。画图时应在支座 B 处自水平基线向上量取纵距等于 1，然后把这个纵距的顶点与支座 A 的零点相连，即为 R_B 的影响线(图 3-9-2c)。其 R_A 的影响线也可仿此法作出。

从式(3-9-1)、(3-9-2)可以看出，既然 P 是无量纲，所以图 3-9-2b、c 中的纵距也都是无量纲。

2. 剪力的影响线

作剪力的影响线首先要明确所考察的截面位置，并且将 $P=1$ 放在所求截面左边或右边移动分开来研究。剪力的正负号规定与材料力学相同。

当 $P=1$ 在截面 C 以左移动时，为简单起见，取截面 C 以右的 CB 段为隔离体，由平衡条件 $\Sigma Y=0$，有

$$V_C = -R_B = -\frac{x}{l} \quad (0 \leqslant x \leqslant a) \tag{3-9-3}$$

即 AC 段 V_C 的影响线与 R_B 在 AC 段对应的影响线相反(图 3-9-2d)。

当 $P=1$ 在截面 C 以左移动时，为简单起见，取截面 C 以右的 AC 段为隔离体，由平衡条件 $\Sigma Y=0$，有

$$V_C = R_A = \frac{l-x}{l} (a < x \leqslant l) \tag{3-9-4}$$

即 BC 段 V_C 的影响线与 R_A 在 BC 段对应的影响线相同(图 3-9-2d)。

剪力影响线画的位置与剪力图一样,正的画在基线上面,负的画在基线下面。剪力影响线的纵距与支反力的影响线一样,是无量纲的无名数。

从式(3-9-3)、(3-9-4)看出,我们可以利用反力影响线来作 V_C 的影响线。具体作法是:在基线上作出 R_A 与 $-R_B$ 的影响线,取 $-R_B$ 影响线在截面 C 以左的一段,和取 R_A 影响线在截面 C 以右的一段,并在 C 点处画一根竖直线把二者连接起来,这样就构成了 V_C 的影响线。也不难看出,截面 C 左右二段影响线是互相平行的。由此可知,当画某一指定截面的剪力影响线时,只要将竖标移到此截面,它所构成的图形即是此截面的剪力影响线。

从 V_C 的影响线可以看出,荷载 $P=1$ 在梁上从支座 A 向右移动时,V_C 从零开始,按照直线规律逐渐减小其数值,当 $P=1$ 接近截面 C 但仍在它以左时,V_C 值为 $-\frac{a}{l}$;当 $P=1$ 继续向右移动并通过 C 点时,V_C 值即一变而为 $\frac{b}{l}$,这个突变量总和是 $\frac{a}{l}+\frac{b}{l}=1$,$P=1$ 再向右移动,V_C 值又按直线规律逐渐减少,直到 $P=1$ 到达支座 B 时 V_C 又等于零。

3. 弯矩的影响线

作弯矩的影响线,也要首先明确要作哪一个截面的影响线,也就是说先要指定截面位置。

当荷载 $P=1$ 在截面 C 以左或以右移动时,截面 C 的弯矩和剪力一样都不能用同一方程来表示其变化规律,必须把 $P=1$ 作用在截面 C 以左或以右两种情况来考虑。弯矩的正负号与材料力学规定相同,不过**正的影响线画在基线上,负的影响线画在基线下。**

当 $P=1$ 在截面 C 以左移动时,为了简便,取截面 C 以右 CB 段为隔离体,由平衡条件 $\Sigma M_C=0$,有

$$\Sigma M_C=R_B b=\frac{x}{l}b \quad (0\leqslant x\leqslant a) \tag{3-9-5}$$

由此看出在 AC 段 M_C 的影响线是一条直线。

当 $x=0$ 时,$M_C=0$

$x=a$ 时,$M_C=\frac{ab}{l}$

所以在 $x=0$,$x=a$ 处,分别取零和 $\frac{ab}{l}$ 两个纵距并连成直线,即得 AC 段 M_c 的影响线。

由式(3-9-5)知,M_C 与 R_B 间的关系是,把 R_B 乘以一个固定的倍数 b 即得 M_C。但必须注意只有在 $0\leqslant x\leqslant a$ 范围内才具有这种关系。于是可以利用 R_B 的影响线来绘制 AC 段 M_C 的影响线。具体作法是:先画出 R_B 的影响线,再把各处的纵距乘以 b 倍,这就是放大了 b 倍的 R_B 的影响线。其中与梁 AC 段对应的部分就是 $P=1$ 在 AC 段移动时 M_C 的影响线(图 3-9-2e)。在此要注意,与梁 BC 段对应的部分不适用,故画成虚线。

当 $P=1$ 在截面 C 以右移动时,为简单起见,取 AC 段为隔离体,由平衡条件 $\Sigma M_C=0$,有

$$\Sigma M_C=R_A a=\frac{l-x}{l}a\,(a\leqslant x\leqslant l) \tag{3-9-6}$$

由式(3-9-6)知,CB 段 M_C 的影响线也是一条直线。

当 $x=a$ 时, $M_C=\frac{ab}{l}$

$x=l$ 时， $M_C=0$

所以在 $x=a$，$x=l$ 处，分别取$\frac{ab}{l}$和零两个纵距并连以直线，即得 CB 段 M_C 的影响线。

由式(3-9-6)知，把 R_A 乘以固定倍数 a 即得 M_C，但必须注意只有在区间 $a \leqslant x \leqslant l$ 内才适用。于是可以利用 R_A 的影响线来绘制 CB 段 M_C 的影响线。具体作法是：在左支座处用与前面相同的比例尺向上量取纵距 a，并与左支座零点相连，这是放大了 a 倍的 R_A 的影响线。其中与梁 CB 段对应的部分就是 $P=1$ 在 CB 段移动时 M_C 的影响线，如图 3-9-2e 中 C 点以右的实线所示。因此，已知 M_C 影响线与反力 R_A、R_B 影响线间的关系后，即可依照这种关系作出 M_C 的影响线，不必再建立 M_C 的影响线方程式。

当熟悉弯矩影响线的基本作法后，也可用这种简单方法作简支梁任一截面弯矩的影响线：例如作 C 截面 M_C 的影响线。在 C 截面的基线处，按一定的比例尺作纵距$\frac{ab}{l}$，与两支座处零点相连，即为 M_C 的影响线(图 3-9-2e)。

从 M_C 的影响线可以看出，当荷载 $P=1$ 在梁上从支座 A 向右移动时，M_C 从零开始，按照连线规律逐渐增加，$P=1$ 移至截面 C 时 M_C 达最大值$\frac{ab}{l}$，然后 $P=1$ 再向右移动，M_C 又按照直线规律逐渐减少，直到 $P=1$ 移至支座 B 处 M_C 又等于零。

因为荷载 $P=1$ 是无量纲的，所以弯矩影响纵距的量纲为[长度]。

为了进一步提高读者对弯矩影响线的认识，不致于与弯矩图相混淆，现将图 3-9-3a 所示简支梁 M_C 的影响线与图 3-9-3b 所示简支梁在一个集中荷载作用下的弯矩图相比较，显然它们的外形是相似的，但有若干个不同点(表 3-9-1)。

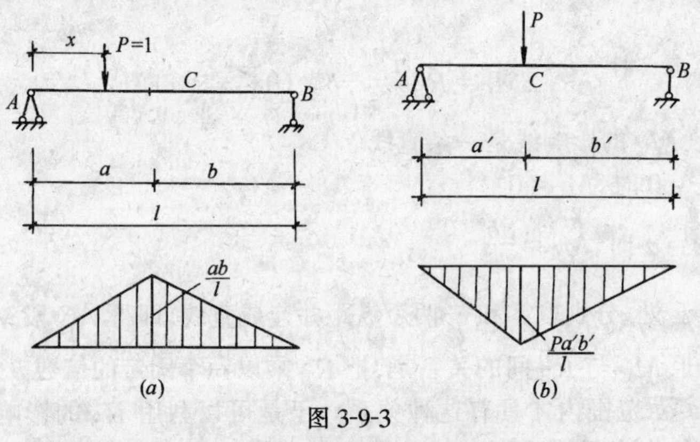

图 3-9-3

(a)M_C 影响线；(b)M 图

弯矩的影响线与弯矩图的比较 **表 3-9-1**

弯矩的影响线	弯矩图
(1) 荷载数值为 1，且无单位；	(1) 荷载为实际荷载，有单位；
(2) 荷载是移动的，其位置用变量 x 表示；	(2) 荷载位置是固定的；
(3) 所求弯矩的截面位置是指定的；	(3) 所求弯距的截面的位置是变化的，用变量 x 表示之；
(4) 某点的纵距代表 $P=1$ 移动到此点时，在指定截面处产生的弯矩；	(4) 某点的纵距代表实际荷载在固定位置作用时，在纵距所在截面处产生的弯距；
(5) 正的纵距画在基线上，并标明正负号；	(5) 正的纵距画在杆件的受拉一边，不注明正负号；
(6) 纵距的量纲是[长度]。	(6) 纵距的量纲是[力]·[长度]。

二、外伸梁的影响线

如图 3-9-4a 所示外伸梁，取 A 点为坐标原点，x 以向右为正，将单位集中移动荷载放在任一 x 位置，然后分别作支反力和内力的影响线如下：

1. 支反力的影响线

取梁整体为隔离体，由平衡条件 $\Sigma M_A=0$、$\Sigma M_B=0$求得

$$R_B=\frac{x}{l} \qquad -l_1\leqslant x\leqslant l+l_2$$

$$R_A=\frac{l-x}{l} \qquad -l_1\leqslant x\leqslant l+l_2$$

它们为直线方程，且与简支梁的反力影响线方程相同，只是区间不同而已，因此，只需将简支梁的反力影响线向两端伸臂部分延伸，即得图 3-9-4b、c 所示外伸梁的反力影响线。

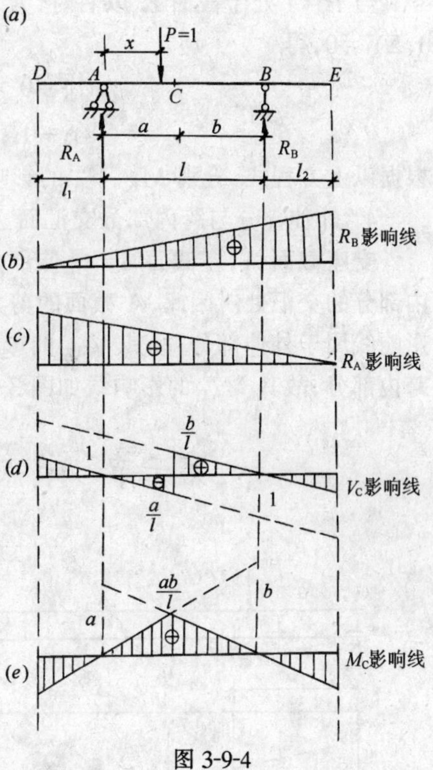

图 3-9-4

2. 跨内截面 C 的内力影响线

当 $P=1$ 处于截面 C 以左时，为了简单起见，取截面 C 以右的 EBC 段为隔离体，由平衡条件 $\Sigma M_C=0$，$\Sigma Y=0$，得

$$M_C=R_Bb=\frac{x}{l}b \qquad l_1\leqslant x\leqslant a$$

$$V_C=-R_B=-\frac{x}{l} \qquad l_1\leqslant x<a$$

当 $P=1$ 处于截面 C 以右时，为了简单起见，取截面 C 以左的 DAC 段为隔离体，由平衡条件 $\Sigma M_C=0$，$\Sigma Y=0$，得

$$M_C=R_Aa=\frac{l-x}{l}a \qquad a\leqslant x\leqslant l+l_2$$

$$V_C=R_A=\frac{l-x}{l} \qquad a<x\leqslant l+l_2$$

它们皆为直线方程，且与简支梁的内力影响线方程相同，只是区间不同而已，因此，外伸梁跨内截面的内力影响线，只需将简支梁的内力影响线向两伸臂延长，即得图 3-9-4d、e 所示的影响线。

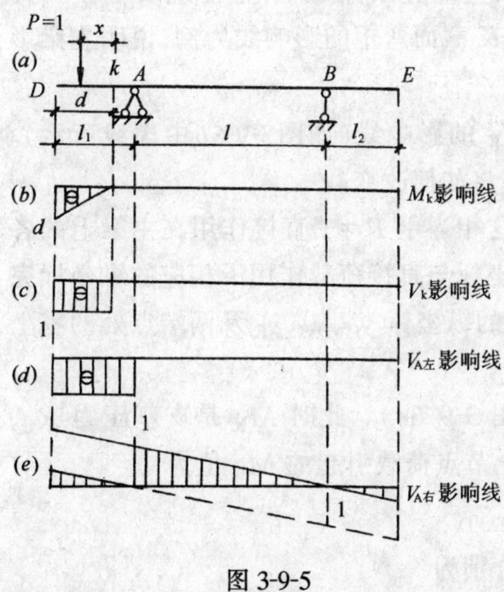

图 3-9-5

3. 外伸部分截面 K 的内力影响线

当作外伸梁外伸部分某一截面 K 的影响线时，取 K 点为坐标原点，x 向左为正(图 3-9-5a)。

当 $P=1$ 处于截面 K 以左时，取 DK 段为隔离体，由平衡条件 $\Sigma M_K=0$，$\Sigma Y=0$，得

$$M_K=-x \qquad (0\leqslant x\leqslant d)$$

$$V_K=-1 \qquad (0\leqslant x<d)$$

当 $P=1$ 处于截面 K 以右时，为了简单起见，仍取 DK 为隔离体，由平衡条件 $\Sigma M_K=0$，$\Sigma Y=0$，得

$$M_K=0 \qquad (l_1-d\leqslant x\leqslant l+l_2)$$

$$V_K=0 \qquad (l_1-d< x\leqslant l+l_2)$$

根据以上方程式，分别 M_K、V_K 的影响线如图 3-9-5b、c 所示。

4. 外伸部分与跨内部分交汇面 A 的剪力影响线

支座截面 A，左截面属于外伸部分，右截面属于跨内部分，即 A 截面属于外伸部分与跨内部分的交汇处。因此，A 截面的剪力影响线也要分左、右两种情况。因为左截面 $V_{A左}$ 的影响线属于外伸部分，故其 $V_{A左}$ 的影响线如图 3-9-5d 所示。而右截面 $V_{A右}$ 的影响线属于跨内部分，故其 $V_{A右}$ 的影响线如图 3-9-5e 所示。

第三节　节点荷载作用下主梁的影响线

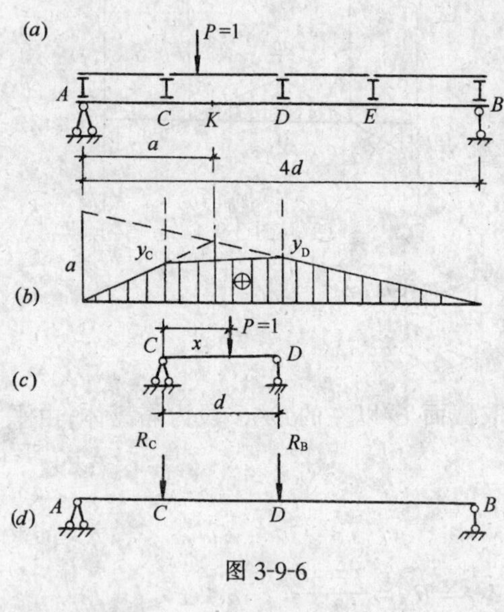

图 3-9-6

上节所讨论的影响线，都是单位移动荷载直接作用在梁上的情况，故称为**直接荷载作用下的影响线**。在工程实际中，还会遇到纵横梁的结构体系，如楼盖系统、桥梁系统等，其荷载是经过节点传递到主梁上的。如图 3-9-6a 所示的桥梁结构计算简图，纵梁两端简支在横梁上，横梁搁置在主梁上。荷载的传递途径是，荷载直接作用在纵梁上，通过横梁传到主梁上，主梁上的这些荷载传递点称为**主梁的节点**。这样一来，不论荷载作用在纵梁上的什么位置，其主梁只在节点处承受集中力作用，对于主梁来说，将这种作用称为**节点荷载**。本节就是研究在这种节点荷载作用下，主梁某些量值影响线的作法。现以图 3-9-6a 所示主梁K 截面弯矩的影响线为例，说明主梁影响线的作法。

先作出 $P=1$ 直接作用在主梁 AB 上移动时 M_K 的影响线（如图3-9-6b中虚线所示）。现在来考察，当 $P=1$ 经过节点传递时 M_K 的影响线将如何改变。

首先考察 $P=1$ 移动到各节点上的情况。显然这相当于 $P=1$ 直接作用在主梁上的各节点上，所以在各节点荷载作用下，M_K 影响线的纵坐标与直接荷载作用下相应的纵坐标完全相同。即图 3-9-6b 中直接荷载作用下 M_K 影响线的纵坐标 y_C、y_B、y_E 及两端点处的零坐标依然有效。

其次考察 $P=1$ 在任一纵梁上移动时的情况（图 3-9-6c）。此时 M_K 是支座压力 R_C、R_D 引起的，根据影响线的定义和叠加原理，上述两个节点荷载引起的 M_K 值为

$$M_K=R_C y_C+R_D y_D$$

由简支梁反力方程知，R_C、R_D 均为 x 的一次函数，分别为

$$R_C=\frac{d-x}{d}, R_D=\frac{x}{d}$$

故 M_K 也是 x 的一次函数

$$M_K=\frac{a-x}{d}y_C+\frac{x}{d}y_D$$

上式表明,当 $P=1$ 在纵梁 CD 上移动时 M_K 的影响线是一条直线,只需将直接荷载作用下的影响线上的 C 点和 D 点的纵坐标 y_C、y_D 的顶点用直线连接即得。当 $P=1$ 在其它纵梁上移动时,M_K 的影响线作法与此相似。这样就绘出节点荷载作用下,M_K 的影响线(如图 3-9-6*b* 中的实线所示)。由图可见,在节点荷载作用下,除截面 K 所在节间外,其余各节间与直接荷载作用下的影响线处处相重合。综上所述,节点荷载作用下影响线的作法如下:

(1) 先假设主梁上没有次梁,即假设 $P=1$ 直接作用在主梁上,作出直接荷载作用下的相应影响线(用虚线表示);

(2) 从各节点引竖线与直接荷载作用下的影响线相交,然后将相邻两节点的交点纵坐标连以直线,即为节点荷载作用下的影响线。

【例 3-9-1】 试作图 3-9-7*a* 所示主梁 R_B、V_K 和 M_K 的影响线。

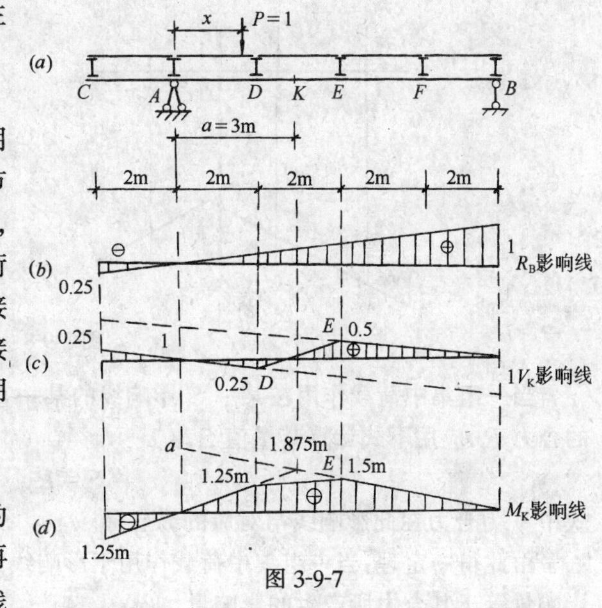

图 3-9-7

【解】 1. 作 R_B 的影响线

首先作主梁 AB 在直接荷载作用下,R_B 的影响线(图 3-9-7*b*)。再从各节点作竖标与上述影响线相交,由观察知,CA、AD、DE、EF、FB 各梁段,在节点荷载作用下主梁的影响线与直接荷载直接作用时完全相同,故图 3-9-7*b* 所示直接荷载作用下的影响线即是节点荷载作用下的影响线。

2. 作 V_K 的影响线

作主梁 AB 在直接荷载作用下的 V_K 影响线(图 3-9-7*c* 中虚线所示)。再确定节点 D、E 处作竖标在上述影响线上所交处的纵坐标。由比例关系,得

$$y_D=\frac{-0.25\times2}{2}=-0.25,\ y_E=\frac{4}{8}=0.5$$

其它节点荷载作用下的影响线与直接荷载作用下的完全相同,连接 DE,即为主梁在节点荷载作用下 V_K 的影响线,如图 3-9-7*c* 中实线所示。

3. 作 M_K 的影响线

作主梁 AB 在直接荷载作用下的 M_C 影响线(图 3-9-7*d* 中虚线所示)。再确定节点 D、E 处作竖标在上述影响线上所交点处的纵坐标。由比例关系,得

$$y_D=1.25\text{m}\qquad y_E=1.50\text{m}$$

连接 DE,即为主梁在节点荷载作用下 M_K 的影响线,如图 3-9-7*d* 中实线所示。

第四节 影响线的应用

影响线是研究结构在移动荷载作用下,支反力和内力等量值极值的工具。这里的极值包括最大正值和最大负值,最大负值也称为最小值。为此,需要解决两个问题:一是当实际移动荷载在结构上的位置已知时,如何利用某量值的影响线求出该量值的数值,称为**影响量**。二是如何利用影响线确定某量值发生最大值时的荷载位置,即**最不利荷载位置**。

一、利用影响线求量值

1. 集中荷载情况

设某梁某一截面弯矩 M_K 的影响线如图 3-9-8a 所示。在给定位置的集中荷载 P_1、P_2、P_3……P_n 作用下,设 y_1、y_2、y_3……y_n 为荷载 P_1、P_2、P_3……P_n 在 M_K 影响线上所对应的纵坐标,根据影响线的定义和叠加原理,可求得在该组荷载作用下,M_K 之值为

$$M_K = P_1y_1 + P_2y_2 + P_3y_3 \cdots\cdots + P_ny_n \tag{3-9-7}$$

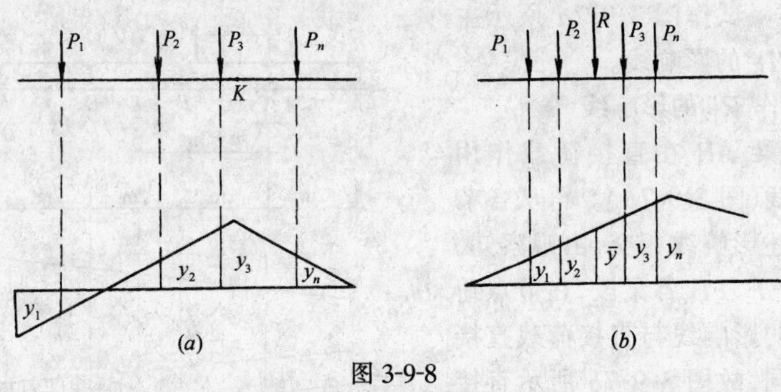

图 3-9-8

当一组集中荷载作用在某一 S 影响线的某一直线段时,如图 3-9-8b 所示,则可用它们的合力 R,应用下式计算其量值 S

$$S = R\bar{y} \tag{3-9-8}$$

式中 $\bar{y}$ 为合力在此影响线与对应的纵坐标。

由此得一定理:当一组集中荷载作用于影响线的同一直线上时,这组集中荷载所产生的影响量等于其合力所产生的影响量。

以上所述,不仅适用于弯矩计算,也适用于支反力、剪力、轴力等任何影响量的计算。因为在推导过程中只用了影响线的定义,而未涉及是什么量值的影响线。若以 S 表示某量值的影响量,则式(3-9-8)可写成一般公式

$$S = \sum_{i=1}^{n} P_iy_i \tag{3-9-9}$$

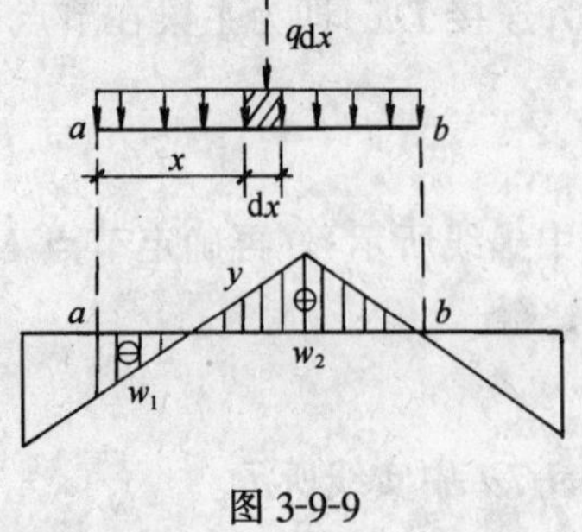

图 3-9-9

应用式(3-9-9)时须注意影响线纵坐标 y_i 的正、负号。例如,在图 3-9-8a 中 y_1 为负号,y_2、y_3……y_n 为正号。

2. 分布荷载的情况

图 3-9-9 所示为 S 影响线承受已知均布荷载作用的情况。可将均布荷载化为无限多个微小的集中荷载来计算,

在微段 dx 上的荷载 qdx 可看作一个微小的集中荷载，它所引起的 S 值为 $qdxy$，因此，在 ab 段的均布荷载作用下，S 之值为

$$S=\int_a^b yq\,dx=q\int_a^b y\,dx=qw$$

式中 $w=\int_a^b y\,dx$ 为均布荷载范围内 S 影响线面积的代数和。对于本例 $w=-w_1+w_2$。**这样，均布荷载产生的影响量等于荷载集度与其分布范围内的影响线面积代数和的乘积。**若有若干段均布荷载作用时，应逐段计算然后求和。写成一般公式为

$$S=\sum_{i=1}^{n} q_i w_i \qquad (3\text{-}9\text{-}10)$$

【例 3-9-2】 利用影响线计算图 3-9-10a 所示简支梁，在满布均布荷载 $q=5\text{kN/m}$ 和集中荷载 $P=20\text{kN}$ 作用下的 R_A、M_C、V_C 的量值。

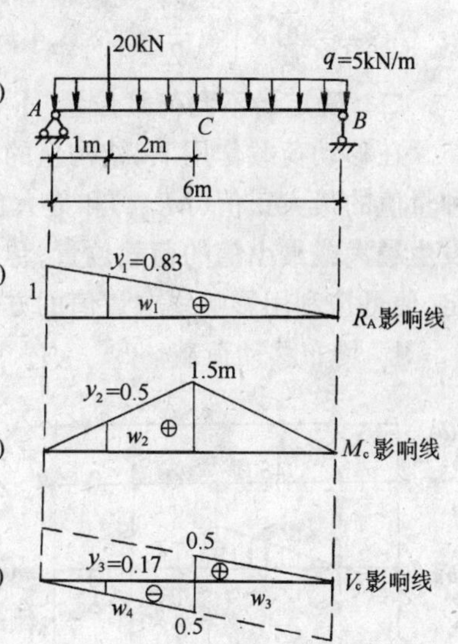

图 3-9-10

【解】 首先作出 R_A、M_C、V_C 的影响线，并求出有关的纵坐标值，如图 3-9-10b、c、d 所示。

1．求 R_A 量值

由 R_A 的影响线图形面积和 P 力作用点下 R_A 影响线的纵标，得

$$R_A=qw_1+Py_1=5\times\frac{1}{2}\times1\times6+20\times0.83=31.6\text{kN}$$

2．求 M_C 量值

$$M_C=qw_2+Py_2=5\times\frac{1}{2}\times1.5\times6+20\times0.5=55\text{kN·m}$$

3．求 V_C 量值

$$V_C=q(w_3-w_4)+Py_3=5\left(\frac{1}{2}\times0.5\times3-\frac{1}{2}\times0.5\times3\right)+20\times0.17=3.4\text{kN}$$

【例 3-9-3】 利用影响线求图 3-9-11a 所示外伸梁截面 K 的弯矩和剪力值。

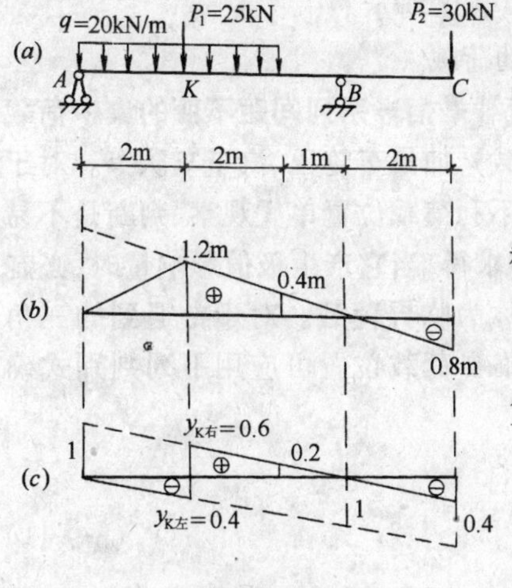

图 3-9-11

【解】 1．求 M_K 值

作出 M_K 的影响线并求出有关的纵坐标(图 3-9-11b)。利用叠加原理算得

$$M_K=20\times\left[\frac{1}{2}\times2\times1.2+\frac{1}{2}\times2(1.2+0.4)\right]+25\times1.2-30\times0.8=68\text{kN·m}$$

2．求 V_K 值❶

作出 V_K 的影响线并求出有关的纵坐标(图3-9-11c)。

❶ 可参考思考题 3-9-8。

由于在 K 截面上恰好作用着集中荷载P_1,所以在计算 V_K 时应分别考虑 $K_{左}$ 和$K_{右}$ 两个截面的剪力值。在 V_K 影响线 K 截面有两个纵坐标,在应用式(3-9-9)时到底用哪个纵坐标呢?当求 $V_{K左}$时,应在 P_1 左侧截面截取纵坐标,但在这时,P_1 却在该截面的右边,这时 $y_{K右}=0.6$;同理,求 $V_{K右}$时,P_1 当落在 V_K 影响线的左侧截面上,这时 $y_{K左}=-0.4$。由此算得

$$V_{K左}=20\times\left[-\frac{1}{2}\times2\times0.4+\frac{1}{2}\times2\times(0.6+0.2)\right]+25\times0.6-30\times0.4=11\text{kN}$$

$$V_{K右}=20\times\left[-\frac{1}{2}\times2\times0.4+\frac{1}{2}\times2\times(0.6+0.2)\right]-25\times0.4-30\times0.4=-14\text{kN}$$

二、确定最不利荷载位置

在移动荷载作用下,结构上的各种量值均随荷载位置的变化而变化,设计时必须求出各种量值的最大正值(M_{max})和最大负值(也称最小值 M_{min})作为设计依据。这种**使某一量值发生最大或最小值的荷载位置,称为最不利荷载位置**。若某量值的最不利荷载位置一经确定,便可按利用影响线求量值的方法算出最大值或最小值。

1. 均布移动荷载

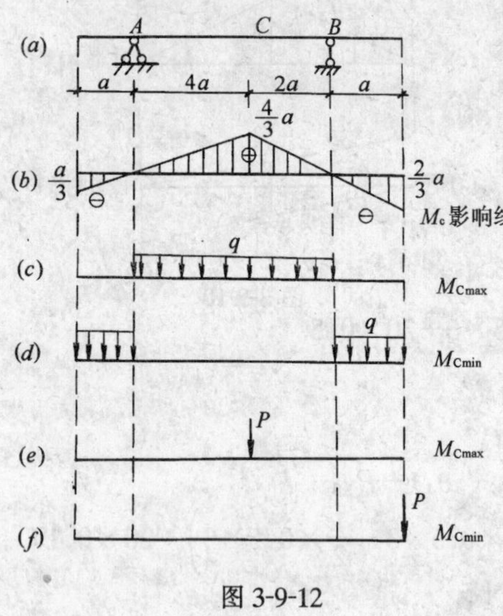

图 3-9-12

对于可以任意断续布置的移动均布荷载,由式(3-9-10)可知,将均布荷载布满对应于量值 S 影响线的所有正号部分时,便得到 S_{max};反之,将均布荷载布满对应于量值 S 影响量的所有的负号部分时,便得到 S_{min}。例如对于图 3-9-12a 所示的外伸梁,产生 M_C 最大值与最小值的均布荷载分布情况如图 3-9-12c、d所示。

2. 单个集中移动荷载

单个集中移动荷载产生的 M_C 最大值与最小值位置,如图 3-9-12e、f 所示。

3. 行列移动荷载

行列移动荷载是指一系列间距不变的集中荷载(也包括均布荷载),如吊车轮压、汽车车队等。对于行列荷载,其最不利荷载位置单凭观察、判断是不易确定的。由它产生的最大值或最小值需由极值影响量中求得,当它产生极值影响量时,必有一个集中荷载 P_k 处于影响线的某一个顶点,这个荷载称为**临界荷载**。对于常遇到的三角形影响线,在行列移动荷载作用下(如图 3-9-13a),其临界荷载位置可应用下列判别式确定。

$$\frac{R_{左}+P_K}{a}\geqslant\frac{R_{右}}{b}$$
$$\frac{R_{左}}{a}\leqslant\frac{P_K+R_{右}}{b} \tag{3-9-11}$$

式中　$R_{左}$ 表示P_K 以左荷载的合力,$R_{右}$ 表示P_K 以右荷载的合力。

对于均布荷载跨过三角形影响线顶点的情况(图 3-9-13b),确定其最不利荷载位置的条件为

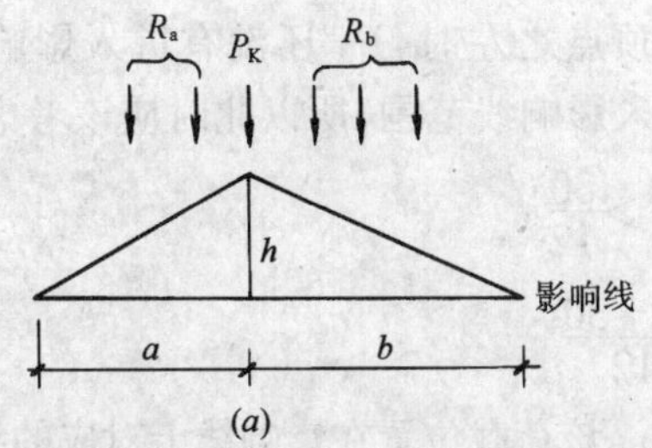

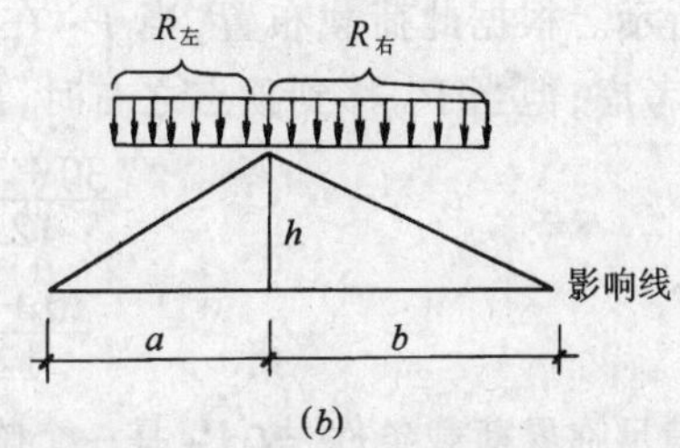

图 3-9-13

$$\frac{R_{左}}{a}=\frac{R_{右}}{b} \tag{3-9-12}$$

式(3-9-11)说明,把不等式左边和右边均视为一个平均荷载。这样,三角形影响线的临界条件可叙述为:把临界荷载放在影响线顶点的那一边,那一边的"平均荷载"就大。当 P_K 计入影响线顶点的某一边,这一边的平均荷载就比另一边大,这个荷载就是**临界荷载**。这时只要将该临界荷载置于影响线的顶点,则所处位置就是**临界位置**。

由此可知,对于三角形影响线,行列荷载临界位置的特点是:

1. 必有一个集中荷载位于影响线顶点之上。

2. 将行列荷载自此位置左移一点,$\frac{R_{左}+P_K}{a}\geqslant\frac{R_{右}}{b}$;右移一点,$\frac{R_{左}}{a}\leqslant\frac{R_{右}+P_K}{b}$,此位置必为临界荷载位置。

3. 在行列荷载移动过程中,得到的极大值可能不止一个,至于哪一个是,哪一个不是,只凭观察是不易确定的,那只有进行试算。为了减少试算次数,便得到量值 S 的最大值的临界荷载,可按下述原则估计:

(1) 使较多个荷载居于影响线范围之内。

(2) 使较多个荷载居于影响线的较大纵标处。

(3) 使较大的荷载位于纵坐标的顶点上。

根据上述原则,对于三角形影响线,求量值 S 的最大值步骤是:

1. 根据上述估计临界荷载的原则,估计能产生最大值的若干个可能的临界荷载。

2. 逐个把估计出的荷载放在影响线的顶点上,验算是否满足式(3-9-11)表示的临界条件。如满足临界条件,则利用影响线算出相应的 S 值。

3. 比较求得的几个 S 值,其中最大的就是行列荷载在移动过程中,所能产生的最大 S 值。这个 S 所对应的荷载位置也就是最不利荷载位置。

【例 3-9-4】 利用影响线求图 3-9-14*a* 所示简支梁中点 C 截面的最大弯矩。

【解】 首先作 M_C 的影响线,如图 3-9-14*b* 所示。设荷载由左向右移动。

根据临界荷载的估计原则,P_2、P_3 可能是临界荷载,下面分别验算,如是临界荷载并求出相应的量值。

先验算 P_2 是否是临界荷载,其荷载位置如图

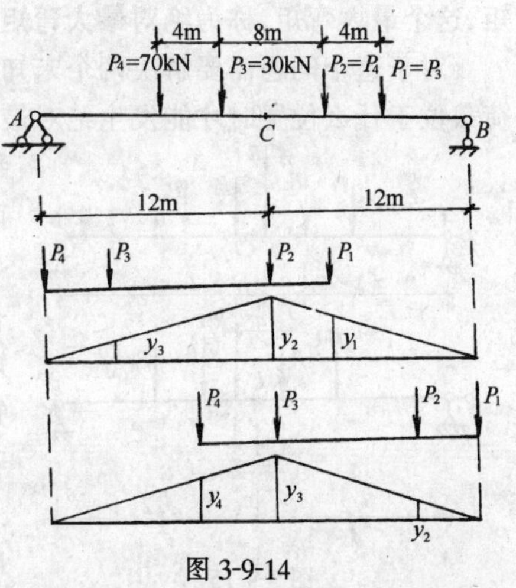

图 3-9-14

3-9-14b 所示。根据此荷载布置，当 P_2 在影响线顶点之左时，P_4 还没有进入影响线范围，所以不应考虑；但当 P_2 移到顶点之右时，P_4 已进入影响线范围，所以此时应该考虑，由此得

$$\frac{30+70}{12}=\frac{100}{12}>\frac{30}{12}$$

$$\frac{70+30}{12}=\frac{70+30}{12}$$

可见 P_2 满足临界荷载条件，故 P_2 是一个临界荷载。该荷载位置在影响线上对应的纵坐标为

$$y_1=4, y_2=6, y_3=2$$

所以 $M_C=\sum_{i=1}^{3}P_iy_i=30\times4+70\times6+30\times2=600\text{kN·m}$

再验算 P_3 是否是临界荷载，其荷载位置如图 3-9-14c 所示。当 P_3 在影响线顶点之左时，四个荷载皆在影响线范围之内；当 P_3 在影响线顶点之右时，P_1 已不在影响线范围之内了，故

$$\frac{70+30}{12}=\frac{70+30}{12}$$

$$\frac{70}{12}<\frac{30+70}{12}$$

可见 P_3 也是一个临界荷载，其荷载对应的影响线纵坐标为

$$y_2=2, y_3=6, y_4=4$$

所以 $M_C=\sum_{i=1}^{3}P_iy_i=70\times2+30\times6+70\times4=600\text{kN·m}$

由计算知，从 P_2 来到影响线顶点时起，到 P_3 占有这个位置止，M_C 为一常数，这说明此二荷载位置皆为最不利荷载位置，故

$$M_{C\max}=600\text{kN·m}$$

因本题跨中截面是对称的，就不必再将移动荷载调头计算了。

三、确定简支梁的绝对最大弯矩

上节讲的是利用影响线可求得梁上任一指定截面的最大弯矩，这样梁上每个指定截面都可求得一个最大弯矩，在这些最大弯矩中，经过比较必然又有一个最大弯矩中的最大弯矩，这个最大弯矩，称为**绝对最大弯矩**。

对于这个问题需要解决两个未知问题：(1) 绝对最大弯矩发生在哪个截面上；(2) 行列荷载位于什么位置时才能发生绝对最大弯矩。这与前面讲过的最不利荷载位置问题不同，那里的截面是给定的，而这里发生绝对最大弯矩的截面的位置则是待求的。

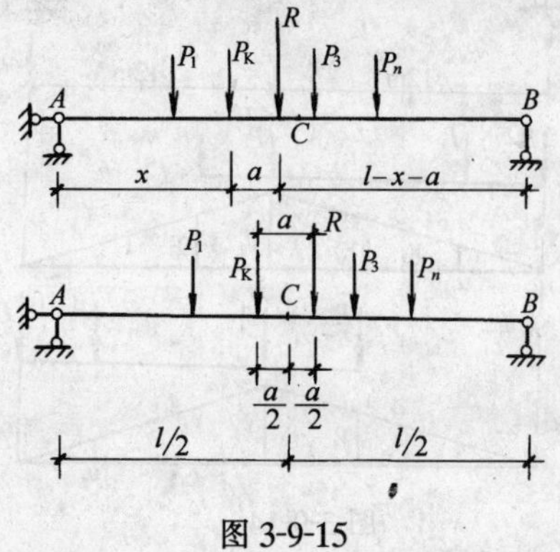

图 3-9-15

由求最不利荷载位置知，荷载若为最不利位置必有一个集中荷载作用在这个截面上，因此，绝对最大弯矩也必然发生在某一集中荷载下面的截面内。只是不知道发生在哪个荷载下面的截面内，以及这个荷载位于什么位置而已。

解决的途径是：任取行列荷载中的一个荷载，记为 P_K，令荷载 P_K 的坐标为 x(图 3-9-15a)。由于行列荷

载中各荷载的间距是不变的,所以行列荷载的位置亦由 x 值确定。且 x 为P_K 的坐标,同时也是它下面截面的坐标。

设梁上各荷载的合力为 R,R 到P_K 的距离为 a,a 可由合力矩定理确定。力 P_K 下面截面的弯矩 M_K 等于

$$M_K = V_A x - M_{K左} \tag{a}$$

式中 $M_{K左}$ 为 P_K 以左梁上荷载对 P_K 作用点的力矩之和。由于荷载间矩不变,所以 $M_{K左}$ 为常数。左支座反力 V_A 由 $\Sigma M_B=0$,得

$$V_A = \frac{R(l-x-a)}{l} \tag{b}$$

将式(b)代入式(a)得

$$M_K = \frac{R(l-x-a)x}{l} - M_{K左} \tag{c}$$

M_K 是 x 的二次函数,极值发生在$\frac{dM_K}{dx}=0$ 处。因 $M_{K左}$ 为常数,故$\frac{dM_{K左}}{dx}=0$。这样,由$\frac{dM_K}{dx}=0$,得

$$x = \frac{l}{2} - \frac{a}{2} \tag{3-9-13}$$

式 (3-9-13)表明,当 P_K 在跨中央之左$\frac{a}{2}$处,P_K 对应截面弯矩取最大值。

当 P_K 在梁中央之左$\frac{a}{2}$处时,合力 R 即在梁中央之右$\frac{a}{2}$处,因为 R 与P_K 的间距为 a。

这样,**当行列荷载移至 P_K 与梁上合力 R 对称于梁中央时,P_K 下面截面的弯矩达到最大值 M_{Kmax}**。

将式(3-9-13)代入式(c),整理得

$$M_{Kmax} = \frac{R(l-a)^2}{4l} - M_{K左} \tag{3-9-14}$$

式中 R 为梁上实有荷载(不包括尚未进入梁和已越出梁的各荷载)合力。

在此特别注意,**R 在 P_K 之右时 a 取正号,在 P_K 之左时 a 取负号。**

计算过程中还会遇到以下情况:在安排 P_K 与 R 对称于梁中央位置时,可能有些荷载越出梁或有新荷载进入梁。这时应重新计算合力 R 的数值和位置。

按式(3-9-13)、(3-9-14)求出各个荷载下面截面的最大弯矩,选出其中最大的一个,就是绝对最大弯矩。在此值得提醒的是,对于行列荷载的个数较少时,用这种方法是可以的,但荷载个数较多时,再用这种方法就很麻烦了。但在实际中,其实不必算出每个荷载下面截面的最大弯矩,因为**绝对最大弯矩总是发生在梁中央附近截面内**。经验表明,绝对最大弯矩通常发生在使梁中央截面弯矩,取得最大值的临界荷载下面的截面。这样,求简支梁绝对最大弯矩的具体步骤如下:

(1) 确定使梁中央截面发生最大弯矩的临界荷载 P_K;

(2) 按式(3-9-14)求 P_K 下面截面的最大弯矩,即得绝对最大弯矩。

简言之,当 P_K 是梁中央截面取得最大弯矩的临界荷载(即最不利荷载)时,将 P_K 位于距梁中央$\frac{a}{2}$处,在此处截面产生的弯矩,即为梁中的绝对最大弯矩。

梁中绝对最大弯矩是设计等截面梁的依据。

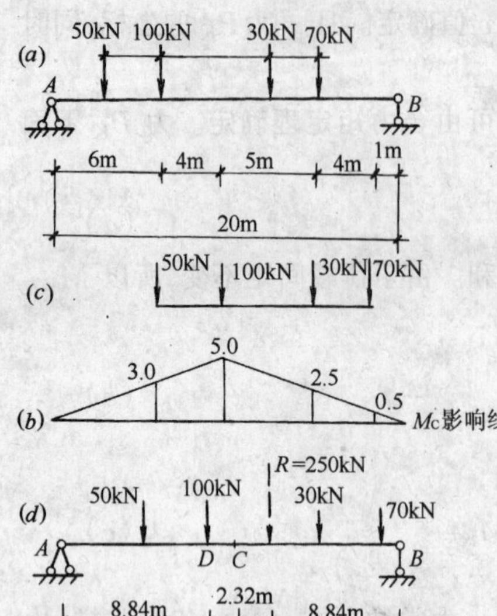

图 3-9-16

【例 3-9-5】 求图 3-9-16a 所示简支梁的绝对最大弯矩，并与跨中截面 C 的最大弯矩相比较。

【解】 1. 首先绘出 M_C 影响线(图 3-9-16b)

2. 确定梁中点 C 截面最大弯矩的临界荷载

根据临界荷载估计原则，只有荷载 100kN 可能为临界荷载，其荷载位置如图 3-9-16c 所示。

$$\frac{50+100}{12}=\frac{150}{12}>\frac{30+70}{12}=\frac{100}{12}$$

$$\frac{50}{12}<\frac{100+30+70}{12}=\frac{200}{12}$$

即荷载 100kN 符合临界荷载条件，它即为梁中点 C 截面发生最大弯矩的临界荷载，则

$$M_{C\max}=50\times3+100\times5+30\times2.5+70\times0.5$$
$$=760\text{kN}\cdot\text{m}$$

3. 再将 100kN 作为计算绝对最大弯矩的临界荷载，其荷载位置如图 3-9-16d 所示。在 100kN 临界荷载处截面 D 的弯矩为

$$M_{\max}=\frac{250}{4\times20}(20-4.64)^2-50\times4=777\text{kN}$$

此最大弯矩也就是该简支梁的绝对最大弯矩。

在本例中，绝对最大弯矩只比跨中最大弯矩大 $\frac{777-760}{760}\times100\%=2.2\%$。因此在实际工程设计中，常用跨中最大弯矩近似的代替绝对最大弯矩。

第五节　梁的内力包络图

在设计承受移动荷载的结构时，为了保证结构满足经济和安全的要求，通常需要求出各个截面内力的最大值和最小值，作为设计依据。**连接各截面内力最大值和最小值的曲线，称为内力包络图。**在此只研究简支梁与连续梁的内力包络图。

一、简支梁的内力包络图

梁的内力包络图，又分为**弯矩包络图**和**剪力包络图**。现以图 3-9-17a 所示简支梁为例，说明简支梁内力包络图的具体画法。

1. 将梁分成若干等分。

将梁分的等分越少计算越简单，但内力包络图越不精确；将梁分的等分越多计算越麻烦，但内力包络图越精确。一般将梁分成 6、8、10、12 等几种情况，此梁分成 10 等分。

2. 分别计算各截面的最大内力值和最小内力值。

将梁分成 10 等分，对于弯矩包络图来说共有 9 个截面。由于本题对称，只需计算半跨的截面，即应依次算出 1、2、3、4、5 这五个截面的最大弯矩值。现以 2 截面为例说明最大弯矩的计算方法。

先作 2 截面的影响线(图 3-9-17b)。再估计临界荷载位置如图 3-9-17b 所示，然后再求出各荷载在影响线上对应的纵坐标为

$y_1 = 1.92\text{m}, y_2 = 1.32\text{m}, y_3 = 0.62\text{m}$

故 2 截面的最大弯矩为

$$M_{\text{qmax}} = 82 \times (1.92 + 1.62 + 0.92) = 366\text{kN·m}$$

其它截面最大弯矩的计算方法与此相同。

3. 计算绝对最大弯矩

因为简支梁存在绝对最大弯矩，在分等分计算时，绝对最大弯矩一般不会正巧在等分面上，所以还必须另外计算绝对最大弯矩。

由临界荷载估计原则知，第 2、第 3 荷载为跨中截面的临界荷载，由于对称，只需计算以第 2 荷载为临界荷载的绝对最大弯矩。

合力 $R = 82 \times 4 = 328\text{kN}, a = \frac{1.5}{2} = 0.75\text{m}$

所以此梁的绝对最大弯矩为

$$M_{\max} = \frac{328}{4 \times 12}(12 - 0.75)^2 - 82 \times 3.5 = 578\text{kN·m}$$

4. 将各截面最大弯矩和绝对弯矩，按同一适当比例画出纵坐标，用曲线连接，即得到此梁弯矩包络图，如图 3-9-17c 所示。

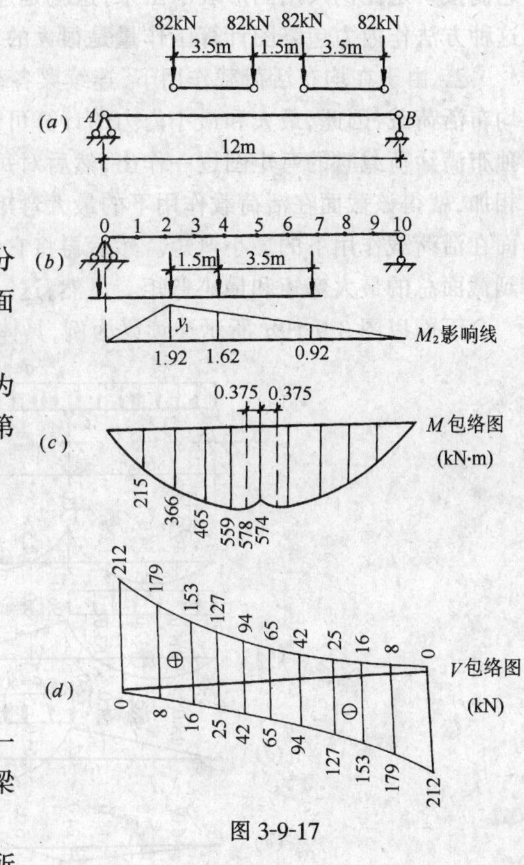

图 3-9-17

在此需要说明的是，上述弯矩包络图中所示的各截面中的最大弯矩（包括绝对最大弯矩），是按静力计算得到的（未考虑惯性力）。实际上荷载移动时，结构发生振动，会产生惯性力，是一个动力计算问题。通常处理方法是，按静力计算，然后再乘以大于 1 的动力系数。乘以动力系数后再与静荷载（如自重）引起的弯矩相组合，即为最后供设计用的弯矩包络图。

同理，可作出剪力包络图，如图 3-9-17d 所示。因为每一截面都将产生最大剪力和最小剪力，因此剪力包络图有两条曲线。

二、连续梁的内力包络图

绘制连续梁内力包络图的方法与简支梁基本相同。

连续梁一般作用着恒载和活荷载，通常对恒载和活荷载的效应分别进行计算。因恒载经常作用，所以产生的内力是固定不变的，故只作出内力图就行了，只有活荷载才作内力包络图。当活荷载作用下各截面的最大和最小内力求出后，再与恒载产生的相应内力叠加，即得在恒载和活荷载共同作用下，各截面的最大内力和最小内力。

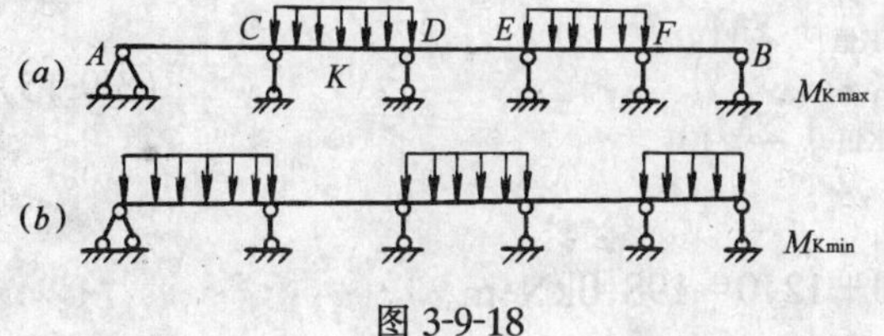

图 3-9-18

连续梁在活荷载作用下，作其内力包络图的方法有两种：

1. 利用连续梁的影响线确定最不利荷载位置，按最不利荷载位置（如图 3-9-18）求出活荷载作用下各截面的最大内力和最小内力，把它们按一定比例尺用图形表示出来，这就是连续梁在活荷载作用下的内力包络图。显然，用这种方法作内力包络图计算工作量是很大的，一般不予采用。

2．由于在均布活荷载作用下，连续梁各截面弯矩的最不利荷载位置是在若干跨内布满均布活荷载，因此，最大和最小内力的计算可以简化。现以弯矩为例说明。只要把每一跨单独布满活荷载时的弯矩图逐一作出，然后对每一截面，将这些弯矩图中对应的所有正弯矩值相加，就得该截面在活荷载作用下的最大弯矩；将所对应的所有负弯矩值相加，就得到该截面在活荷载作用下的最小弯矩。然后再将它们分别与恒载作用下对应的弯矩图相加，便得到截面总的最大弯矩和最小弯矩。显然，这一方法比较简单，因此，在工程中通常采用。

下面以图 3-9-19a 所示连续梁为例，具体说明作连续梁内力包络图的步骤。

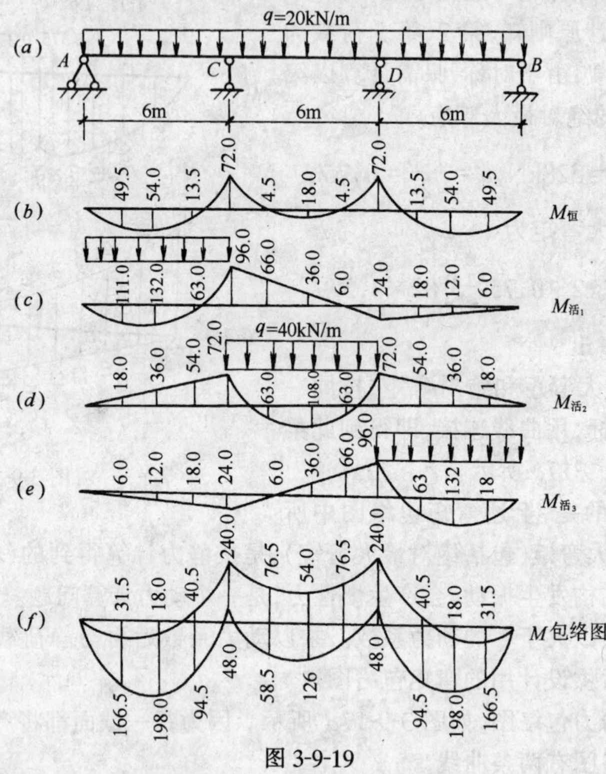

图 3-9-19

1．把每一跨分为若干等分，取等分处的截面作为计算截面。本题每跨分为 4 等分。

2．作出由恒载作用的弯矩图 $M_{恒}$，并算出每个等分面的弯矩值，如图 3-9-19b 所示。

3．逐次作出每一跨单独布满活荷载时引起的弯矩图 $M_{活}$，并算出每个等分面的弯矩值，如图 3-9-19c、d、e 所示。

4．求出各计算截面的 M_{max} 和 M_{min}。

对于任一截面 K 的最大弯矩和最小弯矩按下式计算：

$$\left.\begin{aligned} M_{Kmax} &= M_{K恒} + \Sigma M_{\underset{(+)}{K活}} \\ M_{Kmin} &= M_{K恒} + \Sigma M_{\underset{(-)}{K活}} \end{aligned}\right\} \tag{3-9-15}$$

例如 第 1 跨的第 2 截面 M_{Kmax} 为

$$M_{Kmax} = 54.0 + 132.0 + 12.0 = 198.0\text{kN·m}$$

M_{Kmin}为

$$M_{Kmin}=54.0-36.0=18.0\text{kN}\cdot\text{m}$$

5. 将各截面的 M_{max} 值用纵坐标表示出来，用曲线连起来得 M_{max} 曲线；将各截面的 M_{min} 值用纵坐标表示出来，用曲线连起来得 M_{min} 曲线。这两条曲线即为连续梁的弯矩包络图(图 3-9-19*f*)。

作连续梁剪力包络图的方法与作弯矩包络图方法类似。即先分别作出恒载作用下的剪力图(3-9-20*b*)及各跨单独承受活荷载时的剪力图(图 3-9-20*c*、*d*、*e*)，然后像作弯矩包络图那样，进行剪力的最不利组合，便得到剪力包络图(图 3-9-20*f*)。

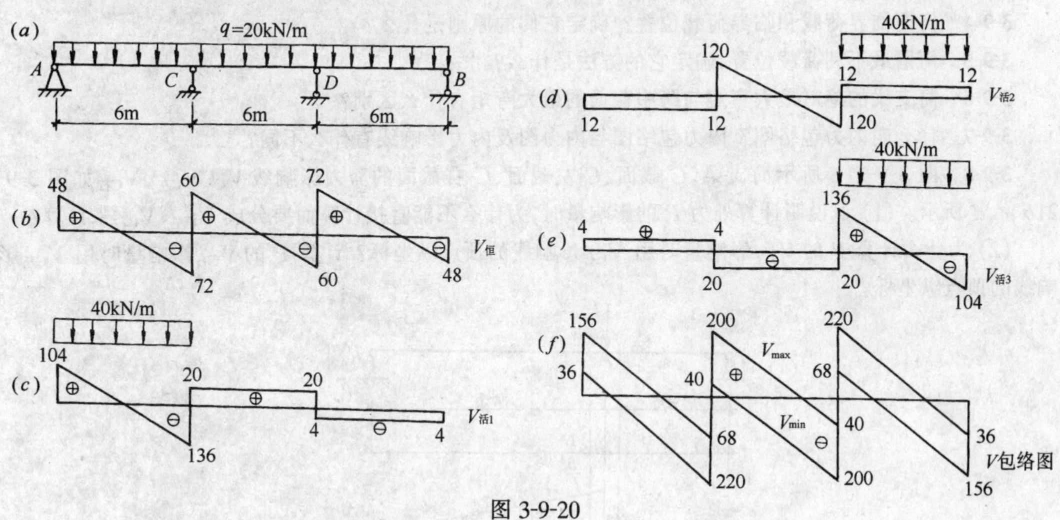

图 3-9-20

例如，*C* 支座左侧截面处

$$V_{C左max}=(-72)+4=-68\text{kN}$$

$$V_{C左min}=(-72)+(-136)+(-12)=-220\text{kN}\cdot\text{m}$$

由于在设计中用到的主要是各支座附近截面上的剪力值，因此，通常只将支座两侧截面的最大剪力值与最小剪力值求出，在每跨中用直线连接，便得到近似的剪力包络图，如图 3-9-20*f* 所示。

连续梁内力包络图表示连续梁上各截面内力变化的极值，可以根据它合理地选择截面尺寸，并在钢筋混凝土梁中合理地布置钢筋。

小　结

移动荷载是指作用位置随时间变化的荷载，它仍属于静力计算问题。

影响线是指单位集中移动荷载 $P=1$ 作用下，某截面某量值变化规律的图形。它是研究结构在移动荷载作用下，各种量值变化规律的工具。

用静力法作单跨静定梁影响线的简单方法是：

作某一支座的影响线，即在该支座向上作一单位纵坐标，与另一支座连以直线。

作某一截面的剪力影响线，先按上法，左支座作以正的影响线，右支座作以负的影响线，然后作哪个截面的影响线就在那个截面画一纵坐标。

作某一截面弯矩的影响线，就在那个截面作纵坐标 $\frac{ab}{l}$，再与两支座分别连以直线。

用静力法作节点荷载作用下主梁的影响线,先作直接荷载作用下的影响线,再过节点作纵标,连以直线。

影响线的应用:求量值,确定最不利荷载位置和确定简支梁的绝对最大弯矩值。

在恒载和活荷载共同作用下,梁各截面所能产生的最大和最小内力值,用纵坐标表示出来,连以曲线,称为内力包络图。内力包络图表示各截面内力的极值,它是梁设计时选择截面尺寸和布置钢筋的重要依据。

思 考 题

3-9-1 什么是移动荷载?什么是影响线?弯矩的影响线与弯矩图有什么异同?

3-9-2 为什么影响线是研究移动荷载对结构产生效应的工具?

3-9-3 影响线有哪些用途?

3-9-4 何谓临界荷载和临界荷载位置?确定它们的原则是什么?

3-9-5 何谓最不利荷载位置,确定它的方法是什么?

3-9-6 简支梁的绝对最大弯矩与跨中截面的最大弯矩有什么区别?

3-9-7 什么叫内力包络图?内力包络图与内力图及内力影响线有什么不同?

3-9-8 图 3-9-21*a* 所示简支梁,C 截面、C 左截面、C 右截面的剪力影响线 V_C、$V_{C左}$、$V_{C右}$ 如图 3-9-21*b*、*c*、*d* 所示。(1) 试说明计算外力 P 的影响量时,为什么不能直接计算而要分成 $V_{C左}$、$V_{C右}$ 来计算?

(2) 为什么计算 P 的 $V_{C左}$ 影响量时用 $V_{C右}$ 影响线的顶点纵坐标?计算 P 的 $V_{C右}$ 影响量时用 $V_{C左}$ 影响线的顶点纵坐标?

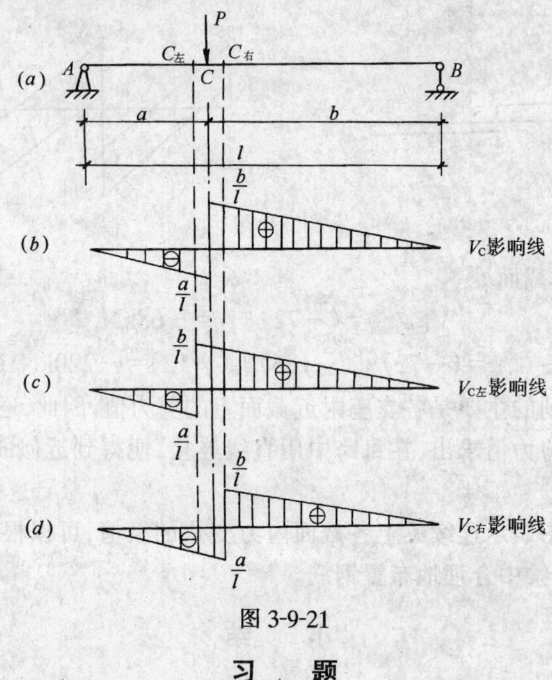

图 3-9-21

习 题

3-9-1 用简单方法作图示单跨静定梁 C 截面的剪力 V_C、弯矩 M_C 的影响线。

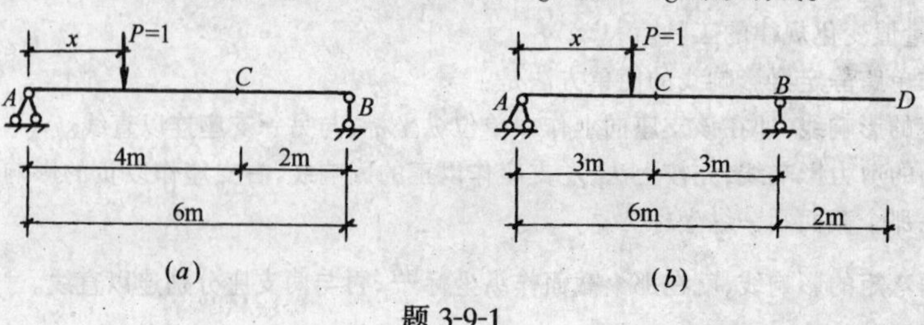

题 3-9-1

3-9-2 用静力方法作图示结构 C 截面的弯矩、剪力影响线。

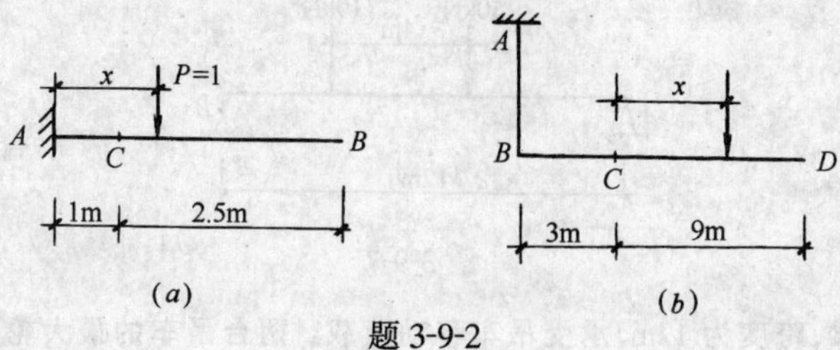

题 3-9-2

3-9-3 作图 a 所示斜梁支座处的 X_A、Y_A、R_B 和截面 C 的弯矩 M_C、剪力 V_C 和轴力 N_C 的影响线；作图 b 所示结构 M_D、V_D 的影响线。

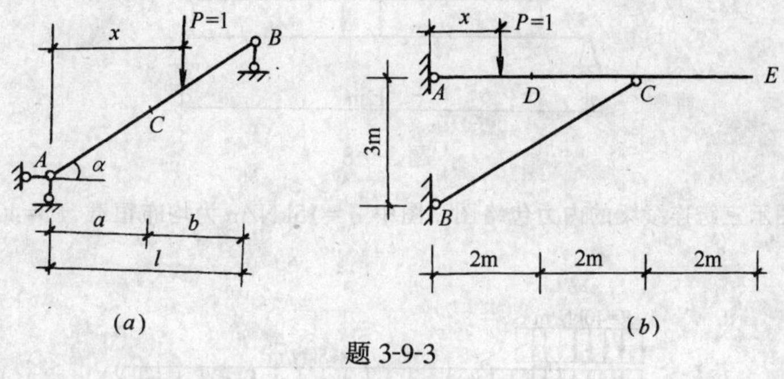

题 3-9-3

3-9-4 作图示主梁 AB 截面 K 的弯矩、剪力影响线。

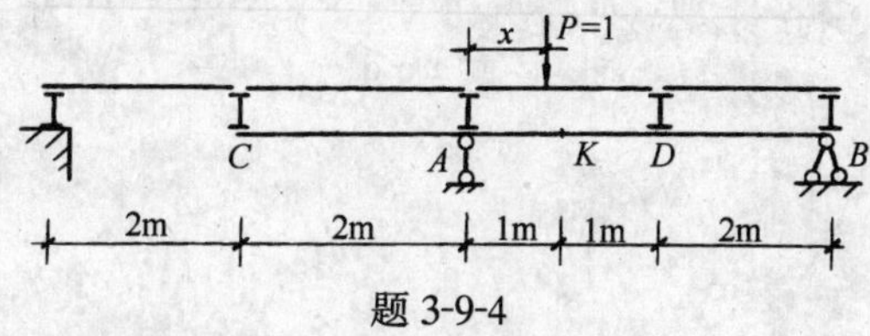

题 3-9-4

3-9-5 利用影响线求图示外伸梁 C 截面的 M_C 与 V_C 量值。

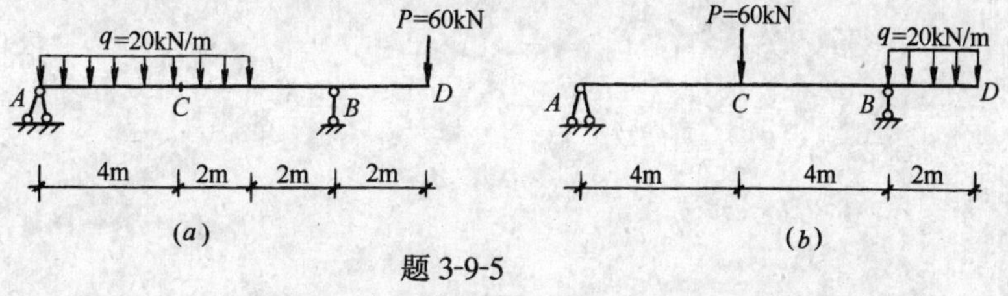

题 3-9-5

3-9-6 某厂房吊车梁如图示，试求该吊车梁 C 截面 M_C、V_C 的最不利荷载位置，并计算 M_C 最大值。

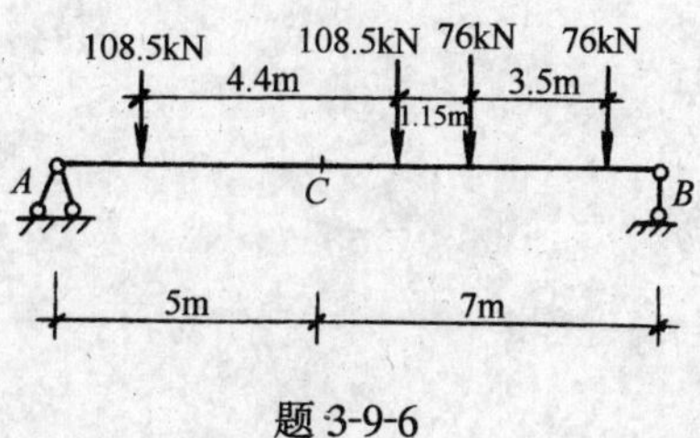

题 3-9-6

3-9-7 求图示简支梁的绝对最大弯矩,并算出跨中截面的最大弯矩与之比较。

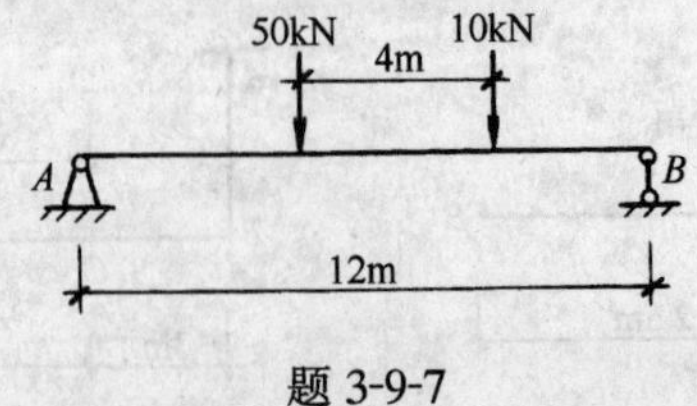

题 3-9-7

3-9-8 图示吊车梁,跨度为 12m,承受吊车移动荷载。两台吊车的最大轮压均为 280kN,轮距为 4.8m,吊车并行的最小距离为 1.44m。试作此吊车梁的内力包络图。

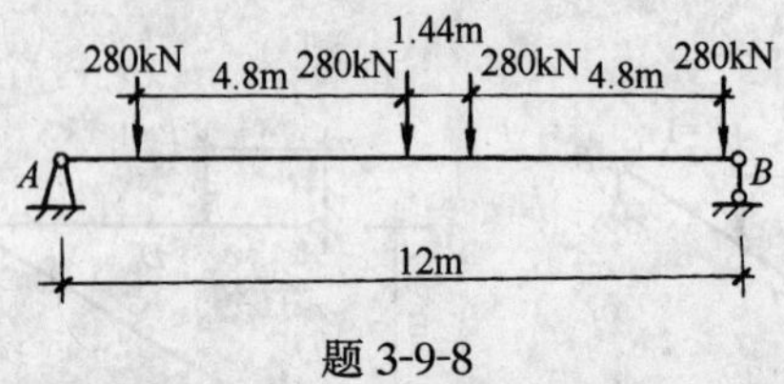

题 3-9-8

3-9-9 试作图示三跨连续梁的内力包络图。图中 $q=15\text{kN/m}$ 为均布恒载,$P=40\text{kN/m}$ 为可任意布置的均布活荷载。

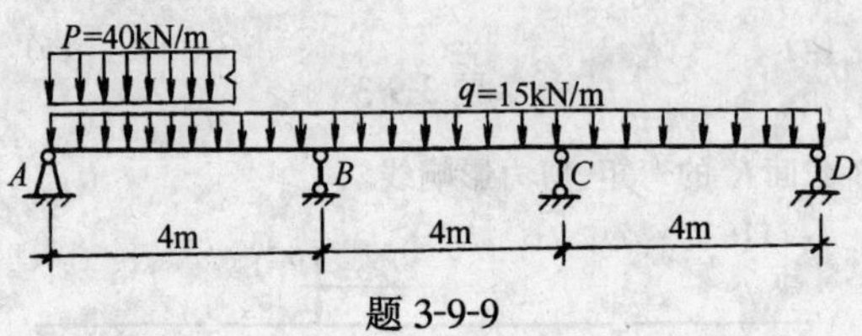

题 3-9-9

*第十章 计算机在结构力学中的应用

第一节 概 述

近年来,计算机在结构力学中得到广泛地应用,诸多学者编制了不少各种各样的软件,应用于结构力学的计算、教学及考评。例如,重庆建筑大学张来仪、哈尔滨建筑大学景瑞主编的《结构力学》所载的分析程序 SAP-95,中国农业大学东校区《力神》软件研制组编制的《力神》及清华大学等研制的《力学求解器》等,都是适用性能很强的力学软件包。本章所附的《平面刚架分析源程序》,是一个使用简单的小软件,它最适合于初学计算机者学习。学生在校学习时间是有限的,不可能也没有必要花过多的时间去学习计算机及其应用,只要在校掌握一些软件,理解其解题思路,那么毕业后再使用商业大软件也就很容易了。所以本书不介绍软件的编制方法,主要介绍使用本书所列软件所涉及到的力学知识及本软件的使用方法。

运用计算机计算结构力学题目的方法通常称为**矩阵方法**。矩阵方法又分为矩阵力法和矩阵位移法。对于杆件结构,矩阵位移法更便于编写通用的计算程序,因此本书只介绍矩阵位移法。

矩阵位移法是用矩阵这一数学工具组织运算的一种计算机方法,在原理和计算步骤上,它与传统的位移法并无本质区别。例如,二者都是以节点位移为基本未知量,先把结构拆成一系列杆件进行分析,然后再把各杆件由节点装配起来,进行结构整体分析等。对于这些做法,以后各节将逐一论述。

为了简单起见,下面结合不考虑各杆轴向变形的,且下端固定于基础的矩形刚架,来讲述矩阵位移法的原理和方法。

第二节 矩阵位移法基本概念

一、基本未知量及结点编码

矩阵位移法的基本未知量是指结构节点位移(线位移、角位移),其数目等于节点独立位移数。当不考虑杆件轴向变形时,图 3-10-1 所示刚架有 6 个基本未知量,用 v 表示。规定:**楼层侧移向右为正,节点转角逆时针为正**。把基本未知量用矩阵表示,可写为向量

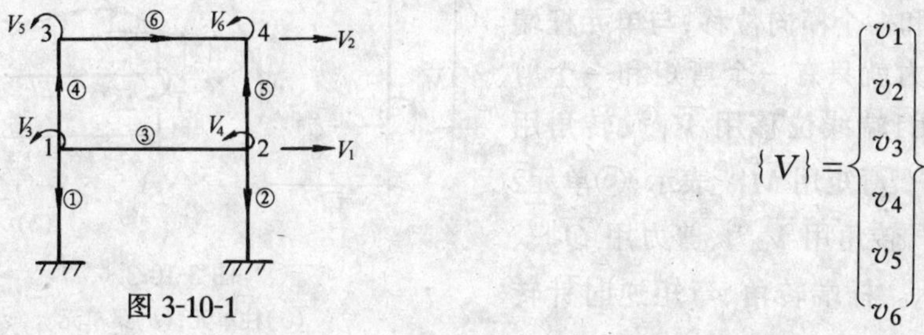

图 3-10-1

$$\{V\}=\begin{Bmatrix} v_1 \\ v_2 \\ v_3 \\ v_4 \\ v_5 \\ v_6 \end{Bmatrix}$$

节点编码可用阿拉伯数字表示。

二、基本结构及单元编码

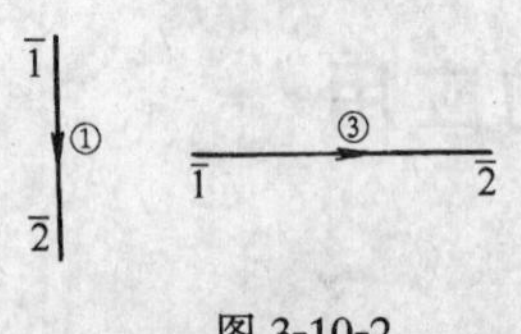

图 3-10-2

矩阵位移法的基本结构是一系列杆件。每根杆称为一个单元,单元的编号叫单元码,可人为确定。图 3-10-1 所示结构有 6 个单元,它们的单元码分别用①、②……⑥表示。每个单元有两端,分别用$\bar{1}$、$\bar{2}$表示,$\bar{1}$、$\bar{2}$称为**单元端码**,$\bar{1}$叫始端,$\bar{2}$叫末端。为了区分一个单元的始末端,在单元上人为的标上箭号,按箭头所指方向规定从$\bar{1}$到$\bar{2}$。图 3-10-2 表示出图 3-10-1 中①、③单元的单元端码。可见,单元的箭号确定后,其端码也就确定了。

三、刚度方程及刚度矩阵

矩阵位移法的基本方程称为**刚度方程**,它包括单元刚度方程和结构刚度方程两类。

(一) 单元刚度方程和单元刚度矩阵

表示单元杆端力和杆端位移间关系的方程叫做**单元刚度方程**,它实际上就是位移法一章中讲的转角位移方程。任一单元ⓔ,杆端力用向量$\{\overline{F}\}^{ⓔ}$表示,杆端位移用向量$\{\overline{V}\}^{ⓔ}$表示,单元ⓔ的刚度方程可表示为

$$\{\overline{F}\}^{ⓔ}=[\overline{K}]^{ⓔ}\{\overline{V}\}^{ⓔ} \tag{3-10-1}$$

式中$[\overline{K}]^{ⓔ}$叫做单元ⓔ的刚度矩阵,是表示杆端力与杆端位移间关系的一个系数矩阵。

(二) 结构刚度方程和结构刚度矩阵

表示结构上节点荷载与节点位移间关系的方程叫做**结构刚度方程**,它实际就是位移法基本方程,即力矩平衡方程和剪力平衡方程。如用$\{P\}$表示节点荷载向量,结构刚度方程可表示为

$$[K]\{V\}=\{P\} \tag{3-10-2}$$

式中$[K]$叫做结构刚度矩阵,是表示节点位移与节点荷载间关系的一个系数矩阵。

第三节　不计轴向变形的单元刚度矩阵

用矩阵位移法解题时,首先把结构拆成一系列单元,逐单元进行分析。单元分析的任务就是建立单元刚度矩阵。

一、一般单元(图 3-10-3)

不考虑单元的轴向变形时,单元两端的轴向位移是相等的。也就是说,单元沿其轴向只能产生刚体位移。这样,单元每端的变形位移就只有一个转角和一个横向位移,与单元杆端位移对应的杆端力就只有一个弯矩和一个剪力。规定:ⓔ单元$\bar{1}$端线位移用$\overline{V}_1{}^{ⓔ}$、转角用$\overline{V}_3{}^{ⓔ}$,剪力用$\overline{Q}_1{}^{ⓔ}$、弯矩用$\overline{M}_1{}^{ⓔ}$表示;ⓔ单元$\bar{2}$端线位移用$\overline{V}_2{}^{ⓔ}$、转角用$\overline{V}_4{}^{ⓔ}$、剪力用$\overline{Q}_2{}^{ⓔ}$、弯矩用$\overline{M}_2{}^{ⓔ}$表示。杆端转角、弯矩逆时针转

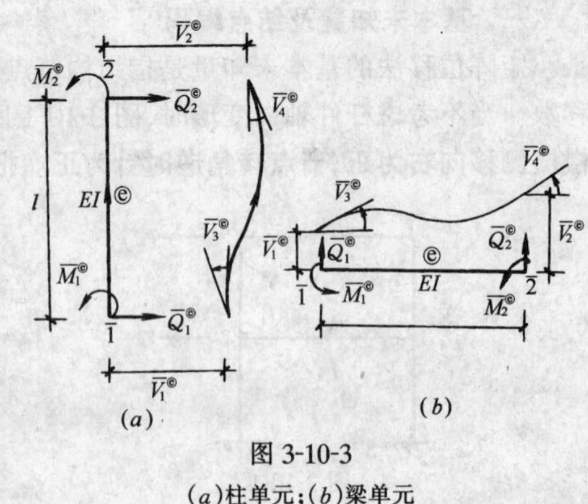

图 3-10-3
(a)柱单元;(b)梁单元

为正，柱单元线位移、杆端剪力向右为正，梁单元线位移、杆端剪力向上为正。图 3-10-3 上标出的杆端位移和杆端力都是正的。

由转角位移方程有

$$\overline{Q}_1^{\textcircled{e}}=\frac{12EI}{l^3}\overline{V}_1^{\textcircled{e}}-\frac{12EI}{l^3}\overline{V}_2^{\textcircled{e}}+\frac{6EI}{l^2}\overline{V}_2^{\textcircled{e}}+\frac{6EI}{l^2}\overline{V}_4^{\textcircled{e}}$$

$$\overline{Q}_2^{\textcircled{e}}=-\frac{12EI}{l^3}\overline{V}_1^{\textcircled{e}}+\frac{12EI}{l^3}\overline{V}_2^{\textcircled{e}}-\frac{6EI}{l^2}\overline{V}_3^{\textcircled{e}}-\frac{6EI}{l^2}\overline{V}_4^{\textcircled{e}}$$

$$\overline{M}_1^{\textcircled{e}}=\frac{6EI}{l^2}\overline{V}_1^{\textcircled{e}}-\frac{6EI}{l^2}\overline{V}_2^{\textcircled{e}}+\frac{4EI}{l}\overline{V}_3^{\textcircled{e}}+\frac{2EI}{l}\overline{V}_4^{\textcircled{e}}$$

$$\overline{M}_2^{\textcircled{e}}=\frac{6EI}{l^2}\overline{V}_1^{\textcircled{e}}-\frac{6EI}{l^2}\overline{V}_2^{\textcircled{e}}+\frac{2EI}{l}\overline{V}_3^{\textcircled{e}}+\frac{4EI}{l}\overline{V}_4^{\textcircled{e}}$$

写成矩阵形式，就得到一般单元刚度方程

$$\begin{Bmatrix}\overline{Q}_1\\\overline{Q}_2\\\overline{M}_1\\\overline{M}_2\end{Bmatrix}^{\textcircled{e}}=\begin{Bmatrix}\frac{12EI}{l^3} & -\frac{12EI}{l^3} & \frac{6EI}{l^2} & \frac{6EI}{l^2}\\ -\frac{12EI}{l^3} & \frac{12EI}{l^3} & -\frac{6EI}{l^2} & -\frac{6EI}{l^2}\\ \frac{6EI}{l^2} & -\frac{6EI}{l^2} & \frac{4EI}{l} & \frac{2EI}{l}\\ \frac{6EI}{l^2} & -\frac{6EI}{l^2} & \frac{2EI}{l} & \frac{4EI}{l}\end{Bmatrix}^{\textcircled{e}}\begin{Bmatrix}\overline{V}_1\\\overline{V}_2\\\overline{V}_3\\\overline{V}_4\end{Bmatrix}^{\textcircled{e}} \tag{3-10-3}$$

对照式(3-10-1)，$[\overline{F}]^{\textcircled{e}}=\begin{Bmatrix}\overline{Q}_1\\\overline{Q}_2\\\overline{M}_1\\\overline{M}_2\end{Bmatrix}^{\textcircled{e}}$，$\{\overline{V}\}^{\textcircled{e}}=\begin{Bmatrix}\overline{V}_1\\\overline{V}_2\\\overline{V}_3\\\overline{V}_4\end{Bmatrix}^{\textcircled{e}}$

一般单元刚度矩阵

$$[\overline{K}]^{\textcircled{e}}=\begin{Bmatrix}\frac{12EI}{l^3} & -\frac{12EI}{l^3} & \frac{6EI}{l^2} & \frac{6EI}{l^2}\\ -\frac{12EI}{l^3} & \frac{12EI}{l^3} & -\frac{6EI}{l^2} & -\frac{6EI}{l^2}\\ \frac{6EI}{l^2} & -\frac{6EI}{l^2} & \frac{4EI}{l} & \frac{2EI}{l}\\ \frac{6EI}{l^2} & -\frac{6EI}{l^2} & \frac{2EI}{l} & \frac{4EI}{l}\end{Bmatrix}^{\textcircled{e}} \tag{3-10-4}$$

此矩阵是一个对角线元素恒为正的四阶对称矩阵。

二、特殊单元

1. 简支单元(图 3-10-4)

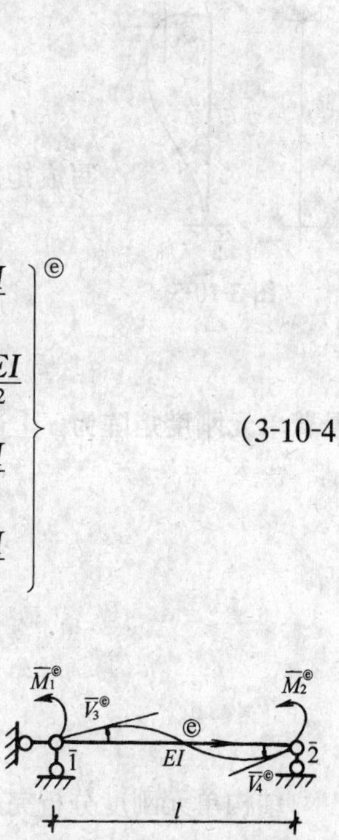

图 3-10-4

简支单元每端只有一个角位移，对应一个杆端弯矩。这样，杆端力向量 $\{\overline{F}\}^{\textcircled{e}}=\begin{Bmatrix}\overline{M}_1\\\overline{M}_2\end{Bmatrix}^{\textcircled{e}}$，杆端位移向量 $\{\overline{V}\}^{\textcircled{e}}=\begin{Bmatrix}\overline{V}_3\\\overline{V}_4\end{Bmatrix}^{\textcircled{e}}$。由转角位移方程有

$$\overline{M}_1^{\textcircled{e}}=\frac{4EI}{l}\overline{V}_3^{\textcircled{e}}+\frac{2EI}{l}\overline{V}_4^{\textcircled{e}}$$

$$\overline{M}_2^{\textcircled{e}}=\frac{2EI}{l}\overline{V}_3^{\textcircled{e}}+\frac{4EI}{l}\overline{V}_4^{\textcircled{e}}$$

写成矩阵形式，便得到简支单元的刚度方程

$$\begin{Bmatrix}\overline{M}_1\\ \overline{M}_2\end{Bmatrix}^{\textcircled{e}}=\begin{bmatrix}\frac{4EI}{l} & \frac{2EI}{l}\\ \frac{2EI}{l} & \frac{4EI}{l}\end{bmatrix}^{\textcircled{e}}\begin{Bmatrix}\overline{V}_3\\ \overline{V}_4\end{Bmatrix}^{\textcircled{e}} \tag{3-10-5}$$

简支单元的刚度矩阵

$$[\overline{K}]^{\textcircled{e}}=\begin{bmatrix}\frac{4EI}{l} & \frac{2EI}{l}\\ \frac{2EI}{l} & \frac{4EI}{l}\end{bmatrix}^{\textcircled{e}} \tag{3-10-6}$$

2. 悬臂单元(图 3-10-5)

悬臂单元只是悬臂端有一个线位移和一个转角，对应一个剪力和一个弯矩。这样，杆端力向量$\{\overline{F}\}^{\textcircled{e}}=\begin{Bmatrix}\overline{Q}_1\\ \overline{M}_1\end{Bmatrix}$，杆端位移向量$\{\overline{V}\}^{\textcircled{e}}=\begin{Bmatrix}\overline{V}_1\\ \overline{V}_3\end{Bmatrix}$。由转角位移方程

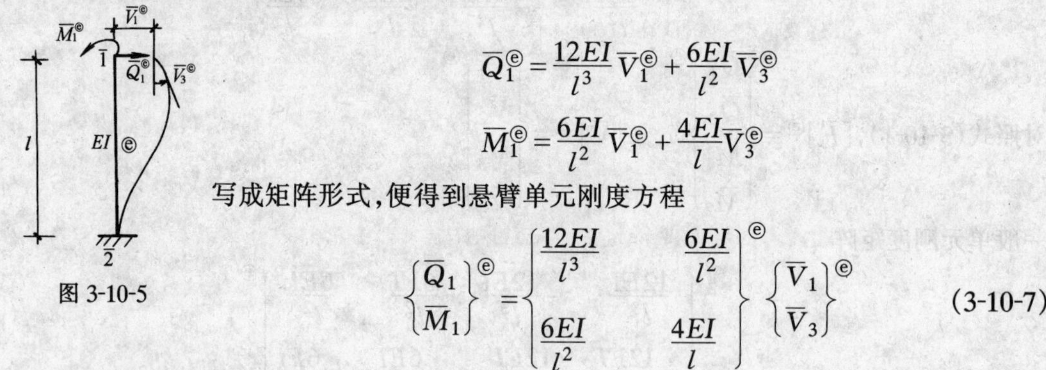

图 3-10-5

$$\overline{Q}_1^{\textcircled{e}}=\frac{12EI}{l^3}\overline{V}_1^{\textcircled{e}}+\frac{6EI}{l^2}\overline{V}_3^{\textcircled{e}}$$

$$\overline{M}_1^{\textcircled{e}}=\frac{6EI}{l^2}\overline{V}_1^{\textcircled{e}}+\frac{4EI}{l}\overline{V}_3^{\textcircled{e}}$$

写成矩阵形式，便得到悬臂单元刚度方程

$$\begin{Bmatrix}\overline{Q}_1\\ \overline{M}_1\end{Bmatrix}^{\textcircled{e}}=\begin{Bmatrix}\frac{12EI}{l^3} & \frac{6EI}{l^2}\\ \frac{6EI}{l^2} & \frac{4EI}{l}\end{Bmatrix}^{\textcircled{e}}\begin{Bmatrix}\overline{V}_1\\ \overline{V}_3\end{Bmatrix}^{\textcircled{e}} \tag{3-10-7}$$

悬臂单元刚度矩阵为

$$[\overline{K}]^{\textcircled{e}}=\begin{bmatrix}\frac{12EI}{l^3} & \frac{6EI}{l^2}\\ \frac{6EI}{l^2} & \frac{4EI}{l}\end{bmatrix}^{\textcircled{e}} \tag{3-10-8}$$

第四节　结构刚度矩阵

结构单元刚度分析完成之后，通过节点把各单元装配成结构，进行结构整体刚度分析。结构整体刚度分析的主要任务是建立结构刚度矩阵。

一、结构刚度矩阵

现以单层单跨刚架(图 3-10-6)为例介绍结构刚度矩阵的形成原理及过程。此结构有两个刚节点，3 个未知量。节点码及节点位移，单元码及各单元始末端编码均标在图上。已知

的节点荷载向量为

$$\{P\}=\begin{Bmatrix}P_1\\M_1\\M_2\end{Bmatrix}$$

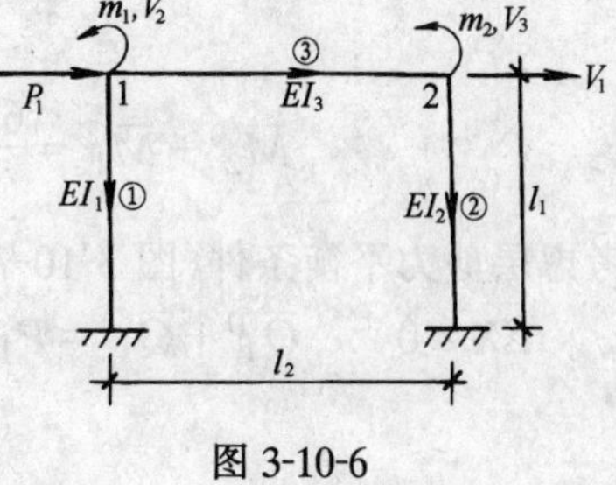

图 3-10-6

如节点 2 也有水平荷载,可合并到 P_1 中去。未知的节点位移向量为

$$\{V\}=\begin{Bmatrix}V_1\\V_2\\V_3\end{Bmatrix}$$

下面利用平衡条件建立结构刚度方程。

考虑节点 1 的力矩平衡条件(图 3-10-7a)

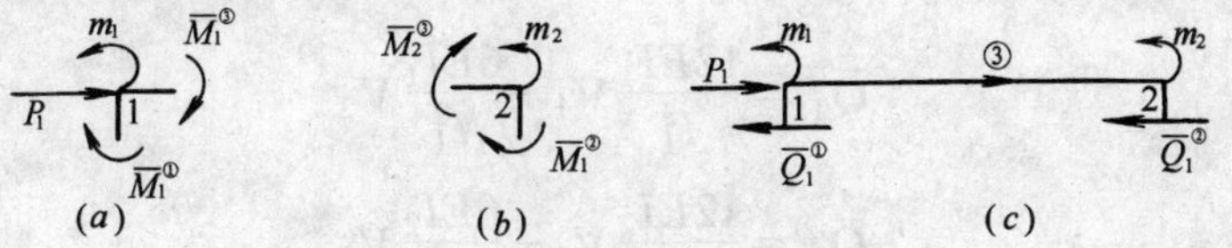

(a)　　(b)　　(c)

图 3-10-7

$\Sigma M_1=0\quad \overline{M}_1^{①}+\overline{M}_1^{③}=m_1$。由式(3-10-7)、(3-10-5)

$$\overline{M}_1^{①}=\frac{6EI_1}{l_1^2}\overline{V}_1^{①}+\frac{4EI_1}{l_1}\overline{V}_3^{①}$$

$$\overline{M}_1^{③}=\frac{4EI_3}{l_2}\overline{V}_3^{③}+\frac{2EI_3}{l_2}\overline{V}_4^{③}$$

考虑节点 1、2 的变形连续条件(位移条件)

$$\overline{V}_1^{①}=V_1\quad \overline{V}_3^{①}=V_2=\overline{V}_3^{③},\overline{V}_4^{③}=V_3\quad 则$$

$$\overline{M}_1^{①}=\frac{6EI_1}{l_1^2}V_1+\frac{4EI_1}{l_1}V_2$$

$$\overline{M}_1^{③}=\frac{4EI_3}{l_2}V_2+\frac{2EI_3}{l_2}V_3$$

$$\overline{M}_1^{①}+\overline{M}_1^{③}=\frac{6EI_1}{l_1^2}V_1+\left(\frac{4EI_1}{l_1}+\frac{4EI_3}{l_2}\right)V_2+\frac{2EI_3}{l_2}V_3=m_1\qquad(3\text{-}10\text{-}9a)$$

考虑节点 2 的力矩平衡条件(图 3-10-7b)

$\Sigma M_2=0\quad \overline{M}_2^{③}+\overline{M}_1^{②}=m_2$。由式(3-10-5)、(3-10-7)

$$\overline{M}_2^{③}=\frac{2EI_3}{l_2}\overline{V}_3^{③}+\frac{4EI_3}{l_2}\overline{V}_4^{③}$$

$$\overline{M}_1^{②}=\frac{6EI_2}{l_1^2}\overline{V}_1^{②}+\frac{4EI_2}{l_1}\overline{V}_3^{②}$$

考虑节点 1、2 的位移条件

$$\overline{V}_3^{③}=V_2,\overline{V}_4^{③}=\overline{V}_3^{②}=V_3,\overline{V}_1^{②}=V_1\quad 则$$

$$\overline{M}_2^{③}=\frac{2EI_3}{l_2}V_2+\frac{4EI_3}{l_2}V_3$$

$$\overline{M}_1^{②}=\frac{6EI_2}{l_1^2}V_1+\frac{4EI_2}{l_1}V_3$$

$$\overline{M}_2^{③}+\overline{M}_1^{②}=\frac{6EI_2}{l_1^2}V_1+\frac{2EI_3}{l_2}V_2+\left(\frac{4EI_2}{l_1}+\frac{4EI_3}{l_2}\right)V_3=M_2 \qquad (3\text{-}10\text{-}9b)$$

考虑层剪力平衡条件(图 3-10-7c)

$\Sigma X=0$ $\quad \overline{Q}_1^{①}+\overline{Q}_1^{②}=P_1$。由式(3-10-7)

$$\overline{Q}_1^{①}=\frac{12EI_1}{l_1^3}\overline{V}_1^{①}+\frac{6EI_1}{l_1^2}\overline{V}_3^{①}$$

$$\overline{Q}_1^{②}=\frac{12EI_2}{l_1^3}\overline{V}_1^{②}+\frac{6EI_2}{l_1^2}\overline{V}_3^{②}$$

考虑节点 1、2 的位移条件

$\overline{V}_1^{①}=V_1=\overline{V}_1^{②},\overline{V}_3^{①}=V_2,\overline{V}_3^{②}=V_3$ 则

$$\overline{Q}_1^{①}=\frac{12EI_1}{l_1^3}V_1+\frac{6EI_1}{l_1^2}V_2$$

$$\overline{Q}_1^{②}=\frac{12EI_2}{l_1^3}V_1+\frac{6EI_2}{l_1^2}V_3$$

$$\overline{Q}_1^{①}+\overline{Q}_1^{②}=\left(\frac{12EI_1}{l_1^3}+\frac{12EI_2}{l_1^3}\right)V_1+\frac{6EI_1}{l_1^2}V_2+\frac{6EI_2}{l_1^2}V_3=P_1 \qquad (3\text{-}10\text{-}9c)$$

按式(3-10-9c)、(3-10-9a)、(3-10-9b)的顺序将三式写在一起

$$\begin{aligned}&\left(\frac{12EI_1}{l_1^3}+\frac{12EI_2}{l_1^3}\right)V_1+\frac{6EI_1}{l_1^2}V_2+\frac{6EI_2}{l_1^2}V_3=P_1\\&\frac{6EI_1}{l_1^2}V_1+\left(\frac{4EI_1}{l_1}+\frac{4EI_3}{l_2}\right)V_2+\frac{2EI_3}{l_2}V_3=m_1\\&\frac{6EI_2}{l_1^2}V_1+\frac{2EI_3}{l_2}V_2+\left(\frac{4EI_2}{l_1}+\frac{4EI_3}{l_2}\right)V_3=m_2\end{aligned} \qquad (3\text{-}10\text{-}9d)$$

式(3-10-9d)便是结构的刚度方程,写成矩阵形式

$$[K]\{V\}=\{P\}$$

式中

$$[K]=\begin{bmatrix}K_{11}&K_{12}&K_{13}\\K_{21}&K_{22}&K_{23}\\K_{31}&K_{32}&K_{33}\end{bmatrix}=\begin{bmatrix}\frac{12EI_1}{l_1^3}+\frac{12EI_2}{l_1^3}&\frac{6EI_1}{l_1^2}&\frac{6EI_2}{l_1^2}\\\frac{6EI_1}{l_1^2}&\frac{4EI_1}{l_1}+\frac{4EI_3}{l_2}&\frac{2EI_3}{l_2}\\\frac{6EI_2}{l_1^2}&\frac{2EI_3}{l_2}&\frac{4EI_2}{l_1}+\frac{4EI_3}{l_2}\end{bmatrix} \qquad (3\text{-}10\text{-}10)$$

式(3-10-10)便是图 3-10-6 所示刚架的结构刚度矩阵。

二、直接刚度法

上面以刚架为例说明了在已知各单元刚度矩阵的情况下,建立结构刚度矩阵的方法。下面介绍根据单元刚度矩阵形成结构刚度矩阵的一个简单方法,即所谓**直接刚度法**。

从上面的介绍不难看出,结构刚度矩阵是由各单元刚度矩阵构成的,各单元刚度矩阵的

元素加入到结构刚度矩阵中去构成结构刚度矩阵。一个单元刚度矩阵的某个元素加入到结构刚度矩阵中时,应在结构刚度矩阵的什么位置呢?也就是说,它应该在结构刚度矩阵的哪一行、哪一列呢?这可通过置换下标码的方法解决,即根据位移条件,把表示元素在单元刚度矩阵中位置的下标码换成结构的基本未知量下标码,按置换后的下标码去找该元素在结构刚度矩阵中所在的行、列位置。

在由单元刚度矩阵形成结构刚度矩阵时,任何单元都可用式(3-10-4)表示的一般单元刚度矩阵计算。

1. 单层单跨刚架(图 3-10-8)

(1) 确定结构刚度矩阵阶数

图 3-10-8 所示刚架有 3 个单元,三个结点位移,图中还表示出每个单元的始($\bar{1}$)、末($\bar{2}$)端。因结点位移向量是 3 维的,所以结构刚度矩阵是3×3阶的,即

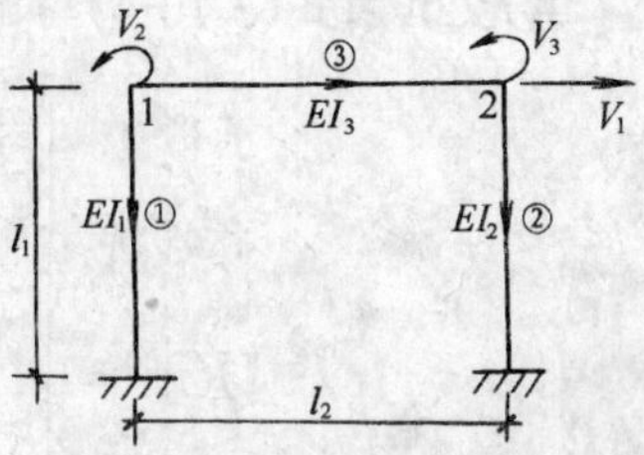

$$[K]=\begin{bmatrix} K_{11} & K_{12} & K_{13} \\ K_{21} & K_{22} & K_{23} \\ K_{31} & K_{32} & K_{33} \end{bmatrix}$$

图 3-10-8

(2) 将单元刚度矩阵元素换码,形成结构刚度矩阵

单元①,由式(3-10-4)可写出它的单元刚度矩阵

$$[\bar{K}]^{①}=\begin{bmatrix} \frac{12EI_1}{l_1^3} & -\frac{12EI_1}{l_1^3} & \frac{6EI_1}{l_1^2} & \frac{6EI_1}{l_1^2} \\ -\frac{12EI_1}{l_1^3} & \frac{12EI_1}{l_1^3} & -\frac{6EI_1}{l_1^2} & -\frac{6EI_1}{l_1^2} \\ \frac{6EI_1}{l_1^2} & -\frac{6EI_1}{l_1^2} & \frac{4EI_1}{l_1} & \frac{2EI_1}{l_1} \\ \frac{6EI_1}{l_1^2} & -\frac{6EI_1}{l_1^2} & \frac{2EI_1}{l_1} & \frac{4EI_1}{l_1} \end{bmatrix}^{①} \begin{matrix} 1\to1 \\ 2\to0 \\ 3\to2 \\ 4\to0 \end{matrix}$$

$$\begin{matrix} 1 & 2 & 3 & 4 \\ \downarrow & \downarrow & \downarrow & \downarrow \\ 1 & 0 & 2 & 0 \end{matrix}$$

因位移条件是 $\bar{V}_1^{①}=V_1$、$\bar{V}_2^{①}=0$、$\bar{V}_3^{①}=V_2$、$\bar{V}_4^{①}=0$,所以把单元下标码(1、2、3、4)换成(1、0、2、0)。单元刚度矩阵中第一行第一列元素$\frac{12EI_1}{l_1^3}$的单元下标码是(1、1),应换成结构下标码(1、1),它在结构刚度矩阵的位置应是第一行第一列。也就是说,单元刚度矩阵中第一行第一列的元素应送入结构刚度矩阵的第一行第一列。又如,单元刚度矩阵中第一行第三列的元素$\frac{6EI_1}{l_1^2}$的单元下标码(1、3)应换成结构下标码(1、2),它在结构刚度矩阵中的位置是第一行第二列。再如,单元刚度矩阵中第一行第二列元素$-\frac{12EI_1}{l_1^3}$,它的单元下标码是(1、2)应换成结构下标码(1、0)。这个元素应送入结构刚度矩阵的第一行第 0 列,但结构刚度矩阵中没有 0 列,也就说,结构刚度矩阵中没有该元素的位置,所以它不进入结构矩阵。总之,把单元刚度矩阵中元素换码后,按换码后的两个码送入结构刚度矩阵相应的行、列位置;若换

后的两个码中有一个或两个是 0 码，则此元素不进入结构刚度矩阵。按上述办法，把单元①各元素送入结构刚度矩阵，则得到

$$[K]_1=\begin{bmatrix}\frac{12EI_1}{l_1^3} & \frac{6EI_1}{l_1^2} & 0\\ \frac{6EI_1}{l_1^2} & \frac{4EI_1}{l_1} & 0\\ 0 & 0 & 0\end{bmatrix} \tag{3-10-11a}$$

单元②，由式(3-10-4)写出它的单元刚度矩阵

$$[\overline{K}]^{②}=\begin{bmatrix}\frac{12EI_2}{l_1^3} & -\frac{12EI_2}{l_1^3} & \frac{6EI_2}{l_1^2} & \frac{6EI_2}{l_1^2}\\ -\frac{12EI_2}{l_1^3} & \frac{12EI_2}{l_1^3} & -\frac{6EI_2}{l_1^2} & -\frac{6EI_2}{l_1^2}\\ \frac{6EI_2}{l_1^2} & -\frac{6EI_2}{l_1^2} & \frac{4EI_2}{l_1} & \frac{2EI_2}{l_1}\\ \frac{6EI_2}{l_1^2} & -\frac{6EI_2}{l_1^2} & \frac{2EI_2}{l_1} & \frac{4EI_2}{l_1}\end{bmatrix}\begin{matrix}1\to1\\ 2\to0\\ 3\to3\\ 4\to0\end{matrix}$$

$$\begin{matrix}1 & 2 & 3 & 4\\ \downarrow & \downarrow & \downarrow & \downarrow\\ 1 & 0 & 3 & 0\end{matrix}$$

因位移条件是 $\overline{V}_1^{②}=V_1$、$\overline{V}_2^{②}=0$、$\overline{V}_3^{②}=V_3$、$\overline{V}_4^{②}=0$，所以把单元下标码(1、2、3、4)换成(1、0、3、0)。按换后的下标码把各元素送入结构刚度矩阵。在结构刚度矩阵的元素中，如遇到单元①送来的元素，则把它们加起来。这表示，单元①和单元②对结构刚度矩阵的这一元素都有贡献。

$$[K]_2=\begin{bmatrix}\frac{12EI_1}{l_1^3}+\frac{12EI_2}{l_1^3} & \frac{6EI_1}{l_1^2} & \frac{6EI_2}{l_1^2}\\ \frac{6EI_1}{l_1^2} & \frac{4EI_1}{l_1} & 0\\ \frac{6EI_2}{l_1^2} & 0 & \frac{4EI_2}{l_1}\end{bmatrix} \tag{3-10-11b}$$

单元③，由式(3-10-4)写出它的单元刚度矩阵

$$[\overline{K}]^{③}=\begin{bmatrix}\frac{12EI_3}{l_2^3} & -\frac{12EI_3}{l_2^3} & \frac{6EI_3}{l_2^2} & \frac{6EI_3}{l_2^2}\\ -\frac{12EI_3}{l_2^3} & \frac{12EI_3}{l_2^3} & -\frac{6EI_3}{l_2^2} & -\frac{6EI_3}{l_2^2}\\ \frac{6EI_3}{l_2^2} & -\frac{6EI_3}{l_2^2} & \frac{4EI_3}{l_2} & \frac{2EI_3}{l_2}\\ \frac{6EI_3}{l_2^2} & -\frac{6EI_3}{l_2^2} & \frac{2EI_3}{l_2} & \frac{4EI_3}{l_2}\end{bmatrix}\begin{matrix}1\to0\\ 2\to0\\ 3\to2\\ 4\to3\end{matrix}$$

$$\begin{matrix}1 & 2 & 3 & 4\\ \downarrow & \downarrow & \downarrow & \downarrow\\ 0 & 0 & 2 & 3\end{matrix}$$

因位移条件是 $\overline{V}_1^3=0$、$\overline{V}_2^{③}=0$、$\overline{V}_3^{③}=V_2$、$\overline{V}_4^{③}=V_3$，所以把单元下标码(1、2、3、4)换成(0、0、2、3)。按换后的下标码把各元素送入结构刚度矩阵，最后得到

$$[K]=\begin{bmatrix} \dfrac{12EI_1}{l_1^3}+\dfrac{12EI_2}{l_1^3} & \dfrac{6EI_1}{l_1^2} & \dfrac{6EI_2}{l_1^2} \\ \dfrac{6EI_1}{l_1^2} & \dfrac{4EI_1}{l_1}+\dfrac{4EI_3}{l_2} & \dfrac{2EI_3}{l_2} \\ \dfrac{6EI_2}{l_1^2} & \dfrac{2EI_3}{l_2} & \dfrac{4EI_2}{l_1}+\dfrac{4EI_3}{l_2} \end{bmatrix} \tag{3-10-12}$$

与式(3-10-10)表示的结构刚度矩阵相同。

2．一般矩形刚架(图 3-10-9)

图 3-10-9 所示刚架有 6 个单元，6 个结点位移，图中还标出了每个单元的始($\overline{1}$)、末($\overline{2}$)端。已知ⓔ单元刚度矩阵

$$[\overline{K}]^{ⓔ}=\begin{bmatrix} \overline{K}_{11} & \overline{K}_{12} & \overline{K}_{13} & \overline{K}_{14} \\ \overline{K}_{21} & \overline{K}_{22} & \overline{K}_{23} & \overline{K}_{24} \\ \overline{K}_{31} & \overline{K}_{32} & \overline{K}_{33} & \overline{K}_{34} \\ \overline{K}_{41} & \overline{K}_{42} & \overline{K}_{43} & \overline{K}_{44} \end{bmatrix}^{ⓔ} \qquad (e=1,2,\cdots\cdots,6)$$

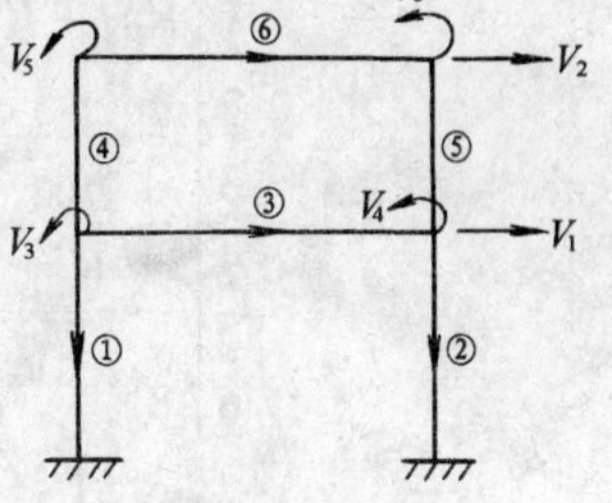

试建立该结构刚度矩阵。

图 3-10-9

(1) 确定结构刚度矩阵阶数

因为结点位移向量是 6 维的，所以结构刚度矩阵是 6×6 阶的。

(2) 将单元刚度矩阵元素换码，形成结构刚度矩阵

单元①，有位移条件(图 3-10-10a) $\overline{V}_1^{①}=V_1$、$\overline{V}_2^{①}=0$、$\overline{V}_3^{①}=V_3$、$\overline{V}_4^{①}=0$，所以把单元下标码(1、2、3、4)换成(1、0、3、0)。则有

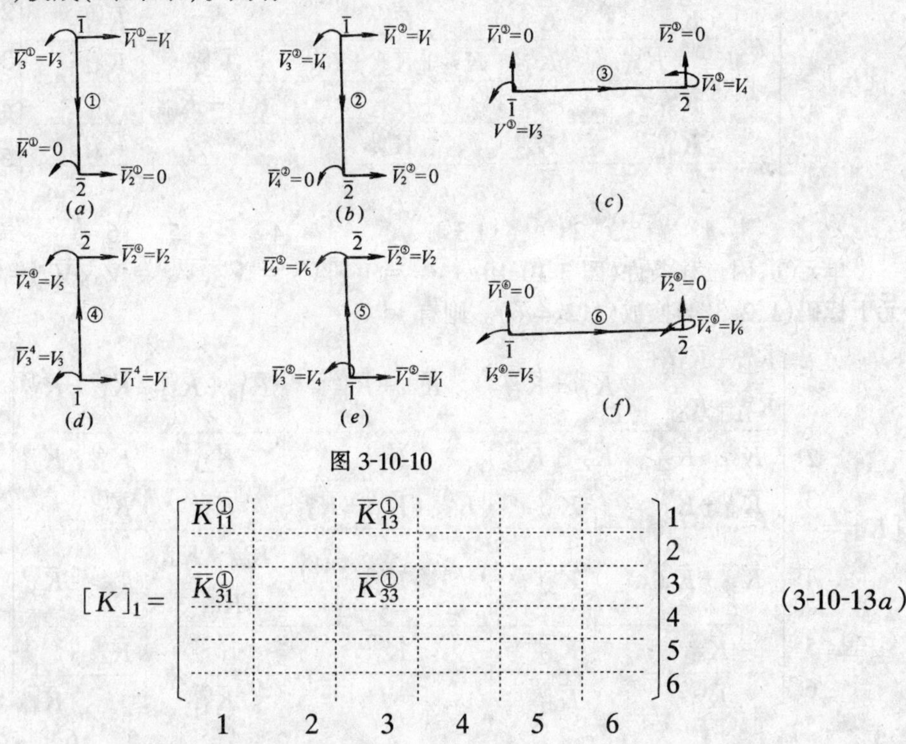

图 3-10-10

$$[K]_1=\begin{bmatrix} \overline{K}_{11}^{①} & & \overline{K}_{13}^{①} & & & \\ & & & & & \\ \overline{K}_{31}^{①} & & \overline{K}_{33}^{①} & & & \\ & & & & & \\ & & & & & \\ & & & & & \end{bmatrix} \begin{matrix}1\\2\\3\\4\\5\\6\end{matrix} \tag{3-10-13a}$$

(列号：1　2　3　4　5　6)

单元②，因位移条件（图 3-10-10b）$\overline{V}_1^{\textcircled{2}}=V_1$、$\overline{V}_2^{\textcircled{2}}=0$、$\overline{V}_3^{\textcircled{2}}=V_4$、$\overline{V}_4^{\textcircled{2}}=0$，所以把单元下标码换成结构码（1、0、4、0）。则有

$$[K]_2=\begin{bmatrix} \overline{K}_{11}^{\textcircled{1}}+\overline{K}_{11}^{\textcircled{2}} & & \overline{K}_{13}^{\textcircled{1}} & \overline{K}_{13}^{\textcircled{2}} & & \\ & & & & & \\ \overline{K}_{31}^{\textcircled{1}} & & \overline{K}_{33}^{\textcircled{1}} & & & \\ \overline{K}_{31}^{\textcircled{2}} & & & \overline{K}_{44}^{\textcircled{2}} & & \\ & & & & & \\ & & & & & \end{bmatrix} \tag{3-10-13b}$$

单元③，因位移条件（图 3-10-10c）$\overline{V}_1^{\textcircled{3}}=0$、$\overline{V}_2^{\textcircled{3}}=0$、$\overline{V}_3^{\textcircled{3}}=V_3$、$\overline{V}_4^{\textcircled{3}}=V_4$，所以把单元下标码（1、2、3、4）换成结构码（0、0、3、4）。则有

$$[K]_3=\begin{bmatrix} \overline{K}_{11}^{\textcircled{1}}+\overline{K}_{11}^{\textcircled{2}} & & \overline{K}_{13}^{\textcircled{1}} & \overline{K}_{13}^{\textcircled{2}} & & \\ & & & & & \\ \overline{K}_{31}^{\textcircled{1}} & & \overline{K}_{33}^{\textcircled{1}}+\overline{K}_{33}^{\textcircled{3}} & \overline{K}_{34}^{\textcircled{3}} & & \\ \overline{K}_{31}^{\textcircled{2}} & & \overline{K}_{43}^{\textcircled{3}} & \overline{K}_{44}^{\textcircled{2}}+\overline{K}_{44}^{\textcircled{3}} & & \\ & & & & & \\ & & & & & \end{bmatrix} \tag{3-10-13c}$$

单元④，因位移条件（图 3-10-10d）$\overline{V}_1^{\textcircled{4}}=V_1$、$\overline{V}_2^{\textcircled{4}}=V_2$、$\overline{V}_3^{\textcircled{4}}=V_3$、$\overline{V}_4^{\textcircled{4}}=V_5$，所以把单元下标码（1、2、3、4）换成结构码（1、2、3、5）。则有

$$[K]_4=\begin{bmatrix} \overline{K}_{11}^{\textcircled{1}}+\overline{K}_{11}^{\textcircled{2}}+\overline{K}_{11}^{\textcircled{4}} & \overline{K}_{12}^{\textcircled{4}} & \overline{K}_{13}^{\textcircled{1}}+\overline{K}_{13}^{\textcircled{4}} & \overline{K}_{13}^{\textcircled{2}} & \overline{K}_{14}^{\textcircled{4}} & \\ \overline{K}_{21}^{\textcircled{4}} & \overline{K}_{22}^{\textcircled{4}} & \overline{K}_{23}^{\textcircled{4}} & & \overline{K}_{24}^{\textcircled{4}} & \\ \overline{K}_{31}^{\textcircled{1}}+\overline{K}_{31}^{\textcircled{4}} & \overline{K}_{32}^{\textcircled{4}} & \overline{K}_{33}^{\textcircled{1}}+\overline{K}_{33}^{\textcircled{3}}+\overline{K}_{33}^{\textcircled{4}} & \overline{K}_{34}^{\textcircled{3}} & \overline{K}_{34}^{\textcircled{4}} & \\ \overline{K}_{31}^{\textcircled{2}} & & \overline{K}_{43}^{\textcircled{3}} & \overline{K}_{44}^{\textcircled{2}}+\overline{K}_{44}^{\textcircled{3}} & & \\ \overline{K}_{41}^{\textcircled{4}} & \overline{K}_{42}^{\textcircled{4}} & \overline{K}_{43}^{\textcircled{4}} & & \overline{K}_{44}^{\textcircled{4}} & \\ & & & & & \end{bmatrix} \tag{3-10-13d}$$

单元⑤，因位移条件（图 3-10-10e）$\overline{V}_1^{\textcircled{5}}=V_1$、$\overline{V}_2^{\textcircled{5}}=V_2$、$\overline{V}_3^{\textcircled{5}}=V_4$、$\overline{V}_4^{\textcircled{5}}=V_6$，所以把单元下标码（1、2、3、4）换成（1、2、4、6）。则有

$$[K]_5=\begin{bmatrix} \overline{K}_{11}^{\textcircled{1}}+\overline{K}_{11}^{\textcircled{2}}+\overline{K}_{11}^{\textcircled{4}}+\overline{K}_{11}^{\textcircled{5}} & \overline{K}_{12}^{\textcircled{4}}+\overline{K}_{12}^{\textcircled{5}} & \overline{K}_{13}^{\textcircled{1}}+\overline{K}_{13}^{\textcircled{4}} & \overline{K}_{13}^{\textcircled{2}}+\overline{K}_{13}^{\textcircled{5}} & \overline{K}_{14}^{\textcircled{2}} & \overline{K}_{14}^{\textcircled{5}} \\ \overline{K}_{21}^{\textcircled{4}}+\overline{K}_{21}^{\textcircled{5}} & \overline{K}_{22}^{\textcircled{4}}+\overline{K}_{22}^{\textcircled{5}} & \overline{K}_{23}^{\textcircled{4}} & \overline{K}_{23}^{\textcircled{5}} & \overline{K}_{24}^{\textcircled{4}} & \overline{K}_{24}^{\textcircled{5}} \\ \overline{K}_{31}^{\textcircled{1}}+\overline{K}_{31}^{\textcircled{4}} & \overline{K}_{32}^{\textcircled{4}} & \overline{K}_{33}^{\textcircled{1}}+\overline{K}_{33}^{\textcircled{3}}+\overline{K}_{33}^{\textcircled{4}} & \overline{K}_{34}^{\textcircled{4}} & \overline{K}_{34}^{\textcircled{4}} & \\ \overline{K}_{31}^{\textcircled{2}}+\overline{K}_{31}^{\textcircled{5}} & \overline{K}_{32}^{\textcircled{5}} & \overline{K}_{43}^{\textcircled{3}} & \overline{K}_{44}^{\textcircled{2}}+\overline{K}_{44}^{\textcircled{3}}+\overline{K}_{33}^{\textcircled{5}} & & \overline{K}_{34}^{\textcircled{5}} \\ \overline{K}_{41}^{\textcircled{4}} & \overline{K}_{42}^{\textcircled{4}} & \overline{K}_{43}^{\textcircled{4}} & & \overline{K}_{44}^{\textcircled{4}} & \\ \overline{K}_{41}^{\textcircled{5}} & \overline{K}_{42}^{\textcircled{5}} & & \overline{K}_{43}^{\textcircled{5}} & & \overline{K}_{44}^{\textcircled{5}} \end{bmatrix} \tag{3-10-13e}$$

单元⑥，因位移条件（图 3-10-10f）$\overline{V}_1^{⑥}=0$、$\overline{V}_2^{⑥}=0$、$\overline{V}_3^{⑥}=V_5$、$\overline{V}_4^{⑥}=V_6$，所以把单元下标码(1、2、3、4)换成(0、0、5、6)。最后得到结构刚度矩阵为

$$[K]=\begin{bmatrix} \overline{K}_{11}^{①}+\overline{K}_{11}^{②}+\overline{K}_{11}^{④}+\overline{K}_{11}^{⑤} & \overline{K}_{12}^{④}+\overline{K}_{12}^{⑤} & \overline{K}_{13}^{①}+\overline{K}_{13}^{④} & \overline{K}_{13}^{②}+\overline{K}_{13}^{⑤} & \overline{K}_{14}^{④} & \overline{K}_{14}^{⑤} \\ \overline{K}_{21}^{④}+\overline{K}_{21}^{⑤} & \overline{K}_{22}^{④}+\overline{K}_{22}^{⑤} & \overline{K}_{23}^{④} & \overline{K}_{23}^{⑤} & \overline{K}_{24}^{④} & \overline{K}_{24}^{⑤} \\ \overline{K}_{31}^{①}+\overline{K}_{31}^{④} & \overline{K}_{32}^{④} & \overline{K}_{33}^{①}+\overline{K}_{33}^{③}+\overline{K}_{33}^{④} & \overline{K}_{34}^{③} & \overline{K}_{34}^{④} & 0 \\ \overline{K}_{31}^{②}+\overline{K}_{31}^{⑤} & \overline{K}_{32}^{⑤} & \overline{K}_{43}^{③} & \overline{K}_{44}^{②}+\overline{K}_{44}^{③} & 0 & \overline{K}_{34}^{⑤} \\ \overline{K}_{41}^{④} & \overline{K}_{42}^{④} & \overline{K}_{43}^{④} & 0 & \overline{K}_{44}^{④}+\overline{K}_{33}^{⑥} & \overline{K}_{34}^{⑥} \\ \overline{K}_{41}^{⑤} & \overline{K}_{42}^{⑤} & 0 & \overline{K}_{43}^{⑤} & \overline{K}_{43}^{⑥} & \overline{K}_{44}^{⑤}+\overline{K}_{44}^{⑥} \end{bmatrix} \quad (3\text{-}10\text{-}14)$$

三、结构刚度矩阵性质

结构刚度矩阵具有两个重要性质，(1) 结构刚度矩阵的主对角线元素恒大于零，即 $K_{ii}>0$；(2) 结构刚度矩阵是一个对称矩阵，即 $K_{ij}=K_{ji}$。结构刚度矩阵的这两个性质都可以在位移法的基本结构上，用反力互等定理解释，这里不再详细讨论。

第五节　非节点荷载的等效化及等效节点荷载

在利用结构刚度方程式(3-10-2)求节点位移时，荷载是作用在节点上的所谓节点荷载。但在实际问题中，常遇到非节点荷载。当结构上有非节点荷载作用时，可用叠加法将其等效化为节点荷载——等效节点荷载。如图 3-10-11 所示刚架，P_1 是作用在节点的荷载，P_2、q 是非节点荷载。根据叠加原理，有图 3-10-12 所示的荷载。

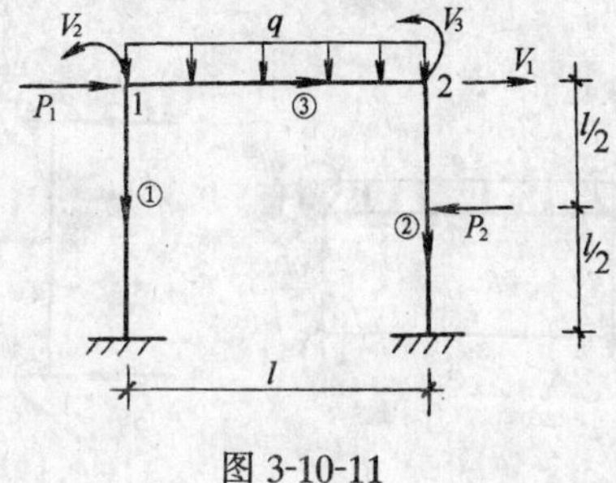

图 3-10-11

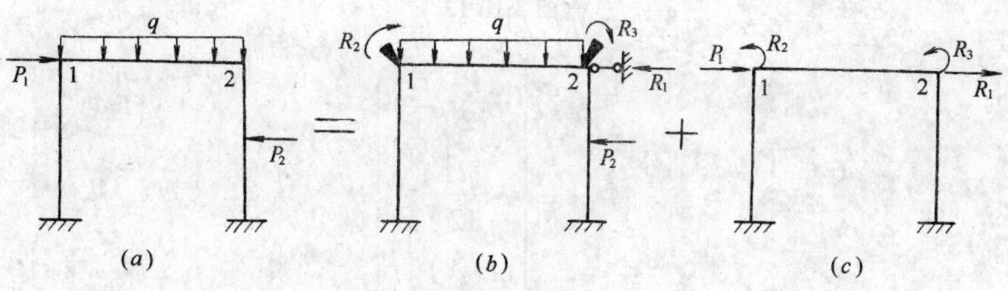

图 3-10-12

图中 R_1、R_2、R_3 就是等效节点荷载。等效节点荷载向量为

$$\{P_E\}=\begin{Bmatrix} R_1 \\ R_2 \\ R_3 \end{Bmatrix}$$

等效节点荷载 R_1、R_2、R_3 可在位移法基本结构图 3-10-12b 上求出。对于本例情况(图 3-10-13),单元固端力(剪力、弯矩)的符号规定同杆端位移,用$\{\overline{F}^{\mathrm{f}}\}^{ⓔ}$表示单元ⓔ的固端力向量,且(图 3-10-13$a$、$b$)

$$\{\overline{F}^{\mathrm{f}}\}^{ⓔ}=\begin{Bmatrix}\overline{Q}_1^{\mathrm{f}}\\ \overline{Q}_2^{\mathrm{f}}\\ \overline{M}_1^{\mathrm{f}}\\ \overline{M}_2^{\mathrm{f}}\end{Bmatrix}^{ⓔ}$$

单元①　　单元②　　单元③

$$\{\overline{F}^{\mathrm{f}}\}^{①}=\begin{Bmatrix}0\\0\\0\\0\end{Bmatrix},\quad \{\overline{F}^{\mathrm{f}}\}^{②}=\begin{Bmatrix}\dfrac{P_2}{2}\\ \dfrac{P_2}{2}\\ \dfrac{P_2 l}{8}\\ -\dfrac{P_2 l}{8}\end{Bmatrix},\quad \{\overline{F}^{\mathrm{f}}\}^{③}=\begin{Bmatrix}\dfrac{ql}{2}\\ \dfrac{ql}{2}\\ \dfrac{ql^2}{12}\\ -\dfrac{ql^2}{12}\end{Bmatrix}$$

由 $\Sigma M_1=0$(图 3-10-13c),求出 $R_2=-\dfrac{ql^2}{12}$;由 $\Sigma M_2=0$(图 3-10-13d),求出 $R_3=\dfrac{ql^2}{12}-\dfrac{P_2 l}{8}$;由 $\Sigma X=0$(图 3-10-13e),求出 $R_1=-\dfrac{P_2}{2}$。等效节点荷载向量

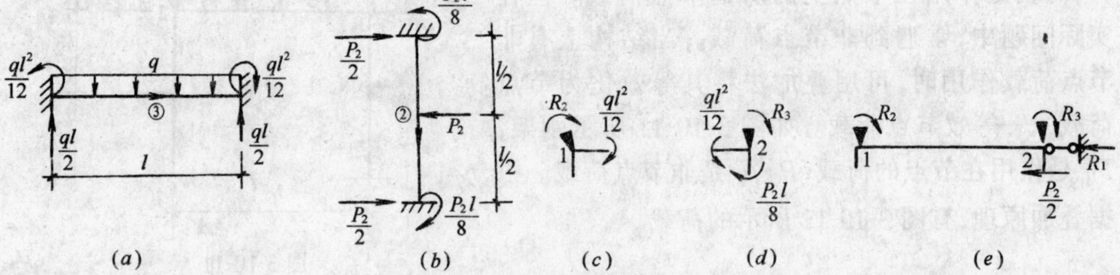

图 3-10-13

$$\{P_{\mathrm{E}}\}=\begin{Bmatrix}-\dfrac{P_2}{2}\\ -\dfrac{ql^2}{12}\\ \dfrac{ql^2}{12}-\dfrac{P_2 l}{8}\end{Bmatrix}$$

用$\{P_0\}$表示图 3-10-11 中作用在节点上的荷载向量,且

$$\{P_0\}=\begin{Bmatrix}P_1\\0\\0\end{Bmatrix}$$

结点荷载向量

$$\{P\}=\{P_0\}+\{P_E\}=\begin{Bmatrix} P_1-\dfrac{P_2}{2} \\ -\dfrac{ql^2}{12} \\ -\dfrac{P_2 l}{8}+\dfrac{ql^2}{12} \end{Bmatrix}$$

需要注意，对于这种有非节点荷载作用的情况，在计算结构杆端力（剪力、弯矩）时，应考虑节点荷载作用下的杆端力（$\{\overline{F}\}^{ⓔ}$）和杆单元的固端力（$\{\overline{F}^{f}\}^{ⓔ}$）之和，即

$$\{F\}^{ⓔ}=\{\overline{F}\}^{ⓔ}+\{\overline{F}^{f}\}^{ⓔ} \tag{3-10-15}$$

第六节　矩阵位移法解题步骤及例题

综合以上所讲内容，矩阵位移法解题步骤归纳如下：

1．对结构节点和单元进行编码，确定各单元的始（$\bar{1}$）末（$\bar{2}$）端，确定未知量数并编码。

对于矩形刚架，建议从首层开始从左到右先编柱单元码，再编梁单元码。首层柱单元始末端从上而下，其余层柱单元始末端从下而上。梁单元始（$\bar{1}$）末（$\bar{2}$）端从左向右。节点位移未知量，从首层向上先编层侧移码，接着再从首层开始从左向右编节点角位移码。

2．计算各单元刚度矩阵$[\overline{K}]^{ⓔ}$

对于不考虑杆件轴向变形的矩形刚架，各单元的刚度矩阵均可用式（3-10-4）计算。

3．形成结构刚度矩阵$[K]$

先根据节点位移向量的维数，确定结构刚度矩阵的阶数。再根据位移条件，将单元刚度矩阵各元素的单元下标码换成结构码。按置换后的下标码将各元素送入结构刚度矩阵的对应行、列位置，便可形成结构刚度矩阵。

4．计算等效节点荷载$\{P_E\}$、节点荷载$\{P\}$

在位移法基本结构上计算等效节点荷载向量$\{P_E\}$，写出作用在节点上的荷载向量$\{P_0\}$。则节点荷载向量$\{P\}=\{P_0\}+\{P_E\}$。

5．计算节点位移

解结构刚度方程$\{K\}\{V\}=\{P\}$，便可算出节点位移向量$\{V\}$。

6．计算各单元杆端力（弯矩、剪力）

利用位移条件，把单元杆端位移换成节点位移。由式（3-10-3）求出节点荷载作用下的杆端力向量$\{\overline{F}\}^{ⓔ}$，在位移法基本结构上算出单元固端力向量$\{\overline{F}^{f}\}^{ⓔ}$，利用式（3-10-15）便可算出杆端力，即杆端剪力和弯矩。在不考虑杆件轴向变形时，轴力是不能算出的，它可根据已算出的剪力、弯矩，用平衡条件另外算出。

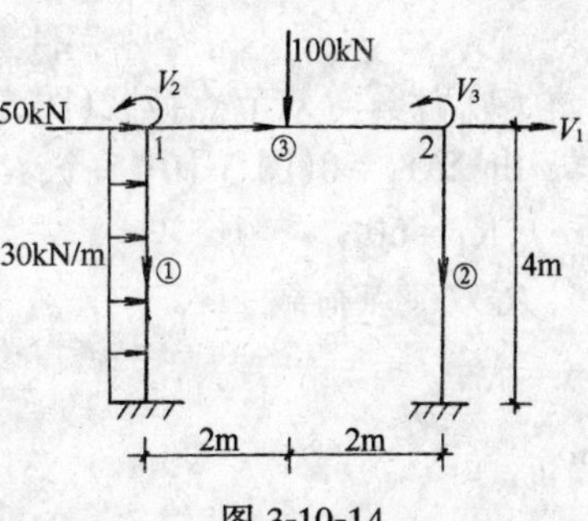

图 3-10-14

【例 3-10-1】 用矩阵位移法计算图 3-10-14 所示刚架，并作出弯矩图。各杆 EI 相同，且 $E=200\text{GPa}$、$I=32\times10^{-5}\text{m}$。

【解】 (1) 对节点、单元编码，确定未知量数目及各单元始末端（图 3-10-14）。节点位移向量

$$\{V\}=\begin{Bmatrix}V_1\\V_2\\V_3\end{Bmatrix}$$

(2) 计算单元刚度矩阵

$$\frac{12EI}{l^3}=\frac{12\times200\times10^6\times32\times10^{-5}}{4^3}$$
$$=12\times10^3\text{kN/m}$$
$$\frac{6EI}{l^2}=24\times10^3\text{kN}$$
$$\frac{4EI}{l}=64\times10^3\text{kN·m}$$
$$\frac{2EI}{l}=32\times10^3\text{kN·m}$$

由式(3-10-4),单元刚度矩阵

$$[\bar{K}]^{①}=[\bar{K}]^{②}=[\bar{K}]^{③}=\begin{bmatrix}\frac{12EI}{l^3} & -\frac{12EI}{l^3} & \frac{6EI}{l^2} & \frac{6EI}{l^2}\\ -\frac{12EI}{l^3} & \frac{12EI}{l^3} & -\frac{6EI}{l^2} & -\frac{6EI}{l^2}\\ \frac{6EI}{l^2} & -\frac{6EI}{l^2} & \frac{4EI}{l} & \frac{2EI}{l}\\ \frac{6EI}{l^2} & -\frac{6EI}{l^2} & \frac{2EI}{l} & \frac{4EI}{l}\end{bmatrix}=10^3\times\begin{bmatrix}12 & -12 & 24 & 24\\ -12 & 12 & -24 & -24\\ 24 & -24 & 64 & 32\\ 24 & -24 & 32 & 64\end{bmatrix}$$

(3) 形成结构刚度矩阵

因节点位移向量是 3 维的,所以结构刚度矩阵是 3×3 阶的。

换码:

单元① 单元码 1、2、3、4 ↓↓↓↓ 结构码 1、0、2、0　单元② 单元码 1、2、3、4 ↓↓↓↓ 结构码 1、0、3、0

单元③ 单元码 1、2、3、4 ↓↓↓↓ 结构码 0、0、2、3

将单元元素的下标码(在单元刚度矩阵中所在位置的行和列)换成结构码,按换后的下标码把该元素送入结构刚度矩阵相应的行、列位置,便得到

$$[K]=10^3\times\begin{bmatrix}12+12 & 24 & 24\\ 24 & 64+64 & 32\\ 24 & 32 & 64+64\end{bmatrix}=10^3\times\begin{bmatrix}24 & 24 & 24\\ 24 & 128 & 32\\ 24 & 32 & 128\end{bmatrix}$$

(4) 计算等效节点荷载(图 3-10-15)

由 $\Sigma M_1=0$(图 3-10-15c),$R_2=-10$;$\Sigma M_2=0$(图 3-10-15d),$R_3=50$;$\Sigma X=0$(图 3-10-15e),$R_1=60$

等效节点荷载

$$\{P_E\}=\begin{Bmatrix}60\\-10\\50\end{Bmatrix}$$

作用在节点上的荷载

$$\{P_0\}=\begin{Bmatrix}50\\0\\0\end{Bmatrix}$$

节点荷载

$$\{P\}=\{P_E\}+\{P_0\}=\begin{Bmatrix}110\\-10\\50\end{Bmatrix}$$

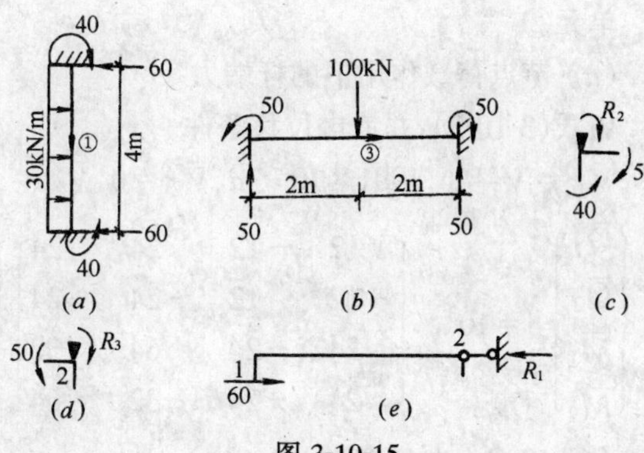

图 3-10-15

(5) 解结构刚度方程、求节点位移

由结构刚度方程$[K]\{V\}=\{P\}$

$$10^3\times\begin{bmatrix}24&24&24\\24&128&32\\24&32&128\end{bmatrix}\begin{Bmatrix}V_1\\V_2\\V_3\end{Bmatrix}=\begin{Bmatrix}100\\-10\\50\end{Bmatrix}$$

解出

$$\{V\}=\begin{Bmatrix}V_1\\V_2\\V_3\end{Bmatrix}=10^{-3}\times\begin{Bmatrix}6.1901\text{m}\\-1.1157\text{rad}\\-0.4911\text{rad}\end{Bmatrix}$$

(6) 计算杆端力

单元①

(a) 节点荷载作用下的杆端力

由式(3-10-3),并考虑位移条件,$\overline{V}_1^{①}=V_1=6.1901\times10^{-3}\text{m}$、$\overline{V}_2^{①}=0$、$\overline{V}_3^{①}=V_2=-1.1157\times10^{-3}\text{rad}$、$\overline{V}_4^{①}=0$,则

$$\begin{Bmatrix}\overline{Q}_1\\\overline{Q}_2\\\overline{M}_1\\\overline{M}_2\end{Bmatrix}^{①}=10^3\times\begin{bmatrix}12&-12&24&24\\-12&12&-24&-24\\24&-24&64&32\\24&-24&32&64\end{bmatrix}\begin{Bmatrix}6.1901\\0\\-1.1157\\0\end{Bmatrix}\times10^{-3}=\begin{Bmatrix}47.5\text{kN}\\-47.5\text{kN}\\77.2\text{kN·m}\\112.9\text{kN·m}\end{Bmatrix}^{①}$$

(b) 固端力向量(图 3-10-15a)

$$\begin{Bmatrix}\overline{Q}_1^{f}\\\overline{Q}_2^{f}\\\overline{M}_1^{f}\\\overline{M}_2^{f}\end{Bmatrix}^{①}=\begin{Bmatrix}-60\text{kN}\\-60\text{kN}\\-40\text{kN·m}\\40\text{kN·m}\end{Bmatrix}$$

(c) 杆端力

$$\begin{Bmatrix}Q_1\\Q_2\\M_1\\M_2\end{Bmatrix}^{①}=\begin{Bmatrix}\overline{Q}_1\\\overline{Q}_2\\\overline{M}_1\\\overline{M}_2\end{Bmatrix}^{①}+\begin{Bmatrix}\overline{Q}_1^{f}\\\overline{Q}_2^{f}\\\overline{M}_1^{f}\\\overline{M}_2^{f}\end{Bmatrix}^{①}=\begin{Bmatrix}47.5\\-47.5\\77.2\\112.9\end{Bmatrix}+\begin{Bmatrix}-60\\-60\\-40\\40\end{Bmatrix}=\begin{Bmatrix}-12.5\text{kN}\\-107.5\text{kN}\\37.1\text{kN·m}\\152.9\text{kN·m}\end{Bmatrix}^{①}$$

单元②

（a）节点荷载作用下的杆端力

由式(3-10-3)，并考虑位移条件

$\overline{V}_1^{②}=V_1=6.1901\times10^{-3}\text{m}$、$\overline{V}_2^{②}=0$、$\overline{V}_3^{②}=V_3=-0.4911\times10^{-3}\text{rad}$、$\overline{V}_4^{②}=0$，则

$$\begin{Bmatrix}\overline{Q}_1\\\overline{Q}_2\\\overline{M}_1\\\overline{M}_2\end{Bmatrix}^{②}=10^3\times\begin{bmatrix}12&-12&24&24\\-12&12&-24&-24\\24&-24&64&32\\24&-24&32&64\end{bmatrix}\begin{Bmatrix}6.1901\\0\\-0.4911\\0\end{Bmatrix}\times10^{-3}=\begin{Bmatrix}62.5\text{kN}\\-62.5\text{kN}\\117.1\text{kN}\cdot\text{m}\\132.8\text{kN}\cdot\text{m}\end{Bmatrix}^{②}$$

（b）固端力向量(图 3-10-14)

$$\begin{Bmatrix}\overline{Q}_1^{\text{f}}\\\overline{Q}_2^{\text{f}}\\\overline{M}_1^{\text{f}}\\\overline{M}_2^{\text{f}}\end{Bmatrix}^{②}=\begin{Bmatrix}0\\0\\0\\0\end{Bmatrix}$$

（c）杆端力

$$\begin{Bmatrix}Q_1\\Q_2\\M_1\\M_2\end{Bmatrix}^{②}=\begin{Bmatrix}\overline{Q}_1\\\overline{Q}_2\\\overline{M}_1\\\overline{M}_2\end{Bmatrix}^{②}+\begin{Bmatrix}\overline{Q}_1^{\text{f}}\\\overline{Q}_2^{\text{f}}\\\overline{M}_1^{\text{f}}\\\overline{M}_2^{\text{f}}\end{Bmatrix}^{②}=\begin{Bmatrix}62.5\text{kN}\\-62.5\text{kN}\\117.1\text{kN}\cdot\text{m}\\132.8\text{kN}\cdot\text{m}\end{Bmatrix}^{②}$$

单元③

（a）节点荷载作用下的杆端力

由式(3-10-3)，并考虑位移条件 $\overline{V}_1^{③}=0$、$\overline{V}_2^{③}=0$、$\overline{V}_3^{③}=V_2=-1.1157\times10^{-3}\text{rad}$、$\overline{V}_4^{③}=V_3=-0.4911\times10^{-3}\text{rad}$，则

$$\begin{Bmatrix}\overline{Q}_1\\\overline{Q}_2\\\overline{M}_1\\\overline{M}_2\end{Bmatrix}^{③}=10^3\times\begin{bmatrix}12&-12&24&24\\-12&12&-24&-24\\24&-24&64&32\\24&-24&32&64\end{bmatrix}\begin{Bmatrix}0\\0\\-1.157\\-0.4911\end{Bmatrix}\times10^{-3}=\begin{Bmatrix}-38.6\text{kN}\\38.6\text{kN}\\-87.1\text{kN}\cdot\text{m}\\-67.1\text{kN}\cdot\text{m}\end{Bmatrix}^{③}$$

（b）固端力向量(图 3-10-15b)

$$\begin{Bmatrix}\overline{Q}_1^{\text{f}}\\\overline{Q}_2^{\text{f}}\\\overline{M}_1^{\text{f}}\\\overline{M}_2^{\text{f}}\end{Bmatrix}^{③}=\begin{Bmatrix}50\text{kN}\\50\text{kN}\\50\text{kN}\cdot\text{m}\\-50\text{kN}\cdot\text{m}\end{Bmatrix}$$

（c）杆端力

$$\begin{Bmatrix} Q_1 \\ Q_2 \\ M_1 \\ M_2 \end{Bmatrix}^{③} = \begin{Bmatrix} \overline{Q}_1 \\ \overline{Q}_2 \\ \overline{M}_1 \\ \overline{M}_2 \end{Bmatrix}^{③} + \begin{Bmatrix} \overline{Q}_1^{\mathrm{f}} \\ \overline{Q}_2^{\mathrm{f}} \\ \overline{M}_1^{\mathrm{f}} \\ \overline{M}_2^{\mathrm{f}} \end{Bmatrix}^{③} = \begin{Bmatrix} -38.6 \\ 38.6 \\ -87.1 \\ -67.1 \end{Bmatrix} + \begin{Bmatrix} 50 \\ 50 \\ 50 \\ -50 \end{Bmatrix} = \begin{Bmatrix} 11.4\mathrm{kN} \\ 88.6\mathrm{kN} \\ -37.1\mathrm{kN\cdot m} \\ -117.1\mathrm{kN\cdot m} \end{Bmatrix}^{③}$$

根据各杆端弯矩,作弯矩图如图 3-10-16 所示。

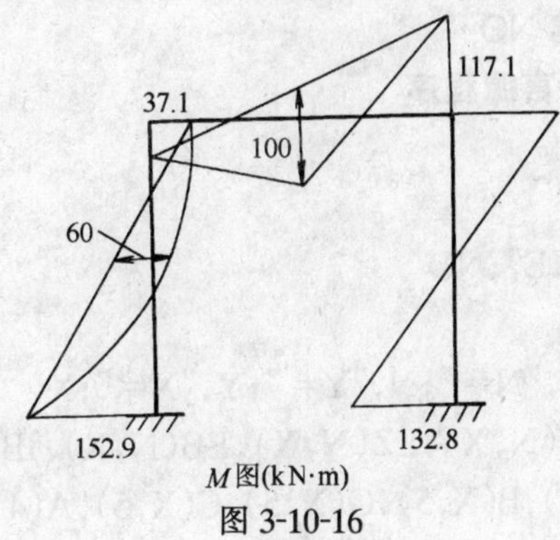

图 3-10-16

第七节　平面刚架 BASIC 语言源程序

一、程序说明

(一) 程序适用性

本程序是用 BASIC 语言编写的。它适用于基础固定,由不考虑轴向变形的横梁、竖柱构成的标准矩形框架在静力荷载作用下的节点位移、内力 M、Q 的计算。荷载可以是作用于节点上的荷载及作用在梁、柱上的均布荷载、集中荷载。

(二) 变量意义

No—例题编号,M—节点独立位移数,N—结构层数,Y—杆(单元)数,X—各层梁、柱数中取大者。EZ(N,X)—柱弹性模量,IZ(N,X)—柱截面惯性矩,LZ(N,X)—柱长度;EB(N,X)、IB(N,X)、LB(N,X)—梁弹性模量、截面惯性矩、长度。R(N)—层柱数,S(N)—层梁数。P(M)—作用结点的荷载(正号见图)。D(x,5)、B(x,5)—梁、柱上均布荷载及分布长度(正号见图),G(x,5)、C(x,5)—梁、柱上集中荷载及作用位置(正号见图)。A(4,4)—单元刚度矩阵,K(M,M)—结构刚度矩阵。V(M)—节点位移(侧移向右、转角逆时针转为正)。Q(Y,Z)、M(Y,Z)—杆端剪力、弯矩(符号同位移法)。

(三) 数据输入格式

```
DATA:M,N,Y,X
DATA:(I=1 TO N)   R(I),EZ(I,J),IZ(I,J),LZ(I,J)
        (J=1 TO R(I)), S(I), EB(Z,J), IB(Z,J),LB(Z,J)
        (J=1 TO S(I))
DATA:P(Z) (I=1 TO M)
DATA: (I=1,N)
```

```
      J=1 TO R(I), QB, GC
      (K=1 TO QB) D(J,K), B(J,K)
      (K=1 TO GC) G(J,K), C(J,K)
J=1 TO S(Z), QB, GC
      (K=1 TO QB) D(J,K), B(J,K)
      (K=1 TO GC) G(J,K), C(J,K)
      RUN ↓ 键盘输 NO
```

二、平面刚架 BASIC 语言源程序

```
5  CLEAR
10  INPUT NO
15  LPRINT"EXAMPLE";NO
20  READ M,N,Y,X
25  LPRINT"M=";M,"N=";N,"Y=";Y,"X=";X
30  DIM EZ(N,X),IZ(N,X),LZ(N,X),EB(N,X),IB(N,X),LB(N,X),R(N),S
    (N),P(M),D(X,5),B(X,5),G(X,5),C(X,5),A(4,4),K(M,M),V(M),Q(Y,
    2),M(Y,2)
35  FOR I=1 TO N
40  READ R(I)
45  LPRINT"R(";I;")=";R(I)
50  FOR J=1 TO R(I)
55  READ EZ(I,J),IZ(I,J),LZ(I,J)
60  LPRINT"EZ(";I;",";J;")=";EZ(I,J);"  ";"IZ(";I;",";J;")=";IZ(i,j);"
    ";"LZ(";I;",";J;")=";LZ(I,J)
65  NEXT J
70  READ S(I)
75  LPRINT"S(";I;")=";S(I)
80  FOR J=1 TO S(I)
85  READ EB(I,J),IB(I,J),LB(I,J)
90  LPRINT"EB(";I;",";J;")=";EB(I,J);" ";"IB(";I;",";J;")=";IB(I,J);"
    ";"LB(";I;",";J;")=";LB(I,J)
95  NEXT J
100  NEXT I
105  FOR I=1 TO M
110  READ P(I)
115  LPRINT "P(";I;")=";P(I)
120  NEXT I
122  R=R(1):S=0
125  FOR I=1 TO N
126  IF I>1 THEN 127 ELSE 130
```

```
127  R1=R+S(I-1)
130  FOR J=1 TO R(I)
135  F1=0:F2=0:F3=0:F4=0
140  READ QB,GC
145  FOR K=1 TO QB
150  READ D(J,K),B(J,K)
155  LPRINT"D(";J;",";K;")=";D(J,K);" ";"B(";J;",";K;")=";B(J,K)
160  P1=(D(J,K)*B(J,K)*(2-2*B(J,K)^2/LZ(I,J)^2+B(J,K)^3/LZ(I,J)^3))/2
165  F1=F1+P1
170  P2=D(J,K)*B(J,K)-P1
175  F2=F2+P2
180  P3=-(D(J,K)*B(J,K)^2*(6-8*B(J,K)/LZ(I,J)+3*B(J,K)^2/LZ(I,J)
     ^2))/12
185  F3=F3+P3
190  P4=D(J,K)*B(J,K)^3*(4-3*B(J,K)/LZ(I,J))/(12*LZ(I,J))
195  F4=F4+P4
200  NEXT K
205  FOR K=1 TO GC
210  READ G(J,K),C(J,K)
215  LPRINT"G(";J;",";K;")=";G(J,K);" ";"C(";J;",";K;")=";C(J,K)
220  P1=G(J,K)*(LZ(I,J)+2*C(J,K))*(LZ(I,J)-C(J,K))^2/LZ(I,J)^3
225  F1=F1+P1
230  P2=G(J,K)*(LZ(I,J)+2*(LZ(I,J)-C(J,K)))*C(J,K)^2/LZ(I,J)^3
235  F2=F2+P2
240  P3=-G(J,K)*C(J,K)*(LZ(I,J)-C(J,K))*(LZ(I,J)-C(J,K))/LZ(I,J)^2
245  F3=F3+P3
250  P4=G(J,K)*C(J,K)*C(J,K)*(LZ(I,J)-C(J,K))/LZ(I,J)^2
255  F4=F4+P4
260  NEXT K
265  IF I=1 THEN 270 ELSE 280
270  Q(J,1)=F1:Q(J,2)=F2:M(J,1)=F3:M(J,2)=F4
275  GOTO 290
280  R=R1+J
285  Q(R,1)=F1:Q(R,2)=F2:M(R,1)=F3:M(R,2)=F4
290  NEXT J
295  S1=S+R(I)
300  FOR J=1 TO S(I)
305  F1=0:F2=0:F3=0:F4=0
310  READ QB,GC
```

```
315  FOR K=1 TO QB
320  READ D(J,K),B(J,K)
325  LPRINT"D(";J;",";K;")=";D(J,K);" ";"B(";J;","K;")=";B(J,K)
330  P1=(D(J,K)*B(J,K)*(2-2*B(J,K)^2/LB(I,J)^2+B(J,K)^3/LB(I,J)^3))/2
335  F1=F1+P1
340  P2=D(J,K)*B(J,K)-P1
345  F2=F2+P2
350  P3=-(D(J,K)*B(J,K)^2*(6-8*B(J,K)/LB(I,J)+3*B(J,K)^2/LB(I,J)
     ^2))/12
355  F3=F3+P3
360  P4=D(J,K)*B(J,K)^3*(4-3*B(J,K)/LB(I,J))/(12*LB(I,J))
365  F4=F4+P4
370  NEXT K
375  FOR K=1 TO GC
380  READ G(J,K),C(J,K)
385  LPRINT "G(";J;",";K;")=";G(J,K);" ";"C(";J;",";K;")=";C(J,K)
390  P1=G(J,K)*(LB(I,J)+2*C(J,K))*(LB(J,K)-C(J,K))^2/LB(I,J)^3
395  F1=F1+P1
400  P2=G(J,K)*(LB(I,J)+2*(LB(I,J)-C(J,K)))*C(J,K)^2/LB(I,J)^3
405  F2=F2+P2
410  P3=-G(J,K)*C(J,K)*(LB(I,J)-C(J,K))*(LB(I,J)-C(J,K))/LB(I,J^2
415  F3=F3+P3
420  P4=G(J,K)*C(J,K)*C(J,K)*(LB(I,J)-C(J,K))/LB(I,J)^2
425  F4=F4+P4
430  NEXT K
435  S=S1+J
440  Q(S,1)=F1:Q(S,2)=F2:M(S,1)=F3:M(S,2)=F4
445  NEXT J
450  NEXT I
455  GOSUB 500
460  GOSUB 800
465  GOSUB 1000
470  GOSUB 1300
475  END
500  DIM IP(X)
505  FOR I=1 TO N
510  FOR J=1 TO R(I)
515  IP(J)=2*EZ(I,J)*IZ(I,J)/LZ(I,J)^3
520  A(1,1)=6*IP(J):A(1,2)=-6*IP(J):A(1,3)=3*LZ(I,J)*IP(J):A(1,4)=
```

```
     3*LZ(I,J)*IP(J)
525  A(2,1)=-6*IP(J):A(2,2)=6*IP(J):A(2,3)=-3*LZ(I,J)*IP(J):A(2,4)
     =-3*LZ(I,J)*IP(J)
530  A(3,1)=3*LZ(I,J)*IP(J):A(3,2)=-3*LZ(I,J)*IP(J):A(3,3)=2*LZ(I,
     J)*LZ(I,J)*IP(J)
535  A(3,4)=LZ(I,J)*LZ(I,J)*IP(J)
540  A(4,1)=3*LZ(I,J)*IP(J):A(4,2)=-3*LZ(I,J)*IP(J)
545  A(4,3)=LZ(I,J)*LZ(I,J)*IP(J):A(4,4)=2*LZ(I,J)*LZ(I,J)*IP(J)
560  IF I>1 THEN 565 ELSE 660
565  L=I-1
570  P=(I-2)*R(I)+N+J:Q=P+R(I)
575  K(I,I)=K(I,I)+A(1,1)
580  K(I,L)=K(I,L)+A(1,2)
585  K(I,Q)=K(I,Q)+A(1,3)
590  K(I,P)=K(I,P)+A(1,4)
595  K(L,I)=K(L,I)+A(2,1)
600  K(L,L)=K(L,L)+A(2,2)
605  K(L,Q)=K(L,Q)+A(2,3)
610  K(L,P)=K(L,P)+A(2,4)
615  K(Q,I)=K(Q,I)+A(3,1)
620  K(Q,L)=K(Q,L)+A(3,2)
625  K(Q,Q)=K(Q,Q)+A(3,3)
630  K(Q,P)=K(Q,P)+A(3,4)
635  K(P,I)=K(P,I)+A(4,1)
640  K(P,L)=K(P,L)+A(4,2)
645  K(P,Q)=K(P,Q)+A(4,3)
650  K(P,P)=K(P,P)+A(4,4)
655  GOTO 685
660  C=N+J
665  K(I,I)=K(I,I)+A(1,1)
670  K(I,C)=K(I,C)+A(1,3)
675  K(C,I)=K(C,I)+A(3,1)
680  K(C,C)=K(C,C)+A(3,3)
685  NEXT J
690  FOR J=1 TO S(I)
695  IP(J)=2*EB(I,J)*IB(I,J)/LB(I,J)^3
700  A(3,3)=2*LB(I,J)*LB(I,J)*IP(J):A(3,4)=LB(I,J)*LB(I,J)*IP(J)
705  A(4,3)=LB(I,J)*LB(I,J)*IP(J):A(4,4)=2*LB(I,J)*LB(I,J)*IP(J)
710  P=(I-I)*R(I)+N+J:Q=P+1
```

```
715  K(P,P)=K(P,P)+A(3,3)
720  K(P,Q)=K(P,Q)+A(3,4)
725  K(Q,P)=K(Q,P)+A(4,3)
730  K(Q,Q)=K(Q,Q)+A(4,4)
735  NEXT J
740  NEXT I
745  FOR I=I TOM
750  FOR J=1 TOM
755  PRINT"K(";I;",";J;")=";K(I,J)
760  NEXT J
765  NEXT I
770  RETURN
800  P=R(1):PV=0
802  FOR I=I TO N
805  IF I=I THEN 810 ELSE 840
810  FOR J=1 TO R(I)
815  P(I)=P(I)+Q(J,2)
820  Q=N+J
825  P(Q)=P(Q)+M(J,2)
830  NEXT J
835  GOTO 875
840  PI=P+S(I-1)
845  FOR J=1 TO R(I)
850  P=PI+J
855  P(I-1)=P(I-1)+Q(P,1):P(I)=P(I)+Q(P,2)
860  U=(I-2)*R(I)+N+J:Q=U+R(I)
865  P(U)=P(U)+M(P,1):P(Q)=P(Q)+M(P,2)
870  NEXT J
875  NEXT I
880  FOR I=I TO N
882  R=PV+R(I)
885  FOR J=1 TO S(I)
890  P=(I-1)*R(I)+N+J:Q=P+1
895  PV=R+J
900  P(P)=P(P)+M(PV,1):P(Q)=P(Q)+M(PV,2)
905  NEXT J
910  NEXT I
930  RETURN
1000  DIM KI(M,M+1),SI(M+1),MI(M)
```

```
1005  FOR I=I TO M
1010  FOR J=1 TO M
1015  KI(I,J)=K(I,J)
1020  NEXT J
1025  KI(I,M+1)=P(I)
1030  NEXT I
1035  FOR I=I TO M
1040  P=I
1045  Q=I
1050  E=KI(I,I)
1055  FOR J=1,TO M
1060  FOR K=1 TO M
1065  IF ABS(KI(J,K))⇐ABS(E) THEN 1085
1070  E=KI(J,K)
1075  Q=K
1080  P=J
1085  NEXT K
1090  NEXT J
1095  IF ABS(E)>IE-10 GOTO 1105
1100  STOP
1105  FOR K=1 TO M+1
1110  SI(K)=KI(I,K)
1115  KI(I,K)=KI(P,K)
1120  KI(P,K)=SI(K)
1125  NEXT K
1130  FOR J=1 TO M
1135  IF J=1 GOTO 1165
1140  IF KI(J,Q)=0 GOTO 1165
1145  R=KI(J,Q)/KI(I,Q)
1150  FOR K=1 TO M+1
1155  KI(J,K)=KI(J,K)-KI(I,K)*R
1160  NEXT K
1165  NEXT J
1170  MI(I)=Q
1175  NEXT 1
1180  FOR I=I TO M
1185  Q=MI(I)
1190  SI(Q)=KI(I,M+1)/KI(I,Q)
1195  NEXT 1
```

```
1200  FOR Q=1 TO M
1205  V(Q)=SI(Q)
1210  LPRINT"V(";Q;")=";V(Q)
1215  NEXT Q
1220  RETURN
1300  R=R(I)
1302  FOR I=I TO N
1305  IF I=1 THEN 1310 ELSE 1342
1310  FOR J=1 TO R(I)
1315  Q(J,1)=Q(J,1)+(12*EZ(I,J)*IZ(I,J)/LZ(I,J)^3)*V(I)
1320  Q(J,2)=-Q(J,2)+(12*EZ(I,J)*IZ(I,J)/LZ(I,J)^3)*V(I)
1325  M(J,I)=M(J,1)-(6*EZ(I,J)*IZ(I,J)/LZ(I,J)^2)*V(I)
1330  M(J,2)=M(J,2)-(6*EZ(I,J)*IZ(I,J)/LZ(I,J)^2)*V(I)
1335  NEXT J
1340  GOTO 1385
1342  RI=R+S(I-1)
1345  FOR J=1 TO R(I)
1355  R=R1+J
1360  Q(R,1)=Q(R,1)+(12*EZ(I,J)*IZ(I,J)/LZ(I,J)^3)*(V(I)-V(I-1))
1365  Q(R,2)=-Q(R,2)+(12*EZ(I,J)*IZ(I,J)/LZ(I,J)^3)*(V(I)-V(I-1))
1370  M(R,1)=M(R,1)-(6*EZ(I,J)*IZ(I,J)/LZ(I,J)^2)*(V(I)-V(I-1))
1375  M(R,2)=M(R,2)-(6*EZ(I,J)*IZ(I,J)/LZ(I,J)^2)*(V(I)-V(I-1))
1380  NEXT J
1385  NEXT I
1390  R=R(1):S=0:C=0
1395  FOR I=1 TO N
1400  IF I=1 THEN 1405 ELSE 1445
1405  FOR J=1 TO R(I)
1410  C=N+J
1420  Q(J,1)=Q(J,1)+(6*EZ(I,J)*IZ(I,J)/LZ(I,J)^2)*V(C)
1425  Q(J,2)=Q(J,2)+(6*EZ(I,J)*IZ(I,J)/LZ(I,J)^2)*V(C)
1430  M(J,1)=M(J,1)-(2*EZ(I,J)*IZ(I,J)/LZ(I,J))*V(C)
1435  M(J,2)=M(J,2)-(4*EZ(I,J)*IZ(I,J)/LZ(I,J))*V(C)
1437  NEXT J
1440  GOTO 1482
1445  R1=R+S(I-1)
1450  FOR J=1 TO R(I)
1455  R=R1+J
1457  P=(I-2)*R(I)+N+J:Q=P+R(I)
```

```
1460  Q(R,1)=Q(R,1)+(6*EZ(I,J)*IZ(I,J)/LZ(I,J)^2)*(V(P)+V(Q))
1465  Q(R,2)=Q(R,2)+(6*EZ(I,J)*IZ(I,J)/LZ(I,J)^2)*(V(P)+V(Q))
1470  M(R,1)=M(R,1)-(4*EZ(I,J)*IZ(I,J)/LZ(I,J))*V(P)-(2*EZ(I,J)*IZ
      (I,J)/LZ(I,J))*V(Q)
1475  M(R,2)=M(R,2)-(2*EZ(I,J)*IZ(I,J)/LZ(I,J))*V(P)-(4*EZ(I,J)*IZ
      (I,J)/LZ(I,J))*V(Q)
1480  NEXT J
1482  NEXT I
1483  FOR I=I TO N
1485  SI=S+R(I)
1490  IF I=I THEN 1495 ELSE 1532
1495  FOR J=1 TO S(I)
1500  P=N+J:Q=P+1
1505  S=R(I)+J
1510  Q(S,1)=Q(S,1)+(6*EB(I,J)*IB(I,J)/LB(I,J)^2)*(V(P)+V(Q))
1515  Q(S,2)=-Q(S,2)+(6*EB(I,J)*IB(I,J)/LB(I,J)^2)*(V(P)+V(Q))
1520  MS,1)=M(S,1)-(4*EB(I,J)*IB(I,J)/LB(I,J))*V(P)-(2*EB(I,J)*IB
      (I,J)/LB(I,J))*V(Q)
1525  M(S,2)=M(S,2)-(2*EB(I,J)*IB(I,J)/LB(I,J))*V(P)-(4*EB(I,J)*IB
      (I,J)/LB(I,J))*V(Q)
1527  NEXT J
1530  GOTO 1570
1532  FOR J=1 S(I)
1535  S=S1+J
1540  P=(I-1)*R(I)+N+J:Q=P+1
1545  Q(S,1)=Q(S,1)+(6*EB(I,J)*IB(I,J)/LB(I,J)^2)*(V(P)+V(Q))
1550  Q(S,2)=-Q(S,2)+(6*EB(I,J)*IB(I,J)/LB(I,J)^2)*(V(P)+V(Q))
1555  M(S,1)=M(S,1)-(4*EB(I,J)*IB(I,J)/LB(I,J))*V(P)-(2*EB(I,J)*IB
      (I,J)/LB(I,J))*V(Q)
1560  M(S,2)=M(S,2)-(2*EB(I,J)*IB(I,J)/LB(I,J))*V(P)-(4*EB(I,J)*IB
      (I,J)/LB(I,J))*V(Q)
1565  NEXT J
1570  NEXT I
1575  FOR I=I TO Y
1580  LPRINT "Q(";I;",";1;")=";Q(I,1),"Q(";I;",";2;")=";Q(I,2)
1582  LPRINT "M(";I;",";1;")=";M(I,1),"M(";I;",";2;")=";M(I,2)
1585  NEXT I
1590  RETURN
```

【例 3-10-1】

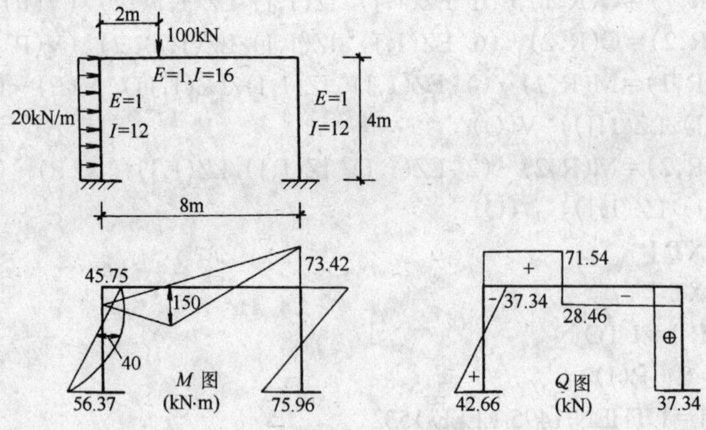

图 3-10-17

$Q(1,1)=42.65625$ $Q(1,2)=-37.34376$ $M(1,1)=-56.37499$ $M(1,2)=45.75001$

$Q(2,1)=37.34375$ $Q(2,2)=37.34375$ $M(2,1)=-75.95833$ $M(2,2)=-73.41666$

$Q(3,1)=71.54166$ $Q(3,2)=-28.458337$ $M(3,1)=-45.75$ $M(3,2)=73.41666$

【例 3-10-2】

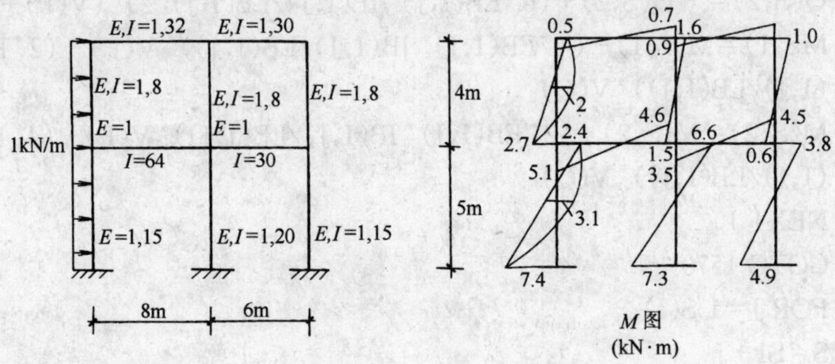

图 3-10-18

$Q(1,1)=4.466862$ $Q(1,2)=-0.5331383$ $M(1,1)=-7.357442$ $M(1,2)=-2.476866$

$Q(2,1)=2.786398$ $Q(2,2)=2.786396$ $M(2,1)=-7.305339$ $M(2,2)=-6.626653$

$Q(3,1)=1.74674$ $Q(3,2)=1.74674$ $M(3,1)=-4.907239$ $M(3,2)=-3.826461$

$Q(4,1)=-1.222923$ $Q(4,2)=-1.222923$ $M(4,1)=5.164886$ $M(4,2)=4.6185$

$Q(5,1)=-1.324827$ $Q(5,2)=-1.324827$ $M(5,1)=3.498012$ $M(5,2)=4.450952$

$Q(6,1)=2.788426$ $Q(6,2)=-1.211574$ $M(6,1)=-2.688019$ $M(6,2)=-0.4656844$

$Q(7,1)=0.787358$ $Q(7,2)=0.787358$ $M(7,1)=-1.489858$ $M(7,2)=-1.659573$

$Q(8,1)=0.4242151$ $Q(8,2)=0.4242151$ $M(8,1)=-0.6244918$ $M(7,2)=-1.027329$

$Q(9,1)=-0.1509266$ $Q(9,2)=-0.1509266$ $M(9,1)=0.4656857$ $M(9,2)=0.7417268$

$Q(10,1)=-0.3317026$ $Q(10,2)=0.3317026$ $M(10,1)=0.9178472$ $M(10,2)=1.072369$

小　　结

矩阵位移法是结构力学的一种电子计算机计算方法，位移法是结构力学的一种手算方法。两种方法的基本原理是相同的，对照位移法一章来学习本章内容是非常有益的。

矩阵位移法的基本方程（结构刚度方程）

$$[K]\{V\}=\{P\}$$

是计算节点位移的一标准方程。它不仅适用于刚架，也适用于其他结构形式。学习时要弄清结构刚度矩阵$[K]$中各元素的物理意义。

矩阵位移法解题的基本步骤是，首先进行单元的刚度分析，建立单元刚度矩阵，然后进行结构整体的刚度分析，建立结构刚度矩阵。这是矩阵位移法中两个核心问题，一定要学懂、学会。

为了加深对矩阵位移法的理解，在学完本章内容后，应进行上机实践。本书附录中列出了用 BASIC 语言编写的矩形刚架计算程序，供学习和上机时参考。

本章结合矩形刚架介绍了矩阵位移法的原理和方法，如想更多地了解一些矩阵位移法的知识，可参阅其他有关书籍。

附平面刚架 BASIC 语言源程序。

思 考 题

1．矩阵位移法的解题步骤是什么？

2．单元刚度矩阵中元素的物理意义是什么？结构刚度矩阵中元素的物理意义是什么？

3．矩阵位移法和位移法在杆端弯矩、剪力符号的规定上有什么不同？

4．为什么单元刚度矩阵和结构刚度矩阵的对角线元素都是正的？

5．为什么单元刚度矩阵和结构刚度矩阵都是对称矩阵？

6．等效节点荷载和单元固端力有什么关系？

习 题

3-10-1 已知图示刚架单元刚度矩阵

$$[\overline{K}]^{ⓔ}=\begin{bmatrix}\overline{K}_{11} & \overline{K}_{12} & \overline{K}_{13} & \overline{K}_{14}\\ \overline{K}_{21} & \overline{K}_{22} & \overline{K}_{23} & \overline{K}_{24}\\ \overline{K}_{31} & \overline{K}_{32} & \overline{K}_{33} & \overline{K}_{34}\\ \overline{K}_{41} & \overline{K}_{42} & \overline{K}_{43} & \overline{K}_{44}\end{bmatrix}^{ⓔ} \quad (ⓔ=1,2,3,4,5)$$

试建立结构刚度矩阵。

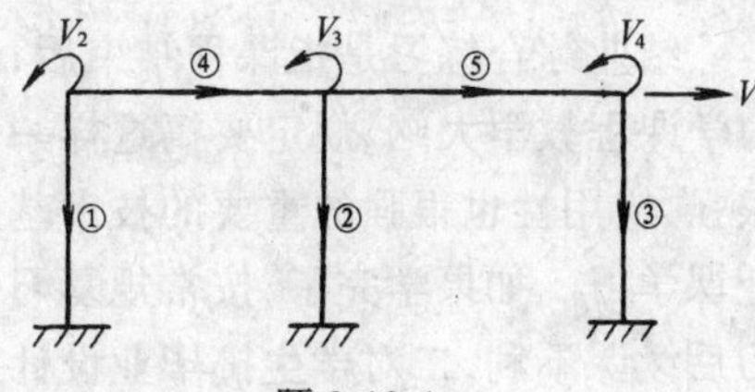

题 3-10-1

3-10-2 图示刚架，试建立结构刚度矩阵，并求出等效节点荷载向量。

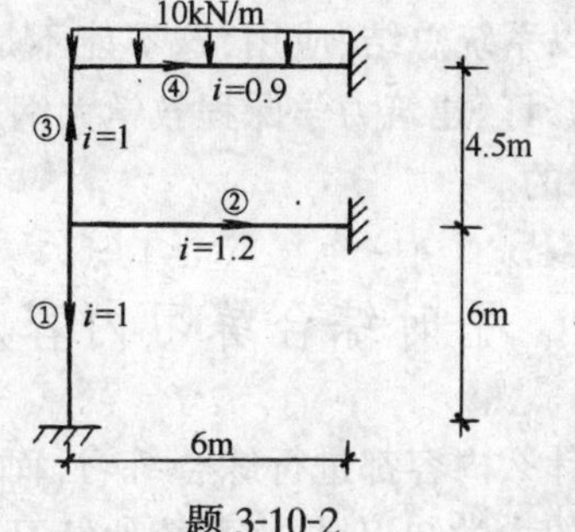

题 3-10-2

3-10-3 用矩阵位移法计算图(a)示刚架，并画 M 图。各杆均为矩形断面，梁 $b\times h=0.5\times1.26$m，柱 $b\times h=0.5\times1$m。设 $E=1$。

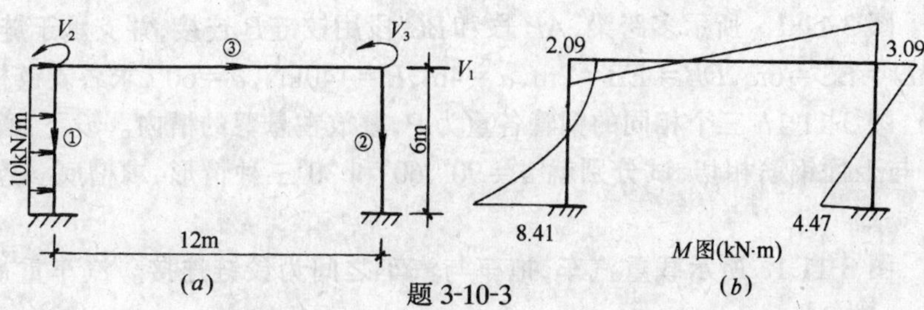

题 3-10-3

第十一章　综合练习指导

第一节　综合练习的目的

综合练习是学生所学力学知识的综合应用，是学生学完某一单元或学完力学后的一次力学实践。综合练习分为**平时综合练习**和**结业综合练习**。平时综合练习是指学完一个重要独立单元后的综合练习，它相当于平时大作业。平时综合练习的目的在于，通过对一些从典型结构简化的结构计算简图的内力、位移计算，起到阶段性综合练习及复习、巩固基本理论和基本方法的作用。因此，平时综合练习大作业，要比平时做的习题要难一些，综合一些，计算工作量也要大一些。这样，对学生的独立工作能力(尤其是计算能力)的培养会有很大好处，也为今后结业综合练习和学习专业课时，进行的课程设计与毕业设计等工作，打下一定的基础。

结业综合练习是指课程结束后，马上进行的一次全面系统的课程练习。为什么新《建筑力学课程教学大纲》规定要搞这样一个结业综合练习呢？这是因为，建筑力学是一门系统性很强，应用性也很强的重要的技术基础课，它难教难学，不少同学因此课没有学好而影响专业课学习。如果学完了，按常规复习一下，只要考试及格那就万事大吉了，这样，一对学生学习后续课不利，二对学生搞毕业设计乃至运用力学知识解决工程实际更不利了。有的毕业生说，学力学没得用，我们认为原因是多方面的，其中没有及时将分章分节学习的支离破碎的力学知识，从整体上及时加以系统总结、应用，这不能不是一个直接原因。也就是总结了这方面的反正经验教训，这次修订《建筑力学课程教学大纲》时，才加上这一内容。也就是说进行结业综合练习是十分必要的。

第二节　平时综合练习内容及参考题

课程搞综合练习，也不是什么内容都进行综合练习，而是将重要的，对学专业课及搞毕业设计，以及对今后深造有关的力学知识，加以系统地复习、应用，从而掌握力学的精髓。根据综合练习的分类和目的，平时综合练习内容及参考题目如下：

一、两个或三个物体组成的物系平衡问题

3-11-1　图 3-11-1*a* 所示多跨梁，*AB* 段和 *BC* 段用铰链 *B* 连接，并支承于链杆 1、2、3、4 上。已知 $AD=EC=6\text{m}$，$DB=EB=2\text{m}$，$a=4\text{m}$，$P=140\text{kN}$，$\alpha=60^\circ$，求各支链杆的反力。

3-11-2　图 3-11-1*b* 三个相同的钢管各重为 P，叠放在悬臂的槽内。设下面两个钢管中心连线恰好与上面钢筋相切，试分别就 $\alpha=90^\circ$、60° 和 30° 三种情形，求槽底 *A* 点所受的压力。

3-11-3　图 3-11-1*c* 所示载重汽车，拖车与汽车之间为铰链连接。汽车重 $G_1=30\text{kN}$，

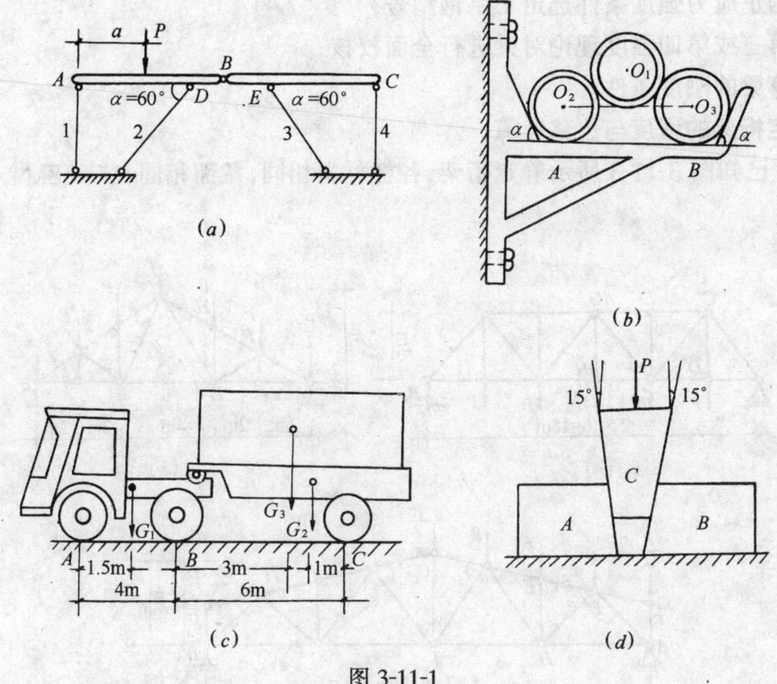

图 3-11-1

拖车重 $G_2=15\text{kN}$,载重 $G_3=80\text{kN}$,重心位置如图示。求静止时地面对 A、B、C 三轮的约束反力。

3-11-4 图 3-11-1d 在尖劈 C 上作用一铅垂向下的力 P,欲用以推动重物 A 和 B。设重物 A 和 B 重量相等,各为 20kN,不计尖劈 C 的重量,并且所有接触面间的摩擦角均为 10°,试求开始推动重物时,P 力的大小。

二、梁的强度和刚度计算

3-11-5 已知图 3-11-2 所示静定梁,梁的许用应力 $[\sigma]=140\text{MPa}$,许可挠度 $[f]=\dfrac{l}{300}$,其中 l 为梁的跨度。

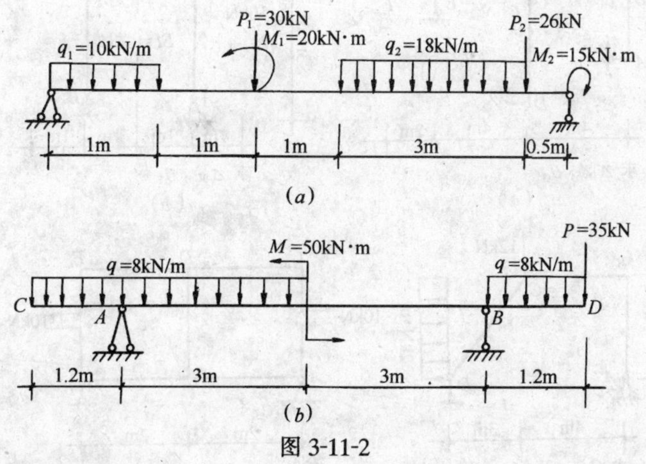

图 3-11-2

(1) 作剪力图与弯矩图;

(2) 根据正应力强度条件选定工字钢型号；

(3) 用第三或第四强度理论对梁进行全面校核；

(4) 验算梁的刚度条件。

三、静定桁架的强度与位移计算

3-11-6 已知图 3-11-3 所示静定桁架，各杆材料相同，截面相同，$P=18\text{kN}$，其它数据如图示。

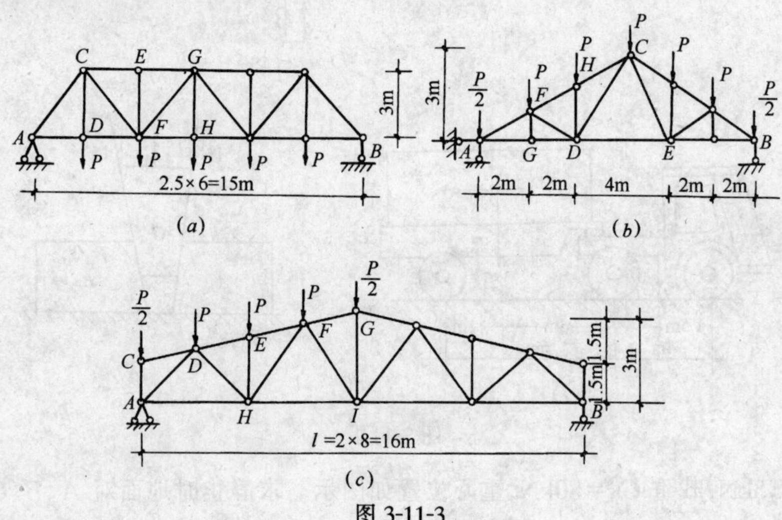

图 3-11-3

(1) 计算各杆轴力；

(2) 设计截面尺寸；

(3) 计算桁架跨中最大挠度，其中 $E=200\text{GPa}$。

四、静定刚架的内力和位移计算

3-11-7 图 3-11-4 所示刚架，尺寸、EI 及荷载如图示。

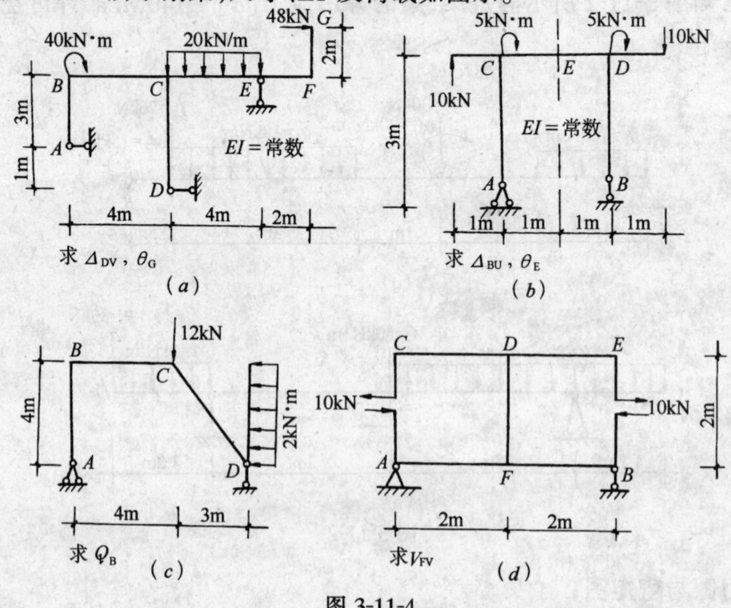

图 3-11-4

(1) 求支座反力并绘出 M、V、N 图；

(2) 用图乘法计算指定截面的线位移和角位移。

五、超静定刚架的内力计算

超静定刚架的计算方法很多，如力法、位移法、分层次、D 值法及电算法等，至于用哪种方法不作具体规定，而是读者认为那种方法简单就采用那种方法去作。

3-11-8 图 3-11-5 所示超静定刚架，尺寸、EI、荷载如图示。

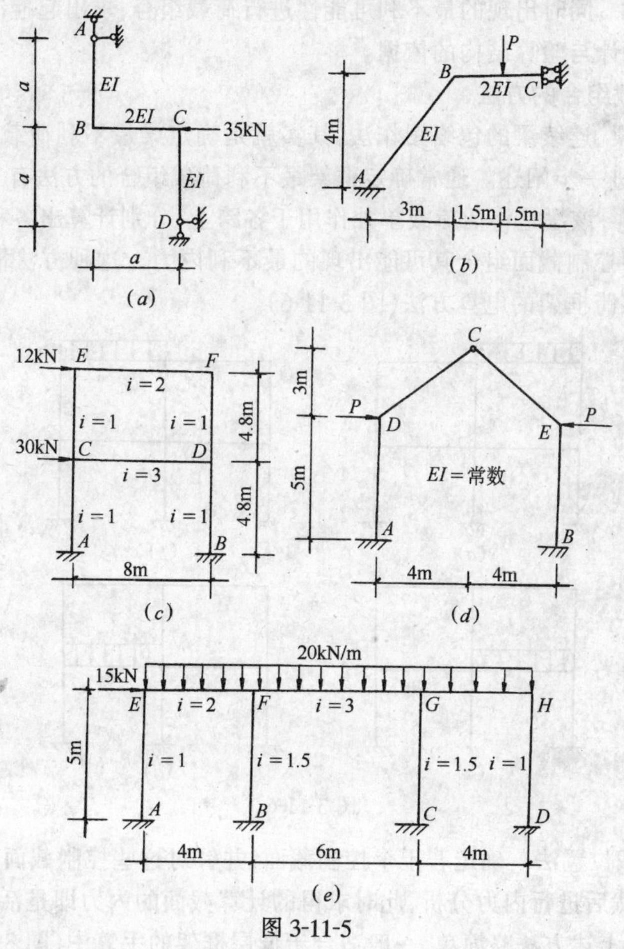

图 3-11-5

(1) 计算控制截面内力；

(2) 绘内力图。

六、平时综合练习的安排及要求

平时综合练习应按照专业学时类型及学校情况，有选择地去安排，不能脱离学校实际硬性去安排。少学时可以不做，多学时各专业在学时数允许的条件下，每学期可安排一至三个大作业。在安排大作业期间其平时作业应适当减少，不要顾此失彼。

综合大作业的计算步骤较多，动手以前，应先将计算方法和步骤全盘考虑好，具体计算时每步都要仔细，注意校核，以免不必要的返工。书写要整洁，图要画得准确成比例，符合结构内力计算书的要求。

*第三节 结构的最不利荷载组合

一、最不利荷组合的目的

结构所承受的荷载不是单一的，而是多种多样的，如恒载、使用荷载、风荷载、雪荷载及地震荷载等，且这些荷载不可能都同时作用在结构上，最不利荷载组合的目的在于，按照它们各自在使用过程中，同时出现的最不利可能性进行荷载组合，求出起控制作用的最大内力设计值，以此作为设计与验算结构的依据。

二、最不利荷载组合的方法

前面讲的简支梁、连续梁的包络图作法，其实就是确定梁最不利荷载组合的方法，在此再以框架为例来作进一步阐述。通常确定框架最不利荷载组合的方法有三种：

1. 逐跨施荷法　该法是将活荷载单独作用于各跨上，分别计算出各种活荷载作用下的框架内力，然后对各控制截面组合其可能出现的最不利内力。这种方法需要计算的情况很多，故多用于高层多跨框架的电算方法(图 3-11-6)。

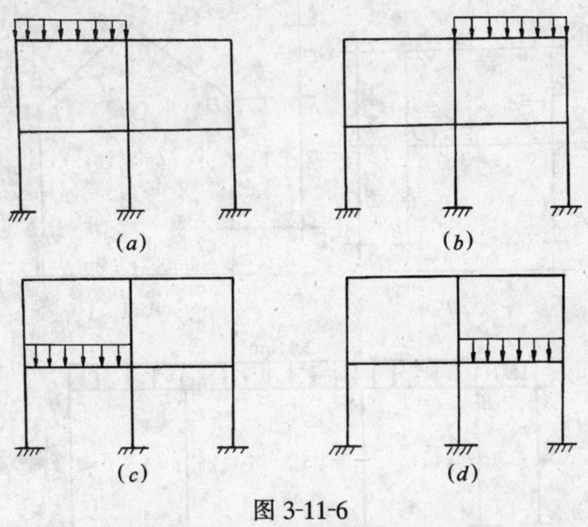

图 3-11-6

2. 最不利荷载位置法　确定若干个控制截面，并针对这些控制截面获得最不利内力的位置布置活荷载，然后进行内力分析，此时求得的计算截面的内力即是活荷载作用下的最不利内力。此方法比上述方法略简单，一般适合于低层框架的手算中(图 3-11-7a)。

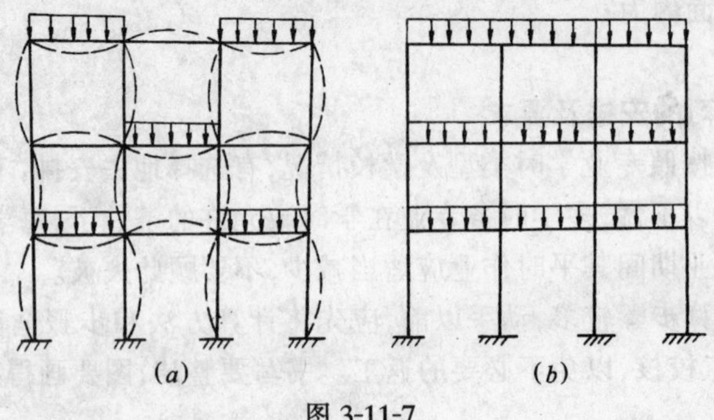

图 3-11-7

3．活载满布法　此法不考虑活荷载最不利位置布置，而是把活荷载同时布置于框架所有的梁上(图 3-11-7*b*)，这样求得的框架梁内力在支座处误差不大，可直接用于设计，但梁的跨中内力偏小，可以采用系数调整的方法予以提高，系数一般 1.1～1.2。此法由于计算较简单，精度可以满足设计需要，故常用于实际设计中。

三、荷载标准值

荷载标准值是指在结构使用的基准期(50 年间)在正常情况下出现的最大荷载值。荷载标准值又分为永久荷载标准值 G_K 和可变荷载标准值 Q_K 两大类。永久荷载标准值就是结构或构件的自重，可由它们的设计尺寸和材料的密度来计算；可变荷载标准值也就是《建筑结构荷载规范》(GBJ 9)中规定的荷载基本代表值，见附录 I。

四、荷载设计值

荷载设计值是一个随机变量❶，它的变异性是客观存在的。为了安全起见，在设计时必须增大荷载的值，即乘以大于 1 的系数，称为**荷载分项系数**。γ_G 表示永久荷载的分项系数，当其效应对结构不利时，取 1.2；当其效应对结构有利时，取 1.0。γ_Q 表示可变荷载分项系数，一般情况下取 1.4；对于大于或等于 $4kN/m^2$ 的楼面匀布活荷载取 $\gamma_G=1.3$。在结构设计中，将荷载标准值乘以荷载分项系数所得的值，称为**荷载设计值**。

在结构中，由荷载作用产生的内力和变形，统称为荷载作用效应。由荷载标准值作用下产生的效应值，称为**荷载效应标准值**，通常用 S_K 表示。荷载效应标准值又分为永久荷载效应标准值，用 S_{GK}表示；可变荷载标准值，用 S_{QK}表示。荷载效应标准值与荷载标准值成正比，即

$$S_{GK}=C_G G_K,\quad S_{QK}=C_Q Q_K$$

式中　G_K——永久荷载标准值；

Q_K——可变荷载标准值；

C_G——永久荷载效应系数；

C_Q——可变荷载效应系数。

五、框架、排架结构荷载基本组合

对于一般排架、框架结构，可采用下列简化基本组合公式：

$$S=\gamma_G C_G G_K+\psi\sum_{i=1}^{n}\gamma_{Q1}C_{Q1}Q_{1K} \tag{3-11-1}$$

式中　γ_G——永久荷载的分项系数，一般取 1.2；

γ_{Q1}——第一个可变荷载分项系数，一般取 1.4；

C_G——永久荷载效应系数；

C_{Q1}——第一个可变荷载效应系数；

G_K——永久荷载的标准值；

Q_{1K}——第一个可变荷载的标准值；

ψ——可变荷载的组合系数，当有两个或两个以上的可变荷载参与组合，且其中包

❶　对于具有多种可能发生的结果，究竟发生哪一种结果事先不知道的现象，称为随机现象。表示随机现象的各种结果的变量，称为随机变量。

括风荷载时,荷载组合系数取 0.85;在其它情况下荷载组合系数均取 1.0。

六、框架梁、柱最不利内力组合

对于框架梁,因支座处的负弯矩及剪力最大,梁中点的正弯矩最大,即这两处为危险截面,故只组合支座截面的 $-M_{max}$ 和 V_{max} 和跨中截面的 $+M_{max}$。

对于框架柱以弯矩和轴力为主要内力,由于柱可能为大偏心破坏,也可能为小偏心破坏,一般不易确定,为此将柱的内力组合分成若干组分别进行计算,从中选出最不利组合内力,依此进行截面设计。对于手算法不可能搞太多的组合,对于柱一般进行下列四种内力组合:

(1) 最大正弯矩 $+M_{max}$ 及相应的 N 与 V;

(2) 最大负弯矩 $-M_{max}$ 及相应的 N 与 V;

(3) 最大轴力 N_{max} 及相应的 M 与 V;

(4) 最小轴力 N_{min} 及相应的 M 与 V。

至于电算,那内力组合类型就多了,一般有几十种,计算机自动筛选出最不利内力组合作为设计依据(可参考中国建筑科学研究院研制的 PKPM 程序)。

第四节 结业综合练习示例及参考题

结业综合练习的方法是,在重点复习的基础上,通过一个具体的二至五层的框架(其它专业亦可选用超静定拱),在自重、活荷载、风荷载等荷载作用下的内力计算及内力组合,达到综合练习的目的。

经过实地调查表明,目前在中等专业学校中,计算机在结构力学中的应用还没有普遍展开。据此情况,结业综合练习分两种情况进行,一种是手算法,计算二至三层框架结构的内力,并进行内力组合;另一种是电算的方法,计算三至五层框架结构的内力,并进行内力组合。关于手算法在第八章分层法与 D 值法中已有举例,为节省篇幅略;在此只将用电算法计算四层框架内力及内力组合示例如下:

某一工业厂房框架底层平面图如图 3-11-8 所示,取轴线 2 为计算单元,其立面图如图 3-11-9 所示。

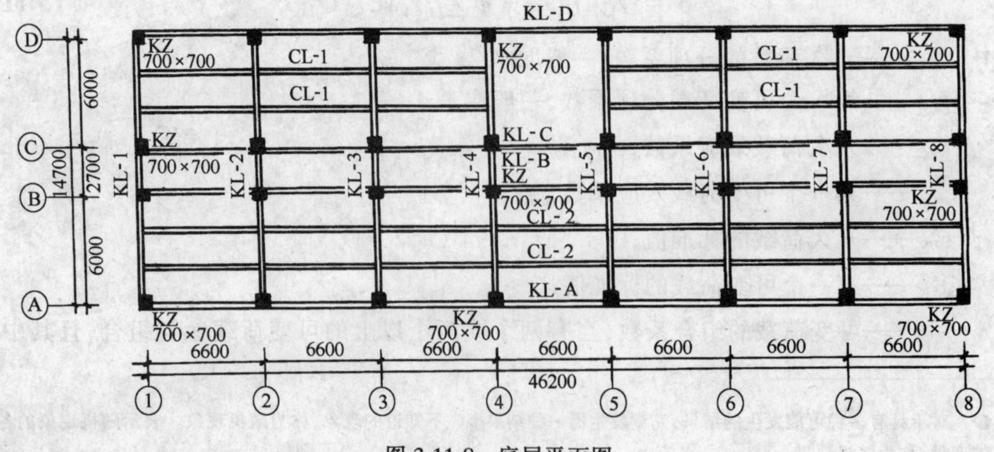

图 3-11-8 底层平面图

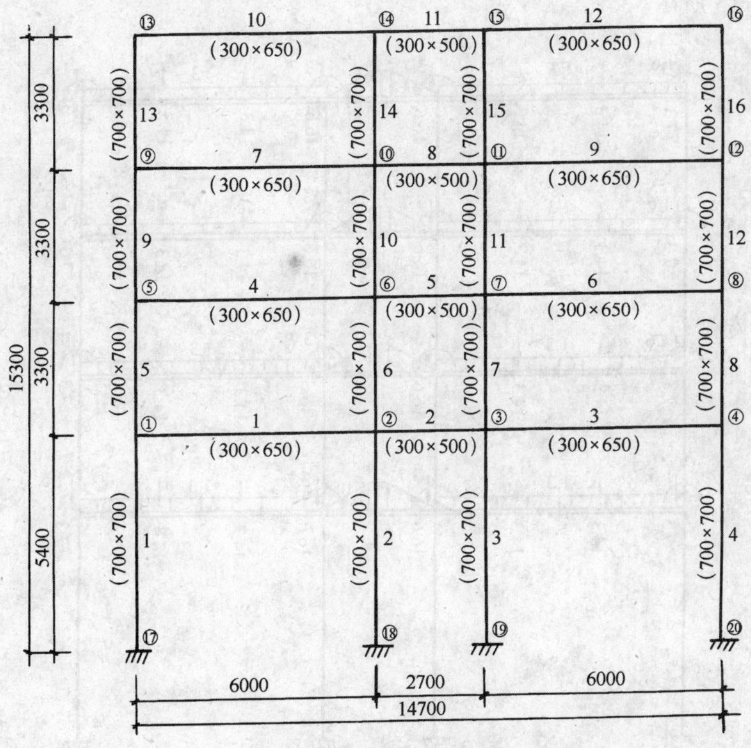

图 3-11-9 框架立面图

其恒载图如图 3-11-10 所示，活荷载图如图 3-11-11 所示，左风载如图 3-11-12 所示，右

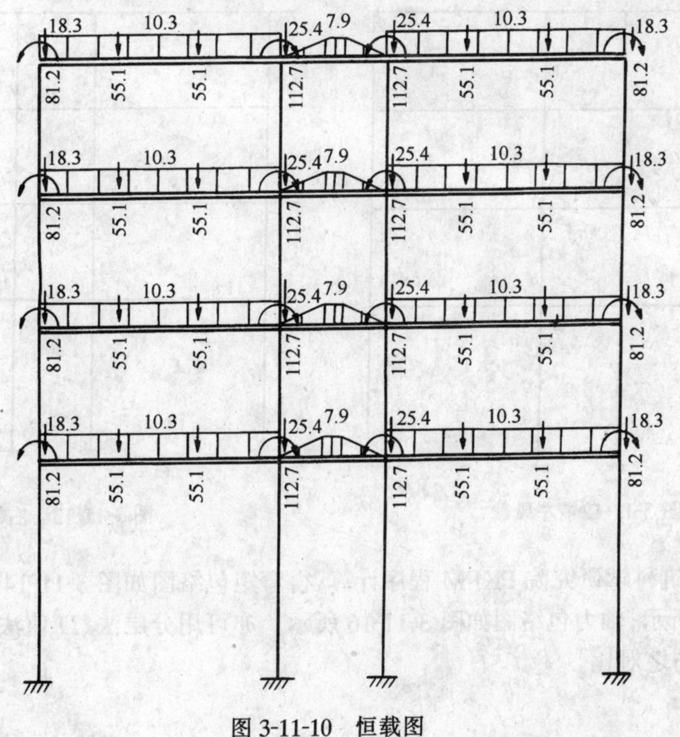

图 3-11-10 恒载图

风载如图 3-11-13 所示。

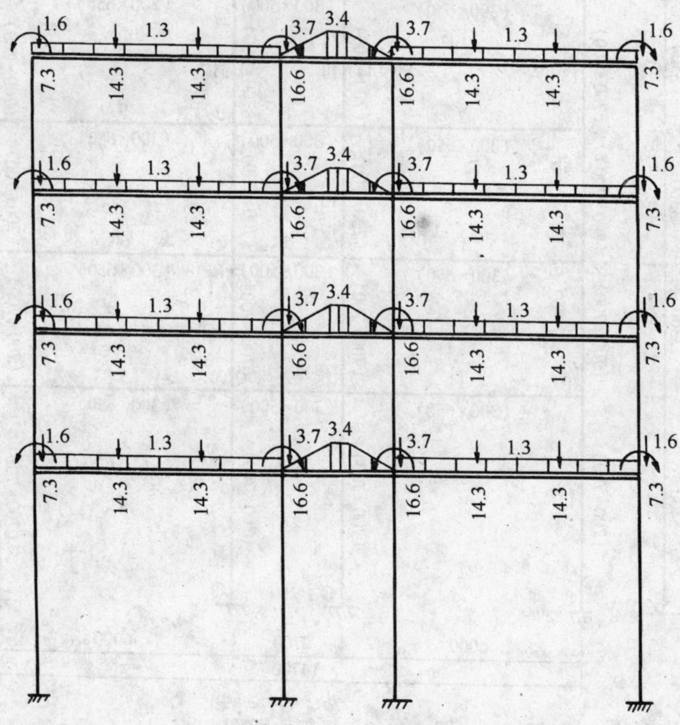

图 3-11-11 活载图

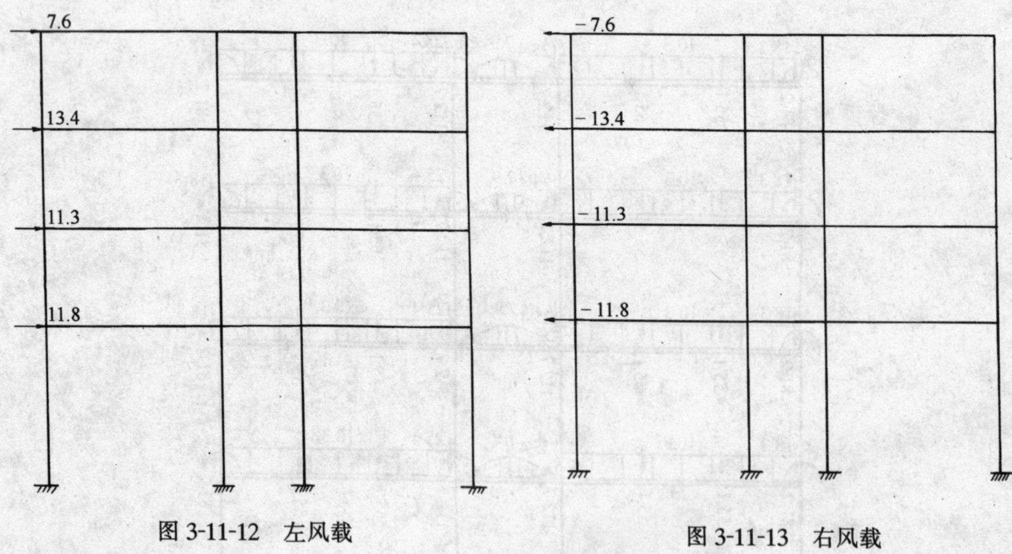

图 3-11-12 左风载

图 3-11-13 右风载

用中国建筑科学研究院 PKPM 程序计算，得弯矩包络图如图 3-11-14 所示，剪力包络图如图 3-11-15 所示，轴力包络图如图 3-11-16 所示。亦可用分层法、D 值法进行手算，请读者自己完成，并与之对比。

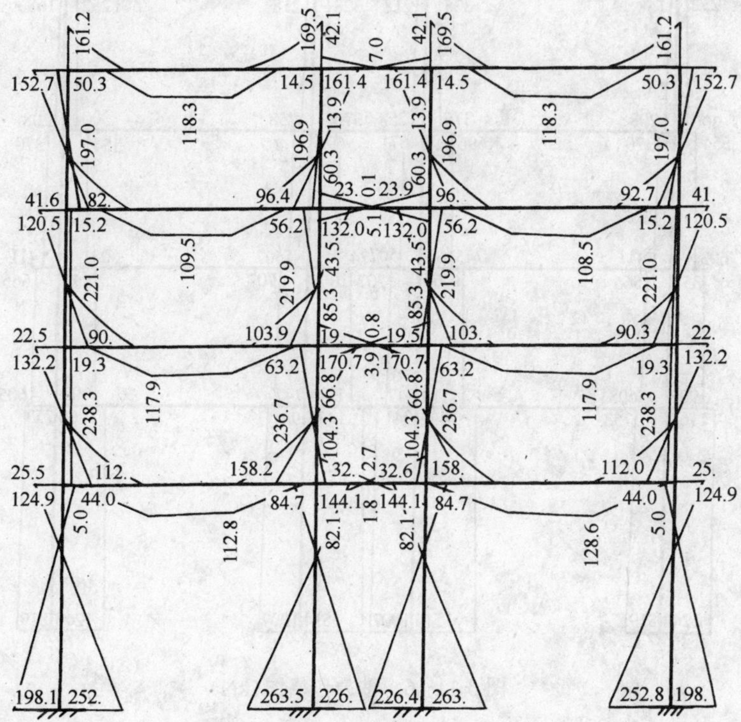

图 3-11-14 弯矩包络图(kN·m)

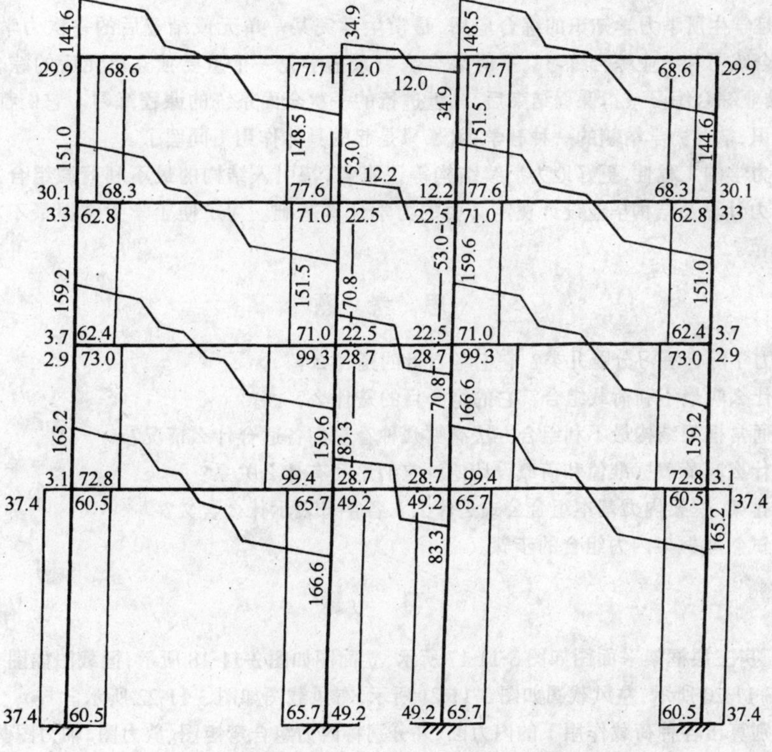

图 3-11-15 剪力包络图(kN)

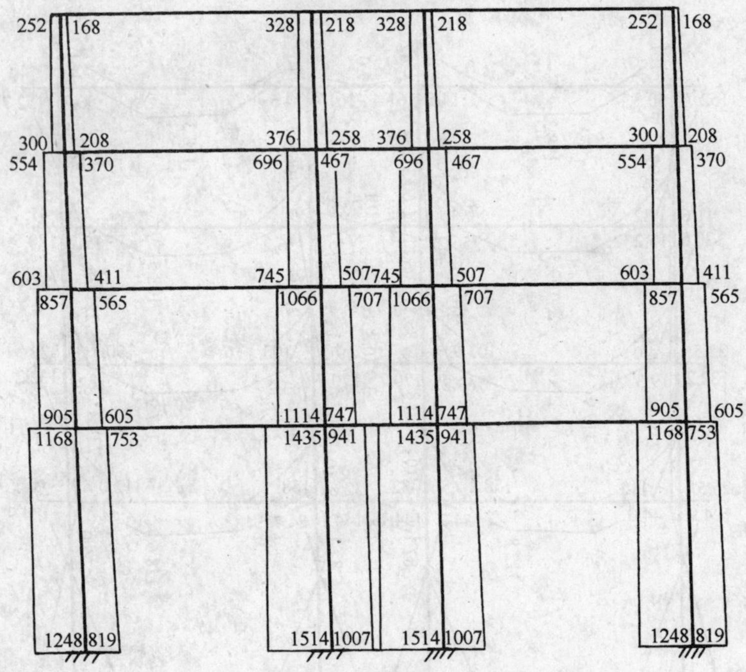

图 3-11-16　轴力包络图(kN)

小　结

综合练习是学生所学力学知识的综合应用，是学生学完某一单元或结业后的一次力学实践。综合练习分为平时综合练习和结业综合练习。平时综合练习系指学完一个重要独立单元后的综合练习，它相当平时大作业；结业综合练习系指课程结束后，马上进行的一次全面系统的课程练习。它们都是为了巩固学生所学力学知识，掌握力学精髓的一种教学手段，只是起的具体作用不同罢了。

为了增加力学的工程性，更好地为后续结构等课服务，特引入结构的最不利荷载组合及其相关知识，它将给结构内力计算及结构毕业设计奠定必要的力学计算基础。为了便于学生掌握最不利内力组合，特设一例作为示范。

思 考 题

3-11-1　力学综合练习分哪几类？它们各自目的是什么？

3-11-2　什么叫最不利荷载组合？它的组合目的是什么？

3-11-3　通常框架结构最不利组合方法有哪几种？它们各适合什么情况？

3-11-4　什么叫荷载标准值和荷载设计值？它们之间有什么关系？

3-11-5　排架、框架内力基本组合公式是什么？各字母表示什么含义？

3-11-6　试叙述框架内力组合的步骤。

习　题

某工业厂房三层框架平面图如图 3-11-17 所示，立面图如图 3-11-18 所示，恒载图如图 3-11-19 所示，活荷载图如图 3-11-20 所示，左风载图如图 3-11-21 所示，右风载图如图 3-11-22 所示。

1．试分别算出各种荷载作用下的内力图，并分别将内力组合弯矩图、剪力图、轴力图画出；

2．整理一份计算书，画一张图纸。

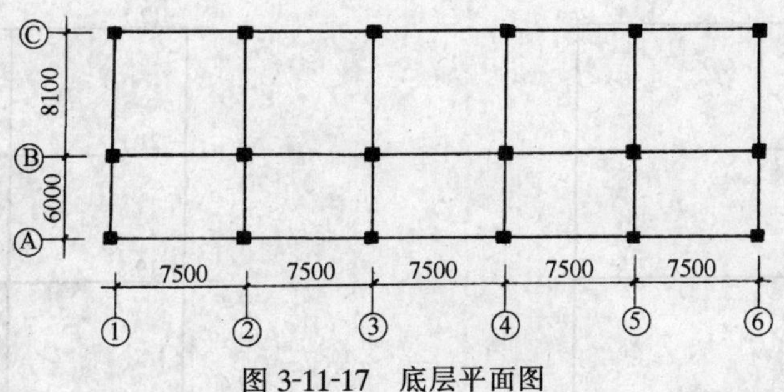

图 3-11-17　底层平面图

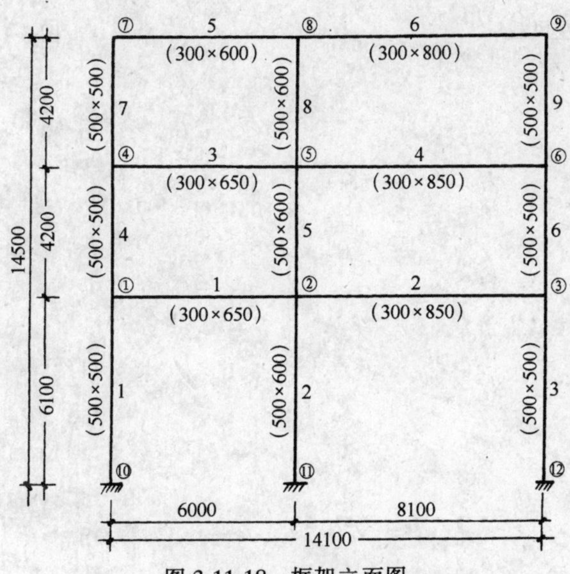

图 3-11-18　框架立面图

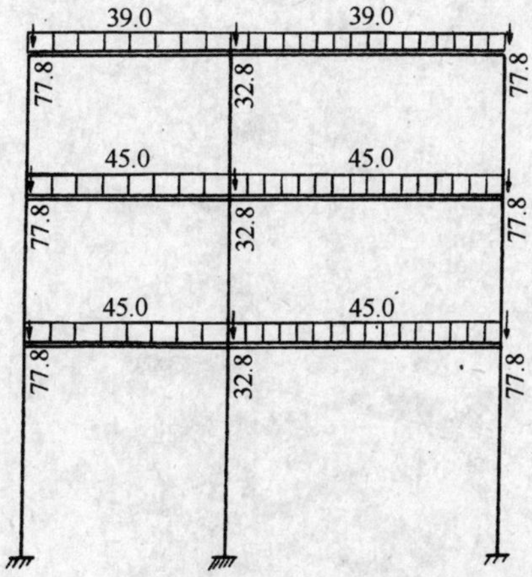

39.0　39.0
77.8　32.8　77.8
45.0　45.0
77.8　32.8　77.8
45.0　45.0
77.8　32.8　77.8

图 3-11-19　恒载图

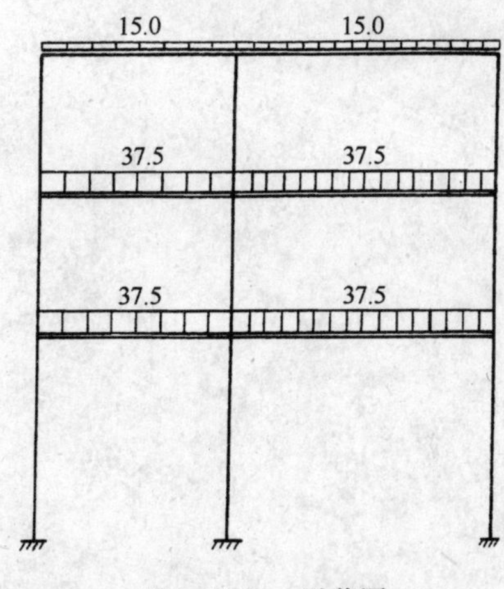

图 3-11-20　活载图

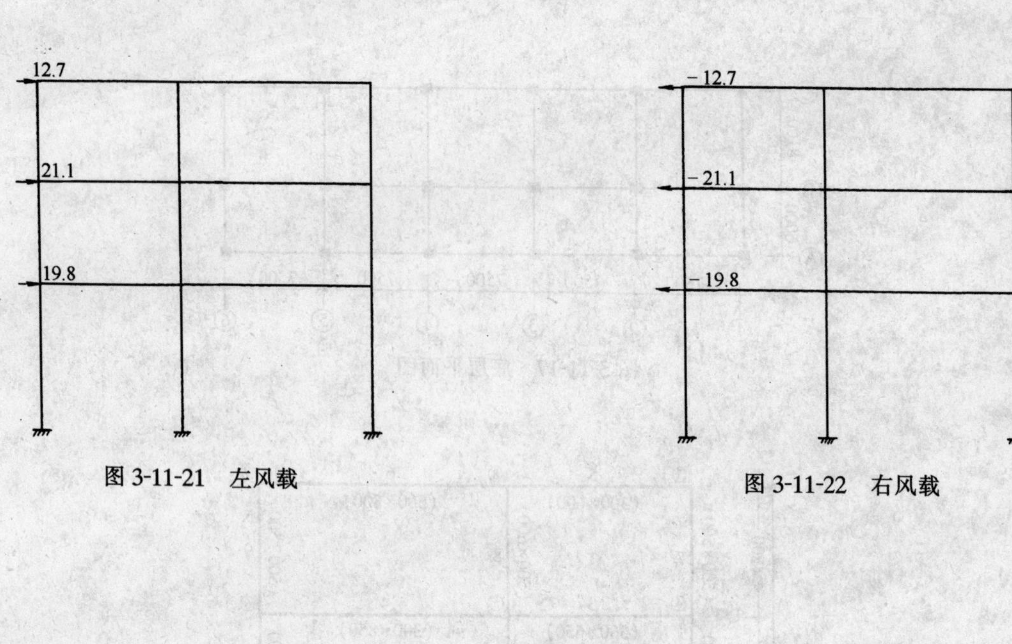

图 3-11-21　左风载

图 3-11-22　右风载

附　录

附录Ⅰ　楼面和屋面活荷载
（摘自 GBJ 9《建筑结构荷载规范》）

一、民用建筑楼面均布活荷载

第 3.1.1 条　民用建筑楼面均布活荷载的标准值及其准永久值系数，应按附表 3-1-1 的规定采用。

民用建筑楼面均布活荷载标准值及其准永久值系数　　附表 3-1-1

项　次	类　　别	标准值（kN/m²）	准永久值系数 ψ_q
1	住宅、宿舍、旅馆、办公楼、医院病房、托儿所、幼儿园	1.5	0.4
2	教室、试验室、阅览室、会议室	2.0	0.5
3	食堂、办公楼中的一般资料档案室	2.5	0.5
4	礼堂、剧场、电影院、体育场及体育馆的看台： (1) 有固定座位 (2) 无固定座位	 2.5 3.5	 0.3
5	展览馆	3.0	0.5
6	商　店	3.5	0.5
7	车站大厅、候车室、舞台、体操室	3.5	0.5
8	藏书库、档案库	5.0	0.8
9	停车库： (1) 单向板楼盖（板跨不小于 2m） (2) 双向板楼盖和无梁楼盖（柱网尺寸不小于 6m×6m）	 4.0 2.5	 0.6
10	厨　房	2.0	0.5
11	浴室、厕所、盥洗室： (1) 对第一项中的民用建筑 (2) 对其它民用建筑	 2.0 2.5	 0.4 0.5
12	走廊、门厅、楼梯： (1) 住宅、托儿所、幼儿园 (2) 宿舍、旅馆、医院、办公楼 (3) 教室、食堂 (4) 礼堂、剧场、电影院、看台、展览馆	 1.5 2.0 2.5 3.5	 0.4 0.4 0.5 0.3

续表

项　次	类　　别	标准值(kN/m^2)	准永久值系数 ψ_q
13	挑出阳台	2.5	0.5

注：① 本表所给各项活荷载适用于一般使用条件，当使用荷载较大时，应按实际情况采用。
② 第 9 项活荷载只适用于停放轿车的车库。
③ 第 12 项楼梯活荷载，对预制楼梯踏步平板，尚应按 1.5kN 集中荷载验算。
④ 第 13 项挑出阳台荷载，当人群有可能密集时，宜按 3.5kN/m^2 采用。
⑤ 本表各项荷载未包括隔墙自重。

第 3.1.2 条　设计楼面梁、墙、柱及基础时，附表 3-1-1 中的楼面活荷载标准值在下列情况下应乘以规定的折减系数；

(一) 设计楼面梁时的折减系数：

1. 第 1 项当楼面梁从属面积超过 25m^2 时，取 0.9；
2. 第 2～8 项当楼面梁从属面积超过 50m^2 时，取 0.9；
3. 第 9 项对单向板楼盖的次梁和槽形板的纵肋取 0.8；

对单向板楼盖的主梁取 0.6；

对双向板楼盖的梁取 0.8。

4. 第 10～13 项采用与所属房屋类别相同的折减系数。

(二) 设计墙、柱和基础时的折减系数：

1. 第 1 项按附表 3-1-2 规定采用；
2. 第 2～8 项采用与其楼面梁相同的折减系数；
3. 第 9 项对单向板楼盖取 0.6；

对双向板楼盖和无梁楼盖取 0.8；

4. 第 10～13 项采用与所属房屋类别相同的折减系数。

注：楼面梁的从属面积是指向梁两侧各延伸 1/2 梁间距范围内的实际面积。

活荷载按楼层数的折减系数　　**附表 3-1-2**

墙、柱、基础计算截面以上的层数	1	2～3	4～5	6～8	9～20	>20
计算截面以上各楼层活荷载总和的折减系数	1.00 (0.90)	0.85	0.70	0.65	0.60	0.55

注：当楼面梁的从属面积超过 25m^2 时，采用括号内的系数。

二、工业建筑楼面活荷载

第 3.2.1 条　工业建筑楼面在生产使用或安装检修时，由设备、管道、运输工具及可能拆移的隔墙产生的局部荷载，均应按实际情况考虑，可采用等效均布活荷载代替。

注：① 楼面等效均布活荷载，可按荷载规范附录二的方法确定。
② 对于一般金工车间、仪器仪表生产车间、半导体器件车间、棉纺织车间、轮胎厂准备车间和粮食加工车间，当缺乏资料时，可按荷载规范附录三采用。

第 3.2.2 条　工业建筑楼面(包括工作平台)上无设备区域的操作荷载，包括操作人员、一般工具、零星原料和成品的自重。可按均布活荷载考虑，采用 2.0kN/m^2。

生产车间的楼梯活荷载，可按实际情况采用，但不宜小于 3.5kN/m^2。

三、屋面均布活荷载

第 3.3.1 条　工业与民用房屋的屋面，其水平投影面上的屋面均布活荷载，应按附表 3-

1-3 采用。

屋面均布活荷载 **附表 3-1-3**

项　次	类　　别	标准值(kN/m²)	准永久值系数 ψ_q
1	不上人的屋面： 石棉瓦、瓦楞铁等轻屋面和瓦屋面 钢丝网水泥及其它水泥制品轻屋面以及由薄钢结构承重的钢筋混凝土屋面 由钢结构或钢筋混凝土结构承重的钢筋混凝土屋面，包括挑檐和雨篷	 0.3 0.5 0.7	 0 0 0
2	上人的屋面	1.5	0.4

注：① 不上人的屋面，当施工荷载较大时，应按实际情况采用。
② 上人的屋面，当兼作其它用途时，应按相应楼面活荷载采用。

屋面均布活荷载，不应与雪荷载同时考虑。

四、施工和检修荷载及栏杆水平荷载

第 3.4.1 条　设计屋面板、檩条、钢筋混凝土挑檐、雨篷和预制小梁时，尚应按下列施工或检修集中荷载(人和小工具的自重)出现在最不利位置进行验算：

(一) 屋面板、檩条、钢筋混凝土挑檐和预制小梁，取 0.8kN；

(二) 钢筋混凝土雨篷，取 1.0kN。

注：① 对于轻型构件或较宽构件，当施工荷载有可能超过上述荷载时，应按实际情况验算，或采用加垫板，支撑等临时设施承受。
② 当计算挑檐、雨篷强度时，沿板宽每隔 1.0m 考虑一个集中荷载；在验算挑檐、雨篷倾覆时，沿板宽每隔 2.5～3.0m 考虑一个集中荷载。

第 3.4.2 条　楼梯、看台、阳台和上人屋面等的栏杆顶部水平荷载，应按下列规定采用：

(一) 住宅、宿舍、办公楼、旅馆、医院、托儿所、幼儿园，取 0.5kN/m；

(二) 学校、食堂、剧扬、电影院、车站、礼堂、展览馆或体育场，取 1.0kN/m。

第 3.4.3 条　当采用荷载长期效应组合时，可不考虑施工和检修荷载及栏杆水平荷载。

五、动力系数

第 3.5.1 条　建筑结构设计动力计算，在有充分依据时，可将重物或设备的荷载乘以动力系数后按静力计算进行。

第 3.5.2 条　搬运和装卸重物以及车辆起动和刹车的动力系数，可采用 1.1～1.2，其动力作用只考虑传至楼板和梁。

附录Ⅱ　常用材料和构件的自重

(摘自 GBJ 9《建筑结构荷载规范》)

常用材料和构件的自重表 **附表 3-2-1**

名　　称	自　重	备　　注
1. 木　材　kN/m³		
杉木	4	随含水率而不同
冷杉、云杉、红松、华山松、樟子松、铁杉、拟赤杨、红椿、杨木、枫杨	4～5	随含水率而不同

续表

名　　称	自　重	备　　注
马尾松、云南松、油松、赤松、广东松、桤木、枫香、柳木、榛木、秦岭落叶松、新疆落叶松	5～6	随含水率而不同
东北落叶松、陆均松、榆木、桦木、水曲柳、苦楝、木荷、臭椿	6～7	随含水率而不同
锥木(栲木)、石栎、槐木、乌墨	7～8	随含水率而不同
青冈栎(槠木)、栎木(柞木)、桉树、木麻黄	8～9	随含水率而不同
普通木板条、椽檩木料	5	随含水率而不同
锯末	2～2.5	加防腐剂时为 3kN/m³
木丝板	4～5	
软木板	2.5	
刨花板	6	
2. 胶合板材　kN/m²		
胶合三合板(杨木)	0.019	
胶合三合板(椴木)	0.022	
胶合三合板(水曲柳)	0.028	
胶合五合板(杨木)	0.03	
胶合五合板(椴木)	0.034	
胶合五合板(水曲柳)	0.04	
甘蔗板(按 10mm 厚计)	0.03	常用厚度为 13、15、19、25mm
隔声板(按 10mm 厚计)	0.03	常用厚度为 13、20mm
木屑板(按 10mm 厚计)	0.12	常用厚度为 6、10mm
3. 金属、矿产　kN/m³		
铸铁	72.5	
锻铁	77.5	
铁矿渣	27.6	
赤铁矿	25～30	
钢	78.5	
紫铜、赤铜	89	
黄铜、青铜	85	
硫化铜矿	42	
铝	27	
铝合金	28	
锌	70.5	
亚锌矿	40.5	
铅	114	
方铅矿	74.5	
金	193	
白金	213	
银	105	

续表

名　　称	自　重	备　　注
锡	73.5	
镍	89	
水银	136	
钨	189	
镁	18.5	
锑	66.6	
水晶	29.5	
硼砂	17.5	
硫矿	20.5	
石棉矿	24.6	
石棉	10	压实
石棉	4	松散，含水量不大于15%
白垩(高岭土)	22	
石膏矿	25.5	
石膏	13～14.5	粗块堆放 $\varphi=30°$ 细块堆放 $\varphi=40°$
石膏粉	9	
4. 土、砂、砂砾、岩石　kN/m³		
腐殖土	15～16	干，$\varphi=40°$；湿，$\varphi=35°$ 很湿，$\varphi=25°$
粘　土	13.5	干，松，空隙比为1.0
粘　土	16	干，$\varphi=40°$，压实
粘　土	18	湿，$\varphi=35°$，压实
粘　土	20	很湿，$\varphi=20°$，压实
砂　土	12.2	干，松
砂　土	16	干，$\varphi=35°$，压实
砂　土	18	湿，$\varphi=35°$，压实
砂　土	20	很湿，$\varphi=25°$，压实
砂　子	14	干，细砂
砂　子	17	干，粗砂
卵　石	16～18	干
粘土夹卵石	17～18	干，松
砂夹卵石	15～17	干，松
砂夹卵石	16～19.2	干，压实
砂夹卵石	18.9～19.2	湿
浮　石	6～8	干
浮石填充料	4～6	
砂　岩	23.6	
页　岩	28	
页　岩	14.8	片石堆置

续表

名　　称	自　重	备　　注
泥灰石	14	$\varphi=40°$
花岗岩、大理石	28	
花岗岩	15.4	片石堆置
石灰石	26.4	
石灰石	15.2	片石堆置
贝壳石灰岩	14	
白云石	16	片石堆置，$\varphi=48°$
滑石	27.1	
火石(燧石)	35.2	
云斑石	27.6	
玄武岩	29.5	
长石	25.5	
角闪石、绿石	30	
角闪石、绿石	17.1	片石堆置
碎石子	14～15	堆　置
岩粉	16	粘土质或石灰质的
多孔粘土	5～8	作填充料用，$\varphi=35°$
硅藻土填充料	4～6	
辉绿岩板	29.5	
5. 砖　kN/m³		
普通砖	18	240×115×53—684 块
普通砖	19	机器制
缸砖	21～21.5	230×110×65—609 块
红缸砖	20.4	
耐火砖	19～22	230×110×65—609 块
耐酸瓷砖	23～25	230×113×65—590 块
灰砂砖	18	砂:白灰＝92:8
煤渣砖	17～18.5	
矿渣砖	18.5	硬矿渣:烟灰:石灰＝75:15:10
焦渣砖	12～14	炉渣:电石渣:烟灰＝30:40:30
烟灰砖	14～15	
粘土坯	12～15	
锯末砖	9	
焦渣空心砖	10	290×290×140—85 块
水泥空心砖	9.8	290×290×140—85 块
水泥空心砖	10.3	300×250×110—121 块
水泥空心砖	9.6	300×250×160—83 块
碎砖	12	堆　置
水泥花砖	19.8	200×200×24—1042 块
瓷面砖	17.8	150×150×8—5556 块

续表

名称	自重	备注
马赛克	0.12kN/m^2	厚 5mm
6. 石灰、水泥、灰浆及混凝土 kN/m^3		
生石灰块	11	堆置，$\varphi=30°$
生石灰粉	12	堆置，$\varphi=35°$
熟石灰膏	13.5	
石灰砂浆、混合砂浆	17	
水泥石灰焦渣砂浆	14	
石灰炉渣	10～12	
水泥炉渣	12～14	
石灰焦渣砂浆	13	
灰土	17.5	石灰:土=3:7，夯实
稻草石灰泥	16	
纸筋石灰泥	16	
石灰锯末	3.4	石灰:锯末=1:3
石灰三合土	17.5	石灰、砂子、卵石
水泥	12.5	轻质松散，$\varphi=20°$
水泥	14.5	散装，$\varphi=30°$
水泥	16	袋装压实，$\varphi=40°$
矿渣水泥	14.5	
水泥砂浆	20	
水泥蛭石砂浆	5～8	
石棉水泥浆	19	
膨胀珍珠岩砂浆	7～15	
石膏砂浆	12	
碎砖混凝土	18.5	
素混凝土	22～24	振捣或不振捣
矿渣混凝土	20	
焦渣混凝土	16～17	承重用
焦渣混凝土	10～14	填充用
铁屑混凝土	28～65	
浮石混凝土	9～14	
沥青混凝土	20	
无砂大孔混凝土	16～19	
泡沫混凝土	4～6	
加气混凝土	5.5～7.5	单块
钢筋混凝土	24～25	
碎砖钢筋混凝土	20	
钢丝网水泥	25	用于承重结构
水玻璃耐酸混凝土	20～23.5	
粉煤灰陶粒混凝土	19.5	

续表

名　　称	自　重	备　　注
	7. 沥青、煤灰、油料　kN/m³	
石油沥青	10～11	根据相对密度
柏油	12	
煤沥青	13.4	
煤焦油	10	
无烟煤	15.5	整体
无烟煤	9.5	块状堆放，$\varphi=30°$
无烟煤	8	碎块堆放 $\varphi=35°$
煤末	7	堆放，$\varphi=15°$
煤球	10	堆放
褐煤	12.5	
褐煤	7～8	堆放
泥炭	7.5	
泥炭	3.2～4.2	堆放
木炭	3～5	
煤焦	12	
煤焦	7	堆放，$\varphi=45°$
焦渣	10	
煤灰	6.5	
煤灰	8	压实
石墨	20.8	
煤蜡	9	
油蜡	9.6	
原油	8.8	
煤油	8	
煤油	7.2	桶装，相对密度 0.82～0.89
润滑油	7.4	
汽油	6.7	
汽油	6.4	桶装，相对密度 0.72～0.76
动物油、植物油	9.3	
豆油	8	大铁桶装，每桶 360kg
	8. 杂　项　kN/m³	
普通玻璃	25.6	
夹丝玻璃	26	
泡沫玻璃	3～5	
玻璃棉	0.5～1	作绝缘层填充料用
岩棉	0.5～2.5	
沥青玻璃棉	0.8～1	导热系数 0.03～0.04
玻璃棉板(管套)	1～1.5	导热系数 0.03～0.04
玻璃钢	14～22	

续表

名　　称	自　重	备　　注
矿渣棉	1.2～1.5	松散,导热系数 0.027～0.038
矿渣棉制品(板、砖、管)	3.5～4	导热系数 0.04～0.06
沥青矿渣棉	1.2～1.6	导热系数 0.035～0.045
膨胀珍珠岩粉料	0.8～2.5	干,松散,导热系数 0.045～0.065
水泥珍珠岩制品	3.5～4	强度 0.4～0.8N/mm² 导热系数 0.05～0.07
膨胀蛭石	0.8～2	导热系数 0.045～0.06
沥青蛭石制品	3.5～4.5	导热系数 0.07～0.09
水泥蛭石制品	4～6	导热系数 0.08～0.12
聚氯乙烯板(管)	13.6～16	
聚苯乙烯泡沫塑料	0.5	导热系数不大于 0.03
石棉板	13	含水率不大于 3%
乳化沥青	9.8～10.5	
软橡胶	9.3	
白磷	18.3	
松香	10.7	
瓷	24	
酒精	7.85	100%纯
酒精	6.6	桶装,相对密度 0.79～0.82
盐酸	12	浓度 40%
硝酸	15.1	浓度 91%
硫酸	17.9	浓度 87%
火碱	17	浓度 60%
氯化铵	7.5	袋装堆放
尿素	7.5	袋装堆放
碳酸氢铵	8	袋装堆放
水	10	温度 4℃ 密度最大时
冰	8.96	
书籍	5	书架藏置
道林纸	10	
报纸	7	
宣纸类	4	
棉花、棉纱	4	压紧平均重量
稻草	1.2	
建筑碎料(建筑垃圾)	15	
9. 食　品　kN/m³		
稻谷	6	$\varphi=35°$
大米	8.5	散放
豆类	7.5～8	$\varphi=20°$
豆类	6.8	袋装

续表

名称	自重	备注
小麦	8	$\varphi=25°$
面粉	7	
玉米	7.8	$\varphi=28°$
小米、高粱	7	散装
小米、高粱	6	袋装
芝麻	4.5	袋装
鲜果	3.5	散装
鲜果	3	装箱
花生	2	袋装带壳
罐头	4.5	装箱
酒、酱油、醋	4	成瓶装箱
豆饼	9	圆饼放置,每块28kg
矿盐	10	成块
盐	8.6	细粒散放
盐	8.1	袋装
砂糖	7.5	散装
砂糖	7	袋装
	10. 砌　体　kN/m³	
浆砌细方石	26.4	花岗岩,方整石块
浆砌细方石	25.6	石灰石
浆砌细方石	22.4	砂岩
浆砌毛方石	24.8	花岗岩,上下面大致平整
浆砌毛方石	24	石灰石
浆砌毛方石	20.8	砂岩
干砌毛石	20.8	花岗岩,上下面大致平整
干砌毛石	20	石灰石
干砌毛石	17.6	砂岩
浆砌普通砖	18	
浆砌机砖	19	
浆砌缸砖	21	
浆砌耐火砖	22	
浆砌矿渣砖	21	
浆砌焦渣砖	12.5～14	
土坯砖砌体	16	
粘土砖空斗砌体	17	中填碎瓦砾,一眠一斗
粘土砖空斗砌体	13	全斗
粘土砖空斗砌体	12.5	不能承重
粘土砖空斗砌体	15	能承重
粉煤灰泡沫砌块砌体	8～8.5	粉煤灰:电石渣:废石膏=74:22:4
三合土	17	灰:砂:土=1:1:9～1:1:4

续表

名　　称	自　重	备　　注
	11. 隔墙与墙面　kN/m²	
双面抹灰板条隔墙	0.9	每面抹灰厚 16～24mm，龙骨在内
单面抹灰板条隔墙	0.5	灰厚 16～24mm 龙骨在内
C 型轻钢龙骨隔墙	0.27	两层 12mm 纸面石膏板，无保温层
	0.32	两层 12mm 纸面石膏板，中填岩棉保温板 50mm
	0.38	三层 12mm 纸面石膏板，无保温层
	0.43	三层 12mm 纸面石膏板，中填岩棉保温板 50mm
	0.49	四层 12mm 纸面石膏板，无保温层
	0.54	四层 12mm 纸面石膏板，中填岩棉保温板 50mm
贴瓷砖墙面	0.5	包括水泥砂浆打底，其厚 25mm
水泥粉刷墙面	0.36	20mm 厚，水泥粗砂
水磨石墙面	0.55	25mm 厚，包括打底
水刷石墙面	0.5	25mm 厚，包括打底
石灰粗砂粉刷	0.34	20mm 厚
剁假石墙面	0.5	25mm 厚，包括打底
外墙拉毛墙面	0.7	包括 25mm 水泥砂浆打底
	12. 屋架、门窗　kN/m²	
木屋架	0.07＋0.007×跨度	按屋面水平投影面积计算，跨度以 m 计
钢屋架	0.12＋0.011×跨度	无天窗，包括支撑，按屋面水平投影面积计算，跨度以 m 计
木框玻璃窗	0.2～0.3	
钢框玻璃窗	0.4～0.45	
木门	0.1～0.2	
钢铁门	0.4～0.45	
	13. 屋顶　kN/m²	
粘土平瓦屋面	0.55	按实际面积计算，下同
水泥平瓦屋面	0.5～0.55	
小青瓦屋面	0.9～1.1	
冷摊瓦屋面	0.5	
石板瓦屋面	0.46	厚 6.3mm
石板瓦屋面	0.71	厚 9.5mm
石板瓦屋面	0.96	厚 12.1mm
麦秸泥灰顶	0.16	以 10mm 厚计
石棉板瓦	0.18	仅瓦自重
波形石棉瓦	0.2	1820×725×8mm
白铁皮	0.05	24 号

续表

名　　　称	自　重	备　　注
瓦楞铁	0.05	26号
玻璃屋顶	0.3	0.5mm铅丝玻璃，框架自重在内
玻璃砖顶	0.65	框架自重在内
油毡防水层	0.05	一层油毡刷油两遍
	0.25～0.3	四层作法，一毡二油上铺小石子
	0.3～0.35	六层作法，二毡三油上铺小石子
	0.35～0.4	八层作法，三毡四油上铺小石子
捷罗克防水层	0.1	厚8mm
屋顶天窗	0.35～0.4	9.5mm铅丝玻璃，框架自重在内
14. 顶棚　kN/m²		
钢丝网抹灰吊顶	0.45	
麻刀灰板条顶棚	0.45	吊木在内，平均灰厚20mm
砂子灰板条顶棚	0.55	吊木在内，平均灰厚25mm
苇箔抹灰顶棚	0.48	吊木龙骨在内
松木板顶棚	0.25	吊木在内
三合板顶棚	0.18	吊木在内
马粪纸顶棚	0.15	吊木及盖缝条在内
木丝板吊顶棚	0.26	厚25mm，吊木及盖缝条在内
木丝板吊顶棚	0.29	厚30mm，吊木及盖缝条在内
隔声纸板顶棚	0.17	厚10mm，吊木及盖缝条在内
隔声纸板顶棚	0.18	厚13mm，吊木及盖缝条在内
隔声纸板顶棚	0.2	厚20mm，吊木及盖缝条在内
V型轻钢龙骨吊顶	0.12	一层9mm纸面石膏板，无保温层
	0.17	一层9mm纸面石膏板，有厚50mm的岩棉板保温层
	0.20	二层9mm纸面石膏板，无保温层
	0.25	二层9mm纸面石膏板，有厚50mm的岩棉板保温层
V型轻钢龙骨及铝合金龙骨吊顶	0.1～0.12	一层矿棉吸声板厚15mm，无保温层
顶棚上铺焦渣锯末绝缘层	0.2	厚50mm焦渣，锯末按1:5混合
15. 地面　kN/m²		
地板搁栅	0.2	仅搁栅自重
硬木地板	0.2	厚25mm，剪刀撑、钉子等自重在内，不包括搁栅自重
松木地板	0.18	
小瓷砖地面	0.55	包括水泥粗砂打底
水泥花砖地面	0.6	砖厚25mm，包括水泥粗砂打底
水磨石地面	0.65	10mm面层，20mm水泥砂浆打底

续表

名称	自重	备注
油地毡	0.02~0.03	油地纸,地板表面用
木块地面	0.7	加防腐油膏铺砌厚 76mm
菱苦土地面	0.28	厚 20mm
铸铁地面	4~5	60mm 碎石垫层,60mm 面层
缸砖地面	1.7~2.1	60mm 砂垫层,53mm 面层,平铺
缸砖地面	3.3	60mm 砂垫层,115mm 面层,侧铺
黑砖地面	1.5	砂垫层,平铺

附录Ⅲ 部分典型桁架在常见荷载作用下的内力系数表

$n=\frac{l}{h}$; $M=\sqrt{n^2+36}$; $S=3n^2-4$;

$N=\sqrt{n^2+4}$; $E=\sqrt{n^2+64}$; $Q=7n^2-4$;

$G=\sqrt{n^2+16}$; $F=\sqrt{n^2+100}$; $T=9n^2-4$.

附表 3-3-1

n	n^2	N	N^2	N^3	G	M	E	F	S	Q	T
2.0	4.00	2.8284	8.00	22.627	4.4721	6.3246	8.2462	10.1980	8.00	24.00	32.00
2.5	6.25	3.2016	10.25	32.816	4.7170	6.5000	8.3815	10.3078	14.75	39.75	52.25
3.0	9.00	3.6056	13.00	46.873	5.0000	6.7082	8.5440	10.4403	23.00	59.00	77.00
$2\sqrt{3}$	12.00	4.0000	16.00	64.000	5.2915	6.9282	8.7178	10.5830	32.00	80.00	104.00
3.5	12.25	4.0311	16.25	65.506	5.3151	6.9462	8.7321	10.5948	32.75	81.75	106.25
4.0	16.00	4.4721	20.00	89.443	5.6569	7.2111	8.9443	10.7703	44.00	108.00	140.00
4.5	20.25	4.9244	24.25	119.417	6.0208	7.5000	9.1788	10.9659	56.75	137.75	178.25
5.0	25.00	5.3852	29.00	156.171	6.4031	7.8102	9.4340	11.1803	71.00	171.00	221.00
5.5	30.25	5.8524	34.25	200.443	6.8007	8.1394	9.7082	11.4127	86.75	207.75	268.25
6.0	36.00	6.3246	40.00	252.982	7.2111	8.4853	10.0000	11.6619	104.00	248.00	320.00
6.5	42.25	6.8007	46.25	314.534	7.6322	8.8459	10.3078	11.9269	122.75	291.75	376.25
7.0	49.00	7.2801	53.00	385.845	8.0623	9.2195	10.6301	12.2066	143.00	339.00	437.00
7.5	56.25	7.7621	60.25	467.666	8.5000	9.6047	10.9659	12.5000	164.75	389.75	502.25
8.0	64.00	8.2462	68.00	560.742	8.9443	10.0000	11.3137	12.8062	188.00	444.00	572.00

一、六节间芬克式屋架

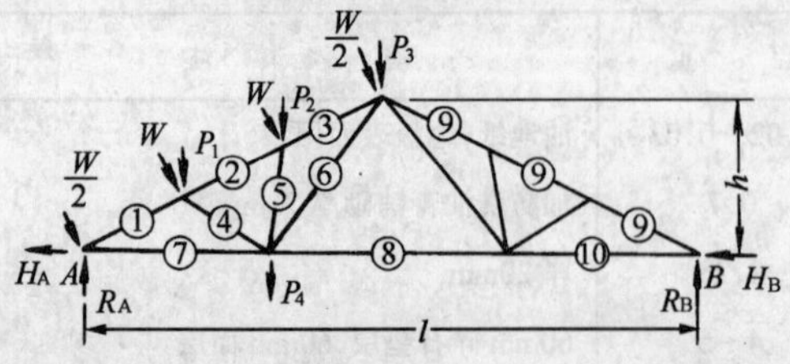

屋架外形特征：1. 上弦节间等长；2. 杆件①—⑦间夹角等于③—⑥间夹角。

$n=\frac{l}{h}$；$N=\sqrt{n^2+4}$；$M=\sqrt{n^2+36}$；$S=3n^2-4$

杆件长度＝表中系数×h；

杆件内力＝表中系数×P_i(或 W)。

N、M 及 S 值见附表 3-3-1

	杆件	通式	n 值 3	$2\sqrt{3}$	4	5	6
长度系数	1～3	$\frac{N}{6}$	0.601	0.667	0.745	0.898	1.054
	4,5	$\frac{NM}{12n}$	0.672	0.667	0.672	0.701	0.745
	6,7	$\frac{N^2}{4n}$	1.083	1.155	1.250	1.450	1.667
	8	$\frac{n^2-4}{2n}$	0.834	1.155	1.500	2.100	2.667
全跨屋面荷载P的内力系数	1	$-\frac{5N}{4}$	−4.51	−5.00	−5.59	−6.73	−7.91
	2	$-\frac{13n^2+36}{12N}$	−3.54	−4.00	−4.55	−5.59	−6.64
	3	$-\frac{5n^2+4}{4N}$	−3.40	−4.00	−4.70	−5.99	−7.27
	4	$-\frac{nM}{6N}$	−0.93	−1.00	−1.08	−1.21	−1.34
	5	$-\frac{nM}{6N}$	−0.93	−1.00	−1.08	−1.21	−1.34
	6	$\frac{n}{2}$	1.50	1.73	2.00	2.50	3.00
	7	$\frac{5n}{4}$	3.75	4.33	5.00	6.25	7.50
	8	$\frac{3n}{4}$	2.25	2.60	3.00	3.75	4.50

	杆件	荷载形式：半跨屋面荷载	P_1	P_2	P_3	P_4
图示局部荷载P的内力系数	1	$-\frac{7N}{8}$	$-\frac{5N}{12}$	$-\frac{N}{3}$	$-\frac{N}{4}$	$-\frac{NS}{8n^2}$
	2	$-\frac{17n^2+36}{24N}$	$-\frac{S}{12N}$	$-\frac{N}{3}$	$-\frac{N}{4}$	$-\frac{NS}{8n^2}$
	3	$-\frac{7n^2-4}{8N}$	$-\frac{S}{12N}$	$-\frac{S}{6N}$	$-\frac{N}{4}$	$-\frac{NS}{8n^2}$
	4	$-\frac{nM}{6N}$	$-\frac{nM}{6N}$	0	0	0
	5	$-\frac{nM}{6N}$	0	$-\frac{nM}{6N}$	0	0
	9	$-\frac{3N}{8}$	$-\frac{N}{12}$	$-\frac{N}{6}$	$-\frac{N}{4}$	$-\frac{N^3}{8n^2}$
	6	$\frac{n}{2}$	$\frac{n}{6}$	$\frac{n}{3}$	0	$\frac{N^2}{4n}$
	7	$\frac{7n}{8}$	$\frac{5n}{12}$	$\frac{n}{3}$	$\frac{n}{4}$	$\frac{S}{8n}$
	8,10	$\frac{3n}{8}$	$\frac{n}{12}$	$\frac{n}{6}$	$\frac{n}{4}$	$\frac{N^2}{8n}$
	其他杆件均为0杆。					

图示风荷载 W 的内力系数

支座情况	杆件	通式
Ⅰ，Ⅱ，Ⅲ及Ⅳ均同	1	$-\frac{7n^2-12}{8n}$
	2	$-\frac{17n^2-36}{24n}$
	3	$-\frac{7n^2-12}{8n}$
	4,5	$-\frac{M}{6}$
	9	$-\frac{3N^2}{8n}$
	6	$\frac{N}{2}$
	R_A	$\frac{3S}{4Nn}$
	R_B	$\frac{3N}{4n}$
Ⅰ	7	$\frac{7n^2+28}{8N}$
	8,10	$\frac{3N}{8}$
	H_A	$\frac{6}{N}$
	H_B	0
Ⅱ	7	$\frac{7n^2-20}{8N}$
	8,10	$\frac{3(n^2-12)}{8N}$
	H_A	0
	H_B	$\frac{6}{N}$
Ⅲ	7	$\frac{7n^2+4}{8N}$
	8,10	$\frac{3(n^2-4)}{8N}$
	H_A	$\frac{3}{N}$
	H_B	$\frac{3}{N}$
Ⅳ	7	$\frac{N(7n^2-12)}{8n^2}$
	8,10	$\frac{3N(n^2-4)}{8n^2}$
	H_A	$\frac{3S}{2Nn^2}$
	H_B	$\frac{3N}{2n^2}$

二、六节间折线形屋架

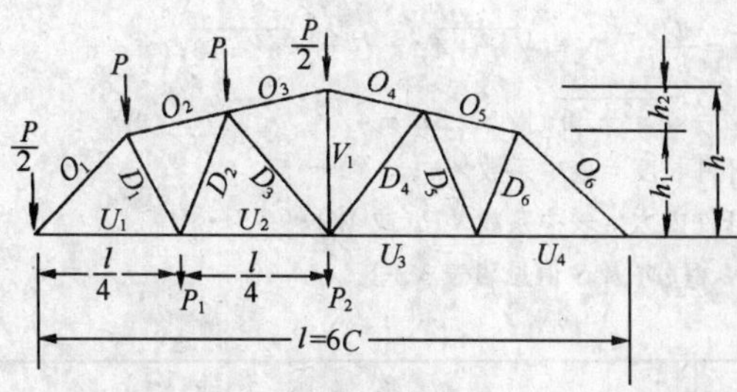

$m=\frac{l}{h}$； $n=\frac{l}{h_2}$； $N=\sqrt{n^2+9}$；

$K_1=\sqrt{m^2n^2+36(n-m)^2}$；$K_2=\sqrt{m^2n^2+144(n-m)^2}$；

$K_3=\sqrt{m^2n^2+36(2n-m)^2}$；$K_4=\sqrt{m^2n^2+9(2n-m)^2}$。

杆件长度＝表中系数×h；

杆件内力＝表中系数×P_i。

杆件	长度系数	内力系数			
		上弦荷载		下弦荷载	
		全跨屋面	半跨屋面	P_1	P_2
O_1	$\frac{K_1}{6n}$	$-\frac{5K_1}{12(n-m)}$	$-\frac{7K_1}{24(n-m)}$	$-\frac{K_1}{8(n-m)}$	$-\frac{K_1}{12(n-m)}$
O_2	$\frac{mN}{6n}$	$-\frac{13mN}{6(4n-3m)}$	$-\frac{17mN}{12(4n-3m)}$	$-\frac{3mN}{4(4n-3m)}$	$-\frac{mN}{2(4n-3m)}$
O_3,O_4	$\frac{mN}{6n}$	$-\frac{3mN}{4n}$	$-\frac{3mN}{8n}$	$-\frac{mN}{8n}$	$-\frac{mN}{4n}$
O_5	$\frac{mN}{6n}$	$-\frac{13mN}{6(4n-3m)}$	$-\frac{3mN}{4(4n-3m)}$	$-\frac{mN}{4(4n-3m)}$	$-\frac{mN}{2(4n-3m)}$
O_6	$\frac{K_1}{6n}$	$-\frac{5K_1}{12(n-m)}$	$-\frac{K_1}{8(n-m)}$	$-\frac{K_1}{24(n-m)}$	$-\frac{K_1}{12(n-m)}$
U_1	$\frac{m}{4}$	$\frac{5mn}{12(n-m)}$	$\frac{7mn}{24(n-m)}$	$\frac{mn}{8(n-m)}$	$\frac{mn}{12(n-m)}$
U_2	$\frac{m}{4}$	$\frac{4mn}{3(2n-m)}$	$\frac{5mn}{6(2n-m)}$	$\frac{mn}{3(2n-m)}$	$\frac{mn}{3(2n-m)}$
U_3	$\frac{m}{4}$	$\frac{4mn}{3(2n-m)}$	$\frac{mn}{2(2n-m)}$	$\frac{mn}{6(2n-m)}$	$\frac{mn}{3(2n-m)}$
U_4	$\frac{m}{4}$	$\frac{5mn}{12(n-m)}$	$\frac{mn}{8(n-m)}$	$\frac{mn}{24(n-m)}$	$\frac{mn}{12(n-m)}$
D_1	$\frac{K_2}{12n}$	$\frac{(6n-11m)K_2}{12(n-m)(4n-3m)}$	$\frac{(6n-13m)K_2}{24(n-m)(4n-3m)}$	$\frac{(2n-3m)K_2}{8(n-m)(4n-3m)}$	$\frac{(2n-3m)K_2}{12(n-m)(4n-3m)}$
D_2	$\frac{K_3}{12n}$	$-\frac{(6n-11m)K_3}{6(2n-m)(4n-3m)}$	$-\frac{(6n-13m)K_3}{12(2n-m)(4n-3m)}$	$\frac{(2n+3m)K_3}{12(2n-m)(4n-3m)}$	$-\frac{(2n-3m)K_3}{6(2n-m)(4n-3m)}$
D_3	$\frac{K_4}{6n}$	$\frac{(2n-9m)K_4}{12n(2n-m)}$	$-\frac{(2n+9m)K_4}{24n(2n-m)}$	$-\frac{(2n+3m)K_4}{24n(2n-m)}$	$\frac{(2n-3m)K_4}{12n(2n-m)}$
D_4	$\frac{K_4}{6n}$	$\frac{(2n-9m)K_4}{12n(2n-m)}$	$\frac{(2n-3m)K_4}{8n(2n-m)}$	$\frac{(2n-3m)K_4}{24n(2n-m)}$	$\frac{(2n-3m)K_4}{12n(2n-m)}$
	$\frac{K_3}{12n}$	$-\frac{(6n-11m)K_3}{6(2n-m)(4n-3m)}$	$-\frac{(2n-3m)K_3}{4(2n-m)(4n-3m)}$	$-\frac{(2n-3m)K_3}{12(2n-m)(4n-3m)}$	$-\frac{(2n-3m)K_3}{6(2n-m)(4n-3m)}$
	$\frac{K_2}{12n}$	$\frac{(6n-11m)K_2}{12(n-m)(4n-3m)}$	$\frac{(2n-3m)K_2}{8(n-m)(4n-3m)}$	$\frac{(2n-3m)K_2}{24(n-m)(4n-3m)}$	$\frac{(2n-3m)K_2}{12(n-m)(4n-3m)}$
		$\frac{9m}{2n}-1$	$\frac{9m}{4n}-\frac{1}{2}$	$\frac{3m}{4n}$	$\frac{3m}{2n}$

三、八节间豪式屋架

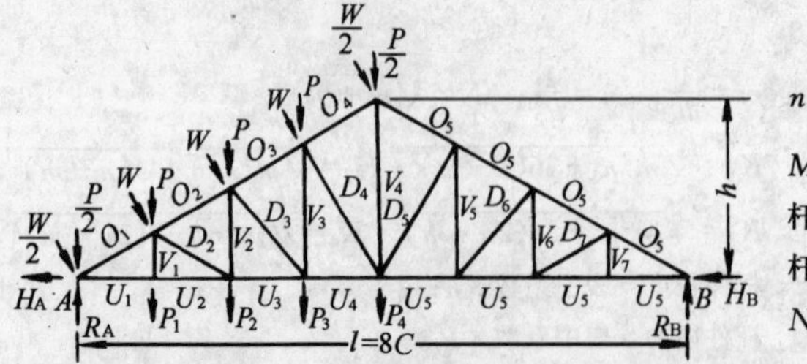

$n=\frac{l}{h}$； $N=\sqrt{n^2+4}$； $G=\sqrt{n^2+16}$；

$M=\sqrt{n^2+36}$； $S=3n^2-4$.

杆件长度＝表中系数×h；

杆件内力＝表中系数×P_i（或 W）。

N、G、M 及 S 值见附表 3-3-1

杆件	通式	n 值				
		3	$2\sqrt{3}$	4	5	6
长度系数						
O	$\frac{N}{8}$	0.451	0.500	0.559	0.673	0.791
U	$\frac{n}{8}$	0.375	0.433	0.500	0.625	0.750
D_2	$\frac{N}{8}$	0.451	0.500	0.559	0.673	0.791
D_3	$\frac{G}{8}$	0.625	0.661	0.707	0.800	0.901
D_4	$\frac{M}{8}$	0.839	0.866	0.901	0.976	1.061
V_1	$\frac{1}{4}$	0.250	0.250	0.250	0.250	0.250
V_2	$\frac{1}{2}$	0.500	0.500	0.500	0.500	0.500
V_3	$\frac{3}{4}$	0.750	0.750	0.750	0.750	0.750
V_4	1	1	1	1	1	1
全跨屋面荷载 P 的内力系数						
O_1	$-\frac{7N}{4}$	−6.31	−7.00	−7.83	−9.42	−11.07
O_2	$-\frac{3N}{2}$	−5.41	−6.00	−6.71	−8.08	−9.49
O_3	$-\frac{5N}{4}$	−4.51	−5.00	−5.59	−6.73	−7.91
O_4	$-N$	−3.61	−4.00	−4.47	−5.39	−6.32
U_1,U_2	$\frac{7n}{4}$	5.25	6.06	7.00	8.75	10.50
U_3	$\frac{3n}{2}$	4.50	5.20	6.00	7.50	9.00
U_4	$\frac{5n}{4}$	3.75	4.33	5.00	6.25	7.50
D_2	$-\frac{N}{4}$	−0.90	−1.00	−1.12	−1.35	−1.58
D_3	$-\frac{G}{4}$	−1.25	−1.32	−1.41	−1.60	−1.80
D_4	$-\frac{M}{4}$	−1.68	−1.73	−1.80	−1.95	−2.12
V_1	0	0	0	0	0	0
V_2	$\frac{1}{2}$	0.50	0.50	0.50	0.50	0.50
V_3	1	1.00	1.00	1.00	1.00	1.00
V_4	3	3.00	3.00	3.00	3.00	3.00

杆件	荷载形式					
	半跨屋面		下弦节点			
	P	W	P_1	P_2	P_3	P_4
图示局部荷载的内力系数						
O_1	$\frac{-5N}{4}$	$-\frac{5n^2-8}{4n}$	$-\frac{7N}{16}$	$-\frac{3N}{8}$	$-\frac{5N}{16}$	$-\frac{N}{4}$
O_2	$-N$	$-\frac{n^2-1}{n}$	$-\frac{3N}{16}$	$-\frac{3N}{8}$	$-\frac{5N}{16}$	$-\frac{N}{4}$
O_3	$-\frac{3N}{4}$	$-\frac{3n}{4}$	$-\frac{5N}{48}$	$-\frac{5N}{24}$	$-\frac{5N}{16}$	$-\frac{N}{4}$
O_4	$-\frac{N}{2}$	$-\frac{n^2+2}{2n}$	$-\frac{N}{16}$	$-\frac{N}{8}$	$-\frac{3N}{16}$	$-\frac{N}{4}$
O_5	$-\frac{N}{2}$	$-\frac{N^2}{2n}$	$-\frac{N}{16}$	$-\frac{N}{8}$	$-\frac{3N}{16}$	$-\frac{N}{4}$
U_1,U_2	$\frac{5n}{4}$	$\frac{N(5n^2-8)}{4n^2}$	$\frac{7n}{16}$	$\frac{3n}{8}$	$\frac{5n}{16}$	$\frac{n}{4}$
U_3	n	$\frac{N(n^2-2)}{n^2}$	$\frac{3n}{16}$	$\frac{3n}{8}$	$\frac{5n}{16}$	$\frac{n}{4}$
U_4	$\frac{3n}{4}$	$\frac{N(3n^2-8)}{4n^2}$	$\frac{5n}{48}$	$\frac{5n}{24}$	$\frac{5n}{16}$	$\frac{n}{4}$
U_5	$\frac{n}{2}$	$\frac{N(n^2-4)}{2n^2}$	$\frac{n}{16}$	$\frac{n}{8}$	$\frac{3n}{16}$	$\frac{n}{4}$
D_2	$-\frac{N}{4}$	$-\frac{N^2}{4n}$	$-\frac{N}{4}$	0	0	0
D_3	$-\frac{G}{4}$	$-\frac{NG}{4n}$	$-\frac{G}{12}$	$-\frac{G}{6}$	0	0
D_4	$-\frac{M}{4}$	$-\frac{NM}{4n}$	$-\frac{M}{24}$	$-\frac{M}{12}$	$-\frac{M}{8}$	0
V_1	0	0	1	0	0	0
V_2	$\frac{1}{2}$	$\frac{N}{2n}$	$\frac{1}{2}$	1	0	0
V_3	1	$\frac{N}{n}$	$\frac{1}{3}$	$\frac{2}{3}$	1	0
V_4	$\frac{3}{2}$	$\frac{3N}{2n}$	$\frac{1}{4}$	$\frac{1}{2}$	$\frac{3}{4}$	1
其他杆件	0	0	0	0	0	0
R_A	3	$\frac{S}{Nn}$	$\frac{7}{8}$	$\frac{3}{4}$	$\frac{5}{8}$	$\frac{1}{2}$
R_B	1	$\frac{N}{n}$	$\frac{1}{8}$	$\frac{1}{4}$	$\frac{3}{8}$	$\frac{1}{2}$
H_A	—	$\frac{2S}{Nn^2}$	—	—	—	—
H_B	—	$\frac{2N}{n^2}$	—	—	—	—

四、八节间端斜杆为上升式的梯形屋架

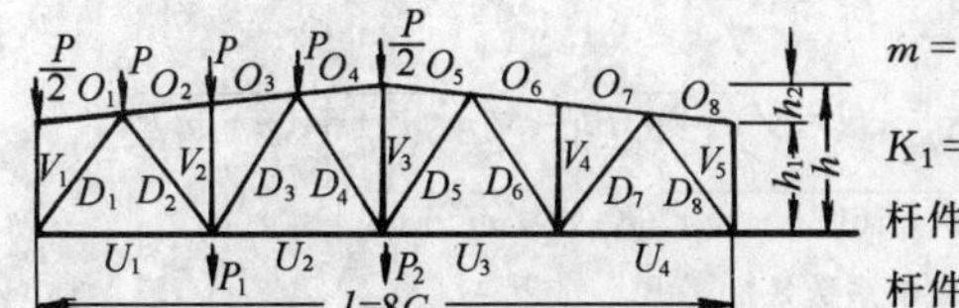

$m=\frac{l}{h}$； $n=\frac{l}{h_2}$； $N=\sqrt{n^2+4}$；

$K_1=\sqrt{m^2n^2+(8n-6m)^2}$； $K_2=\sqrt{m^2n^2+(8n-2m)^2}$.

杆件长度＝表中系数×h；

杆件内力＝表中系数×P_i。

<table>
<tr><th rowspan="3">杆 件</th><th rowspan="3">长度系数</th><th colspan="4">内 力 系 数</th></tr>
<tr><th colspan="2">上 弦 荷 载</th><th colspan="2">下 弦 荷 载</th></tr>
<tr><th>全 跨 屋 面</th><th>半 跨 屋 面</th><th>P_1</th><th>P_2</th></tr>
<tr><td>O_1,O_8</td><td>$\frac{Nm}{8n}$</td><td>0</td><td>0</td><td>0</td><td>0</td></tr>
<tr><td>O_2,O_3</td><td>$\frac{Nm}{8n}$</td><td>$-\frac{3mN}{2(2n-m)}$</td><td>$-\frac{mN}{2n-m}$</td><td>$-\frac{3mN}{8(2n-m)}$</td><td>$-\frac{mN}{4(2n-m)}$</td></tr>
<tr><td>O_4,O_5</td><td>$\frac{Nm}{8n}$</td><td>$-\frac{mN}{n}$</td><td>$-\frac{mN}{2n}$</td><td>$-\frac{mN}{8n}$</td><td>$-\frac{mN}{4n}$</td></tr>
<tr><td>O_6,O_7</td><td>$\frac{Nm}{8n}$</td><td>$-\frac{3mN}{2(2n-m)}$</td><td>$-\frac{mN}{2(2n-m)}$</td><td>$-\frac{mN}{8(2n-m)}$</td><td>$-\frac{mN}{4(2n-m)}$</td></tr>
<tr><td>U_1</td><td>$\frac{m}{4}$</td><td>$\frac{7mn}{4(4n-3m)}$</td><td>$\frac{5mn}{4(4n-3m)}$</td><td>$\frac{3mn}{8(4n-3m)}$</td><td>$\frac{mn}{4(4n-3m)}$</td></tr>
<tr><td>U_2</td><td>$\frac{m}{4}$</td><td>$\frac{15mn}{4(4n-m)}$</td><td>$\frac{9mn}{4(4n-m)}$</td><td>$\frac{5mn}{8(4n-m)}$</td><td>$\frac{3mn}{4(4n-m)}$</td></tr>
<tr><td>U_3</td><td>$\frac{m}{4}$</td><td>$\frac{15mn}{4(4n-m)}$</td><td>$\frac{3mn}{2(4n-m)}$</td><td>$\frac{3mn}{8(4n-m)}$</td><td>$\frac{3mn}{4(4n-m)}$</td></tr>
<tr><td>U_4</td><td>$\frac{m}{4}$</td><td>$\frac{7mn}{4(4n-3m)}$</td><td>$\frac{mn}{2(4n-3m)}$</td><td>$\frac{mn}{8(4n-3m)}$</td><td>$\frac{mn}{4(4n-3m)}$</td></tr>
<tr><td>D_1</td><td>$\frac{K_1}{8n}$</td><td>$-\frac{7K_1}{4(4n-3m)}$</td><td>$-\frac{5K_1}{4(4n-3m)}$</td><td>$-\frac{3K_1}{8(4n-3m)}$</td><td>$-\frac{K_1}{4(4n-3m)}$</td></tr>
<tr><td>D_2</td><td>$\frac{K_1}{8n}$</td><td>$\frac{(10n-11m)K_1}{4(2n-m)(4n-3m)}$</td><td>$\frac{(6n-7m)K_1}{4(2n-m)(4n-3m)}$</td><td>$\frac{3(n-m)K_1}{4(2n-m)(4n-3m)}$</td><td>$\frac{(n-m)K_1}{2(2n-m)(4n-3m)}$</td></tr>
<tr><td>D_3</td><td>$\frac{K_2}{8n}$</td><td>$-\frac{3(2n-3m)K_2}{4(2n-m)(4n-m)}$</td><td>$-\frac{(2n-5m)K_2}{4(2n-m)(4n-m)}$</td><td>$\frac{(m+n)K_2}{4(2n-m)(4n-m)}$</td><td>$-\frac{(n-m)K_2}{2(2n-m)(4n-m)}$</td></tr>
<tr><td>D_4</td><td>$\frac{K_2}{8n}$</td><td rowspan="2">$\frac{(n-4m)K_2}{4n(4n-m)}$</td><td>$-\frac{(2m+n)K_2}{4n(4n-m)}$</td><td>$-\frac{(m+n)K_2}{8n(4n-m)}$</td><td rowspan="2">$\frac{(n-m)K_2}{4n(4n-m)}$</td></tr>
<tr><td>D_5</td><td>$\frac{K_2}{8n}$</td><td>$\frac{(n-m)K_2}{2n(4n-m)}$</td><td>$\frac{(n-m)K_2}{8n(4n-m)}$</td></tr>
<tr><td>D_6</td><td>$\frac{K_2}{8n}$</td><td>$-\frac{3(2n-3m)K_2}{4(2n-m)(4n-m)}$</td><td>$-\frac{(n-m)K_2}{(2n-m)(4n-m)}$</td><td>$-\frac{(n-m)K_2}{4(2n-m)(4n-m)}$</td><td>$-\frac{(n-m)K_2}{2(2n-m)(4n-m)}$</td></tr>
<tr><td>D_7</td><td>$\frac{K_1}{8n}$</td><td>$\frac{(10n-11m)K_1}{4(2n-m)(4n-3m)}$</td><td>$\frac{(n-m)K_1}{(2n-m)(4n-3m)}$</td><td>$\frac{(n-m)K_1}{4(2n-m)(4n-3m)}$</td><td>$\frac{(n-m)K_1}{2(2n-m)(4n-3m)}$</td></tr>
<tr><td>D_8</td><td>$\frac{K_1}{8n}$</td><td>$-\frac{7K_1}{4(4n-3m)}$</td><td>$-\frac{K_1}{2(4n-3m)}$</td><td>$-\frac{K_1}{8(4n-3m)}$</td><td>$-\frac{K_1}{4(4n-3m)}$</td></tr>
<tr><td>V_1</td><td>$\frac{n-m}{n}$</td><td>$-\frac{1}{2}$</td><td>$-\frac{1}{2}$</td><td>0</td><td>0</td></tr>
<tr><td>V_2</td><td>$\frac{2n-m}{2n}$</td><td>-1</td><td>-1</td><td>0</td><td>0</td></tr>
<tr><td>V_3</td><td>1</td><td>$\frac{4m-n}{n}$</td><td>$\frac{4m-n}{2n}$</td><td>$\frac{m}{2n}$</td><td>$\frac{m}{n}$</td></tr>
<tr><td>V_4</td><td>$\frac{2n-m}{2n}$</td><td>-1</td><td>0</td><td>0</td><td>0</td></tr>
<tr><td>V_5</td><td>$\frac{n-m}{n}$</td><td>$-\frac{1}{2}$</td><td>0</td><td>0</td><td>0</td></tr>
</table>

五、八节间端斜杆为下降式的梯形屋架

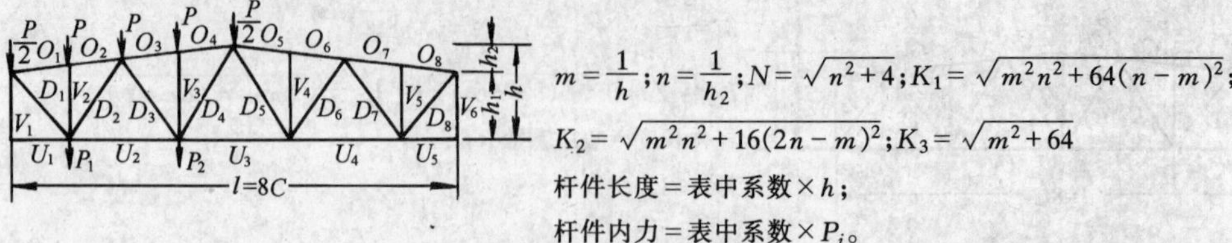

$m=\frac{l}{h}$；$n=\frac{l}{h_2}$；$N=\sqrt{n^2+4}$；$K_1=\sqrt{m^2n^2+64(n-m)^2}$；

$K_2=\sqrt{m^2n^2+16(2n-m)^2}$；$K_3=\sqrt{m^2+64}$

杆件长度＝表中系数×h；

杆件内力＝表中系数×P_i。

杆　件	长度系数	内力系数			
		上弦荷载		下弦荷载	
		全跨屋面	半跨屋面	P_1	P_2
O_1,O_2	$\frac{Nm}{8n}$	$-\frac{7mN}{4(4n-3m)}$	$-\frac{5mN}{4(4n-3m)}$	$-\frac{7mN}{16(4n-3m)}$	$-\frac{5mN}{16(4n-3m)}$
O_3,O_4	$\frac{Nm}{8n}$	$-\frac{15mN}{4(4n-m)}$	$-\frac{9mN}{4(4n-m)}$	$-\frac{5mN}{16(4n-m)}$	$-\frac{15mN}{16(4n-m)}$
O_5,O_6	$\frac{Nm}{8n}$		$-\frac{3mN}{2(4n-m)}$	$-\frac{3mN}{16(4n-m)}$	$-\frac{9mN}{16(4n-m)}$
O_7,O_8	$\frac{Nm}{8n}$	$-\frac{7mN}{4(4n-3m)}$	$-\frac{mN}{2(4n-3m)}$	$-\frac{mN}{16(4n-3m)}$	$-\frac{3mN}{16(4n-3m)}$
U_1,U_5	$\frac{m}{8}$	0	0	0	0
U_2	$\frac{m}{4}$	$\frac{3mn}{2(2n-m)}$	$\frac{mn}{2n-m}$	$\frac{3mn}{16(2n-m)}$	$\frac{5mn}{16(2n-m)}$
U_3	$\frac{m}{4}$	m	$\frac{m}{2}$	$\frac{m}{16}$	$\frac{3m}{16}$
U_4	$\frac{m}{4}$	$\frac{3mn}{2(2n-m)}$	$\frac{mn}{2(2n-m)}$	$\frac{mn}{16(2n-m)}$	$\frac{3mn}{16(2n-m)}$
D_1	$\frac{K_1}{8n}$	$\frac{7K_1}{4(4n-3m)}$	$\frac{5K_1}{4(4n-3m)}$	$\frac{7K_1}{16(4n-3m)}$	$\frac{5K_1}{16(4n-3m)}$
D_2	$\frac{K_2}{8n}$	$-\frac{(10n-11m)K_2}{4(4n-3m)(2n-m)}$	$-\frac{(6n-7m)K_2}{4(4n-3m)(2n-m)}$	$\frac{(n+m)K_2}{8(4n-3m)(2n-m)}$	$-\frac{5(n-m)K_2}{8(2n-m)(4n-3m)}$
D_3	$\frac{K_2}{8n}$	$\frac{3(2n-3m)K_2}{4(2n-m)(4n-m)}$	$\frac{(2n-5m)K_2}{4(2n-m)(4n-m)}$	$-\frac{(n+m)K_2}{8(4n-m)(2n-m)}$	$\frac{5(n-m)K_2}{8(4n-m)(2n-m)}$
D_4	$\frac{K_3}{8}$	$\frac{(4m-n)K_3}{4(4n-m)}$	$\frac{(n+2m)K_3}{4(4n-m)}$	$\frac{(n+m)K_3}{16(4n-m)}$	$\frac{3(n+m)K_3}{16(4n-m)}$
D_5	$\frac{K_3}{8}$		$-\frac{(n-m)K_3}{2(4n-m)}$	$-\frac{(n-m)K_3}{16(4n-m)}$	$-\frac{3(n-m)K_3}{16(4n-m)}$
D_6	$\frac{K_2}{8n}$	$\frac{3(2n-3m)K_2}{4(2n-m)(4n-m)}$	$\frac{(n-m)K_2}{(4n-m)(2n-m)}$	$-\frac{(n-m)K_2}{8(2n-m)(4n-m)}$	$\frac{3(n-m)K_2}{8(4n-m)(2n-m)}$
D_7	$\frac{K_2}{8n}$	$-\frac{(10n-11m)K_2}{4(4n-3m)(2n-m)}$	$-\frac{(n-m)K_2}{(4n-3m)(2n-m)}$	$-\frac{(n-m)K_2}{8(4n-3m)(2n-m)}$	$-\frac{3(n-m)K_2}{8(4n-3m)(2n-m)}$
D_8	$\frac{K_1}{8n}$	$\frac{7K_1}{4(4n-3m)}$	$\frac{K_1}{2(4n-3m)}$	$\frac{K_1}{16(4n-3m)}$	$\frac{3K_1}{16(4n-3m)}$
V_1	$\frac{n-m}{n}$	-4	-3	$-\frac{7}{8}$	$-\frac{5}{8}$
V_2	$\frac{4n-3m}{4n}$	-1	-1	0	0
V_3	$\frac{4n-m}{4n}$	-1	-1	0	0
V_4	$\frac{4n-m}{4n}$	-1	0	0	0
V_5	$\frac{4n-3m}{4n}$	-1	0	0	0
V_6	$\frac{n-m}{n}$	-4	-1	$-\frac{1}{8}$	$\frac{3}{8}$

六、上升式斜杆的平行弦杆桁架

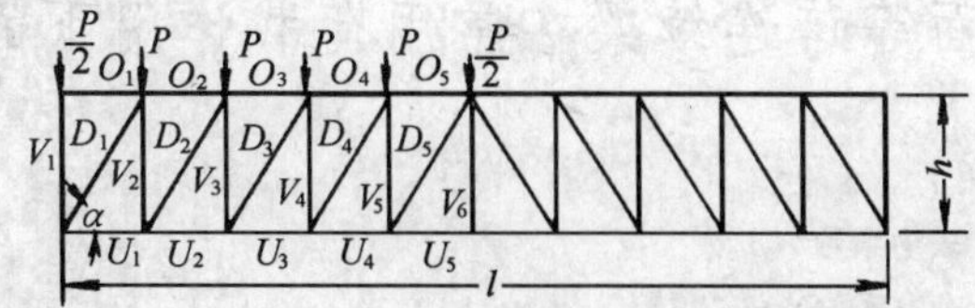

杆件	四节间			六节间			八节间			十节间			乘数
	左半跨 P	右半跨 P	满载	左半跨 P	右半跨 P	满载	左半跨 P	右半跨 P	满载	左半跨 P	右半跨 P	满载	
O_1	0	0	0	0	0	0	0	0	0	0	0	0	
O_2	−1.0	−0.5	−1.5	−1.75	−0.75	−2.5	−2.5	−1.0	−3.5	−3.25	−1.25	−4.5	
O_3	—	—	—	−2.50	−1.50	−4.0	−4.0	−2.0	−6.0	−5.50	−2.50	−8.0	$P\text{ctg}\alpha$
O_4	—	—	—	—	—	—	−4.5	−3.0	−7.5	−6.75	−3.75	−10.5	
O_5	—	—	—	—	—	—	—	—	—	−7.00	−5.00	−12.0	
U_1	1.0	0.5	1.5	1.75	0.75	2.5	2.5	1.0	3.5	3.25	1.25	4.5	
U_2	1.0	1.0	2.0	2.50	1.50	4.0	4.0	2.0	6.0	5.50	2.50	8.0	
U_3	—	—	—	2.25	2.25	4.5	4.5	3.0	7.5	6.75	3.75	10.5	$P\text{ctg}\alpha$
U_4	—	—	—	—	—	—	4.0	4.0	8.0	7.00	5.00	12.0	
U_5	—	—	—	—	—	—	—	—	—	6.25	6.25	12.5	
D_1	−1.0	−0.5	−1.5	−1.75	−0.75	−2.5	−2.5	−1.0	−3.5	−3.25	−1.25	−4.5	
D_2	0	−0.5	−0.5	−0.75	−0.75	−1.5	−1.5	−1.0	−2.5	−2.25	−1.25	−3.5	
D_3	—	—	—	0.25	−0.75	−0.5	−0.5	−1.0	−1.5	−1.25	−1.25	−2.5	$\frac{P}{\sin\alpha}$
D_4	—	—	—	—	—	—	0.5	−1.0	−0.5	−0.25	−1.25	−1.5	
D_5	—	—	—	—	—	—	—	—	—	0.75	−1.25	−0.5	
V_1	−0.5	0	−0.5	−0.50	0	−0.5	−0.5	0	−0.5	−0.50	0	−0.5	
V_2	0	0.5	0.5	0.75	0.75	1.5	1.5	1.0	2.5	2.25	1.25	3.5	
V_3	0	0	0	−0.25	0.75	0.5	0.5	1.0	1.5	1.25	1.25	2.5	P
V_4	—	—	—	0	0	0	−0.5	1.0	0.5	0.25	1.25	1.5	
V_5	—	—	—	—	—	—	0	0	0	−0.75	1.25	0.5	
V_6	—	—	—	—	—	—	—	—	—	0	0	0	

注：当荷载在下弦节点满载时，表中"满载"栏：V 杆的系数除 V_1 杆加 0.5 外，其余均应加 1.0；其他各杆的系数不变。

附录Ⅳ　等截面等跨连续梁在常用荷载作用下的内力系数表

1. 在均布及三角形荷载作用下：

M = 表中系数 × ql^2；

V = 表中系数 × ql；

2. 在集中荷载作用下：

M = 表中系数 × Pl；

V = 表中系数 × P；

3. 内力正负号规定：

M——使截面上部受压、下部受拉为正；

V——对邻近截面所产生的力矩沿顺时针方向转动者为正。

一、两跨梁

附表 3-4-1

序号	荷载图	跨内最大弯矩		支座弯矩	剪力		
		M_1	M_2	M_B	V_A	V_{Bx} V_{By}	V_C
1		0.070	0.0703	−0.125	0.375	−0.625 0.625	−0.375
2		0.096	—	−0.063	0.437	−0.563 0.063	0.063
3		0.048	0.048	−0.078	0.172	−0.328 0.328	−0.172
4		0.064	—	−0.039	0.211	−0.289 0.039	0.039
5		0.156	0.156	−0.188	0.312	−0.688 0.688	−0.312
6		0.203	—	−0.094	0.406	−0.594 0.094	0.094
7		0.222	0.222	−0.333	0.667	−1.333 1.333	−0.667
8		0.278	—	−0.167	0.833	−1.167 0.167	0.167

二、三跨梁

附表 3-4-2

序号	荷载图	跨内最大弯矩		支座弯矩		剪力			
		M_1	M_2	M_B	M_C	V_A	V_{Bx} V_{By}	V_{Cx} V_{Cy}	V_D
1		0.080	0.025	−0.100	−0.100	0.400	−0.600 0.500	−0.500 0.600	−0.400
2		0.101	—	−0.050	−0.050	0.450	−0.550 0	0 0.550	−0.450

续表

序号	荷载图	跨内最大弯矩		支座弯矩		剪力			
		M_1	M_2	M_B	M_C	V_A	V_{Bx} V_{By}	V_{Cx} V_{Cy}	V_D
3		—	0.075	-0.050	-0.050	0.050	-0.050 0.500	-0.500 0.050	0.050
4		0.073	0.054	-0.117	-0.033	0.383	-0.617 0.583	-0.417 0.033	0.033
5		0.094	—	-0.067	0.017	0.433	-0.567 0.083	0.083 -0.017	-0.017
6		0.054	0.021	-0.063	-0.063	0.183	-0.313 0.250	-0.250 0.313	-0.188
7		0.068	—	-0.031	-0.031	0.219	-0.281 0	0 0.281	-0.219
8		—	0.052	-0.031	-0.031	0.031	-0.031 0.250	-0.250 0.031	0.031
9		0.050	0.038	-0.073	-0.021	0.177	-0.323 0.302	-0.198 0.021	0.021
10		0.063	—	-0.042	0.010	0.208	-0.292 0.052	0.052 -0.010	-0.010
11		0.175	0.100	-0.150	-0.150	0.350	-0.650 0.500	-0.500 0.650	-0.350
12		0.213	—	-0.075	-0.075	0.425	-0.575 0	0 0.575	0.425
13		—	0.175	-0.075	-0.075	-0.075	-0.075 0.500	-0.500 0.075	0.075
14		0.162	0.137	-0.175	0.050	0.325	-0.675 0.625	-0.375 0.050	0.050
15		0.200	—	0.010	0.025	0.400	-0.600 0.125	0.125 -0.025	-0.025
16		0.244	0.067	-0.267	0.267	0.733	-1.267 1.000	-1.000 1.267	-0.733
17		0.289	—	0.133	-0.133	0.866	-1.134 0	0 1.134	-0.866
18		—	0.200	-0.133	0.133	-0.133	-0.133 1.000	-1.000 0.133	0.133
19		0.229	0.170	-0.311	-0.089	0.689	-1.311 1.222	-0.778 0.089	0.089
20		0.274	—	0.178	0.044	0.822	-1.178 0.222	0.222 -0.044	-0.044

三、四跨梁

附表 3-4-3

序号	荷载图	跨内最大弯矩				支座弯矩			剪力				
		M_1	M_2	M_3	M_4	M_B	M_C	M_D	V_A	V_{Bx} V_{By}	V_{Cx} V_{Cy}	V_{Dx} V_{Dy}	V_E
1	A B C D E, l l l l	0.077	0.036	0.036	0.077	-0.107	-0.071	-0.107	0.393	-0.607 0.536	0.464 0.464	-0.536 -0.607	-0.393

续表

序号	荷载图	跨内最大弯矩				支座弯矩			剪力				
		M_1	M_2	M_3	M_4	M_B	M_C	M_D	V_A	V_{Bx} / V_{By}	V_{Cx} / V_{Cy}	V_{Dx} / V_{Dy}	V_E
2	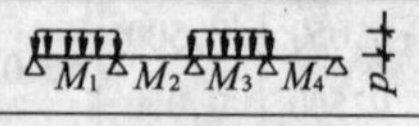	0.100	—	0.081	—	−0.054	−0.036	−0.054	0.446	−0.554 / 0.018	0.018 / 0.482	0.518 / 0.054	0.054
3	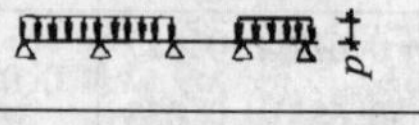	0.072	0.061	—	0.098	−0.121	−0.018	−0.058	0.380	−0.620 / 0.603	−0.397 / −0.040	0.040 / 0.558	−0.442
4	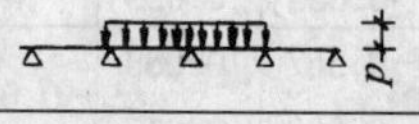	—	0.056	0.056	—	−0.036	−0.107	−0.036	−0.036	−0.036 / 0.429	−0.571 / 0.571	0.429 / 0.036	0.036
5	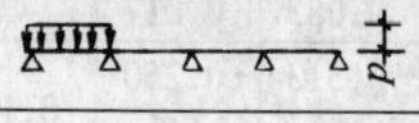	0.094	—	—	—	−0.067	−0.018	−0.004	0.433	−0.567 / 0.085	0.085 / −0.022	0.022 / 0.004	0.004
6	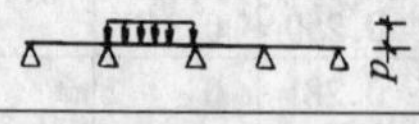	—	0.071	—	—	−0.049	−0.054	−0.013	−0.049	0.049 / 0.496	−0.504 / 0.067	0.067 / 0.013	0.013
7	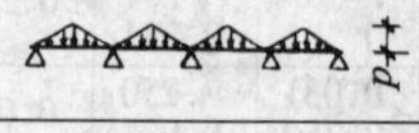	0.052	0.028	0.028	0.052	−0.067	−0.045	−0.067	0.183	−0.317 / 0.272	−0.228 / −0.228	−0.272 / 0.317	−0.183
8	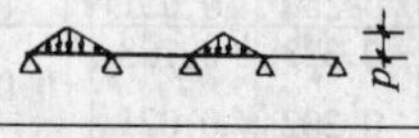	0.067	—	0.055	—	0.034	−0.022	−0.034	0.217	−0.284 / 0.011	0.011 / 0.239	−0.261 / 0.034	0.034
9	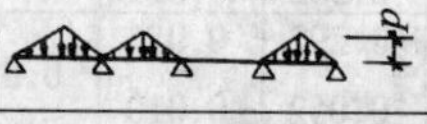	0.049	0.042	—	0.066	−0.075	−0.011	−0.036	0.175	−0.325 / 0.314	−0.186 / −0.025	−0.025 / 0.286	−0.214
10	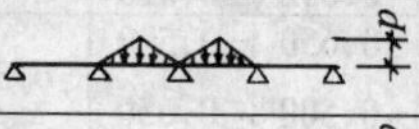	—	0.040	0.040	—	−0.022	−0.067	−0.022	−0.022	−0.022 / 0.205	−0.295 / 0.295	0.205 / −0.022	0.022
11	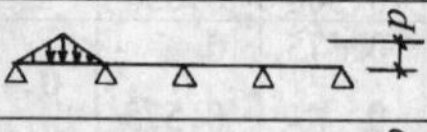	0.063	—	—	—	−0.042	0.011	−0.003	0.208	−0.292 / 0.053	0.053 / −0.014	0.014 / 0.003	0.003
12	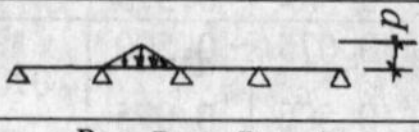	—	0.051	—	—	−0.031	−0.034	0.008	−0.031	−0.031 / 0.247	−0.253 / 0.042	0.042 / −0.008	−0.008
13	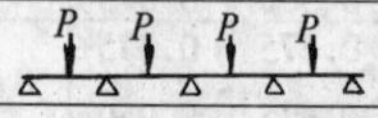	0.169	0.116	0.116	0.169	−0.161	−0.107	−0.161	0.339	−0.661 / 0.554	−0.446 / 0.446	0.554 / 0.661	0.339
14	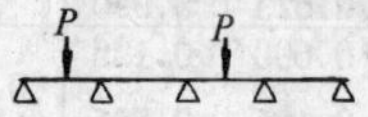	0.210	—	0.183	—	−0.080	−0.054	−0.080	0.420	−0.580 / 0.027	0.027 / 0.473	−0.527 / 0.080	0.080
15	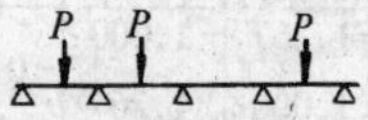	0.159	0.146	—	0.206	−0.181	−0.027	−0.087	0.319	−0.681 / 0.654	−0.346 / −0.060	0.060 / 0.587	−0.413
16	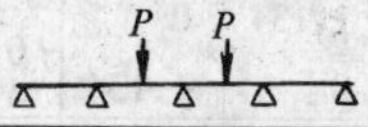	—	0.142	0.142	—	−0.054	−0.161	−0.054	0.054	−0.054 / 0.393	−0.607 / 0.607	−0.393 / 0.054	0.054
17	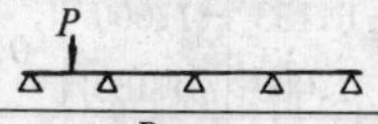	0.200	—	—	—	−0.100	0.027	−0.007	0.400	−0.600 / 0.127	0.127 / −0.033	−0.033 / 0.007	0.007
18	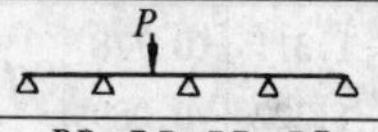	—	0.173	—	—	−0.074	−0.080	0.020	0.074	−0.074 / 0.493	−0.507 / 0.100	0.100 / −0.020	−0.020
19	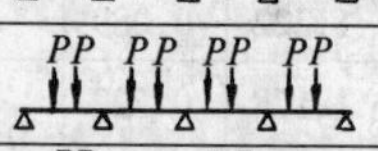	0.238	0.111	0.111	0.238	−0.286	−0.191	−0.286	0.714	1.286 / 1.095	−0.905 / 0.905	−1.095 / 1.286	−0.714
20	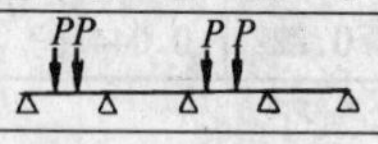	0.286	—	0.222	—	−0.143	−0.095	−0.143	0.857	−1.143 / 0.048	0.048 / 0.952	−1.048 / 0.143	0.143
21	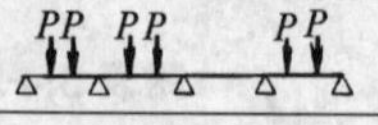	0.226	0.194	—	0.282	−0.331	−0.048	−0.155	0.679	−1.321 / 1.274	−0.726 / −0.107	−0.107 / 1.155	−0.845
22	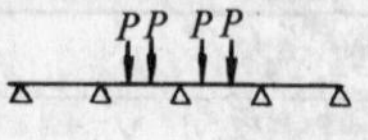	—	0.175	0.175	—	−0.095	−0.286	−0.095	−0.095	0.095 / 0.810	−1.190 / 1.190	−0.810 / 0.095	−0.095
23	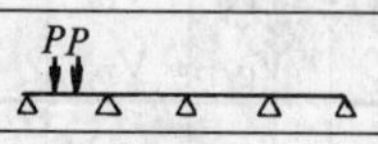	0.274	—	—	—	−0.178	0.048	−0.012	0.822	−1.178 / 0.226	0.226 / −0.060	−0.060 / 0.012	0.012
24	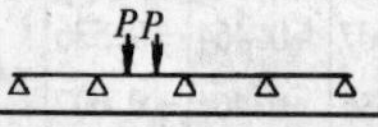	—	0.198	—	—	−0.131	−0.143	0.036	−0.131	−0.131 / 0.988	−1.012 / 0.178	0.178 / −0.036	−0.036

四、五跨梁

附表 3-4-4

序号	荷载图	跨内最大弯矩			支座弯矩				剪力					
		M_1	M_2	M_3	M_B	M_C	M_D	M_E	V_A	V_{Bx} V_{By}	V_{Cx} V_{Cy}	V_{Dx} V_{Dy}	V_{Ex} V_{Ey}	V_F
1		0.078	0.033	0.046	−0.105	−0.079	−0.079	−0.105	0.394	−0.606 0.526	−0.474 0.500	−0.500 0.474	−0.526 0.606	−0.394
2		0.100	—	0.085	−0.053	−0.040	−0.040	−0.053	0.447	−0.553 0.013	0.013 0.500	−0.500 −0.013	−0.013 0.553	0.447
3		—	0.079	—	−0.053	−0.040	−0.040	−0.053	−0.053	−0.053 0.513	−0.487 0	0 0.487	−0.513 0.053	0.053
4		0.073	②0.059 0.078	—	−0.119	−0.022	−0.044	−0.051	0.380	−0.620 0.598	−0.402 −0.023	−0.023 0.493	−0.507 0.052	0.052
5		①— 0.098	0.055	0.064	−0.035	−0.111	−0.020	−0.057	0.035	0.035 0.424	0.576 0.591	−0.409 −0.037	−0.037 0.557	0.443
6		0.094	—	—	−0.067	0.018	−0.005	−0.001	0.433	0.567 0.085	0.085 0.023	0.023 0.006	0.006 −0.001	0.001
7		—	0.074	—	−0.049	−0.054	0.014	−0.004	0.019	−0.049 0.495	−0.505 0.068	0.068 −0.018	−0.018 0.004	0.004
8		—	—	0.072	−0.013	0.053	−0.053	−0.013	0.013	0.013 −0.066	−0.066 0.500	−0.500 0.066	0.066 −0.013	0.013
9		0.053	0.026	0.034	−0.066	−0.049	0.049	−0.066	0.184	−0.316 0.266	−0.234 0.250	−0.250 0.234	−0.266 0.316	0.184
10		0.067	—	0.059	−0.033	−0.025	−0.025	0.033	0.217	0.283 0.008	0.008 0.250	−0.250 −0.008	−0.008 0.283	0.217
11		—	0.055	—	−0.033	−0.025	−0.025	−0.033	0.033	−0.033 0.258	−0.242 0	0 0.242	−0.258 0.033	0.033
12		0.049	②0.041 0.053	—	−0.075	−0.014	−0.028	−0.032	0.175	0.325 0.311	−0.189 −0.014	−0.014 0.246	−0.255 0.032	0.032
13		①— 0.066	0.039	0.044	−0.022	−0.070	−0.013	−0.036	−0.022	−0.022 0.202	−0.298 0.307	−0.193 −0.023	−0.023 0.286	−0.214
14		0.063	—	—	−0.042	0.011	−0.003	0.001	0.208	−0.292 0.053	0.053 −0.014	−0.014 0.004	0.004 −0.001	−0.001

续表

序号	荷载图	跨内最大弯矩			支座弯矩				剪力					
		M_1	M_2	M_3	M_B	M_C	M_D	M_E	V_A	V_{Bx} V_{By}	V_{Cx} V_{Cy}	V_{Dx} V_{Dy}	V_{Ex} V_{Ey}	V_F
15	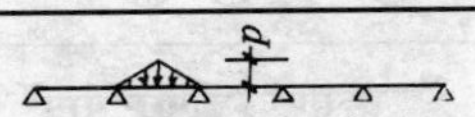	—	0.051	—	−0.031	−0.034	0.009	−0.002	−0.031	−0.031 0.247	−0.253 0.043	0.043 −0.011	−0.011 0.002	0.002
16		—	—	0.050	0.008	−0.033	−0.033	0.008	0.008	0.008 −0.041	−0.041 0.250	−0.250 0.041	0.041 −0.008	−0.008
17	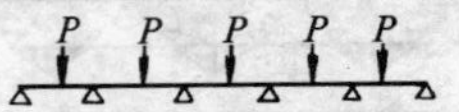	0.171	0.112	0.132	−0.158	−0.118	0.118	−0.158	0.342	−0.658 0.540	−0.460 0.500	−0.500 0.460	−0.540 0.658	−0.342
18	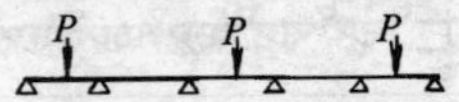	0.211	—	0.191	−0.079	−0.059	−0.059	−0.079	0.421	−0.579 0.020	0.020 0.500	−0.500 −0.020	−0.020 0.579	−0.421
19	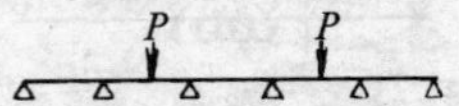	—	0.181	—	−0.079	−0.059	−0.059	−0.079	−0.079	−0.079 0.520	0.480 0	0 0.480	−0.520 0.079	0.079
20	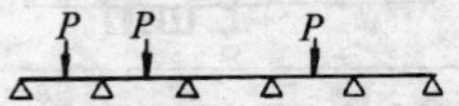	0.160	②0.144 0.178	—	−0.179	−0.032	−0.066	−0.077	0.321	−0.679 0.647	−0.353 −0.034	−0.034 0.489	−0.511 0.077	0.077
21	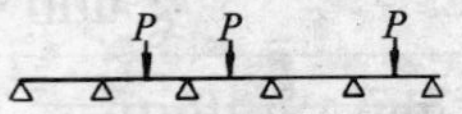	①— 0.207	0.140	0.151	−0.052	−0.167	−0.031	−0.086	−0.052	−0.052 0.385	−0.615 0.637	−0.363 −0.056	−0.056 0.586	−0.414
22		0.200	—	—	−0.100	0.027	−0.007	0.002	0.400	−0.600 0.127	0.127 −0.031	−0.034 0.009	0.009 −0.002	−0.002
23	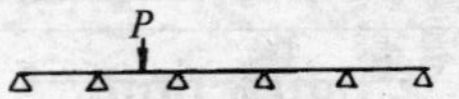	—	0.173	—	−0.073	−0.081	0.022	−0.005	−0.073	−0.073 0.493	−0.507 0.102	0.102 −0.027	0.027 −0.005	0.005
24	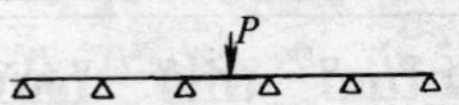	—	—	0.171	0.020	−0.079	−0.079	0.020	0.020	0.020 −0.099	−0.099 0.500	−0.500 0.099	0.099 −0.020	−0.020
25	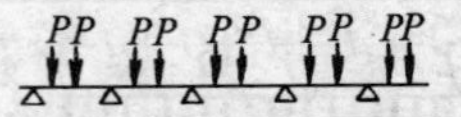	0.240	0.100	0.122	−0.281	−0.211	0.211	−0.281	0.719	−1.281 1.070	−0.930 1.000	−1.000 0.930	1.070 1.281	−0.719
26	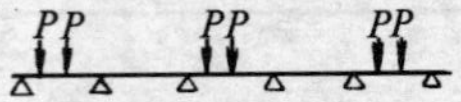	0.287	—	0.228	−0.140	−0.105	−0.105	−0.140	0.860	−0.140 0.035	0.035 1.000	1.000 −0.035	−0.035 1.140	−0.860
27	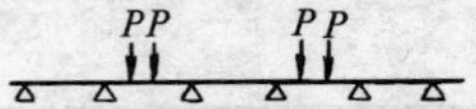	—	0.216	—	−0.140	−0.105	−0.105	−0.140	−0.140	−0.140 1.035	−0.965 0	0.000 0.965	−1.035 0.140	0.140

续表

序号	荷载图	跨内最大弯矩			支座弯矩				剪力					
		M_1	M_2	M_3	M_B	M_C	M_D	M_E	V_A	V_{Bx} V_{By}	V_{Cx} V_{Cy}	V_{Dx} V_{Dy}	V_{Ex} V_{Ey}	V_F
28	PP PP PP	0.227	②0.189/0.209	—	−0.319	−0.057	−0.118	−0.137	0.681	−1.319 1.262	−0.738 −0.061	−0.061 0.981	−1.019 0.137	0.137
29	P P PP PP	①—/0.282	0.172	0.198	−0.093	−0.297	−0.054	−0.153	−0.093	−0.093 0.796	−1.204 1.243	−0.757 −0.099	−0.099 1.153	−0.847
30	PP	0.274	—	—	−0.179	0.048	−0.013	0.003	0.821	−0.179 0.227	0.227 −0.061	−0.061 0.016	0.016 −0.003	−0.003
31	PP	—	0.198	—	−0.131	−0.144	−0.038	−0.010	−0.131	−0.131 0.987	−1.013 0.182	−0.182 0.048	−0.048 0.010	0.010
32	P P	—	—	0.193	0.035	−0.140	−0.140	0.035	−0.035	0.035 −0.175	−0.175 1.000	−1.000 0.175	0.175 −0.035	−0.035

注：表中，① 分子及分母分别为 M_1 及 M_5 的弯矩系数；

② 分子及分母分别为 M_2 及 M_4 的弯矩系数。

附录V 部分习题答案

第 二 章

3-2-1 (*a*) $W=0$ (*b*) $W=-1$ (*c*) $W=2$ (*d*) $W=-2$ (*e*) $W=1$ (*f*) $W=0$

3-2-2 (*a*) 瞬变体系。 (*b*) 常变体系。 (*c*) 几何不变体系,有一个多余联系。
(*d*) 几何不变体系,无多余联系。 (*e*) 几何不变体系,有一个多余联系。
(*f*) 几何不变体系,有一个多余联系。

3-2-3 (*a*) 几何不变体系,且无多余联系。 (*b*) 几何不变体系,且无多余联系。
(*c*) 几何不变体系,有一个多余联系。(*d*) 几何常变体系。
(*e*) 几何不变体系,有一个多余联系。(*f*) 几何不变体系,且无多余联系。
(*g*) 几何不变体系,且无多余联系。 (*i*) 几何瞬变体系。
(*j*) 几何瞬变体系。

第 三 章

3-3-1 (*a*) $M_{BA}=0, M_{EF}=2\text{kN}\cdot\text{m}, V_{AB}=3\text{kN}$ (*b*) $M_{CD}=qa^2, M_{DE}=qa^2$

3-3-2 (*a*) $M_{AB}=a^2q$, (*b*) $M_{BA}=9\text{kN}\cdot\text{m}$, (*c*) $M_{BA}=Pl$

3-3-3 (*a*) $M_{CD}=0$, (*b*) $M_{BC}=32\text{kN}\cdot\text{m}$, (*c*) $M_{BC}=0$

3-3-4 (*a*) $M_{CD}=\dfrac{aP}{4}$, (*b*) $M_{DC}=125\text{kN}\cdot\text{m}$, (*c*) $M_{EC}=156\text{kN}\cdot\text{m}$

3-3-5 (*a*) 零杆 5 根, (*b*) 零杆 10 根

3-3-6 (*a*) $N_{BC}=10\sqrt{3}\text{kN}$, (*b*) $N_{DE}=40\text{kN}$, (*c*) $N_{BD}=-30\text{kN}$

3-3-7 (*a*) $N_a=28.28\text{kN}$(压),$N_b=14.14\text{kN}$(拉)
(*b*) $N_a=0$ $N_b=8.33\text{kN}$(拉),
(*c*) $N_a=5\text{kN}$, $N_b=12.5\text{kN}$, $N_c=-3.75\text{kN}$
(*d*) $N_a=-\dfrac{\sqrt{2}}{2}P$ $N_b=0$ $N_c=\dfrac{P}{2}$

3-3-8 (*a*) $N_{BD}=-40\text{kN}$, (*b*) $M_{CA}=\text{m}$

3-3-9 (*a*) $V_A=2\text{kN}(\uparrow)$, $V_B=4\text{kN}(\uparrow)$, $H_A=H_B=2\text{kN}(\rightarrow\leftarrow)$
(*b*) $V_A=10\text{kN}(\uparrow)$, $V_B=6\text{kN}(\uparrow)$, $H_A=H_B=6\text{kN}(\rightarrow\leftarrow)$

3-3-10 (*a*) $M_K=1.125P$, $Q_{K左}=0.416P$, $N_{K左}=0.728P$
(*b*) $M_D=125\text{kN}\cdot\text{m}$ $Q_{D右}=-46.4\text{kN}$, $N_E=134.7\text{kN}$

3-3-11 $$y=\begin{cases}\dfrac{2f}{l}x & \left(0\leqslant x<\dfrac{l}{2}\right)\\[2ex] \dfrac{4f}{l^2}x(l-x) & \left(\dfrac{l}{2}\leqslant x\leqslant l\right)\end{cases}$$

第 四 章

3-4-2 $\Delta_{AV}=\dfrac{ql^4}{8EI}(\downarrow)$

3-4-3 $\Delta_{CU}=\dfrac{3qa^4}{8EI}(\rightarrow)$

3-4-4 $\theta_B=\dfrac{3Fa^2}{2EI}(\downarrow)$

3-4-5 $\Delta_{CU}=\frac{Fa}{EA}(2\sqrt{2}+1)(\rightarrow)$

3-4-6 $\Delta_{BV}=\frac{Fa^3}{EI}+\frac{9Fa}{4EA}(\downarrow)$

3-4-7 (1) $\theta_A=-0.00096$ 弧度($\circlearrowleft$)　$\Delta_{CV}=0.0035\text{m}=0.35\text{cm}(\downarrow)$

(2) $\Delta_{CU}=\frac{1066.67}{EI}(\rightarrow)$

(3) $\Delta_{BU}=\frac{12}{EI}(\leftarrow)$　$\theta_B=\frac{6}{EI}(\circlearrowleft)$

(4) $\Delta_{BV}=\frac{14qa^4}{3EI}(\downarrow)$

3-4-8 (1) $\theta_B=\frac{ql^3}{24EI}(\circlearrowright)$　$\Delta_{CV}=\frac{ql^4}{24EI}(\downarrow)$

(2) $\Delta_{BU}=0.833\text{cm}(\leftarrow)$

(3) $\Delta_{CV}=\frac{Fl^3}{12EI}(\downarrow)$

(4) $\theta_B=\frac{49.5q}{EI}(\circlearrowright)$

3-4-9 $\theta_A=0.015$ 弧度($\circlearrowright$)

3-4-10 $\Delta_{GV}=0.625\text{cm}(\downarrow)$

3-4-11 $\Delta_{CU}=-5.6\text{cm}(\leftarrow)$

3-4-12 $\theta_A=0.0075$ 弧度($\circlearrowright$)

第 五 章

3-5-1 (*a*) $M_{AB}=\frac{1}{2}M$　(*b*) $M_{BA}=0$

(*c*) $M_{AB}=6\text{kN·m}$　(*d*) $M_{AB}=-\frac{1}{3}ql^2=-120\text{kN·m}$

3-5-2 (*a*) $M_{BA}=\frac{4+7l}{8+24l}ql^2$　(*b*) $M_{BA}=\frac{Pa}{2}$　(*c*) $M_{BA}=\frac{qa^2}{14}$

3-5-3 (*a*) $M_{AB}=2.5\text{kN·m}$　(*b*) $M_{AB}=60\text{kN·m}$

3-5-4 (*a*) $N_{AB}=\sqrt{2}P$　(*b*) $N_{CF}=-52.78\text{kN}$

3-5-5 (*a*) $M_{AE}=6.54qa^2$，$M_{BF}=5.46qa^2$

(*b*) $M_{EA}=60.7\text{kN·m}$，$M_{FB}=4.3\text{kN·m}$

3-5-6 (*a*) $M_{CA}=36.86\text{kN·m}$　$N_{AD}=1.31\text{kN}$

(*b*) $M_{EA}=-5.2\text{kN·m}$　$N_{CD}=125.2\text{kN}$

3-5-7 (*a*) $M_{AB}=-\frac{3EI}{l^2}\Delta_{AB}$　(*b*) $M_{AB}=\frac{EI}{l}\varphi$　(*c*) $M_{AB}=\frac{4EI}{l}\varphi$

3-5-8 (*a*) $\Delta_{DV}=\frac{3Pa^3}{1408EI}$　(*b*) $\Delta_{BU}=0$

3-5-9 (*a*) $M_{BA}=5.14\text{kN·m}$　(*b*) $M_{BC}=26.67\text{kN·m}$

(*c*) $M_{BA}=8.9\text{kN·m}$　(*d*) $M_{CD}=\frac{4}{16}Fl$

3-5-10 $H=63.66\text{kN}$，$V_A=V_B=150\text{kN}$，$M_C=122.55\text{kN·m}$

3-5-11 $V_A=271.75\text{kN}$，$H_A=69.64\text{kN}$，$M_A=837.64\text{kN·m}$

$M_C=973.92\text{kN·m}$，$N_C=69.64\text{kN}$，$V_C=46.76\text{kN}$

第六章

3-6-1 (*a*) $M_{AB}=-2i\theta_B-\frac{ql^2}{12}$

$M_{BC}=4i\theta_B$

(*b*) $M_{AB}=-4i\theta_A-2i\theta_B-\frac{Fl}{8}$

$M_{BA}=-4i\theta_B-2i\theta_A+\frac{Fl}{8}$

(*c*) $M_{AB}=-2i\theta_A-\frac{ql^2}{12}$

$M_{BA}=4i\theta_B+\frac{ql^2}{12}$

(*d*) $M_{BA}=4i\theta_B-\frac{6i\Delta}{l}+\frac{1}{8}Fl$

$M_{BC}=4i\theta_B+\frac{6i\Delta}{l}$

$M_{BD}=3i\theta_B$

3-6-2 (*a*) $M_{BA}=2.57\text{kN}\cdot\text{m}$

(*b*) $M_{AB}=-2.67\text{kN}\cdot\text{m}$ $M_{CB}=32.67\text{kN}\cdot\text{m}$

3-6-3 (*a*) $M_{AC}=-1.43\text{kN}\cdot\text{m}$ $M_{ED}=48.57\text{kN}\cdot\text{m}$

(*b*) $M_{BA}=1.39\text{kN}\cdot\text{m}$

3-6-4 (*a*) $M_{AC}=5\text{kN}\cdot\text{m}$, $M_{CB}=10\text{kN}\cdot\text{m}$

(*b*) $M_{AB}=-6.43\text{kN}\cdot\text{m}$, $M_{BC}=-2.14\text{kN}\cdot\text{m}$

(*c*) $M_{AB}=\frac{2}{9}Pl$， $M_{BC}=\frac{2}{9}Pl$

(*d*) $M_{AD}=\frac{ql^2}{12}$， $M_{BC}=-\frac{ql^2}{12}$

3-6-5 (*a*) $M_{AB}=113\text{kN}\cdot\text{m}$, $M_{DC}=104.3\text{kN}\cdot\text{m}$

(*b*) $M_{AD}=-37.5\text{kN}\cdot\text{m}$, $M_{DB}=22.5\text{kN}\cdot\text{m}$

(*c*) $M_{DE}=20\text{kN}\cdot\text{m}$

第七章

3-7-1 (*a*) $M_{BA}=4.57\text{kN}\cdot\text{m}$, (*b*) $M_{AB}=3\text{kN}\cdot\text{m}$

3-7-2 (*a*) $M_{BA}=14.67\text{kN}\cdot\text{m}$, (*b*) $M_{BA}=44.29\text{kN}$

3-7-3 (*a*) $M_{BA}=5.5\text{kN}\cdot\text{m}$, $V_{BC}=3.9\text{kN}$

(*b*) $M_{BA}=28.2\text{kN}\cdot\text{m}$

3-7-4 (*a*) $M_{CD}=-68.3\text{kN}\cdot\text{m}$, $V_B=77.2\text{kN}\cdot\text{m}$

(*b*) $M_{BC}=-73.77\text{kN}\cdot\text{m}$

3-7-5 $M_{EC}=72.8\text{kN}\cdot\text{m}$

3-7-6 (*a*) $M_{BC}=-31.25\text{kN}$, (*b*) $M_{BC}=-6.125\text{kN}\cdot\text{m}$

(*c*) $M_{CD}=-1.377\text{kN}\cdot\text{m}$, (*d*) $M_{BA}=-51.36\text{kN}\cdot\text{m}$

(*e*) $M_{CD}=-63.936\text{kN}\cdot\text{m}$

第八章

3-8-1 (*a*) $M_{AC}=8.59\text{kN}\cdot\text{m}$, $M_{FE}=1.88\text{kN}\cdot\text{m}$

(*b*) $M_{GH} = -3.44\text{kN·m}$, $M_{DG} = 2.39\text{kN·m}$

3-8-2 (*a*) $M_{AC} = -165.7\text{kN}$, $M_{DF} = -129\text{kN·m}$

(*b*) $M_{EB} = -5.26\text{kN·m}$, $M_{EH} = -16.93\text{kN·m}$

$M_{EF} = 12.33\text{kN·m}$

第 九 章

3-9-5 (*a*) $M_C = 80\text{kN·m}$, $V_C = -20\text{kN}$

(*b*) $M_C = 100\text{kN·m}$, $V_{C左} = 25\text{kN}$, $V_{C右} = -35\text{kN}$

3-9-6 $M_{Cmax} = 647.9\text{kN·m}$

3-9-7 绝对最大弯矩 355.6kN·m,跨中截面最大弯矩 350kN·m

3-9-8 绝对最大弯矩 1668.4kN·m,2.4m 处弯矩 1182.7kN·m,跨中弯矩 1646.4kN·m

支座处最大剪力 660.8kN,跨中最大剪力 218.4kN,最小剪力 −218.4kN

3-9-9 *B* 支座截面最大负弯矩 99.6kN·m,中间跨跨中最大弯矩 54.6kN·m

A 支座处最大剪力 96.9kN,*B* 支座最大负剪力 135.9kN

第 十 章

3-10-1
$$[K] = \left[\begin{array}{c:c:c:c} \overline{K}_{11}^{①} + \overline{K}_{11}^{②} + \overline{K}_{11}^{③} & \overline{K}_{13}^{①} & \overline{K}_{13}^{②} & \overline{K}_{13}^{③} \\ \hdashline \overline{K}_{31}^{①} & \overline{K}_{33}^{①} + \overline{K}_{33}^{④} & \overline{K}_{34}^{④} & 0 \\ \hdashline \overline{K}_{31}^{②} & \overline{K}_{43}^{④} & \overline{K}_{33}^{②} + \overline{K}_{44}^{④} + \overline{K}_{33}^{⑤} & \overline{K}_{34}^{⑤} \\ \hdashline \overline{K}_{31}^{③} & 0 & \overline{K}_{43}^{⑤} & \overline{K}_{44}^{③} + \overline{K}_{44}^{⑤} \end{array}\right]$$

3-10-2
$$[K] = \begin{bmatrix} 12.8 & 2 \\ 2 & 7.6 \end{bmatrix}$$

$$\{P_E\} = \begin{Bmatrix} -30\text{kN·m} \\ 0 \end{Bmatrix}$$

3-10-3
$$\begin{Bmatrix} V_1 \\ V_2 \\ V_3 \end{Bmatrix} = 10^3 \times \begin{Bmatrix} 0.838 \\ -0.0261 \\ -0.0979 \end{Bmatrix}$$

参 考 文 献

[1] 王长连主编,建筑力学,成都:四川科学技术出版社,1987。

[2] 王长连编,建筑力学(下册),北京:中国建筑工业出版社,1987。

[3] 于建华、王长连合编,结构力学解题指南,成都:成都科技大学出版社,1993。

[4] 沈伦序主编,建筑力学(下册),北京:高等教育出版社,1990。

[5] 张来仪、景瑞主编,结构力学,北京:中国建筑工业出版社,1997。

[6] 支秉琛、包世华、雷中和合编,结构力学,北京:中央广播电视大学出版社,1985。

[7] [日本]酒井忠明著,结构力学,北京:人民教育出版社,1981。

[8] 杜庆华主编,工程力学手册,北京:高等教育出版社,1981。

[9] 李廉锟主编,结构力学,北京:高等教育出版社,1996。

[10] 吕学谟主编,建筑力学教学参考书,北京:高等教育出版社,1992。

[11] 钟朋主编,结构力学解题指导及习题集,北京:高等教育出版社,1987。

[12] 《建筑结构静力计算手册》编写组,建筑结构静力计算手册,北京:中国建筑工业出版社,1975。

[13] 陈载赋编著,结构力学简明手册,成都:四川科学技术出版社,1986。

[14] 滕智明、朱金铨编著,混凝土结构及砌体结构,北京:中国建筑工业出版社,1992。

[15] 于永君主编,建筑力学试题集,北京: 机械工业出版社,1994。